全国注册城乡规划师考试丛书

1

城乡规划原理历年真题与考点详解

白莹　魏鹏　主编

中国建筑工业出版社

图书在版编目（CIP）数据

城乡规划原理历年真题与考点详解/白莹，魏鹏主编.
北京：中国建筑工业出版社，2020.6
（全国注册城乡规划师考试丛书；1）
ISBN 978-7-112-25083-7

Ⅰ.①城… Ⅱ.①白… ②魏… Ⅲ.①城乡规划-中国-资格考试-自学参考资料 Ⅳ.①TU984.2

中国版本图书馆CIP数据核字(2020)第076367号

责任编辑：刘　静　陆新之
责任校对：赵　菲

全国注册城乡规划师考试丛书
1　城乡规划原理历年真题与考点详解
白莹　魏鹏　主编

*

中国建筑工业出版社出版、发行(北京海淀三里河路9号)
各地新华书店、建筑书店经销
北京红光制版公司制版
天津翔远印刷有限公司印刷

*

开本：787×1092毫米　1/16　印张：28　字数：680千字
2020年6月第一版　2020年6月第一次印刷
定价：**88.00**元

ISBN 978-7-112-25083-7
(35830)

《全国注册城乡规划师考试丛书》编委会

前　言

关于注册城乡规划师考试的复习重点，有下列几项要着重说明：

1. 架构：学习一门专业，首先要了解的是其整体的知识架构。注册城乡规划师的大纲2014年以来一直未变化过，考试题目也是紧紧围绕着大纲出的，从教材的目录系统（也是本丛书的目录系统）就可以看出注册城乡规划师考试包含的内容主体。

教材目录系统　　**表1**

原理	相关知识	管理与法规	实务
城市与城市发展	建筑学	行政法学基础	城乡规划的制定与修改
城市规划的发展及主要理论与实践	城市道路交通工程	城乡规划法制建设概述	城乡规划的实施管理
城乡规划体系	城市市政公用设施	城乡规划法	城乡规划的监督检查与法律责任
城镇体系规划	信息技术在城乡规划中的应用	《城乡规划法》配套行政法规与规章	
城市总体规划	城市经济学	城乡规划技术标准与规范	
城市近期建设规划	城市地理学	城乡规划相关法律、法规	
城市详细规划	城市社会学	城乡规划方针政策	
镇、乡和村庄规划	城市生态与城市环境	公共行政学基础	
其他主要规划类型		城乡规划编制管理与审批管理	
城市规划实施		城乡规划实施管理	
		文化和自然遗产规划管理	
		城乡规划的监督检查	

从表1中可以发现，各科中存在部分重合的内容，如城市规划的实施，在原理、法规及实务中均有提及。在对这些重合内容进行整合的过程中，依据从基础理论到实际操作的层次进行分层排列，可以发现一个更清晰的架构，整体的架构分为3层：基础及相关理论、法律法规体系及工作体系，工作体系又分为编制体系和实施体系，读者在复习的过程中要重点围绕此架构对相关内容进行复习，可以提高效率，加深理解。

注册城乡规划师考试的知识架构　　**表2**

层次	原理	相关	管理与法规	实务
基础及相关理论	城市与城市发展 城市规划的发展及主要理论与实践 城乡规划体系	建筑学 城市道路交通工程 城市市政公用设施 信息技术在城乡规划中的应用 城市经济学 城市地理学 城市社会学 城市生态与城市环境	行政法学基础 公共行政学基础	

续表

层次		原理	相关	管理与法规	实务
工作体系	编制体系	城镇体系规划 城市近期建设规划 城市详细规划 镇、乡和村庄规划 其他主要规划类型 城市总体规划			
	实施体系	城乡规划实施		城乡规划编制管理与审批管理 城乡规划实施管理 文化和自然遗产规划管理 城乡规划的监督检查	城乡规划的制定与修改 城乡规划的实施管理 城乡规划的监督检查与法律责任
法律法规体系				城乡规划法制建设概述 城乡规划法 配套行政法规与规章 城乡规划技术标准与规范 城乡规划相关法律、法规 城乡规划方针政策	

2. 核心：原有的考试内容核心是《中华人民共和国城乡规划法》，共70条，如今国土空间规划改革，使得规划体系及编制审批流程均有所调整，本书在后半部分增补了国土空间规划体系及其相关文件、2019年真题及解析等内容，考生可以结合真题对其进行复习。

3. 真题：对于任何考试真题都是极为重要的，可以说知识架构是对考点的罗列，考点的形式及重要性是在考题中具体呈现的，因而本书收集了2008～2019年（共10年）的真题，在对考点进行表格化处理的同时，将相关真题列在其后，使读者可以根据真题出现的频率了解其重要性，并可以即看即做，巩固所学考点，做到即时反馈、步步为营。2019年的真题是国土空间规划改革后第一节出的题，将其列于书的后半部分，使考生可以对其单独进行复习。

4. 互动：为了能与读者形成良好的即时互动，本丛书建立了一个QQ群，用于解答读者在看书过程中产生的问题，收集读者发现的问题，以对本丛书进行迭代优化，并及时发布最新的考试动态，共享最新行业文件，欢迎大家加群，在讨论中发现问题、解决问题，相互交流并相互促进！

规划丛书答疑QQ群

群号：648363244

微信服务号

微信号：JZGHZX

目　　录

第一章　城市与城市发展

第二章　城市规划的发展及主要理论与实践

第三章　城乡规划体系

第四章　城镇体系规划

第五章　城市总体规划

第六章　城市近期建设规划

第七章　城市详细规划

第八章　镇、乡和村庄规划

第九章　其他主要规划类型

第十章　城乡规划实施

第十一章　国土空间规划体系

第十二章　国土空间规划相关规范文件

第十三章　2019年城乡规划原理考试真题详解

第一章　城市与城市发展

大纲要求 表 1-0-1

内容	要点	说明
城市与城市发展	城市与乡村	掌握城市和乡村的基本特征 熟悉我国城乡社会经济的特点
	城市的形成与发展规律	了解城市形成和发展的主要动因 熟悉城市发展的阶段及其差异 熟悉城市空间环境演进的基本规律及主要影响因素
	城镇化及其发展	熟悉城镇化的含义 熟悉城镇化发展的基本特征 熟悉我国城镇化发展的历程及当前状况
	城市发展与区域、经济社会及资源环境的关系	熟悉城市发展与区域发展的关系 熟悉城市发展与经济发展的关系 熟悉城市发展与社会发展的关系 熟悉城市发展与资源环境的关系

第一节　城市的概念与内涵

一、城市的概念

相关真题：2018-001、2017-001、2011-001

城市的起源与多重定义　　表 1-1-1

内容	说　明
城市的起源	城市最早是政治统治、军事防御和商品交换的产物，“城”是由军事防御产生的，“市”是由商品交换（市场）产生的。城市归根结底是由社会剩余物资的交换和争夺而产生的，也是社会分工和产业分工的产物。
城市的多重定义	共识定义：城市是非农业人口集中，以从事工商业等非农业生产活动为主的居民点，是一定地域范围内社会、经济、文化活动的中心，是城市内外各部门、各要素有机结合的大系统。
	产生：城市是社会经济发展到一定阶段的产物，具体说是人类第三次社会大分工的产物。“城市”是在“城”与“市”功能叠加的基础上，以行政和商业活动为基本职能的复杂化、多样化的客观实体。 功能：城市区别于农村不仅在于人口规模、密度、景观等方面的差别，更重要的在于其功能的特殊性。城市是工商业活动集聚的场所，是从事工商业活动的人群聚居的场所。 集聚：城市的本质特点是集聚，高密度的人口、建筑、财富和信息是城市的普遍特征。 区域：城市是一种区域现象，城市作为人类活动的中心，同周围区域保持着紧密的联系，具有控制、调整和服务等职能。 景观：城市是以人造景观为特征的聚落景观，包括土地利用的多样化、建筑物的多样化和空间利用的多样化。 系统：城市是一个复杂且处于动态变化之中的自然—社会复合的巨系统。

注：人类历史上有三次社会大分工。第一次是畜牧业和农业的分工，第二次是手工业和农业的分工，第三次社会大分工是出现了不从事生产、专门从事商品交换的商人阶级。

图 1-1-1　防御性和经济性融合的城镇
（金广君. 图解城市设计. 北京：中国建筑工业出版社，2010.）

2018-001. 下列关于城市概念的表述，准确的是(　　)。

A. 城市是人类第一次社会大分工的产物

B. 城市的本质特点是分散

C. 城市是“城”与“市”叠加的实体

D. 城市最早是政治统治、军事防御和商品交换的产物

【答案】D

【解析】城市是人类第三次社会大分工的产物，选项A错误；城市的本质特点是集聚，选项B错误；城市是在“城”与“市”功能叠加的基础上，以行政和商业活动为基本职能的复杂化、多样化的客观实体，选项C不准确；由城市的起源可知选项D正确，因而选D。

2017-001. 下列关于城市形成的表述，正确的是(　　)。

A. 城市最早是军事防御和宗教活动的产物

B. 城市是由社会剩余物资的交换和争夺而产生的，也是社会分工和产业分工的产物

C. 城市是人类第一次社会大分工的产物

D. “城市”是在“城”与“市”功能叠加的基础上，以贸易活动为基础职能形成复杂化、多样化的客观实体

【答案】B

【解析】城市最早是政治统治、军事防御和商品交换的产物，故选项A错误；城市是人类第三次社会大分工的产物，故选项C项错误；城市是在“城”与“市”功能叠加的基础上，以行政和商业活动为基本职能的复杂化、多样化的客观实体，故选项D错误；选项B符合题意。

2011-001. 城市形成的原因不包括(　　)。

A. 军事防御　　B. 商品买卖

C. 集体耕作　　D. 产业分工

【答案】C

【解析】由城市的起源与多重定义可知，城市形成的原因不包括选项C，因而此题选C。

二、城市的基本特征

相关真题：2018-002

城市的基本特征　　**表 1-1-2**

基本特征	说　明
城市的概念是相对存在的，密不可分	① 城市与乡村是人类聚落的两种基本形式，两者关系是相辅相成、密不可分的； ② 在一些人口密集、经济发达的地区，城乡之间已经越来越难进行截然划分； ③ 没有乡村，城市的概念也就是空洞和无意义的了。
城市是以要素聚集为基本特征	① 城市不仅是人口聚居、建筑密集的区域，它同时也是生产、消费、交换的集中地； ② 城市的集聚效益是其不断发展的根本动力，也是城市与乡村的一大本质区别； ③ 城市各种资源的密集性，使其成为一定地域空间的经济、社会、文化辐射中心。
城市的发展是动态变化和多样的	从古代拥有明确的空间限定（如城墙、壕沟等），到现代成为一种功能性的地域，再到西方国家郊区化、逆城镇化、再城镇化等一系列现象的出现，到现今经济全球一体化、全球劳动地域分工，城市传统的功能、社会、文化、景观等方面都已经发生了重大转变。 随着信息网络、交通、建筑等技术的发展，可以预见城市的未来将会继续发生变化。

续表

基本特征	说　明
城市具有系统性	① 城市是一个综合的巨系统，它包括经济子系统、政治子系统、社会子系统、空间环境子系统以及要素流动子系统等； ② 城市各系统要素间的关系是互相交织重叠，共同发挥作用，并对人类的各种行为做出一定程度的响应。

注：乡村的基本特征为分散性（人的活动、建筑的区域、居住地、生产地）、同质性（生活方式）、单一性（经济形式、社会结构）、能源使用多样性、变化性。

2018-002. 下列关于城市发展的表述，错误的是(　　)。

A. 集聚效益是城市发展的根本动力

B. 城市与乡村的划分越来越清晰

C. 城市与周围广大区域规划保持着密切联系

D. 信息技术的发展将改变城市的未来

【答案】B

【解析】 由城市的基本特征可知选项 A、C、D 正确；在一些人口密集、经济发达的地区，城乡之间已经越来越难进行截然地划分，选项 B 错误，因而选 B。

三、当今城市地域的新类型

相关真题：2018-003、2017-002、2013-081

当今城市地域的新类型　　表 1-1-3

类型	说　明
大都市区	大都市区是一个大的城市人口核心，以及与其有着密切社会经济联系的、具有一体化倾向的邻接地域的组合，它是国际上进行城市统计和研究的基本地域单元，是城镇化发展到较高阶段时产生的城市空间组织形式。 美国是最早采用大都市区概念的国家，1980 年后改称为大都市统计区，它反映的是大城市及其辐射区域在美国社会经济生活中地位不断增长的客观事实。 随着美国大都市区概念的普遍使用，西方其他国家也纷纷建立了自己的城市功能地域概念，如加拿大的“国情调查大都市区”，英国的“标准大都市劳动区”和“大都市经济劳动区”，澳大利亚的“国情调查扩展城市区”，瑞典的“劳动—市场区”以及日本的都市圈等。
大都市带	指许多都市区连成一体，在经济、社会、文化等各方面存在密切交互作用的巨大城市地域。 1957 年法国地理学家戈特曼首先提出大都市带概念，认为当时世界存在六大都市带： ① 美国东北部大都市带：从波士顿经纽约、费城、巴尔的摩到华盛顿； ② 美国五大湖大都市带：从芝加哥向东经底特律、克利夫兰到匹兹堡； ③ 日本太平洋沿岸大都市带：从东京、横滨经名古屋、大阪到神户； ④ 英格兰大都市带：从伦敦经伯明翰到曼彻斯特、利物浦； ⑤ 西北欧大都市带：从阿姆斯特丹到鲁尔和法国北部工业聚集体； ⑥ 长三角大都市带：以上海为中心的城市密集地区。 三个可能成为大都市带的地区： ① 以巴西里约和圣保罗两大城市为核心组成的复合体； ② 以米兰—都灵—热那亚三角区为中心，沿地中海岸向南延伸到比萨和佛罗伦萨，向西延伸到马赛和阿维尼翁的地区； ③ 以洛杉矶为中心，向北到旧金山湾，向南到美国—墨西哥边界的太平洋沿岸地区。

续表

类型	说　明
全球城市区域	全球城市区域既不同于普通意义上的城市范畴，也不同于仅因地域联系形成的城市群或城市辐射区，而是在全球化高度发展的前提下，以经济联系为基础，由全球城市及其腹地内经济实力较为雄厚的二级大中城市扩展联合而形成的一种独特空间现象。这些全球城市区域已经成为当代全球经济空间的重要组成部分。 ① 首先，全球城市区域是以全球城市（或具有全球城市功能的城市）为核心的城市区域，而不是以一般的中心城市为核心的城市区域。 ② 全球城市区域是多核心的城市扩展联合的空间结构，而非单一核心的城市区域。 ③ 多个中心之间形成基于专业化的内在联系，各自承担着不同的角色，既相互合作，又相互竞争，在空间上形成了一个极具特色的城市区域。 ④ 全球城市区域这一新现象的出现，并不限于发达国家的大都市及其区域发展的过程。 ⑤ 实际上，这种发展趋势是在全球范围内发生的，包括发展中国家。

2018-003. 下列关于大都市区的表述，错误的是(　　)。

A. 英国最早采用大都市区概念

B. 大都市区是为了城市统计而划定的地域单元

C. 大都市区是城镇化发展到较高阶段的产物

D. 日本的都市圈与大都市区内涵基本相同

【答案】A

【解析】美国是最早采用大都市区概念的国家，选项A错误，因而选A。

2017-002. 下列关于全球城市区域的表述，准确的是(　　)。

A. 全球城市区域由全球城市与具有密切经济联系的二级城市扩展联合而形成

B. 全球城市区域是多核心的城市区域

C. 全球城市区域内部城市之间相互合作，与外部城市互相竞争

D. 全球城市区域目前在发展中国家尚未出现

【答案】B

【解析】全球城市区域是在全球化高度发展的前提下，以经济联系为基础，由全球城市及其腹地内经济实力较为雄厚的二级大中城市扩展联合而形成的一种独特空间现象，选项A不准确；全球城市区域是多核心的城市扩展联合的空间结构，并非单一核心的城市区域，选项B正确；多个中心之间形成基于专业化的内在联系，各自承担着不同的角色，既相互合作，又相互竞争，在空间上形成了一个极具特色的城市区域，选项C错误。全球城市区域并不限于发达国家的大都市及其区域发展的过程。这种发展趋势是在全球范围内发生的，包括发展中国家，选项D错误。综上所述，此题选B。

2013-081. 下列关于大都市区城市功能地域概念的表述，正确的有(　　)。

A. 加拿大采用“国情调查大都市区”概念

B. 日本采用“大都市统计区”概念

C. 澳大利亚采用“国情调查扩展城市区”概念

D. 英国采用“大都市圈统计区”概念

E. 瑞典采用“劳动－市场区”概念

【答案】ACE

【解析】由当今城市地域的新类型可知，选项 A、C、E 表述正确。此题选 ACE。

第二节　城 市 与 乡 村

一、城市与乡村的差别与联系

相关真题：2010-001

城市与乡村的差别与联系　　表 1-2-1

内容	说　明
区别	① 集聚规模的差异：城市与乡村的首要差别主要体现在空间要素的集中程度上。 ② 生产效率的差异：城市的经济活动是高效率的，是由于城市的高度组织性；相反的，乡村经济活动则还依附于土地等初级生产要素。 ③ 生产力结构的差异：城市是以非农业人口为主的居民点，因而在职业构成上是不同于乡村的，这也造成了城乡生产力结构的根本区别。 ④ 职能差异：城市一般是工业、商业、交通、文教的集中地，是一定地域的政治、经济、文化的中心，在职能上是有别于乡村的。 ⑤ 物质形态差异：城市具有比较健全的市政设施和公共设施，在物质空间形态上不同于乡村。 ⑥ 文化观念差异：城市与乡村不同的社会关系，使得两者之间产生了文化、意识形态、风俗习惯、传统观念等差别，这也是城乡差别的一个方面。
联系	① 物质联系：公路网、铁路网、水网、生态相互联系。 ② 经济联系：市场形势、原材料和中间产品流、资本流动、生产流动、生产联系、消费和购物形式、收入流、行业结构和地区间商品流动。 ③ 人口移动联系：临时和永久性人口流动、通勤。 ④ 技术联系：技术相互依赖、灌溉系统、通信系统。 ⑤ 社会作用联系：访问形式、亲戚关系、仪式、宗教行为、社会团体相互作用。 ⑥ 服务联系：能量流和网络、信用和金融网络、教育培训、医疗、职业、商业和技术服务形式、交通服务形式。 ⑦ 政治、行政组织联系：结构关系、政府预算流、组织互相依赖性、权利—监督形式、行政区间交易形式、非正式政治决策联系。

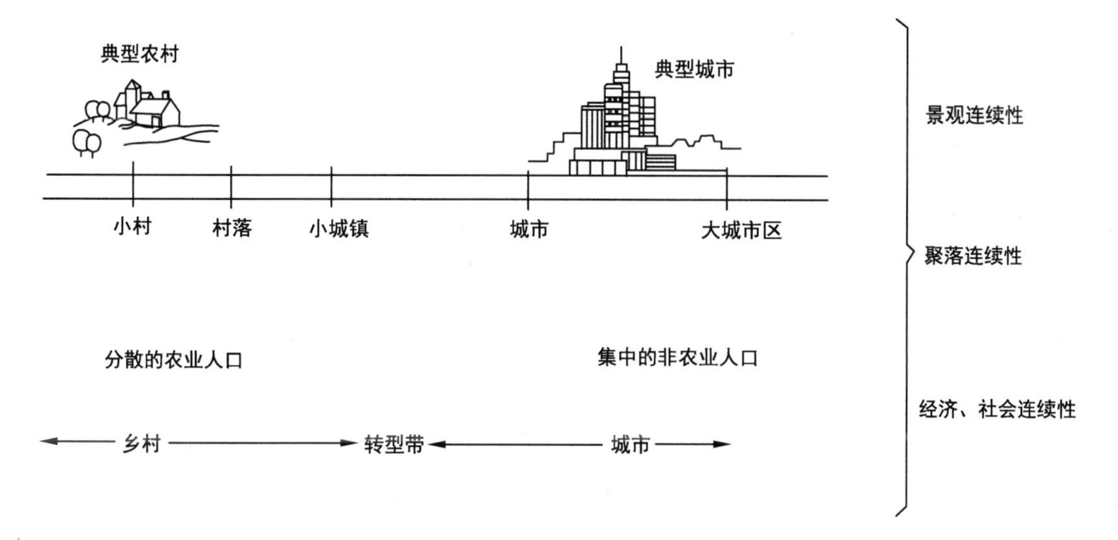

图 1-2-1　城乡聚落景观连续变化

（张小林．乡村空间系统及其演变研究．北京：科学出版社，2001：166.）

2010-001. 下列哪项不是城市与乡村的主要区别？（　　）

A. 空间要素集聚的差异　　　　B. 生产力结构的差异

C. 社会职能的差异　　　　D. 义务教育制度的差异

【答案】D

【解析】城市与乡村的基本区别主要有六点：集聚规模的差异、生产效率的差异、生产力结构的差异、职能的差异、物质形态的差异、文化观念的差异。

二、城乡划分与建制体系

相关真题：2012-001

城乡划分与建制体系　　表 1-2-2

内容	要　点
城乡聚落划分	要真正在城市和乡村之间划出一条有严格科学意义的界线绝非易事。 ① 首先这是因为从城市到乡村是渐变的，有的是交错的。这中间并不存在一个城市消失和乡村开始的明显标志点，人们在城乡过渡带或城乡交接带划出的城乡界线必然带有一定的任意性和主观性。 ② 第二个原因是城市本身是一定历史阶段的产物，城市的概念在不同的历史条件下，发生着不断的变化。 ③ 世界各国处在不同的历史发展阶段，甚至在一个国家的不同地区，所处的发展阶段也不尽相同，这也给城乡划分带来困难。 ④ 城市，尤其是大城市与周围地区的联系在空间上日趋广泛，在内容上日益复杂，使划分城乡界线又增加了难度。
我国城市建制体系	我国 20 世纪 50 年代就制定了具体的市（镇）设置标准，主要基于两个方面的标准： ① 聚集人口规模：目前，将人口聚集规模（常住人口）超过 1000 万的作为超大城市，500 万～1000 万的作为特大城市，100 万～500 万的作为大城市，50 万～100 万的作为中等城市，50 万以下的作为小城市（具体详见《关于调整城市规模划分标准的通知》）。 ② 城镇的政治经济地位：依据城镇的政治经济地位，设置了首都、直辖市、省会城市等。 此外，我国对市镇的设置标准还有经济、社会等方面一系列指标的要求。
	我国市制有两个基本特点： ① 市制由多层次的建制构成： 从地域类型上划分，包括了直辖市、省辖设区市（或自治区辖设区市）、不设区市（或自治州辖市）三个层次； 从行政等级上划分，包括了省级、副省级、地级、县级四个等级； 目前，我国有北京、上海、天津、重庆四个直辖市（省级），25 个副省级市，280 余个地级市，370 余个县级市。 ② 市制兼具城市管理和区域管理的双重性：市既有自己的自属辖区——市区，又管辖了下级政区（县或乡镇）。因此，中国市制实行的是城区型与地域型相结合的行政区划建制模式，一般称为广域型市制。
科学发展观与城乡统筹	从中国经济社会发展的实际出发，以全面、协调、可持续的科学发展观指导中国社会主义发展实践，就是要认真贯彻“五个统筹”—— 统筹城乡发展、统筹区域发展、统筹经济社会发展、统筹人与自然和谐发展、统筹国内发展和对外开放。 党的十六大提出了“城乡统筹”的要求。城乡统筹实际上包括经济和社会发展两大方面，统筹城乡经济社会发展的根本目标是扭转城乡二元结构、解决“三农”难题、推动城乡经济社会协调发展；统筹城乡经济社会发展的主体是政府；统筹城乡经济社会发展的重点是对农村社会政治、经济、文化等各领域进行战略性调整和深层次变革。 ① 统筹城乡经济资源，实现城乡经济协调增长和良性互动。平等的市场主体应该享有平等地接近和享用经济要素的权利，统筹城乡经济资源，保证农民平等地享用经济资源，是统筹城乡经济社会发展的关键。 ② 统筹城乡政治资源，实现城乡政治文明共同发展。必须统筹城乡政治资源，使农民具有与城镇居民平等的政治地位，使其真正地参与国家、社会事务的管理，体现和维护自身利益。统筹城乡政治资源最为重要的是体制和政策的转换问题。 ③ 统筹城乡社会资源，实现城乡精神文明共同繁荣。努力实现城乡社会资源的统筹安排、有序使用，促进城乡精神文明的共同进步。

2012-001. 中国的市制实行的是哪种行政区划建制模式？（ ）

A. 广域型　　B. 集聚型

C. 市带县型　　D. 城乡混合型

【答案】A

【解析】中国市制实行的是城区型与地域型相结合的行政区划建制模式，一般称为广域型市制。因而选A。

我国城乡社会经济的特点　　表1-2-3

内容	要　点
城市的社会经济特点	① 工业和服务业（非农经济）是城市社会经济的主要特点； ② 城市社会的经济形式多样； ③ 城市经济分为基本经济部类和非基本经济部类。 基本经济部类：以满足来自城市外部的产品和服务需求为主的经济活动； 非基本经济部类：以满足来自城市内部的产品和服务需求为主的经济活动。 基本经济部类是城市发展的主因。
乡村社会经济的基本特点	① 农业和畜牧业是农村社会经济的主要特点； ② 农村社会的经济形式较单一； ③ 农村社会的经济多为自给自足的方式。

三、我国城乡发展的总体现状

相关真题：2012-010、2011-003、2010-002

我国城乡发展的总体现状　　表1-2-4

内容	要　点
新中国成立后我国城乡关系演变的基本历程	① 1949～1978年，中国最根本的问题就是解决农业快速发展问题，并为工业化奠定基础和提供保障。 逐步建立起农业支持工业、农村支持城市和城乡分隔的“二元经济”体制，城镇化进程相当缓慢。 农民主要是通过提供农副产品而不进入城市的方式，为工业和城市的发展提供农业剩余产品和降低工业发展成本。 ② 十一届三中全会后，城乡关系由过去完全由政府控制到开始越来越多地通过市场来调节，但是农业支持工业、乡村支持城市的趋向并没有改变。 农民和农村主要是通过直接投资（乡镇企业）、提供廉价劳动力（大量农民工）、提供廉价土地资源三种方式，为工业和城市的发展提供强大的动力。 ③ 近年来，城乡统筹、建设社会主义新农村成为新时期城乡工作的主轴，在我国延续了2600多年的农业税退出了历史舞台，中央政府还利用公共财政加大对农村教育、基础设施、医疗卫生等方面的投入，我国的城乡关系进入了一个新的历史阶段。
我国城乡差异的基本现状	① 城乡结构“二元化”：长期以来，我国一直实行“一国两策，城乡分治”的二元经济社会体制和“城市偏向，工业优先”的战略和政策选择； ② 城乡收入差距拉大：目前，我国城乡居民实际收入差距已经达到6∶1～7∶1，为新中国成立以来的最高峰值； ③ 优势发展资源向城市单向集中：城市一直是我国各类生产要素集聚的中心，城乡资源流动单向化、不均衡现象明显； ④ 城乡公共产品供给体制的严重失衡：失衡的分配体制决定了失衡的义务教育、基础设施和社会保障等公共产品的供给体制。

续表

内容	要　点
科学发展观与城乡统筹	科学发展观：从中国经济社会发展的实际出发，以全面协调、可持续的科学发展观指导中国社会主义发展实践，就是要认真贯彻“五个统筹”：“统筹城乡发展、统筹区域发展、统筹经济社会发展、统筹人与自然和谐发展、统筹国内发展和对外开放”。 城乡统筹：实际上包括经济和社会发展两大方面，统筹城乡经济社会发展的根本目标是扭转城乡二元结构、解决“三农”难题、推动城乡经济社会协调发展；主体应该是政府，重点是对农村社会政治、经济、文化等各领域进行战略性调整和深层次变革。 ① 统筹城乡经济资源，实现城乡经济协调增长和良性互动； ② 统筹城乡政治资源，实现城乡政治文明共同发展； ③ 统筹城乡社会资源，实现城乡精神文明共同繁荣。

2012-010. 新世纪以来，为保障法定规划的有效实施，避免城乡建设用地使用失控，我国开始实施(　　)。

A. 新型工业化与城镇化战略

B. 城乡统筹规划

C. 城乡规划监督管理制度

D. 建设用地使用权招标、拍卖、挂牌出让制度

【答案】C

【解析】进入新世纪后，国务院发出《国务院关于加强城乡规划监督管理的通知》，提出要进一步强化城乡规划对城乡建设的引导和调控作用，健全城乡规划建设的监督管理制度，促进城乡建设健康有序发展。

2011-003. 关于城乡统筹的表述，不准确的是(　　)。

A. 城乡统筹应统筹城乡的基础设施

B. 城乡统筹应统筹城乡的医疗与社会保障体系

C. 城乡统筹的核心任务是保障城乡居民平等的权利

D. 城乡统筹的核心任务是保障城乡居民的同工同酬

【答案】D

【解析】城乡统筹应统筹城乡经济资源、统筹城乡政治资源、统筹城乡社会资源。城乡居民分工不同，就业模式不同，不能“同工”，生活成本和生活水平不同，不能“同酬”。

2010-002. 关于我国城乡差异的表述，下列哪项是不准确的？(　　)

A. 城乡收入差距拉大

B. 优势发展资源向城市单向集中

C. 城乡公共产品供给体制严重失衡

D. 随着“城市支持农村、工业反哺农业”方针政策的落实，我国城乡二元结构体制将很快得以根本消除

【答案】D

【解析】我国城乡差异的基本现状有四个现象：城乡结构“二元化”、城乡收入差距拉

大、优势发展资源向城市单向集中、城乡公共产品供给体制严重失衡，选项 D 不准确，因而选 D。

相关真题：2018-097

乡村振兴　　表 1-2-5

内容	要　点
总要求	各地政府遵循“产业兴旺、生态宜居、乡风文明、治理有效、生活富裕”的总体要求。
内容	① 制度改革方面：大力推进城乡协调发展，建立健全城乡融合发展体制机制和政策体系；深化农村各项改革，落实并完善农村承包地“三权”分置制度；深化农村“三变”改革，即“资源变资产、资金变股金、农民变股东”。 ② 乡村规划方面：加强乡村振兴规划引领，编制城乡融合发展专项规划；根据不同地区和乡村的个性特色，注重保护乡村传统肌理、空间形态和传统建筑；做好重要空间、建筑和景观设计，深挖历史古韵，传承乡土文脉，形成特色风貌。 ③ 基础建设方面：加快垃圾、污水处理设施和电网、供水、网络等建设；加大“四好农村路”建设，党中央高度重视“四好农村路”建设，连续三年在中央 1 号文件中对建好、管好、护好、运营好农村公路作出部署。 ④ 农村环境建设方面：落实农村人居环境整治三年行动方案，加强农村突出环境综合治理，以垃圾污水治理、“厕所革命”、安全饮水、村容村貌整治为重点，改善农村生产生活条件。
重点	① 产业振兴：把产业发展落到促进农民增收上来，全力以赴消除农村贫困； ② 人才振兴：让愿意留在乡村、建设家乡的人留得安心，打造一支强大的乡村振兴人才队伍； ③ 文化振兴：培育文明乡风、良好家风、淳朴民风，提高乡村社会文明程度； ④ 生态振兴：扎实实施农村人居环境整治三年行动方案，推进农村“厕所革命”，完善农村生活设施； ⑤ 组织振兴：打造千千万万个坚强的农村基层党组织，确保乡村社会充满活力、安定有序。

2018-097.“十九大”报告对乡村振兴战略的总要求包括(　　)。

A. 产业兴旺　　B. 生活富裕

C. 村容整洁　　D. 治理有效

E. 生态宜居

【答案】ABDE

【解析】本题考查的是“十九大”报告。“十九大”报告对乡村振兴战略指出：要坚持农业农村优先发展，按照产业兴旺、生态宜居、乡风文明、治理有效、生活富裕的总要求，建立健全城乡融合发展体制机制和政策体系，加快促进农业农村现代化。

第三节　城市的形成与发展规律

一、城市形成和发展的主要动因

相关真题：2017-081、2011-081

城市形成和发展的主要动因　　表 1-3-1

内容	说　明
城市发展的推动力	城市是社会经济发展到一定历史阶段的产物，是技术进步、社会分工和商品经济发展的结果，主要推动力量包括：自然条件、经济作用、政治因素、社会结构、技术条件。

续表

内容	说　明
工业时期的城市发展主要动因	① 农村的推力：工业技术使农业生产力得到空前提高，导致越来越多的农业剩余劳动力的出现，农业人口向城市的集中与转移成为可能； ② 城市的引力：工业的兴起为庞大的农业剩余劳动力提供了就业机会，对扩大城市人口规模有促进作用。
现代城市的发展凸显出的动力机制	① 自然资源开发和保护：自然资源开发与保护并存以及对可持续发展的追求成为现代城市发展的重要动因； ② 科技革命与创新：科学技术是推动社会进步和城市发展的根本动力； ③ 全球化与新经济：全球化的浪潮迅速席卷世界，新的经济形态和产业门类不断涌现，为城市发展提供了更多选择； ④ 城市文化特质：城市文化特质是现代城市发展的持久动力。

2017-081、2011-081. 下列关于城市形成和发展的表述，正确的有(　　)。

A. 依据考古发现，人类历史上最早的城市大约出现在公元前 3000 年左右

B. 城市形成和发展的推动力量包括自然条件、经济作用、政治因素、社会结构、技术条件等

C. 资源型城市随着资源枯竭，不可避免地要走向衰退

D. 城市虽然是一个动态的地域空间形式，但是不同历史时期的城市其形成和发展的主要动因基本相同

E. 全球化是现代城市发展的重要动力之一

【答案】ABE

【解析】工业化时期的城市发展很多都是依托丰富或独特的自然资源，走资源开发型、加工型的发展模式，进而带动整个城市及其所在区域的发展；但是当资源存量的减少、枯竭或当地特色资源遭到破坏时，城市大都面临再次定位、转型的选择，否则只能走向衰退，故 C 项错误。城市是一个动态的地域空间形式，城市形成和发展的主要动因也会随着时间和地点的不同而发生变化，现代城市的发展开始凸显出一些与以往不同的动力机制，故 D 项错误。

二、城市发展的阶段及其差异

相关真题：2017-083、2013-001、2012-002、2011-083、2010-003

城市发展的阶段及其差异　　表 1-3-2

城市发展的阶段	说　明
农业社会的城市	① 在农业社会历史中，尽管出现过少数相当繁荣的城市（如我国的唐长安城和西方的古罗马城），并在城市和建筑方面留下了十分宝贵的人类文化遗产，但农业社会的生产力十分低下，对于农业的依赖性决定了农业社会的城市数量、规模及职能都是极其有限的，城市没有起到经济中心的作用，城市内手工业和商业不占主导地位，主要是政治、军事或宗教中心。 ② 农业社会的后期，以欧洲城市为代表孕育了一些资本主义萌芽，文艺复兴和启蒙运动的出现，使得西方市民社会显现雏形，为日后技术革新中的城市快速发展奠定了思想领域的基础。
工业社会的城市	① 城市逐渐成为人类社会的主要空间形态与经济发展的主要空间载体； ② 工业文明也造成了环境污染、能源短缺、交通拥堵、生态失衡等诸多城市问题。

续表

城市发展的阶段	说　明
后工业社会的城市	① 有越来越多的学者认为我们正在逐步进入后工业社会，概括而言，后工业社会的生产力将以科技为主体，以高技术（如信息网络、快速交通等）为生产与生活的支撑，文化趋于多元化。 ② 城市的性质由生产功能转向服务功能，制造业的地位明显下降，服务业的经济地位逐渐上升。 ③ 高速公路、高速铁路、飞机等现代化运输工具大大削弱了空间距离对人口和经济要素流动的阻碍。 ④ 环境危机日益严重，城市的建设思想也由此走向生态觉醒，人类价值观念发生了重要变化并向“生态时代”迈进。 ⑤ 后工业社会种种因素导致了人们对未来城市发展形态及空间基础的多种理解，也为城市研究、城市规划设计提供了一个无比广阔的遐想空间。

2017-083、2011-083. 下列关于当代城市的表述，正确的有(　　)。

A. 制造业城市出现衰退，服务业城市快速发展

B. 城市分散化发展趋势明显，服务业城市快速发展

C. 全球城市中的社会分化加剧，贫富差距扩大

D. 电子商务成为全球城市发展的推动力量

E. 不同地理区域的城市间联系加强

【答案】CDE

【解析】后工业社会中城市的性质由生产功能转向服务功能，制造业的地位明显下降，服务业的经济地位逐渐上升，但并不是制造业城市就要衰退，服务业城市就一定快速发展。故 A 项错误。现代化交通运输网络的发展，以及信息网络对交通运输网络的补充，大大拓宽了城市的活动空间，使城市得以延伸其各种功能的地域分布，使城市化呈现扩散化趋势。城市空间的扩展表现为中心城市高度集聚，并向外呈非连续性用地扩展，而城市集中的地区，各城市与中心城市的联系加强，整个城市群呈融合趋势。故 B 项错误。

2013-001. 以下关于城市发展演化的表述，错误的是(　　)。

A. 农业社会后期，市民社会在中外城市中显现雏形，为后来的城市快速发展奠定了基础

B. 18 世纪后期开始的工业革命开启了世界性城镇化浪潮

C. 进入后工业社会，城市的制造业地位逐步下降

D. 后工业社会的城市建设思想走向生态觉醒

【答案】A

【解析】农业社会的后期，以欧洲城市为代表孕育了一些资本主义萌芽，文艺复兴和启蒙运动的出现，使得西方市民社会显现雏形，为日后技术革新中的城市快速发展奠定了思想领域的基础。

2012-002. 农业社会城市的主要职能是(　　)。

A. 经济中心　　B. 政治、军事或者宗教中心

C. 手工业和商业中心　　D. 技术革新中心

【答案】B

【解析】农业社会生产力低下，城市的数量、规模及职能决定于农业的发展，农业社会的城市没有起到经济中心的作用。

2010-003. **关于城市发展阶段的表述，下列哪项是不准确的？（　　）**

A. 在农业社会中，城市的主要职能是政治、军事、宗教和经济中心

B. 工业化导致了原有城市空间与职能的巨大重组

C. 在工业社会中，城市逐渐成为经济发展的主要载体

D. 在后工业社会中，中心城市的服务功能将逐步得以强化

【答案】A

【解析】由表城市发展的阶段及其差异可知，选项B、C、D正确。农业社会的城市没有起到经济中心的作用，选项A不准确，因而选A。

三、城市空间环境演进的基本规律及主要影响因素

相关真题：2018-004、2013-002

城市空间环境演进的基本规律及主要影响因素　　表1-3-3

内容	说　明
城市空间环境演进的基本规律	① 从封闭的单中心到开放的多中心空间环境； ② 从平面空间环境到立体空间环境； ③ 从生产性空间环境到生活性空间环境； ④ 从分离的均质城市空间到连续的多样城市空间。
影响城市空间环境演进的主要因素	① 自然因素：自然条件都直接或间接地影响着城市空间的发展，包括地质、地貌、水文、气候、动植物、土壤等； ② 社会文化因素：城市空间的形成与发展是社会生活的需要，也是社会生活的反映； ③ 经济与技术因素：科学技术发展和经济水平的提高带来了营造技术的水平变化； ④ 政治制度因素：城市从产生到发展，每一过程无不与政策、制度有关。

2018-004、2013-002. **下列不属于城市空间环境演进基本规律的是（　　）。**

A. 从封闭的单中心到开放的多中心空间环境

B. 从平面空间环境到立体空间环境

C. 从生产性空间环境到生活性空间环境

D. 从分离的均质城市空间到整合的单一城市空间

【答案】D

【解析】城市空间环境演进的基本规律是从分离的均质城市空间到连续的多样城市空间，选项D符合题意，因而选D。

第四节　城镇化及其发展

一、城镇化的基本概念

相关真题：2010-004、2008-002

城镇化基本概念与内涵 **表 1-4-1**

内容	说　明
概念	城镇化是18世纪产业革命以后，世界各国先后开始的从以农业为主的传统乡村社会转向以工业和服务业为主的现代城市社会的现象。 城镇化是乡村转变为城市的复杂过程，是一个农业人口转化为非农业人口、农村地域转化为城市地域、农业活动转化为非农业活动的过程，也可以认为是非农业人口和非农活动在不同规模的城市环境的地理集中的过程，以及城市价值观、城市生活方式在乡村的地理扩散过程，是一个广泛涉及经济、社会与景观变化的复杂过程。
有形的城镇化	即物质上和形态上的城镇化，具体反映在： ① 人口的集中：城镇人口比重的增大、城镇密度的加大和城镇规模的扩大； ② 空间形态的改变：城市建设用地增加，城市用地功能的分化、土地景观的变化（大量建筑物、构筑物的出现）； ③ 经济社会结构的变化：产业结构的变化，由第一产业向第二、第三产业的转变； ④ 社会组织结构的变化：由分散的家庭到集体的街道，从个体的、自给自营到各种经济文化组织和集团。
无形的城镇化	即精神上、意识上的城镇化，生活方式的城镇化，具体包括： ① 城市生活方式的扩散； ② 农村意识、行为方式、生活方式转化为城市意识、方式、行为的过程； ③ 农村居民逐渐脱离固有的乡土式生活态度、方式，而采取城市生活态度、方式的过程。
城镇化率指标	在实际工作中，通常采用国际通行的方法：将城镇常住人口占区域总人口的比重作为反映城镇化过程的最主要指标，称为“城镇化水平”或“城镇化率”。 城镇化率的计算公式为：$PU=U/P$，式中，PU—城镇化率；U—城镇常住人口；P—区域总人口。 这一指标既直接反映了人口的集聚程度，又反映了劳动力的转移程度，目前在世界范围内被广泛采用，作为城镇化进程阶段划分的重要依据。

2010-004. 下列哪项不是城镇化的表现？(　　)

A. 镇数量的增加与规模的扩大

B. 城市生活方式向周边乡村区域的扩散

C. 村镇环境整治

D. 农民从事第二、第三产业

【答案】C

【解析】城镇化包括“有形的城镇化”和“无形的城镇化”。选项A、D为有形的城镇化，选项B为无形的城镇化；选项C为环境整治，不是城镇化的表现，因而选C。

2008-002. 下列关于城镇化内涵的表述和理解，准确的是(　　)。

A. 城镇化是近代工业革命以后才开始的

B. 城镇化是外来人口向城市转移的过程

C. 推进城镇化与建设新农村是一个相互促进的过程

D. 城镇化包含了城市生活与意识形态向农村扩散的过程

【答案】D

【解析】18世纪后期开始的工业化革命从根本上改变了人类社会与经济发展的状态。

城市逐渐成为人类社会的主要空间形态与经济发展的主要空间载体，并不是城镇化的开始，选项A不准确；城镇化是一个过程，是一个农业人口转化为非农业人口的过程，选项B不准确；推进城镇化与建设新农村是一个相促共进的过程，选项C不准确；城镇化是一个城市价值观、城市生活方式在乡村的地理扩散过程，选项D准确，因而选D。

二、城镇化的机制与进程

相关真题：2014-002、2011-002

城镇化的基本动力机制　　表 1-4-2

因素	说　明
农业剩余贡献	城市是农业和手工业分离后的产物，这就意味着农业生产力的发展及农业剩余贡献是城市兴起和成长的前提，农业发展是城镇化的初始动力。
工业化推进	工业化的集聚要求促成了资本、人力、资源和技术等生产要素在空间上的高度组合，从而促进了城市的形成和发展，进而启动了城镇化的进程，工业化是城镇化的根本动力。
比较利益驱动	决定人口从乡村向城市转移的规模和速度的两种基本力，一是城市的拉力，二是乡村的推力。
制度变迁促进	制度变迁对于城镇化进程在根本动力上具有显著的加速或滞缓作用，合理的制度安排与创新是城镇化进程顺利推进的重要保障。
市场机制导向	市场的一个重要自发作用就是推动资源利用效益的最大化配置。
生态环境	生态环境对于城镇化的影响包括诱导作用与制约的双重作用。
城乡规划调控	合理运用城乡规划调控手段，可以实现空间等要素资源的集约利用，引导区域城镇合理布局。

2014-002. 在快速城镇化阶段，影响城市发展的关键因素是(　　)。

A. 城市用地的快速扩展　　B. 人口向城市的有序集中

C. 产业化进程　　D. 城市的基础设施建设

【答案】C

【解析】工业化是城镇化的根本动力。

2011-002. 城镇化发展的主要动力是(　　)。

A. 地理气候条件　　B. 法律、法规

C. 工业与服务业的发展　　D. 交通网络的完善

【答案】C

【解析】城镇化发展随着生产力水平的提高、产业结构的变化，由第一产业向第二、第三的转变，也就是由农业为主向工业和服务业为主的转化，因而选C。

相关真题：2018-005、2012-081

城镇化的基本阶段　　表 1-4-3

阶段	说　明
集聚城镇化阶段	显著的特征是由于巨大的城乡差异，导致人口与产业等要素从乡村向城市单向集聚。
郊区化阶段	显著特点是住宅、商务服务部门、事务部门以及大量就业岗位相继从城市中心向城市郊区迁移。

续表

阶段	说　明
逆城镇化阶段	随着郊区的进一步发展，不仅中心市区人口继续外迁，郊区人口也向更大的外围区域迁移，出现了大都市人口负增长的局面。
再城镇化阶段	面对城市中由于大量人口和产业外迁导致的经济衰退、人口贫困、社会萧条等问题，许多城市开始积极调整产业结构、发展高科技产业和第三产业、积极开发市中心衰落区、努力改善城市环境和提升城市功能，吸引一部分特定人口从郊区回流到中心城市。

2018-005. 下列关于城镇化进程按时间顺序排列的四个阶段的表述，准确的是(　　)。

A. 城镇集聚化阶段、逆城镇化阶段、郊区化阶段、再城镇化阶段

B. 城镇集聚化阶段、郊区化阶段、再城镇化阶段、逆城镇化阶段

C. 城镇集聚化阶段、郊区化阶段、逆城镇化阶段、再城镇化阶段

D. 城镇集聚化阶段、逆城镇化阶段、再城镇化阶段、郊区化阶段

【答案】C

【解析】本题考查的是城镇化的机制与进程。依据时间序列，城镇化进程一般可以分为四个基本阶段：城镇集聚化阶段、郊区化阶段、逆城镇化阶段、再城镇化阶段。选项C正确。

2012-081. 城镇化的阶段包括(　　)。

A. 集聚城镇化阶段　　B. 郊区化阶段

C. 逆城市化阶段　　D. 再城市化阶段

E. 新城市化阶段

【答案】ABCD

【解析】城镇化进程一般可以分为四个基本阶段：集聚城镇化阶段、郊区化阶段、逆城镇化阶段、再城镇化阶段。

三、我国城镇化的历程与现状

相关真题：2017-003

我国城镇化的历程与现状　　**表1-4-4**

时间段	要　点
1949～1957年	城镇化的启动阶段：形成了以工业化为基本内容和动力的城镇化。
1958～1965年	城镇化的波动发展阶段：这个阶段是违背客观规律的城镇化大起大落时期。
1966～1978年	城镇化的停滞阶段：国民经济面临崩溃，分散的工业布局难以形成聚集优势来发展城镇。
1979年以来	城镇化的快速发展阶段：随着改革开放和现代化建设的推进，我国城镇化过程摆脱了长期徘徊不前的局面，步入了新中国成立以来城镇化发展最快的一个时期。

2017-003. 下列关于1949年以来我国城镇化发展历程的表述，错误的是(　　)。

A. 1949～1957年是我国城镇化的启动阶段

B. 1958～1965年是我国城镇化的倒退阶段

C. 1966～1978年是我国城镇化的停滞阶段

D. 1979年以来是我国城镇化的快速发展阶段

【答案】B

【解析】1958～1965 年是我国城镇化的波动发展阶段。故 B 项错误。

中国城镇化的典型模式　　表 1-4-5

中国城镇化的典型模式
① 计划经济体制下以国有企业为主导的城镇化模式（攀枝花、鞍山、东营、克拉玛依）； ② 商品短缺时期以乡镇集体经济为主导的城镇化模式，即“苏南模式”（苏州、无锡和常州）； ③ 市场经济早期以分散家庭工业为主导的城镇化模式，即“温州模式”； ④ 以外资及混合型经济为主导的城镇化模式； ⑤ 以大城市带动大郊区发展的成都模式； ⑥ 以宅基地换房集中居住的天津模式。

相关真题：2018-081、2010-081

我国城镇化发展的现状特征和发展趋势　　表 1-4-6

内容	要　点
现状特征	① 城镇化过程经历了大起大落阶段以后，已经进入了持续、加速和健康发展阶段； ② 城镇化发展的区域重点经历了由西向东的转移过程，总体上东部快于中西部，南方快于北方； ③ 在各级城市普遍得到发展的同时，区域中心城市及城市密集地区发展加速，成为区域甚至国家经济发展的中枢地区，成为接驳世界经济和应对全球化挑战的重要空间单元； ④ 部分城市正逐步走向国际化。
发展趋势	① 东部沿海地区城镇化总体快于中西部内陆地区，但中西部地区将不断加速； ② 以大城市为主体的多元化的城镇化道路将成为我国城镇化战略的主要选择； ③ 城市群、城市圈等将成为城镇化的重要空间单元； ④ 在沿海一些发达的特大城市，开始出现了社会居住分化、“郊区化”趋势； ⑤ 特大城市和大城市要合理控制规模，充分发挥辐射带动作用，中小城市和小城镇要增强产业发展、公共服务、吸纳就业、人口集散的功能； ⑥ 新型城镇化的道路就是要由过去片面注重追求城市规模扩大、空间扩张，改变为以提高城市文化、公共服务等内涵为中心，真正使我们的城镇成为具有较高品质的适宜人居之所。

2018-081. 下列关于我国城镇化现状特征与发展趋势的表述，准确的有(　　)。

A. 城镇化过程中经历了大起大落阶段以后，已经开始进入了持续、健康的发展阶段

B. 以大中城市为主的多元城镇化道路将成为我国城镇化战略的主要选择

C. 城镇化发展总体上东部快于西部，南方快于北方

D. 东部沿海地区城镇化进程总体快于中西部内陆地区，但中西部地区将不断加速

E. 城市群、都市圈等将成为城镇化的重要空间单位

【答案】BCDE

【解析】本题考查的是我国城镇化的历程与现状。选项 A 错误，城镇化过程中经历了大起大落阶段以后，已经进入了持续、加速和健康发展阶段，并非“开始进入”。选项 B 正确，以大城市为主体的多元化的城镇化道路将成为我国城镇化战略的主要选择。城市群、都市圈等将成为城镇化的重要空间单元。选项 C 正确，城镇化发展的区域重点经历了由西向东的转移过程，总体上东部快于西部，南方快于北方。选项 D 正确，东部沿海地区城镇化总体快于西部内陆地区，但中国西部地区将不断加速。选项 E 正确，城市群、都市圈等将成为城镇化的重要空间单元。

2010-081. 目前我国的城镇化呈现与西方不同的区域特征，下列哪些现象符合我国目前发展的实际？（　　）

A. 我国大多数城市已进入工业化的后期阶段

B. 我国城镇化的总趋势是人口向中小城市集中

C. 东部沿海地区人口的集聚呈现都市连绵带的态势

D. 中部地区人口向城市的集中多于向镇的集中

E. 西部地区人口向大城市集中明显强于向中小城市的集中

【答案】ADE

【解析】由表我国城镇化发展的现状特征和发展趋势可知，选项 B、C 不属于其内容。此题选 A、D、E。

相关真题：2018-026、2017-010、2008-001

《国家新型城镇化规划（2014～2020 年）》　　**表 1-4-7**

内容	要　点
概念	新型城镇化是以城乡统筹、城乡一体、产城互动、节约集约、生态宜居、和谐发展为基本特征的城镇化，是大中小城市、小城镇、新型农村社区协调发展、互促共进的城镇化。
核心	①以人为本，公共共享；②四化同步，统筹城乡；③优化布局，集约高效；④生态文明，绿色低碳；⑤文化传承，彰显特色；⑥市场主导，政府引导；⑦统筹规划，分类指导。
意义	① 城镇化是现代化的必由之路； ② 城镇化是保持经济持续健康发展的强大引擎； ③ 城镇化是加快产业结构转型升级的重要抓手； ④ 城镇化是解决农业、农村、农民问题的重要途径； ⑤ 城镇化是推动区域协调发展的重要途径； ⑥ 城镇化是促进社会全面进步的必然要求。
矛盾和问题	① 大量农业转移人口难以融入城市社会，市民化进程滞后； ② “土地城镇化”快于人口城镇化，建设用地粗放低效； ③ 城镇空间分布和规模结构不合理，与资源环境承载能力不匹配； ④ 城市管理服务水平不高，“城市病”问题日益突出； ⑤ 自然历史文化遗产保护不力，城乡建设缺乏特色； ⑥ 体制机制不健全，阻碍了城镇化的健康发展； ⑦ 城镇化发展面临的外部挑战日益严峻； ⑧ 城镇化转型发展的内在要求更加严峻； ⑨ 城镇化转型发展的基础条件日趋成熟。
发展目标	① 城镇化水平和质量稳步提升； ② 城镇化格局更加优化； ③ 城市发展模式科学合理； ④ 城市生活和谐宜人； ⑤ 城镇化体制机制不断完善。
环节与路径	① 有序推进农业转移人口市民化； ② 优化城镇化布局和形态； ③ 提高城市可持续发展能力； ④ 推动城乡发展一体化； ⑤ 改革完善城镇化发展体制机制。

2018-026. **下列哪一项不是合理控制超大、特大城市人口和用地规模的举措？(　　)**

A. 在城市中心组团内推广“小街区、密路网”的街区制模式

B. 在城市中心组团外围划定绿化隔离地区

C. 在城市中心组团之外、合适距离的位置建立新区，疏解非核心功能

D. 通过城市群内各城镇间的合理分工，实现核心城市的功能和人口疏解

【答案】A

【解析】选项A是《关于进一步加强城市规划建设管理工作的若干意见》提出的重要内容，但未明确此项和人口、用地规模有关。A不是合理控制超大、特大城市人口和用地规模的举措，故选A。

2017-010. **《国家新型城镇化规划（2014-2020年）》明确了新型城镇化的核心是(　　)。**

A. 优先发展中小城市与城镇　　B. 人的城镇化

C. 改革户籍制度　　D. 优化城镇体系

【答案】B

【解析】根据《国家新型城镇化规划（2014-2020年）》，高举中国特色社会主义伟大旗帜，以邓小平理论、“三个代表”重要思想、科学发展观为指导，紧紧围绕全面提高城镇化质量，加快转变城镇化发展方式，以人的城镇化为核心，有序推进农业转移人口市民化。

2008-001. **集中、集聚、集约是我国城镇化发展的基本原则，能体现这一原则的是(　　)。**

A. 集中是前提，集聚是方式，集约是结果

B. 集中是空间的有序集中，集聚是产业的有组织集聚，集约是资源的高效开发与利用

C. 集中是人口的集中，集聚是具有关联性产业的集聚，集约是最大限度地节约

D. 集中是为了节约土地，集聚是为了形成产业链，集约是为了保护生态

【答案】B

【解析】我国城镇化发展的基本原则是集中、集聚、集约，集中是指空间的有序集中，集聚是指产业的有组织集聚，集约是指资源的高效开发与利用，选项B正确。

第五节　城市发展与区域、经济社会及资源环境的关系

一、城市发展与区域发展的关系

相关真题：2014-005、2014-004、2012-003、2010-005、2008-082、2008-005

城市发展与区域发展的关系　　**表1-5-1**

关系	要　点
城市并非是一种孤立存在的空间形态，它与其所在的区域存在相互联系、相互促进、相互制约的辩证关系，用一句话可以概括城市与区域的关系——城市是区域增长、发展的核心，区域是城市存在与支撑其发展的基础；区域发展产生了城市，城市又在发展中反作用于区域。城市作为经济发展的中心，都有其相应的经济区域作为腹地。每个城市的发展都离不开区域的背景，随着社会经济发展的加深，城市与区域的发展关系愈加密不可分。	

续表

关系	要　点
区域是城市发展的基础	① 城市的发展要对周边的地域产生物质、能量、信息、社会关系等的交换作用，而一个城市的形成与发展也要受到相关区域的资源与其他发展条件的制约； ② 随着现代经济、社会与科学技术的发展，城市和区域共同构成了统一、开放的巨系统，城市与区域发展的整体水平越高，相互作用就越强。
城市是区域发展的核心	城市始终都不是也不能脱离区域而孤立发展，城市是引领区域发展的核心，城市对其所在区域发挥着辐射和吸引作用，比如生长极理论、核心—边缘理论、中心地理论等。

2014-005. 城市与区域的良性关系取决于(　　)。

A. 城市规模的大小　　B. 城市与区域的二元状态

C. 城市与区域的功能互补　　D. 城市在区域中的地位

【答案】C

【解析】城市并非是一种孤立存在的空间形态，它与其所在的区域存在相互联系、相互促进、相互制约的辩证关系，用一句话概括城市与区域的关系：城市是区域增长、发展的核心，区域是城市存在与支撑其发展的基础；区域发展产生了城市，城市又在发展中反作用于区域。城市作为经济发展的中心，都有其相应的经济区域作为腹地。每个城市的发展都离不开区域的背景，随着社会经济发展的加深，城市与区域的发展关系愈加密不可分。因此，城市与区域的互补功能决定了二者的良性关系。

2014-004. 在“核心—边缘”理论中，核心与边缘的关系是指(　　)。

A. 城市与乡村的关系

B. 城市与区域的关系

C. 具有创新变革能力的核心区与周围区域的关系

D. 中心城市与非中心城市的关系

【答案】B

【解析】城市始终都不是也不能脱离区域而孤立发展，城市是引领区域发展的核心，因而城市与区域相互关系和发展演进的规律是研究城市发展的重要基础，比如生长极理论、“核心—边缘”理论、中心地理论等。

2012-003. 下列关于中心城市与所在区域关系的表述，错误的是(　　)。

A. 区域是城市发展的基础

B. 中心城市是区域发展的核心

C. 区域一体化制约中心城市的聚集作用

D. 大都市区是区域与城市共同构成的空间单元类型

【答案】C

【解析】区域是城市发展的基础，城市是区域发展的核心，选项 A、B 正确；在全球竞争时代，区域的角色与作用正在发生着巨大的变化，当今与全球一体化相伴而生的一个重要趋势就是区域一体化，很多城市为了在全球竞争体系中获得更大、更强的发展，而在一定的区域内通过各种方式联合起来，一些中心城市与其所在的区域共同构成了参与全球竞争的基本空间单元（如大都市区、都市圈等）。

2010-005. 关于城市与区域的关系，下列哪项表述是错误的？（　　）

A. 城市是区域发展的核心

B. 区域是城市发展的基础

C. 城市腹地的大小与城市的功能和规模并无直接的关联

D. 城市的功能与地位直接制约区域的发展水平

【答案】C

【解析】城市是区域发展的核心，区域是城市发展的基础，选项 A、B 正确；区域发展产生了城市，城市又在发展中反作用于区域，选项 D 正确；城市作为经济发展的中心都有其相应的经济区域作为腹地，每个城市的发展都离不开区域的背景，选项 C 错误，此题选 C。

2008-082. 关于城市与区域的相互关系，下列表述不准确的是(　　)。

A. 区域原有物质基础条件以及制度、体制等社会与文化要素影响区域内城市的形态与结构

B. 区域自然条件的优劣决定了城市发展的质量与规模

C. 区域外部发展条件的改善有助于城市的快速发展

D. 区域的人口密度决定城市的规模与数量

E. 区域发展水平的高低与城市的发展没有因果关系

【答案】DE

【解析】区域是城市发展的基础，选项 A、B、C 正确，选项 E 错误；城市发展规模受到区域社会经济的发展、城市化水平及生产力布局的直接影响，选项 D 错误；依据题意，选 D、E。

2008-005. 区域是城市发展的基础，下列受区域因素影响最大的是(　　)。

A. 城市性质与规模

B. 城市用地布局结构

C. 城市用地功能组织

D. 城市人口的劳动构成

【答案】A

【解析】区域是城市发展的基础，城市性质与规模受区域因素影响最大。

二、城市发展与经济发展的关系

城市发展与经济发展的关系　　表 1-5-2

概念	要　点
城市的基本经济部类与非基本经济部类	城市经济一般可以分为基本的和从属（或非基本）的两种部类。基本经济部类是促进城市发展的动力，并且基本经济部类的发展将对从属经济部类的发展产生促进作用，从而形成一个循环和累积的反复过程。
城市是现代经济发展的最重要空间载体	通过城市这一重要的节点，资源、技术、劳动力、资本快速聚集并相互作用，从而使城市在自身经济实力不断得到提升的同时，带动区域、国家甚至是超国家尺度的空间经济发展。

三、城市发展与社会发展的关系

相关真题：2013-003

城市发展与社会发展的关系　　表 1-5-3

关系	内　容
城市是社会生活与矛盾的集合体	① 城市的最显著特征是人口密集，因此，社会问题集中发生在城市里。城市社会问题是经济发展到一定阶段的产物，不同的经济发展阶段产生不同的社会问题。 ② 不同的社会制度、社会问题的表现形式也不相同，所以城市社会问题复杂多样，问题的严重程度强弱不等。 ③ 因此，社会和空间之间存在着辩证统一的交互作用和相互依存的关系。正是基于这样的前提，城市规划理论与实践的发展始终离不开对社会问题的关注。 ④ 现实的城市规划对城市社会问题的解决总是难以取得理想的结果，旧的社会问题的解决总是伴随着新的社会问题的产生，从城市住房拥挤、环境恶劣到房屋破旧、住宅紧张，从经济危机、经济萧条到内城衰退、社会混乱，从出现贫民窟到社会分化，从公众参与、社区规划到倡导性规划等，可以说，城市社会问题既可以成为城市发展的桎梏，又可以反过来成为城市发展的目标和现实动力。 ⑤ 城市社会问题的不断出现、解决和城市规划有着十分密切的联系，近现代城市规划理论与实践也总是在不断地寻求解决城市社会问题的过程中取得发展。
健康的社会环境是促进城市发展的重要动力	① 健康的社会环境作为城市发展理性的选择，旨在促进更加宽广的公平环境、诚信环境和管理环境，不仅能使资源得到公平合理的分配和利用，而且能使城市各项社会资源的效益最大化，推动城市文明的继续和发展。 ② 城市社会的健康发展，必然促进人的素质不断提高、人与人的关系不断改善，以及人与自然的和谐。 ③ 各种社会发展趋势、城市社会结构的变迁，必然会对城市的发展变化带来一定影响，并在空间环境上有所体现。 ④ 一个宽容的城市社会需要政府制定与此目标相一致的政策，以保证基本的物质资源的供给、社会安全与公平，需要政府政策更大程度地代表不同种族、性别和全体公民的意志。正是基于这样的考虑，城市规划既是一项技术性工程，更是一项社会工程，因而具有明确的公共政策属性。

2013-003. **下列表述，错误的是(　　)。**

A. 城市人口密集，因此社会问题集中发生在城市里

B. 不同的经济发展阶段产生不同的社会问题

C. 城市规划理论和实践的发展在关注经济问题之后，开始逐步关注城市社会问题

D. 健康的社会环境有助于城市各项社会资源的效益最大化

【答案】C

【解析】城市的最显著特征是人口密集，因此，社会问题集中地发生在城市里。城市社会问题是经济发展到一定阶段的产物，不同的经济发展阶段产生不同的社会问题；不同的社会制度、社会问题的表现形式也不相同，所以城市社会问题复杂多样，问题的严重程度强弱不等。因此，社会和空间之间存在着辩证统一的交互作用和相互依存的关系。正是基于这样的前提，城市规划理论与实践的发展始终离不开对社会问题的关注。健康的社会

环境作为城市发展理性的选择，旨在促进更加宽广的公平环境、诚信环境和管理环境，不仅能使资源得到公平合理的分配和利用，而且能使城市的各项社会资源的效益最大化，推动城市文明的继续和发展。

四、城市发展与资源环境的关系

相关真题：2013-011

城市发展与资源环境的关系 表 1-5-4

关系	内　容
资源环境是城市发展的支撑与约束条件	环境、资源、经济和社会发展作为一个统一的大系统，在城市经济发展过程中，始终从城市生态经济的整体出发，努力探索二者和谐发展的实现途径。
健康的城市发展方式有利于资源环境集约利用	科学发展观要求实现城市经济增长与资源环境保护相互协调、相互促进的良性循环，健康的城市发展方式有利于对资源环境的保护和节约。

2013-011. **“两型社会”是指(　　)。**

A. 新型工业化与新型城镇化社会　　B. 新型城市与新型乡村

C. 资源节约型与环境友好型社会　　D. 城乡统筹型与城乡和谐型社会

【答案】C

【解析】两型社会指的是“资源节约型、环境友好型社会”。资源节约型社会是指整个社会经济建立在节约资源的基础上，建设节约型社会的核心是节约资源，即在生产、流通、消费等各领域各环节，通过采取技术和管理等综合措施，厉行节约，不断提高资源利用效率，尽可能地减少以资源消耗和环境代价满足人们日益增长的物质文化需求的发展模式。环境友好型社会是一种人与自然和谐共生的社会形态，其核心内涵是人类的生产和消费活动与自然生态系统协调可持续发展。

第二章　城市规划的发展及主要理论与实践

大纲要求 表 2-0-1

内 容	要 点	说 明
城市规划的发展及主要理论与实践	国外城市与城市规划理论	了解欧洲古代社会和政治体制下城市的典型格局
		了解现代城市规划产生的历史背景
		熟悉现代城市规划的早期思想
		熟悉现代城市规划主要理论发展
	中国城市与城市规划的发展	了解中国古代社会和政治体制下城市的典型格局
		了解中国近代城市发展背景与主要规划实践
		熟悉我国现代城市规划思想和发展历程
	当代城市规划的理论探索和实践	了解当代城市发展中的主要问题和趋势
		熟悉当代城市规划的主要理论或理念
		熟悉当代城市规划的重要实践

第一节　国外城市与城市规划理论的发展

一、欧洲古代社会和政治体制下城市的典型格局

相关真题：2018-006、2013-004、2012-082、2008-006

古典时期古希腊的社会与城市　　表 2-1-1

项目	内　容
背景	古希腊是欧洲文明的发祥地，在公元前 5 世纪，古希腊经历了奴隶制的民主政体，形成一系列城邦国家。
城市格局特点	城市公共场所：城市布局出现了以方格网的道路系统为骨架、以城市广场为中心的希波丹姆模式，体现了民主和平等的城邦精神。围绕着广场建设有一系列公共建筑，这里成为市民集散的空间、城市生活的核心。同时，在城市空间组织中，神庙、市政厅、露天剧院和市场是市民生活的重要场所，也是城市空间组织的关键性节点。
典型代表	米利都城、雅典

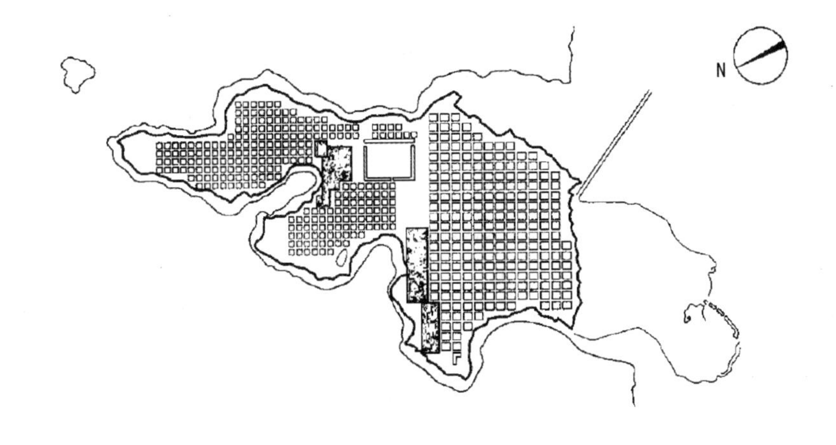

图 2-1-1　米利都城平面图

（Leonardo Benevob. 世界城市史 . 薛钟灵，等，译 . 北京：科学出版社，2000：146.）

2018-006. **下列关于古希腊希波丹姆（Hippodamus）城市布局模式的表述，正确的是(　　)。**

A. 该模式在雅典城市布局中得到了最为完整的体现

B. 该模式的城市空间中，一系列公共建筑围绕广场建设，成为城市生活的核心

C. 皇宫是城市空间组织的关键线性节点

D. 城市的道路系统是城市空间组织的关键

【答案】B

【解析】选项 A 错误，古希腊希波丹姆城市布局模式在米利都城得到了最为完整的体现；选项 C 错误，皇宫不是市民生活的重要场所，也无法成为关键线性节点；选项 B 正确，一系列公共建筑围绕广场建设，广场成为城市生活的核心。

神庙、市政厅、露天剧院和市场是市民生活的重要场所，也是城市空间组织的关键节点。

2013-004. **下列关于古希腊时期城市布局的表述，错误的是(　　)。**

A. 雅典城的布局完整地体现了希波丹姆布局模式

B. 米利都城是以城市广场为中心、以方格网道路为骨架的布局模式

C. 广场或市场周边建设有一系列的公共建筑，是城市生活的核心

D. 雅典卫城具有非常典型的不规则布局的特征

【答案】A

【解析】在古希腊时期，城市布局上出现了以方格网的道路系统为骨架、以城市广场为中心的希波丹姆模式，该模式充分体现了民主和平等的城邦精神和市民民主文化的要求，并在米利都城得到了最为完整的体现。而在其他一些城市中，局部性地出现了这样的格局，如雅典。在这些城市中，广场是市民集聚的空间，围绕着广场建设有一系列的公共建筑，成为城市生活的核心。

2012-082. **下列关于欧洲古代城市格局的表述中，正确的是(　　)。**

A. 古雅典城区是严格的方格网布局，卫城的布局是不规整的

B. 古罗马城以广场、公共浴池、宫殿为中心，形成轴线放射的整体布局结构

C. 古罗马时期建设的营寨城，大多为方形或长方形，中间为十字形街道

D. 中世纪城市发展缓慢，形成了狭小、不规则的道路网

E. 文艺复兴时期的城市建设了一系列具有古典风格、构图严谨的广场和街道

【答案】CDE

【解析】营寨城有一定的规划模式，平面基本上都呈方形或长方形，中间十字形街道，通向东、南、西、北四个城门。中世纪城市因公共活动的需要而形成，城市发展的速度较为缓慢，从而形成了围绕着公共广场组织各类城市设施的城市格局。狭小、不规则的道路网结构，构成了中世纪欧洲城市的独特魅力。文艺复兴时期，在人文主义思想的影响下，建设了一系列风格古典和构图严谨的广场、街道及世俗的公共建筑。

2008-006. **古希腊时期雅典卫城空间布局的最重要特征是(　　)。**

A. 建筑布置规模　　　　B. 以宫殿为核心

C. 以广场为核心　　　　D. 以神庙为核心

【答案】C

【解析】古希腊是欧洲文明的发祥地，公元前5世纪形成的一系列城邦国家，在城市的布局上，是以广场为中心的模式，充分体现了民主和平等的城邦精神和市民民主文化的要求。在这些城市中，广场是市民集聚的空间，围绕着广场建设有一系列的公共建筑，成为城市生活的核心，同时，在城市空间组织中，神庙、市政厅、露天剧院和市场是市民生活的重要场所，也是城市空间组织的关键性节点。

相关真题：2017-004

古典时期古罗马的社会与城市　　　　表 2-1-2

项目	内　　容
背景	古罗马时期是西方奴隶制发展的繁荣阶段。

续表

项目	内　容
城市格局特点	① 享乐：在罗马共和国的最后 100 年中，随着国势强盛、领土扩张和财富敛集，城市得到了大规模发展，除了道路、桥梁、城墙和输水道等城市设施以外，还大量地建造公共浴池、斗兽场和宫殿等供奴隶主享乐的设施。 ② 炫耀：到了罗马帝国时期，城市建设更是进入了鼎盛时期，除了继续建造公共浴池、斗兽场和宫殿以外，城市还成了帝王宣扬功绩的工具，广场、铜像、凯旋门和纪功柱成为城市空间的核心和焦点，古罗马城是这一时期城市建设特征最为集中的体现。城市中心是共和时期和帝国时期形成的广场群，广场上耸立着帝王铜像、凯旋门和纪功柱，城市各处散布公共浴池和斗兽场。 ③ 营寨城：公元前的 300 年间，罗马几乎征服了全部地中海地区，在被征服的地方建造了大量的营寨城，营寨城有一定的规划模式，平面基本上都呈方形或长方形，中间十字形街道，通向东、南、西、北四个城门。中心交点附近为露天剧场或斗兽场与官邸建筑群形成的中心广场（Forum）；欧洲许多大城市就是从古罗马营寨城发展而来，如巴黎、伦敦等。
成果	《建筑十书》：维特鲁威所著，是西方古代保留至今最早、最完整的古典建筑典籍；其中有不少关于城市规划、建筑工程、市政建设等方面的论述。
典型代表	古罗马城

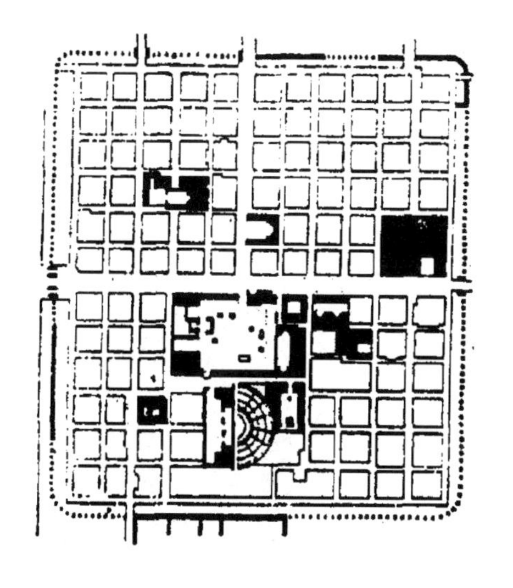

图 2-1-2　古罗马营寨城（网络）

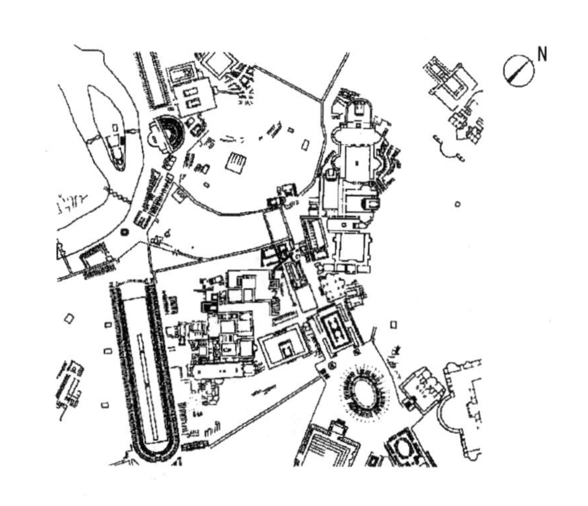

图 2-1-3　罗马市中心（Leonardo Benevolo. 世界城市史．薛钟灵，等，译．北京：科学出版社，2000：187.）

2017-004. 下列关于古罗马时期城市状况的表述，错误的是(　　)。

A. 古罗马城市以方格网道路系统为骨架，以城市广场为中心

B. 古罗马城市以广场、凯旋门和纪功柱等作为城市空间的核心和焦点

C. 古罗马城市中散布着大量的公共浴池和斗兽场

D. 罗马帝国时建设的营寨城多为方形或长方形，中间为十字形街道

【答案】A

【解析】古希腊时期，城市布局上出现了以方格网道路系统为骨架，以城市广场为中心的希波丹姆模式。故 A 项错误。

相关真题：2017-082、2011-082

中世纪的社会与城市　　表 2-1-3

项目	内　容
背景	罗马帝国的灭亡标志着欧洲进入封建社会的中世纪。在此时期，欧洲分裂成为许多小的封建领主王国，封建割据和战争不断，使经济和社会生活中心转向农村，手工业和商业十分萧条，城市处于衰落状态。
城市格局特点	① 教堂：在中世纪，由于神权和世俗封建权力的分离，在教堂周边形成了一些市场，并由教会管理，进而逐步形成为城市。教堂占据了城市的中心位置，教堂的庞大体量和高耸的尖塔成为城市空间和天际轮廓的主导因素。 ② 城堡：在教会控制的城市之外的大量农村地区，为了应对战争的冲击，一些封建领主建设了许多具有防御作用的城堡，围绕着这些城堡也形成了一些城市。 ③ 自发生长：就整体而言，城市基本上多为自发生长，很少有按规划建造的；同时，由于城市因公共活动的需要而形成，城市发展的速度较为缓慢，从而形成了城市中围绕着公共广场组织各类城市设施的格局，以及狭小、不规则的道路网结构。这构成了中世纪欧洲城市的独特魅力。
防御性	由于中世纪战争的频繁，城市的设防要求被提到较高的地位，也出现了一些以城市防御为出发点的规划模式。
自治城市	10 世纪以后，随着手工业和商业逐渐兴起和繁荣，行会等市民自治组织的力量得到了较大的发展，许多城市开始摆脱封建领主和教会的统治，逐步发展成为自治城市；在这些城市中，公共建筑如市政厅、关税厅和行业会所等成为城市活动的重要场所，并在城市空间中占据主导地位。
典型城市	意大利的佛罗伦萨，在 1172 年和 1284 年两度突破城墙向外扩展。

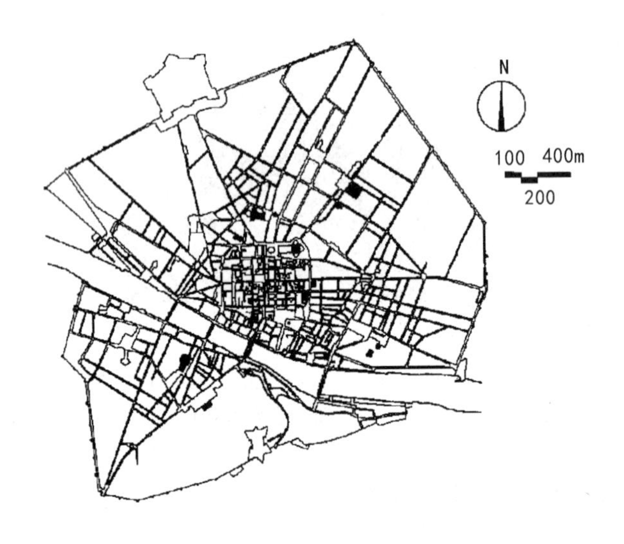

图 2-1-4　佛罗伦萨（全国城市规划执业制度管理委员会．城市规划原理．北京：中国计划出版社，2002：20.）

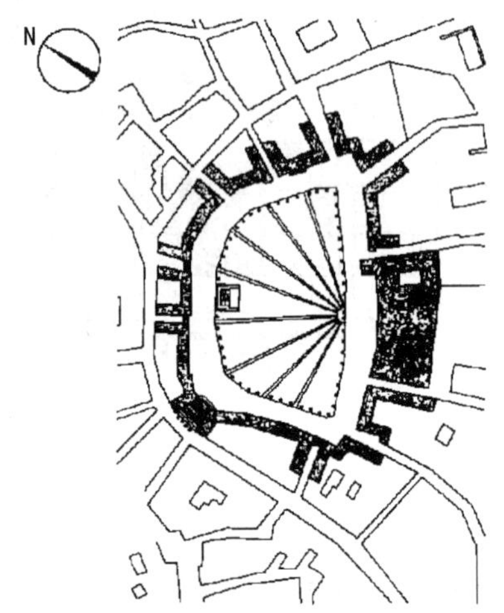

图 2-1-5　坎波广场平面（建筑设计资料集（第三版）第 1 分册　建筑总论．北京：中国建筑工业出版社，2017：465.）

2017-082、2011-082. 下列有关欧洲古代城市格局的表述，正确的有(　　)。

A. 古希腊时期的米利都城在布局上以方格网的道路系统为骨架，以城市广场为中心

B. 中世纪城市中，教堂往往占据着城市的中心位置，是天际轮廓的主导因素

C. 中世纪城市商业成为主导性的功能，关税厅、行业会所等成为城市活动的重要场所

D. 文艺复兴时期的城市，大部分地区是狭小、不规则的道路网结构

E. 文艺复兴时期的建筑师提出了大量不规则形状的理想城市方案

【答案】ABC

【解析】米利都城的特点为：方格网＋中心城市广场，选项 A 正确。

在中世纪，经济和社会生活中心转向农村，手工业和商业十分萧条，城市处于衰落状态。教堂占据了城市的中心位置，选项 B 正确。

10 世纪以后，随着手工业和商业逐渐兴起和繁荣，行会等市民自治组织的力量得到了较大的发展；在这些城市中，公共建筑如市政厅、关税厅和行业会所等成为城市活动的重要场所，并在城市空间中占据主导地位，选项 C 正确。

文艺复兴时期，建设了一系列具有古典风格和构图严谨的广场和街道以及一些世俗的公共建筑。其中具有代表性的有威尼斯的圣马可广场、梵蒂冈的圣彼得大教堂等；文艺复兴时期，出现了一系列有关理想城市格局的讨论；可见文艺复兴时期的城市为构图严谨的几何形状，故 D、E 项错误。

相关真题：2013-083

文艺复兴时期的社会与城市　　表 2-1-4

项目	内　容
背景	14 世纪以后，封建社会内部产生了资本主义萌芽，新生的城市资产阶级实力不断壮大，在有的城市中占到了统治性的地位。 以复兴古典文化来反对封建的、中世纪文化的文艺复兴运动蓬勃兴起，在此时期，艺术、技术和科学都得到飞速发展。
城市的格局特点	许多中世纪城市，已经不能适应新的生产及生活发展变化的要求，城市进行了局部地区的改建。这些改建主要是在人文主义思想的影响下，建设了一系列具有古典风格和构图严谨的广场和街道，以及一些世俗的公共建筑。
典型代表	其中具有代表性的如威尼斯的圣马可广场、梵蒂冈的圣彼得大教堂。

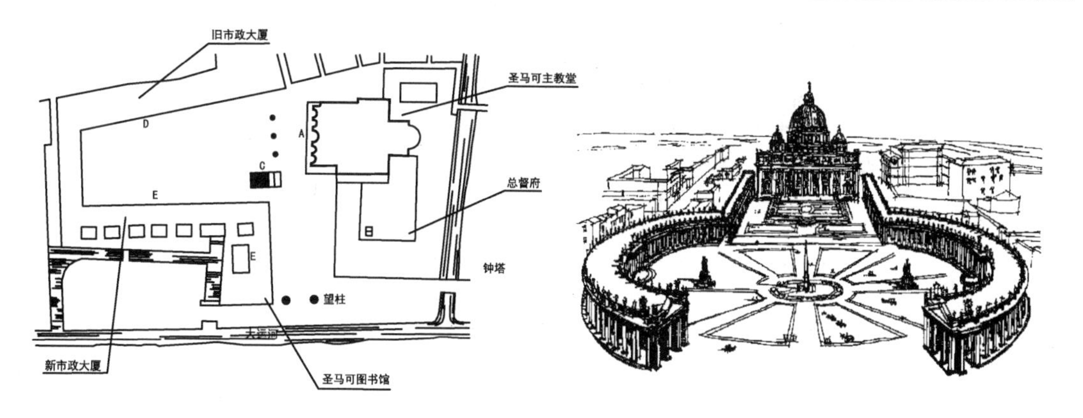

图 2-1-6　威尼斯的圣马可广场（全国城市规划执业制度管理委员会．城市规划原理．北京：中国计划出版社，2002：21.）

图 2-1-7　梵蒂冈的圣彼得大教堂（建筑设计资料集（第三版）第 1 分册　建筑总论．北京：中国建筑工业出版社，2017：144.）

2013-082. 针对经过中世纪历史发展进入文艺复兴时期的欧洲城市，下列表述中正确的有(　　)。

A. 城市大部分地区是狭小、不规则的道路网结构

B. 围绕一些大教堂建设有古典风格和构图严谨的广场

C. 建筑师提出的理想城市大多是不规则形的

D. 中世纪城市经过了全面有序的改造

E. 市政厅、行业会所成为城市活动的重要场所

【答案】BD

【解析】 文艺复兴时期许多中世纪城市，已经不能适应新的生产及生活发展变化的要求，城市进行了局部地区的改建。这些改建主要是在人文主义思想的影响下，建设了一系列具有古典风格和构图严谨的广场和街道，以及一些世俗的公共建筑。

相关真题：2018-007、2014-007、2011-004

绝对君权时期的社会与城市 **表 2-1-5**

项目	内　容
背景	从17世纪开始，新生的资本主义迫切需要强大的国家机器提供庇护，资产阶级与国王结成联盟，反对封建割据和教会势力，建立了一批中央集权的绝对君权国家，形成了现代国家的基础。
城市格局特点	这些国家的首都，如巴黎、伦敦、柏林、维也纳等，均发展成为政治、经济、文化中心型的大城市；随着资本主义经济的发展，这些城市改建、扩建的规模超过以往任何时期；在这些城市改建中，巴黎的城市改建影响最大。 在古典主义思潮的影响下，轴线放射的街道（如香榭丽舍大道）、宏伟壮观的宫殿花园（如凡尔赛宫）和公共广场（如协和广场）成为那个时期城市建设的典范。
典型城市	巴黎

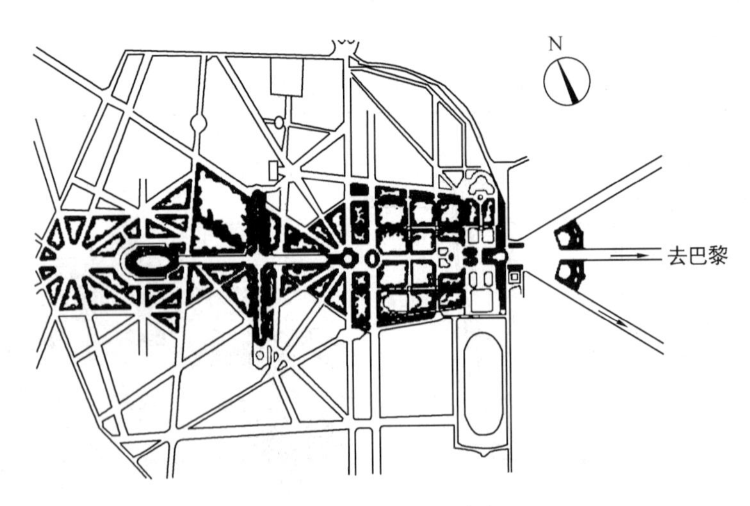

图 2-1-8　巴黎凡尔赛宫

（全国城市规划执业制度管理委员会. 城市规划原理. 北京：中国计划出版社，2002：22.）

2018-007. 下列关于绝对君权时期欧洲城市改建的表述，准确的是(　　)。

A. 这一时期欧洲国家的首都均发展成为封建统治与割据的中心大城市

B. 这一时期的城市改建，以伦敦市的改建影响最为巨大

C. 这一时期的城市改建，受到古典主义思潮的影响

D. 这一时期的教堂是城市空间的中心和塑造城市空间的主导因素

【答案】C

【解析】本题考查的是欧洲古代社会和政治体制下城市的典型格局。选项 A 错误，这些国家的首都，均发展成为政治、经济、文化中心型的大城市；选项 B 错误，巴黎的城市改建影响最大；选项 D 错误，“教堂是城市空间的中心和塑造城市空间的主要因素”是中世纪的社会与城市特点之一，而非绝对君权时期。

2014-007. (　　)不是欧洲绝对君权时期的城市建设特征。

A. 轴线放射的街道　　B. 宏伟壮观的宫殿花园

C. 规整对称的公共广场　　D. 有机组合的城市形态

【答案】D

【解析】随着资本主义经济的发展，这些城市改建、扩建的规模超过以往任何时期。在这些城市改建中，巴黎的城市改建影响最大。在古典主义思潮的影响下，轴线放射的街道（如香榭丽舍大道）、宏伟壮观的宫殿花园（如凡尔赛宫）和公共广场（如协和广场）成为那个时期城市建设的典范。

2011-004. 古代欧洲城市轴线放射型街道布局主要体现了(　　)。

A. 古希腊的民主政治思想　　B. 古罗马的强势与享乐观念

C. 君权统治的意志　　D. 中世纪的宗教理念

【答案】C

【解析】17 世纪后资产阶级与国王联盟，反对封建割据势力，建立了一批中央集权的绝对军权国家，轴线放射型街道布局是社会君权时期城市特点。

二、现代城市规划产生的历史背景

相关真题：2018-008、2011-005、2010-008、2010-007、2010-006、2008-011

现代城乡规划产生的历史背景与形成基础　　**表 2-1-6**

内容	要　点
历史背景	社会状况：18 世纪的工业革命极大地吸引农村人口向城市集中；农业生产效率的提高和圈地法的实施，又迫使大量破产农民涌入城市。 环境恶化：原有城市中各项设施不足，住宅短缺，出现许多粗制滥造的工人住宅；交通设施的匮乏，需要廉价的距生产地点近的住房，居住与工厂混杂；住房缺乏基本的通风、采光且人口密度极高，导致了传染疾病的流行。 引起关注：社会和有关当局在惊恐之下开始关注上述问题。 19 世纪中叶开始出现了一系列有关城市未来发展方向的讨论，为现代城市规划的形成和发展在理论上、思想上进行了充分的准备。

续表

内容	要　点
形成基础	思想基础——空想社会主义 莫尔：期望通过对社会组织结构等方面的改革来改变当时他认为不合理的社会，并描述了他理想中的建筑、社区和城市。 欧文：1817 年提出“协和村”（Village of New Harmony）的方案，并用自己五分之四的财产，在美国的印第安纳州购买了 12000hm^2 土地建设他的新协和村。 傅立叶：以“法郎吉”为单位建设由 1500～2000 人组成的社区，废除家庭小生产，以社会大生产替代。 戈定：在法国按照傅立叶的设想进行了实践。
	法律基础——英国关于城市卫生和工人住房的立法 1909 年，英国《住房、城镇规划等法》的通过，标志着现代城市规划的确立。
	行政实践——巴黎改造 ① 法国巴黎改建是 1853 年，豪斯曼针对城市的给排水设施、环境卫生、公园和墓地等进行了全面的城市改建工作。通过政府直接参与和组织，对巴黎进行全面的改建。 ② 以道路切割来划分整个城市的结构，并将塞纳河两岸地区紧密地连接在一起。在街道改建的同时，结合整齐、美观的街景建设的需要，形成了标准的住房布局方式和街道设施。 ③ 在城市的两侧建造了两个森林公园，在城市中配置了大量的大面积公共开放空间。 ④ 成为 19 世纪末 20 世纪初欧洲和美洲大陆城市改建的样板。
	技术基础——城市美化 英国公园运动——西谛。 以纽约中央公园为代表的公园和公共绿地的建设——奥姆斯特德。 城市美化运动——以 1893 年在芝加哥举行的博览会为起点的对市政建筑物进行全面改进为标志。该运动主将伯汉姆于 1909 年完成的芝加哥规划被称为第一份城市范围的总体规划。
	实践基础——公司城建设 背景：公司城是资本家为了就近解决在其工厂中工作的工人的居住问题、从而提高工人的生产能力，而由资本家出资建设、管理的小型城镇。
	实践：凯伯里——伯明翰、莱佛——利物浦、美国的普尔曼——芝加哥南部的城镇

2018-008. **下列关于近代空想社会主义理想和实践的表述，错误的是(　　)。**

A. 莫尔（T. More）的“乌托邦”（Utopia）概念除了提出理想社会组织结构改革的设想之外，也描述了他理想中的建筑、社区和城市

B. 欧文提出了“协和村”（Village of New Harmony）的方案，并进行了实践

C. 傅里叶（Char leo Fourier）提出了以“法郎吉”（Phalanges）为单位建设 5000 人左右规模的社区

D. 戈定（J. P. Godin）在法国古斯（Guise）的工厂相邻处按照傅里叶的“法郎吉”设想进行了实践

【答案】C

【解析】本题考查的是现代城市规划产生的历史背景。选项 C 错误，社区规模不是 5000 人左右，而是 1500～2000 人。

2011-005. 19 世纪巴黎改建是由(　　)。

A. 一批有责任心的建筑师发起的　　B. 工会组织的

C. 规划协会组织的　　D. 政府组织的

【答案】D

【解析】1853 年豪斯曼作为巴黎的行政长官，看到巴黎存在严重的城市环境问题，于是通过政府直接参与组织，对巴黎进行全面的改建。

2010-008. 现代城市规划形成的思想基础源于(　　)。

A. 玛塔的带形城市理论

B. 霍华德的田园城市理论

C. 欧文、傅里叶等的空想社会主义思想与实践

D. 戈涅的工业城市方案

【答案】C

【解析】现代城市规划形成的思想基础——空想社会主义。近代历史上的空想社会主义源自于莫尔的“乌托邦”概念。近代空想社会主义的代表人物欧文和傅里叶等人不仅通过著书立说来宣传、阐述他们对理想社会的信念，同时还通过一些实践来推广和实践这些理想。

2010-007. 现代城市美化运动源于(　　)。

A. 法国巴黎城的改建实践　　B. 英国的住房、城镇规划等法

C. 1893 年芝加哥的博览会　　D. 英国的公司城建设

【答案】C

【解析】现代城市规划形成的技术基础——城市美化源自于文艺复兴后的建筑学和园艺学传统。以 1893 年在芝加哥举行的博览会为起点的对市政建筑物进行全面改进为标志的城市美化运动，综合了对城市空间和建筑设施进行美化的各方面思想和实践，在美国城市得到了全面的推广。第一份城市范围的总体规划为伯汉姆 1909 年完成的芝加哥规划。

2010-006. 下列哪项不属于欧洲古代经典城市(　　)。

A. 希腊的米利都城　　B. 罗马的营寨城

C. 意大利的佛罗伦萨城　　D. 法国的“协和村”

【答案】D

【解析】“协和村”为 1817 年欧文提出的空想社会主义方案，选项 D 不符合题意，此题选 D。

2008-011. 豪斯曼的巴黎改造规划与建设的特点是(　　)。

A. 以政府直接组织与管理为主的大规模城市更新活动

B. 以基础设施建设为引导的新城（区）建设运动

C. 以街道景观整治与建设为主的美化运动

D. 以增加公共空间的面积与配置为主的“公园运动”

【答案】A

【解析】豪斯曼在1853年开始成为巴黎的行政长官，他看到了巴黎存在的供水受到污染、排水系统不足、可以用作公园和墓地的空地严重缺乏、大片破旧肮脏的住房和没有最低限度的交通设施等问题的严重性，通过政府直接参与和组织，对巴黎进行了全面的改建。

三、现代城市规划早期的思想

相关真题：2013-005、2012-004

霍华德的田园城市理论　表 2-1-7

内容	要　点
理论提出	1898年出版以《明天：通往真正改革的平和之路》为书名的论著，提出了田园城市的理论。
概念	田园城市是为健康、生活以及产业而设计的城市，它的规模能提供丰富的社会生活，四周要有永久性农业地带围绕，城市的土地归公众所有，由一个委员会受托、管理。
田园城市模式	田园城市包括城市和乡村两个部分，边缘地区设有工厂企业。城市的规模必须加以限制，每个城市的人口限制在3.2万人，超过了这一规模就需要建设另一个新的城市。若干个田园城市围绕着中心城市（中心城市人口规模为5.8万人）呈圈状布局。
田园城市布局	城区平面呈圆形，中央为公园，有六条主干道路从中心向外辐射，在其核心部位布置一些独立的公共建筑，在城市直径线的外1/3处设一条环形的林荫大道，在城区的最外围地区建设各类工厂、仓库、小市场。
实践	1903年组织了“田园城市有限公司”筹措资金，建立了第一座田园城市——莱彻沃斯。该城市的设计是在霍华德的指导下由恩温和帕克完成的。

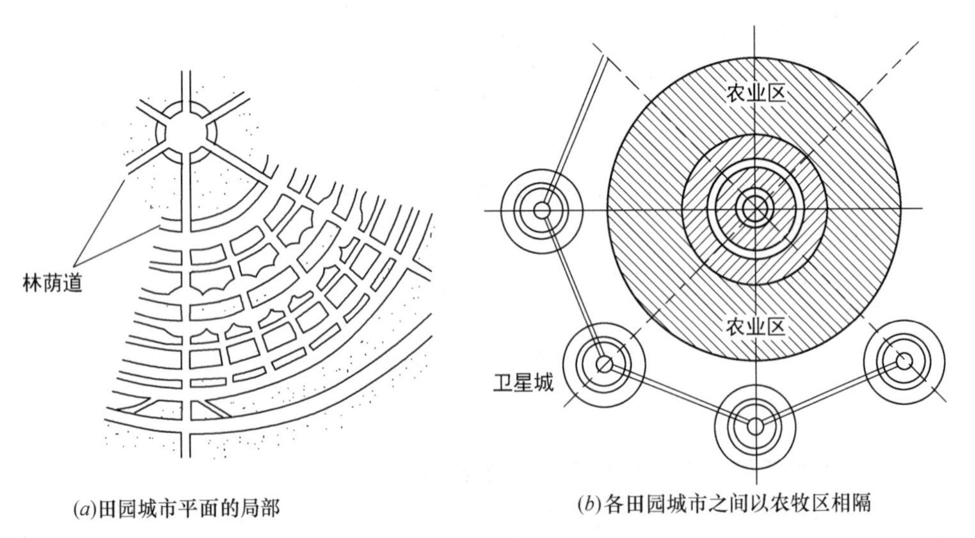

(a)田园城市平面的局部　(b)各田园城市之间以农牧区相隔

图 2-1-9　霍华德田园城市图解

（李德华．城市规划原理．3版．北京：中国建筑工业出版社，2001：23.）

2013-005. **下列哪项不是霍华德田园城市的内容？(　　)**

A. 每个田园城市的规模控制在 3.2 万人，超过此规模就需要建设另一个新的城市

B. 每个田园城市的城区用地占总用地的六分之一

C. 田园城市城区的最外围设有工厂、仓库等用地

D. 田园城市应当是低密度的，保证每家每户有花园

【答案】D

【解析】根据霍华德的设想，田园城市包括城市和乡村两个部分。田园城市的居民生活于此，工作于此，在田园城市的边缘地区设有工厂企业。城市的规模必须加以限制，每个田园城市的人口限制在 3.2 万人，超过了这一规模，就需要建设另一个新的城市。田园城市实质上就是城市和乡村的结合体，每一个田园城市的城区用地占总用地的 1/6。D 选项不是田园城市的内容，此题选 D。

2012-004. **下列关于霍华德田园城市理论的表述，正确的是(　　)。**

A. 田园城市倡导低密度的城市建设

B. 田园城市中每户都有花园

C. 田园城市中联系各城市的铁路从城市中心通过

D. 中心城市与各田园城市组成一个城市群

【答案】D

【解析】田园城市实质上就是城市和乡村的结合体，每个田园城市的城区用地占总用地的 1/6，若干个田园城市围绕着中心城市呈圈状布置，借助于快速的交通工具（铁路）只需要几分钟就可以往来于田园城市与中心城市或田园城市之间。

相关真题：2017-006、2012-005、2010-009

勒·柯布西埃的现代城市　　　　表 2-1-8

内容	说　明
明天城市	方案提出：1922 年他发表了“明天城市”的规划方案，阐述了他从功能和理性角度对现代城市的基本认识，从现代建筑运动的思潮中所引发的关于现代城市规划的基本构思。 布局模式：300 万人口（中央为中心区，除了必要的各种机关、商业和公共设施、文化和生活服务设施外，有将近 40 万人居住在 24 栋 60 层高的摩天大楼中，高楼周围有大片的绿地，建筑仅占地 5%。在其外围是环形居住带，有 60 万居民住在多层的板式住宅内。最外围的是可容纳 200 万居民的花园住宅。中心区有三层干道——地下走重型车、地面用于市内交通、高架道路用于快速交通。市区与郊区由地铁和郊区铁路来联系）的城市规划方案。 中心思想：提高市中心的密度，改善交通，全面改造城市地区，形成新的城市概念，提供充足的绿地、空间和阳光。
光辉城市	方案提出：1930 年，柯布西埃发表了“光辉城市”的规划方案，这一方案是他以前城市规划方案的进一步深化，同时也是他现代城市规划和建设思想的集中体现。 中心思想：城市必须集中，只有集中的城市才有生命力，由于拥挤而带来的城市问题是完全可以通过技术手段而得到解决的，这种技术手段就是采用大量的高层建筑来提高密度和建立一个高效率的城市交通系统。 著作：《雅典宪章》(1933)；实践：20 世纪 50 年代昌迪加尔规划。

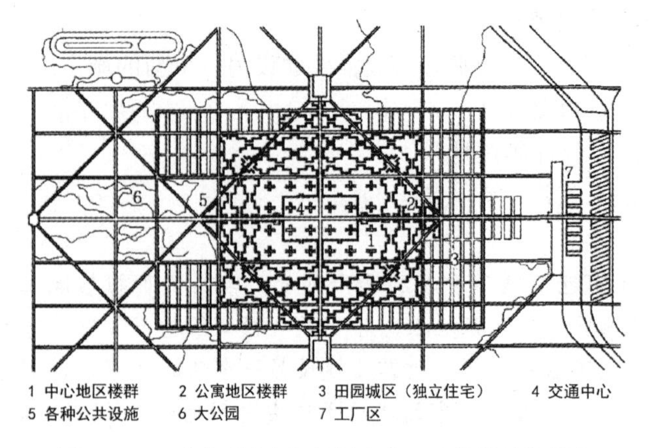

图 2-1-10 “明天城市”规划方案（建筑设计资料集（第三版）第 1 分册 建筑总论．北京：中国建筑工业出版社，2017：466.）

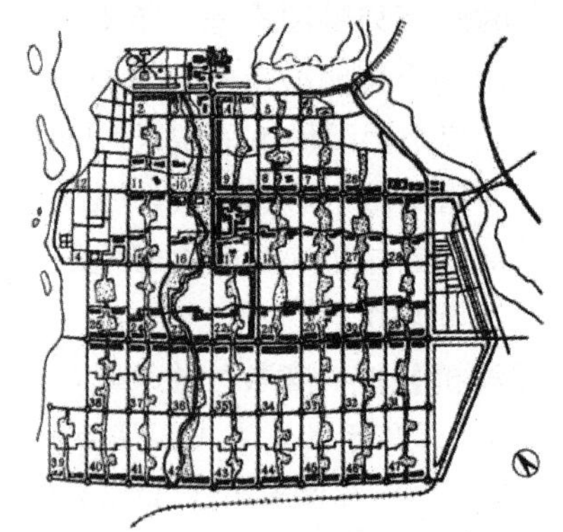

图 2-1-11 昌迪加尔规划方案（建筑设计资料集（第三版）第 1 分册 建筑总论．北京：中国建筑工业出版社，2017：466.）

2017-006. 下列关于柯布西埃现代城市设想的表述，错误的是(　　)。

A. 现代城市规划应当提供充足的绿地、空间和阳光，建设“垂直的花园城市”

B. 城市的平面应该是严格的几何形构图，矩形和对角线的道路交织在一起

C. 高密度的城市才是有活力的，大多数居民应当居住在高层住宅内

D. 中心区应当至少由三层交通干道组成：地下走重型车，地面用于市内交通，高架道路用于快速交通

【答案】C

【解析】柯布西埃认为，城市必须集中，只有集中的城市才有生命力，由于拥挤而带来的城市问题是完全可以通过技术手段而得到解决的，这种技术手段就是采用大量的高层建筑来提高密度和建立一个高效率的城市交通系统。故 C 项错误。

2012-005. 勒·柯布西埃于 1922 年提出了“明天城市”的设想，下列表述中错误的是(　　)。

A. 城市中心区的摩天大楼群中，除安排商业、办公和公共服务外，还可居住将近 40 万人

B. 城市中心区域的交通干路由地下、地面和高架快速路三层组成

C. 在城市外围的花园住宅区中可居住 200 万人

D. 城市最外围是由铁路相连接的工业区

【答案】D

【解析】由勒·柯布西埃的现代城市理论可知，最外围是花园住宅，选项 D 表述不正确，此题选 D。

2010-009. 现代城市规划中，最早引入城市立体交通体系主张的代表人物是(　　)。

A. 霍华德　　B. 勒·柯布西埃

C. 索里亚·玛塔　　D. 西谛

【答案】B

【解析】勒·柯布西埃是现代建筑运动的重要人物。在1922年他发表了“明天城市”的规划方案。规划的中心思想是提高市中心的密度，改善交通，全面改造城市地区，形成新的城市概念，提供充足的绿地、空间和阳光。在该项规划中，柯布西埃还特别强调了大城市交通运输的重要性。在中心区，规划了一个地下铁路车站，车站上面布置直升机起降场。中心区的交通干道由三层组成：地下走重型车辆，地面用于市内交通，高架道路用于快速交通。市区与郊区由地铁和郊区铁路线来联系。

相关真题：2018-009、2014-011

现代城乡规划早期的其他理论　　表2-1-9

内容	要点
索里亚·玛塔的线形城市理论	提出者：西班牙工程师索里亚·玛塔于1882年首先提出。 最主要的原则：城市建设的一切问题，均以城市交通问题为前提。即运输经济，耗时最少。 城市结构：由铁路和干道串联在一起、连绵不断的长条形建筑地带。 目的：既可以享受城市型的设施又不脱离自然。 实践：对城市规划和建设产生了重要影响，在斯大林格勒（今俄罗斯伏尔加格勒）等城乡规划实践中得到运用；哥本哈根指状式发展、巴黎轴向延伸等都是线形城市模式的最好例证。
戈涅的工业城市	提出者：法国建筑师戈涅于20世纪初提出，1904年巴黎展出，1917年出版《工业城市》。 基本思路：注重各类设施本身的要求和与外界的相互关系，将各类用地按照功能互相分割，以便于各自的扩建，直接孕育了《雅典宪章》功能分区的原则。 特点：以重工业为基础，具有内在的扩张力量和自主发展的能力，因此更具有独立性，这对强调工业发展的国家和城市产生了重要的影响。
卡米洛·西谛的城市形态研究	原则：以确定的艺术方式形成城市建设。 研究结果：1889年西谛出版的《城市建设艺术》，通过对城市空间的各类构成要素，如广场、街道、建筑、小品之间相互关系的探讨，揭示了这些设施位置的选择、布置以及与交通、建筑群体布置之间建立艺术的和宜人的相互关系的一些基本原则，强调人的尺度、环境的尺度与人的活动以及他们的感受之间的协调，从而建立起城市空间的丰富多彩和人的活动空间的有机构成。
生物学家格迪斯的学说	基本思路：强调人与环境的相互关系，人类居住地与特定地点之间的关系是一种已经存在的、由地方经济性质所决定的精致的内在联系。 成果：1915年出版的著作《进化中的城市》，把对城市的研究建立在对客观现实研究的基础之上，提出把自然地区作为规划研究的基本框架；将城市和乡村的规划纳入同一体系之中，使规划对象包括若干个城市以及它们所影响的整个地区；这一思想经美国学者芒福德等人发扬光大，形成了对区域的综合研究和区域规划。 提出城市规划的工作模式：调查—分析—规划。

2018-009. 下列关于法国近代“工业城市”设想的表述，错误的是(　　)。

A. 建筑师戈涅是“工业城市”设想的提出者

B. “工业城市”是一个城市的实际规划方案，位于平原地区的河岸附近，便于交通运输

C. “工业城市”的规模假定为35000人

D. “工业城市”中提出了功能分区思想

【答案】B

【解析】本题考查的是现代城市规划的早期思想。选项B错误，“工业城市”是一个假想城市的规划方案，而非实际规划方案。城市的选址是考虑“靠近原料产地或附近有提供能源的某种自然力量，或便于交通运输”。

2014-011. 最早比较完整地体现了功能分区思想的是(　　)。

A. 柯布西埃的“明天的城市”

B. 《马丘比丘宪章》

C. 戈涅的“工业城市”

D. 马塔的“带形城市”

【答案】C

【解析】戈涅在“工业城市”中提出了功能分区思想，直接孕育了《雅典宪章》所提出的功能分区原则，这原则对于解决当时城市中工业、居住混杂而带来的种种弊病具有重要的积极意义。

四、现代城市规划主要理论发展

1. 城市发展理论

城市化理论　　表2-1-10

项目	内　容
定义	指人类生产和生活方式由乡村型向城市型转化的历史过程，表现为乡村人口向城市人口转化，以及城市不断发展和完善的过程。
前提	农业生产力的发展是城市兴起和成长的第一前提；农村劳动力的剩余是城市兴起和成长的第二前提。
动力	现代城市化发展的最基本动力是工业化，第三产业的发展也是城市化的推动力量
城市化发展过程	① 初期阶段：城市人口占总人口的比重在30%以下。这一阶段农村人口占绝对优势，生产力水平较低，工业提供的就业机会有限，农村剩余劳动力释放缓慢。
	② 中期阶段：城市人口占总人口的比重超过30%。城市化进入快速发展时期，城市人口可在较短的时间内突破50%，进而上升到70%左右。
	③ 后期阶段：城市人口占总人口的比重的70%以上。为了保持社会必需的农业规模，农村人口的转化趋于停止，这一阶段也成为城市化稳定阶段。

相关真题：2017-007、2014-083

城市发展原因的解释　　表2-1-11

内容	要　点
城市发展的区域理论	城市是区域环境中的一个核心。 区域产生城市，城市反作用于区域。 城市作为增长极与其腹地的基本作用机制有极化效应和扩散效应。 极化效应是指生产要素向增长极集中的过程，表现为增长极的上升运动。

续表

内容	要　点
城市发展的经济学理论	城市的经济活动是其中最重要和最显著的因素之一。 城市的基础产业是城市经济力量的主体，它的发展是城市发展的关键。 基础产业是指那些产品主要销往城市之外地区的产业部门。
城市发展的社会学理论	社会生活和文化方面的发展也是城市发展的重要方面。 决定人类社会发展的最重要因素是人类的互相依赖和互相竞争。 互相依赖和互相竞争是人类社区空间关系形成的决定性因素，同样也是其进一步发展的决定性因素。
城市发展的交通通讯理论	城市的发展主要起源于城市为人们提供面对面交往或交易的机会。 城市居民逐渐地以通信来替代交通，以达到相互作用的目的。 城市的主要聚集效应在于使居民可以接近信息交换中心以及便利居民的互相交往

2017-007. 下列关于城市发展的表述，不准确的是(　　)。

A. 农业劳动生产率的提高有助于推动城市化的发展

B. 城市中心作用强大，有助于带动周围区域社会经济的均衡发展

C. 交通通信技术的发展有助于城市中心效应的发挥

D. 城市群内各城市间的互相合作，有助于提高城市群的竞争能力

【答案】A

【解析】现代城市化发展的最基本动力是工业化。工业化促进了大规模机器生产的发展，以及在生产过程中对比较成本利益、生产专业化和规模经济的追求，使得大量的生产集中在城市之中。在农业生产效率不断提高的条件下，由于城乡之间存在着预期收入的差异，从而导致人口向城市集中。故A项错误，此题选A。

2014-083. 下列表述中，正确的有(　　)。

A. 规模经济理论认为，随着城市规模的扩大，产品和服务的供给成本就会上升

B. 经济基础理论认为，基本经济部类是城市发展的动力

C. 增长极核理论认为，区域经济发展首先集中在一些条件比较优越的城市

D. 集聚经济理论认为，城市不同产业之间的互补关系使城市的集聚效应得以发挥

E. 梯度发展理论认为，产业的梯度扩散将产生累进效应

【答案】BCD

【解析】规模经济理论是指在一特定时期内，企业产品绝对量增加时，其单位成本下降，即扩大经营规模可以降低平均成本，从而提高利润水平，故A项错误。梯度发展理论是基于缪尔达尔、赫希曼等人的“二元经济结构”理论，区域经济发展已形成了经济发达区和落后区（即核心区与边缘区），经济发展水平出现了差异，形成了经济梯度，试图利用发达地区的优势，借助其扩散效应，为缩小地区差异而提出的一种发展模式，故E项错误。

相关真题：2013-006

城市的分散模式理论 1 **表 2-1-12**

内容	说明
卫星城理论	背景：1898 年，霍华德提出的田园城市设想得到了初步的实践，在实际中分化为两种形式：①农业地区的孤立小城镇：自给自足；②城市郊区：有宽阔的花园，与霍华德的意愿相背，它只能促进大城市的无序向外蔓延。针对田园城市实践过程中出现的背离霍华德基本思想的现象，由恩温于 1920 年提出了卫星城理论。
	概念提出：1924 年，在阿姆斯特丹召开的国际城市会议上提出建设卫星城是防止大城市规模过大和不断蔓延的一个重要方法，从此，卫星城市便成为一个国际上通用的概念。
	定义：卫星城市是一个经济上、社会上、文化上具有现代城市性质的独立城市单位，但同时又是从属于某个大城市的派生产物。
	特点：强化了与中心城市的依赖关系，强调中心城的疏解。
	问题：对中心城市的过度依赖，造成子母城之间交通压力，难以真正疏解大城市。
新城理论	提出：从 20 世纪 10 年代开始，人们把按照新的规划设计建设的新城市统称为“新城”。20 世纪 50 年代以后，按规划设计建设的新城市被称为第三代卫星城。
	特点：更强调城市的相对独立性。它基本上是一定区域范围内的中心城市，为其周围的地区服务，并且与中心城市发生相互作用，成为城镇体系中的一个组成部分，对涌入大城市的人口起到一定的截流作用。

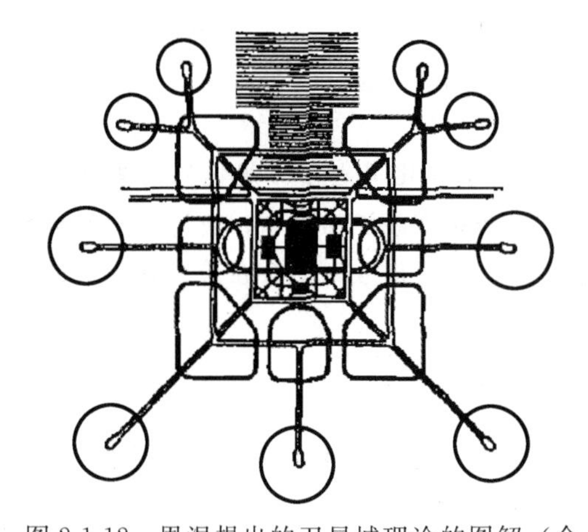

图 2-1-12　恩温提出的卫星城理论的图解（全国城市规划执业制度管理委员会．城市规划原理．北京：中国计划出版社，2002：36.）

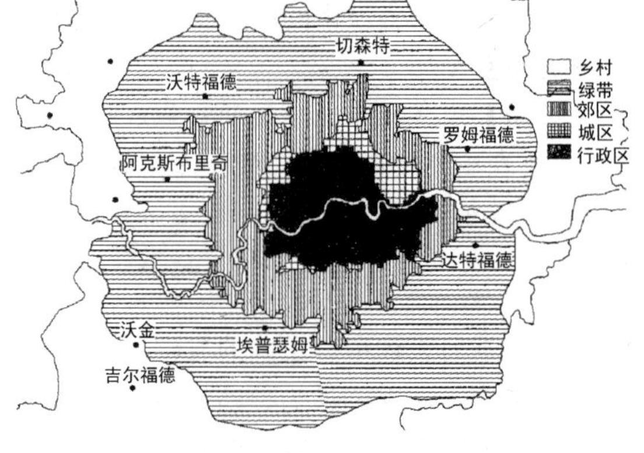

图 2-1-13　大伦敦规划（建筑设计资料集（第三版）第 1 分册　建筑总论．北京：中国建筑工业出版社，2017：456.）

2013-006. 下列关于英国第三代新城建设的表述，错误的是(　　)。

A. 新城通常是一定区域范围内的中心

B. 新城应当使就业与居住相对平衡

C. 新城应当承当中心城市的某项职能

D. 新城通常是按照规划在乡村地区开始建设起来的

【答案】D

【解析】 新城的概念更强调了城市的相对独立性。它基本上是一定区域范围内的中心城市，为其周围的地区服务，并且与中心城市发生相互作用，成为城镇体系中的一个组成部分，对涌入大城市的人口起到一定的截流作用。

相关真题：2017-005

城市的分散模式理论 2　　表 2-1-13

内容	说　明
有机疏散理论	背景：为缓解由于城市过分集中所产生的弊病而提出的关于城市发展及其布局结构的理论。不是一个具体的或者技术性的指导方案，而是对城市的发展带有哲理性的思考。
	代表人物及著作：1942 年，沙里宁《城市：它的发展、衰败和未来》
	理论内容：有机疏散就是把大城市拥挤的区域，分解成若干个集中单元，并把这些单元组织成为"在活动上相互关联的有功能的集中点"。针对城市规划的技术手段，他认为"对日常活动进行功能性的集中"和"对这些集中点进行有机分散"这两种组织方式，是使原先密集城市能必要和健康地疏散所必须采用的两种最主要的方法。
	改建目标：把衰败地区中的各种活动按照预定方案，转移到适合于这些活动的地方去；把腾出来的地区按照预定方案进行整顿，改做其他适宜的用途，保护一切老的和新的使用价值。
广亩城市理论	代表人物及著作：1932 年，赖特《宽阔的田地》和《消失中的城市》。
	理论内容：在这种"城市"中，每一户周围都有一英亩的土地来生产供自己消费的食物和蔬菜；居住区之间以高速公路相连接，提供方便的汽车交通；沿着这些公路建设公共设施、加油站等，并将其自然分布在为整个地区服务的商业中心之内。

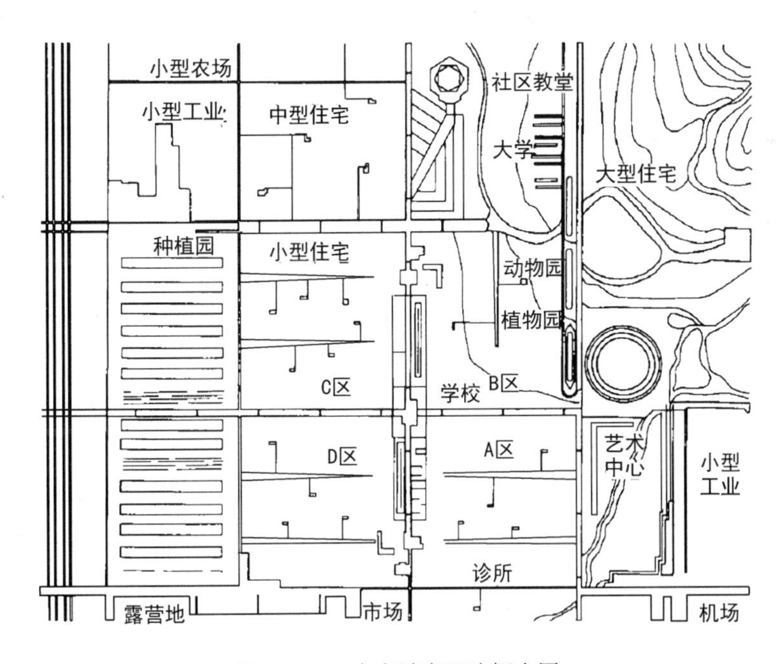

图 2-1-14　广亩城市理论概念图

（建筑设计资料集（第三版）第 1 分册　建筑总论．北京：中国建筑工业出版社，2017：467.）

2017-005. 下列关于"有机疏散"理论的表述，正确的是(　　)。

A. 在中心城市外围建设一系列的小镇，将中心城市的人口疏解到这些小镇中

B. 中心城市进行结构性重组，形成若干个小镇，彼此间以绿地进行隔离

C. 中心城市之外的小镇应当强化与中心城市的有机联系，并承担中心城市的某方面功能

D. 整个城市地区应当保持低密度，城市建设用地与农业用地应当有机地组合在一起

【答案】B

【解析】有机疏散就是把大城市拥挤的区域，分解成为若干个集中单元，并把这些单元组织成为"在活动上相互关联的有功能的集中点"。在这样的意义上，构架起了城市有机疏散的最显著特点，便是原先密集的城区，将分裂成一个一个的集镇，它们彼此之间将用保护性的绿化带隔离开来。

城市集中发展理论 **表 2-1-14**

内容	说明
卡利诺	卡利诺于1979年和1982年通过区分"城市化经济"、"地方性经济"和"内部规模经济"对产业聚集的影响来研究导致城市不断发展的关键性因素。
豪尔（1966）	世界大城市在世界经济体系中将担负越来越重要的作用。 要作为世界城市应具备：政治、商业、专门人才、人口、文化娱乐中心等特征。
弗里德曼和沃尔夫（1982）	1982年弗里德曼和沃尔夫发表了一篇题为《世界城市形成：一项研究与行动的议程》的论文，文章指出，世界城市是全球经济的控制中心，并提出了世界城市的两项判别标准： ① 城市与世界经济体系联结的形式与程度； ② 由资本控制所确立的城市的空间支配能力。
弗里德曼（1986）	1986年，弗里德曼又发表了《世界城市假说》，强调了世界城市的国际功能决定于该城市与世界经济一体化相联系的方式与程度的观点，并提出了世界城市的七个指标：①主要的金融中心；②跨国公司总部所在地；③国际性机构的集中度；④商业部门（第三产业）的高度增长；⑤主要的制造业中心（具有国际意义的加工工业等）；⑥世界交通的重要枢纽（尤指港口和国际航空港）；⑦城市人口规模达到一定标准。
城市聚集区	被一群密集的、连续的聚居地所形成的轮廓线包围的人口居住区，它和城市的行政界线不尽相同。在高度城市化地区，一个城市聚集区往往包括一个以上的城市，这样，它的人口也就远远超出中心城市的人口规模。
大都市带	法国地理学家戈特曼于1957年提出，指的是多核心的城市连绵区，人口的下限是2500万人，人口密度为每平方公里至少250人。

相关真题：2018-019

城市体系理论 **表 2-1-15**

内容	说明
格迪斯	城市体系就是指一定区域内城市之间存在的各种关系的总和。 城市体系的研究，起始于格迪斯对城市区域问题的研究。他认为，人与环境的相互关系，揭示了决定现代城市成长和发展的动力，对城市的规划应当以自然地区为基础，城市的规划应当是城市地区的规划，即城市和乡村应纳入同一个规划的体系之中，使规划包括若干个城市以及它们周围所影响的整个地区。
芒福德	此后经芒福德等人的不断努力，确立了区域规划的科学概念，并从思想上确立了区域城市关系是研究城市问题的逻辑框架。

续表

内容	说明
贝利	贝利等人结合城市功能的相互依赖性、城市区域的观点、对城市经济行为的分析和中心地理论，逐步形成了城市体系理论。
普遍观点	现在普遍接受的观点认为，完整的城市体系分析包括三部分内容，即特定地域内所有城市职能之间的相互关系，城市规模上的相互关系和地域空间分布上的相互关系。

2018-019. **“城镇体系”首次提出是出自(　　)。**

A. 1915 年格迪斯《进化中的城市》

B. 1933 年克里斯塔勒《德国南部中心地》

C. 1960 年邓肯《大都市与区域》

D. 1970 年贝里和霍顿《城镇体系的地理学透视》

【答案】C

【解析】城镇体系概念的正式提出是 20 世纪 60 年代。1960 年邓肯所著的《大都市与区域》，首次使用了城镇体系这一词。

2. 城市空间组织理论

城市空间区位理论　　表 2-1-16

内　容
城市组成要素空间布局的基础是区位理论。 区位：是指为某种活动所占据的场所在城市中所处的空间位置。
区位理论是城市规划进行土地使用配置的理论基础。 根据区位理论，城市规划对城市中各项活动的分布掌握了基本的衡量尺度，以此对城市土地使用进行分配和布置，使城市中的各项活动都处于最适合于它的区位。
① 农业区位理论：杜能的农业区位理论是区位理论的基础。工业区位理论是区位研究中数量相对集中的内容。20 世纪 50 年代后，区位理论的研究发生了重大的变化。 ② 工业区位理论：韦伯认为影响区位的因素有区域因素和聚集因素。区域因素指运输成本和劳动力两项，聚集因素指生产区位的集中。 ③ 市场网络区位理论：廖什在区位理论中第一个引入需求作为主要的空间变量。伊萨德从制造业出发组合了其他的区位理论，并结合现代经济学的思考，希望形成统一的、一般化的区位理论。

相关真题：2013-007、2011-008、2008-008

从城市功能组织出发的空间组织理论　　表 2-1-17

项目	要　点
提出	在柯布西埃影响下的国际现代建筑协会于 1933 年通过了《雅典宪章》，确立了现代城市的功能分区原则。
观点	《雅典宪章》提出，“居住、工作、游憩与交通四大活动是研究及分析现代城市规划最基本的分类”，这“四个主要功能要求各自都有其最适宜发展的条件，每一主要功能都有其独立性，都被视为可以分配土地和建造的整体，并且所有现代技术的巨大资源都将被用于安排和配备它们”。
意义	从某种意义上讲，功能分区的运用确实可以解决相当一部分当时城市中所存在的实际问题，改变城市中混乱的状况，让城市能“适应其中广大居民在生理上及心理上最基本的需求”。

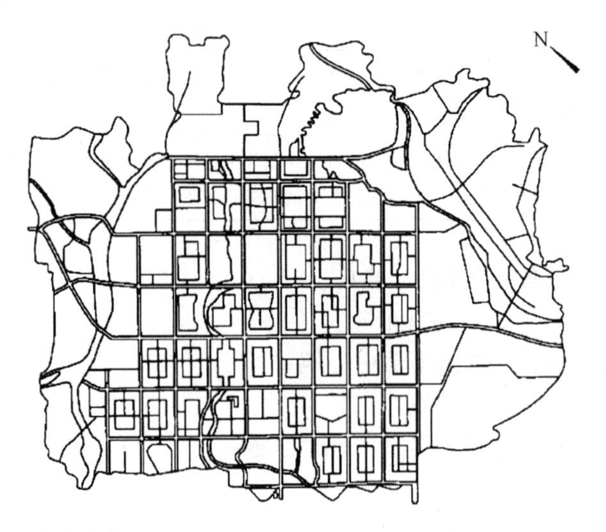

图 2-1-15　昌迪加尔规划（Spiro Kostof. The city Assembled：The Elements of Urbar Form through History. London：Thaines and Hudson Ltd.，1992：155.）

2013-007. 下列关于功能分区的表述，错误的是(　　)。

A. 功能分区最早是依据城市基本活动对城市用地进行分区组织

B. 功能分区最早是由《雅典宪章》提出并予以确定的

C. 功能分区对解决工业城市中的工业和居住混杂、卫生等问题具有现实意义

D.《马丘比丘宪章》对城市布局中的功能分区绝对化倾向进行了批判

【答案】B

【解析】戈涅在"工业城市"中提出的功能分区思想，直接孕育了《雅典宪章》所提出的功能分区原则，这一原则对于解决当时城市中工业居住混杂而带来的种种弊病具有重要的积极意义。《马丘比丘宪章》在对 40 多年的城市规划理论探索和实践进行总结的基础上，指出《雅典宪章》所崇尚的功能分区"没有考虑到城市居民人与人之间的关系，结果城市生活患了贫血症。在那些城市里建筑物成了孤立的单元，否认了人类的活动要求流动的、连续的空间这一事实"。

2011-008、2008-008. 下列有关《雅典宪章》的描述中，不正确的是(　　)。

A. 功能分区对解决当时的城市问题具有重要作用

B. 功能分区是现代城市规划的一个里程碑

C. 功能分区是建立在理性主义思想基础之上的

D. 功能分区解决了城市和区域的有机联系

【答案】D

【解析】由从城市功能组织出发的空间组织理论可知，选项 D 不符合题意。此题选 D。

相关真题：2018-082、2018-010、2008-081

城市土地组织形态出发的空间组织理论　　表 2-1-18

	内　容
同心圆理论	伯吉斯 1923 年提出，城市划分为五个同心圆。第一环是整个城市中心，即中央商务区（CBD）；第二环是过渡区；第三环是工人居住区；第四环是良好住宅区；第五环是通勤区。
扇形理论	霍伊特 1939 年提出，城市核心只有一个，任何土地使用均是从市中心区既有的同类土地使用的基础上由内向外扩展，并留在同一个扇形范围内。
多核心理论	哈里斯、乌尔曼 1945 年提出。从经济合理性出发提出了影响城市活动分布的四项基本原则： ① 有些活动要求设施在城市中为数不多的地区（如中央商务区要求非常方便的可达性，而工厂需要有大量的水源）； ② 有些活动受益于位置的相互接近（如工厂与工人住宅区）； ③ 有些活动对其他活动会产生对抗或有消极影响，就会要求这些活动有所分离（如高级住宅区与浓烟滚滚的钢铁厂毗邻）； ④ 有些活动因负担不起理想场所的费用，只好布置在不很合适的地方（如仓库被布置在冷清的城市边缘地区）。

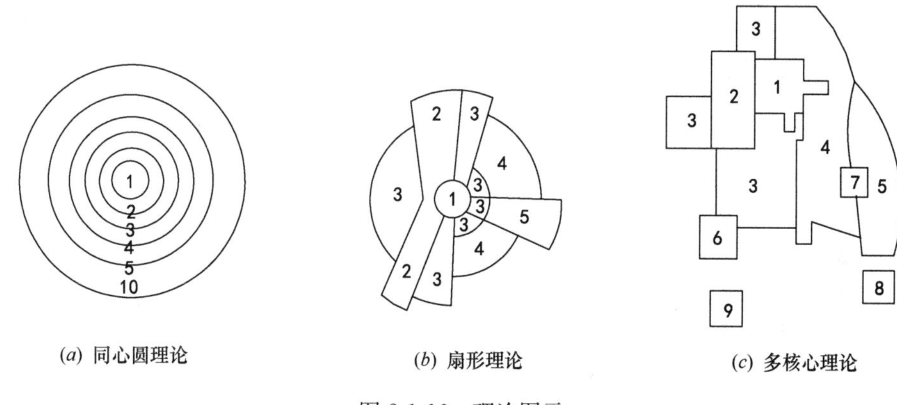

图 2-1-16　理论图示

（全国城市规划执业制度管理委员会．城市规划原理．北京：中国计划出版社，2002：35.）

2018-082. 下列关于多核心理论的表述，正确的有(　　)。

A. 是关于区域城镇化体系分布的理论

B. 通过对美国大部分大城市的研究，提出了影响城市中活动分布的四项原则

C. 城市空间通过相互协调的功能在特定地点的彼此强化等，形成了地域的分化

D. 分化的城市地区形成了各自的核心，构成了整个城市的多中心

E. 城市中有些活动对其他活动容易产生对抗或者消极影响，这些活动应该在空间上彼此分离布置

【答案】BCDE

【解析】本题考查的是现代城市规划主要理论发展。选项 A 错误，多核心理论是从城市土地使用形态出发的空间组织理论。

2018-010. **从城市土地使用形态出发的空间组织理论不包括(　　)。**

A. 同心圆理论　　　　B. 功能分区理论

C. 扇形理论　　　　D. 多核心理论

【答案】B

【解析】从城市土地使用形态出发的空间组织理论包括是三个最为基础的理论：同心圆理论、扇形理论和多核心理论。

2008-081. **下列有关城市发展的描述中，正确的是(　　)。**

A. 城市问题是由于城市高度发展产生的，因此只有大城市才有城市问题

B. 任何城市的发展都是集中发展和分散发展相互作用的结果

C. 大城市由于城市中心吸引力大，都呈现同心圆式的发展

D. 只有在大城市中才会出现多核心式的结构

E. 城市产业的多样性有利于城市的稳定发展

【答案】BE

【解析】A选项错误，城市问题是指城市社区中存在的人与自然、人与社会以及个人与个人之间关系的严重失调或冲突现象，即都市社会的弊病或病态，并非只有大城市才有城市问题。C和D选项错误，从城市土地使用形态出发，有同心圆理论、扇形理论和多核心理论。以上三种理论具有较为普遍的适用性，但很显然它们并不能用来全面地解释所有城市的土地使用和空间状况，最合理的说法是没有哪种单一模式能很好地适用于所有城市，但以上三种理论能够或多或少地在不同的程度上，适用于不同的地区。

相关真题：2018-011

从经济合理性出发的空间组织理论　　**表 2-1-19**

	要　点
经济合理性	其含义在于，在完全竞争的市场经济中，城市土地必须按照最高、最好，也就是最有利的用途来进行分配。这一思想通过位置级差地租理论予以体现。根据该理论，只有当地租达到最大值时，才能获得最大的经济效果。
伊萨德	认为决定土地租金的要素有与中心商务区的距离、顾客到该址的可达性、竞争者的数目和他们的位置以及降低其他成本的外部效果。
阿伦索	现在比较精致也比较重要的地租理论是阿伦索于1964年提出的竞租理论。这一理论就是根据各类活动对距市中心不同距离的地点所愿意或所能承担的最高限度租金的相互关系来确定这些活动的位置。
价值观	从城乡规划的角度来讲，经济合理性并不是城乡规划的唯一依据，其最根本的原则应该在于社会合理性，或者说是基于公正、公平等公共利益的基础之上的。

2018-011. **按照伊萨德的观点，下列关于决定城市土地租金的各类要素的表述，准确的是(　　)。**

A. 与城市几何中心的距离　　　　B. 顾客到达该地址的可能性

C. 距城市公园的远近　　　　　　　　　　D. 竞争者的类型

【答案】B

【解析】伊萨德认为决定城市土地租金的要素主要有：①与中央商务区（CBD）的距离；②顾客到该址的可达性；③竞争者的数目和他们的位置；④降低其他成本的外部效果。综上判断，选择 B 正确。

相关真题：2012-007、2011-006

从城市道路交通出发的空间组织理论　　　　表 2-1-20

人物	要　点
索里亚·玛塔	索里亚·玛塔的线形城市是铁路时代的产物，他所提出的“城市建设的一切问题，均以城市交通问题为前提”的原则，仍然是城市空间组织的基本原则。
埃涅尔	交通运输是城市有机体内富有生机的活动的具体表现之一。过境交通不能穿越市中心，并且应该改善市中心区与城市边缘区和郊区公路的联系。他还对城市道路交通节点进行了研究，认为城市道路干线的效率主要取决于道路交叉口的组织方法，为此提出了改进交叉口组织的三种方法：建设“街道立体交叉枢纽”、建设环岛式交叉口和地下人行通道。埃涅尔提出的城市道路交通的组织原则和交叉口、交叉路组织方法在 20 世纪的城市道路交通规划和建设中都得到了广泛的运用。
柯布西埃	柯布西埃的现代城乡规划方案是汽车时代的作品。城市的空间组织必须建立在对效率的追求方面，而其中一个很重要的方面就是交通的便捷，即以能使车辆以最佳速度自由地行驶为目的。城市交通产生于城市中不同土地使用之间相互联系的要求，因此，城市交通的性质与数量直接与城市土地使用相关。
佩里	佩里提出邻里单位，斯坦“修正邻里单位”提出“大街坊”，屈普提出“人车分行”。
新都市主义	新都市主义提出了“公交引导开发”的 TOD 模式。

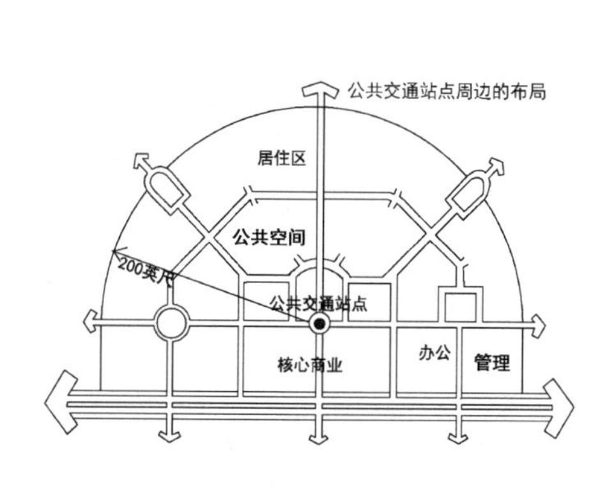

(a) 公共交通站点周边的布局

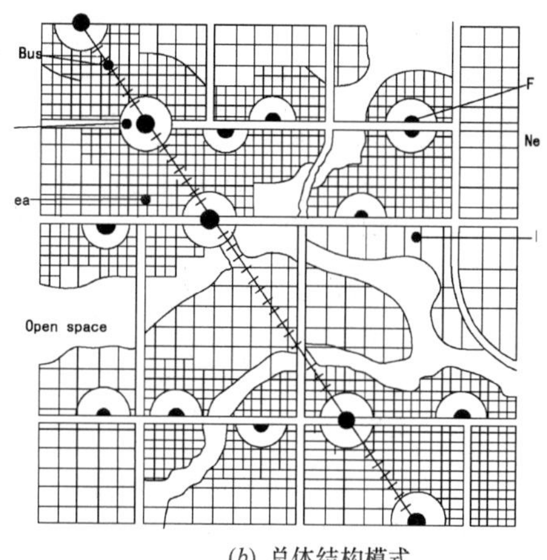

(b) 总体结构模式

图 2-1-17　公共交通引导发展（Andres Duany，Elizabeth Plater-Zyberk，Robert Alminana，The New Civic Art：Element of Town Planning New York：rizzoli，2003：85.）

2012-007. **下列关于“公交引导开发”(TOD) 模式的表述，错误的是(　　)。**

A. 围绕公共交通站点布置公共设施和公共活动中心

B. 公共交通站点周边应当进行较高密度的开发

C. 公共交通站点周边应加强步行友好的环境设计

D. 该模式主要应用于城市新区的建设

【答案】D

【解析】根据“公交引导开发”模式的提出背景可知，选项D是符合题意的。1980年以后，针对美国郊区建设中存在的城市蔓延和对私人小汽车交通的极度依赖所带来的低效率和浪费问题，新都市主义提出，应当对城市空间组织的原则进行调整，强调要减少机动车的使用量，鼓励使用公共交通，居住区的公共设施和公共活动中心等围绕着公共交通的站点进行布局，使交通设施和公共设施能够相互促进、相辅相成，并据此提出了“公交引导开发”(TOD) 模式。

2011-006. **下列不属于索里亚·马塔提出的城市形态的内容是(　　)。**

A. 城市平面布局要保证结构对称

B. 圆形城市形态

C. 城市点到点的方便联系

D. 街坊呈矩形或梯形

【答案】B

【解析】索里亚·马塔认为铁路是能够做到安全、高效和经济的最好的交通工具，城市的形状理所当然就应该是线形的。这一点也就是线形城市理论的出发点。在余下的其他原则中，索里亚·玛塔还提出城市平面应当呈规矩的几何形状，在具体布置时要保证结构对称，街坊呈矩形或梯形，建筑用地应当至多只占1/5，要留有发展的余地，要公正地分配土地等原则。

相关真题：2011-007

从空间形态出发的空间组织理论　　　　表 2-1-21

人物	要　点
西谛	被誉为现代城市设计之父的西谛于1898年出版《城市建筑艺术》一书，提出了现代城市建设中空间组织的艺术原则。
罗西	罗西从新理性主义的思想体系出发，提出城市空间的组织必须依循城市发展的逻辑，他认为，城市空间类型是城市生活方式的集中反映，也是城市空间的深层结构，并且已经与市民的生活和集体记忆紧密结合。根据罗西的观点，组成城市空间类型的要素是城市街道、城市的平面以及重要纪念物。
克里尔兄弟	克里尔兄弟则更为明确地提出，城市空间组织必须建立在以建筑物限定的街道和广场的基础之上，而且城市空间必须是清晰的几何形状，他们提出，“只有其几何特征印迹清晰、具有美学特质并可能为我们有意识感知的外部空间才是城市空间”。
柯林·罗和弗瑞德·科特	柯林·罗和弗瑞德·科特的《拼贴城市》提出，城市的空间结构体系是种小规模的不断渐进式变化的结果

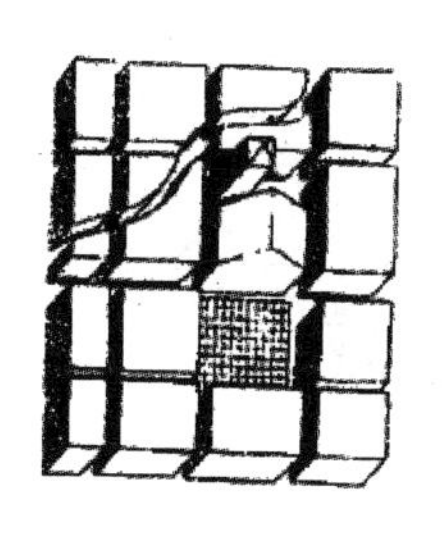

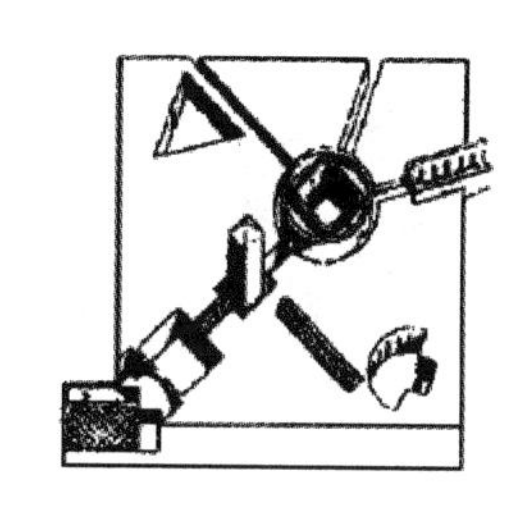

里昂·克里尔批评了现代主义的城市空间设计，确定了城市空间的四种系统：①城市街区是街道和广场布置形式的结果；②街道和广场的形式是街区布置的结果；③街道和广场是明确的形式类型；④建筑是明确的形式类型

图 2-1-18　克里尔区分的四种城市空间类型

（金广君．图解城市设计．北京：中国建筑工业出版社，2010：31.）

2011-007. 西谛城市规划与设计理念的核心是(　　)。

A. 强调城市土地使用功能的最大化　　B. 主张人的感受与艺术性空间布局

C. 要求发展快速公共交通　　D. 优先建设城市行政中心

【答案】B

【解析】卡米洛·西谛的城市形态研究，通过对城市空间的各类构成要素之间相互关系的探讨，揭示了这些设施位置之间建立艺术的和宜人的相互关系的一些基本原则，强调人的尺度、环境的尺度与人的活动以及他们的感受之间的协调，从而建立起城市空间的丰富多彩和人的活动空间的有机构成。

相关真题：2018-100、2018-083、2013-008、2011-009

从城市生活出发的空间组织理论　　**表 2-1-22**

内容	要　点
《马丘比丘宪章》	《马丘比丘宪章》指出，“人与人相互作用与交往是城市存在的基本根据”，因此，城乡规划“必须对人类的各种需求做出解释和反应”，这也应当是城市空间组织的基本原则。
邻里单位	1929 年，邻里单位理论的提出者佩里认为，城市住宅和居住区的建设应当从家庭生活的需要以及周围的环境出发，即邻里的组织开始。根据他的论述，邻里单位由六个原则组成：规模、边界、开放空间、机构用地、地方商业和内部道路系统。 CIAM 的“十次小组”认为，城市的空间组织必须坚持以人为核心的人际结合思想，必须以人的行动方式为基础，城市和建筑的形态必须从生活本身的结构发展而来。
城市意象	凯文·林奇提出了构成城市意象的五项基本要素：路径、边缘、地区、节点和地标。
《美国大城市的死与生》	1961 年，简·雅各布斯在《美国大城市的死与生》中认为，街道和广场是真正的城市骨架形成的最基本要素，它们决定了城市的基本面貌。街道要有生命力应具备三个条件：①街道必须是安全的；②必须保持有不断的观察；③街道本身特别是人行道上必须不停地有使用者。此外，街道的生命力源于街道生活多样性，要做到多样性得坚持四个基本原则：①作为整体的地区至少要用于两个基本功能，且越多越好；②沿着街道的街区不应超过一定的长度；③不同时代的建筑物共存于“纹理紧密的混合”之中；④街道上要有高度集中的人。
《城市并非树形》	1965 年，亚历山大的《城市并非树形》则通过一系列的理论著作阐述了空间组织的原则。他认为，人的活动倾向比需求更为重要：城市空间的组织本身是个多重复杂的结合体，城市空间的结构应该是网格状的而不是树形的，任何简单化的提纯只会使城市丧失活力。

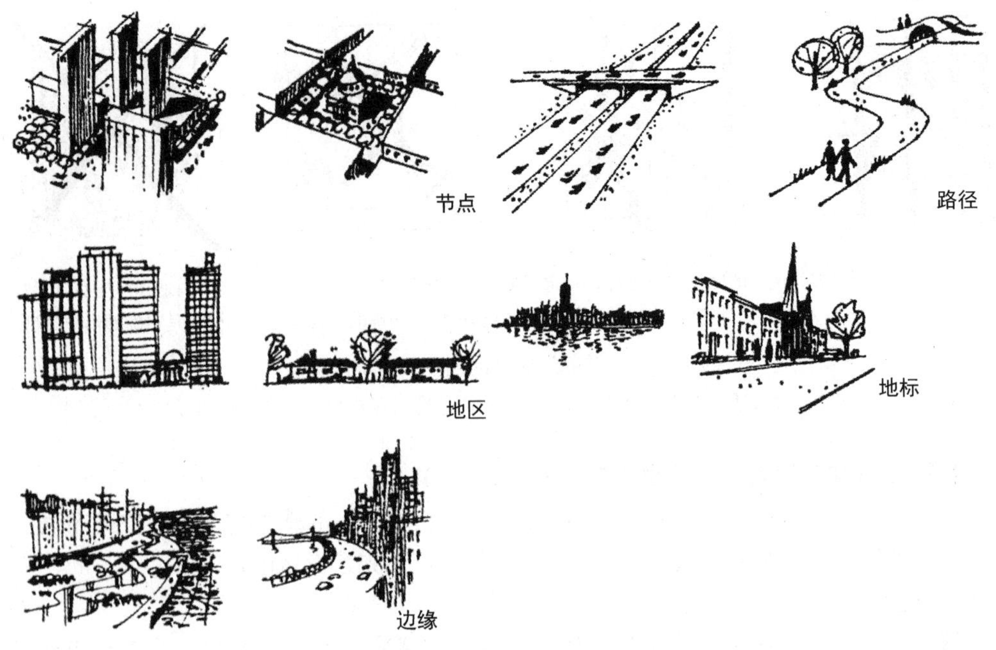

图 2-1-19　林奇城市意象五要素图解

（F·吉伯德．市镇设计．北京：中国建筑工业出版社，1983：29.）

2018-100. **下列关于城市设计理论与其代表人物的表述，正确的是(　　)**。

A. 简·雅各布斯在《美国大城市的死与生》中研究怎样的建筑和环境设计能够更好地支持社会交往和公共生活，提升户外空间规划设计的有效途径

B. 西谛在《城市建筑艺术》一书中提出了现代城市空间组织的艺术原则

C. 凯文·林奇在《城市意象》一书中提出了关于城市意象的构成要素是地标、节点、路径、边界和地区

D. 第十小组尊重城市的有机生长，出版了《模式语言》一书，其设计思想的基本出发点是对人的关怀和对社会的关注

E. 埃德蒙·N·培根在《小城市空间的社会生活》中，描述了城市空间质量与城市活动之间的密切关系，证明物质环量的一些小改观，往往能显著地改善城市空间的使用情况

【答案】ABC

【解析】《模式语言》是克里斯多弗·亚历山大于1977年出版的，从城镇、邻里、住宅、花园和房间等多种尺度描述了253个模式，通过模式的组合，使用者可以创造出很多变化。模式的意义在于为设计师提供一种有用的行为与空间之间的关系序列，体现了空间的社会用途。《小城市空间的社会生活》作者为威廉·H·怀特。

2018-083. **下列关于邻里单位的表述，正确的有(　　)**。

A. 是一个组织家庭生活的社区计划

B. 一个邻里单位的开发应当提供满足一所小学的服务人口所需要的住房

C. 应该避免各类交通的穿越

D. 邻里单位的开发空间应当提供小公园和娱乐空间的系统

E. 邻里单位的地方商业应当布置在其中心位置，便于邻里单位内部使用

【答案】ABCD

【解析】本题考查的是现代城市规划主要理论发展。选项E错误，根据佩里的论述，与服务人口相适应的一个或更多的商业区应当布置在邻里单位的周边，最好处于道路的交叉处或与相邻邻里的商业设施共同组成商业区。

2013-008. **下列关于城市布局理论的表述，不准确的是(　　)。**

A. 柯布西埃现代城市规划方案提出应结合高层建筑建立地下、地面和高架路三层交通网络

B. 邻里单位理论提出居住邻里应以城市交通干路为边界

C. 级差地租理论认为，在完全竞争的市场经济中，城市土地必须按照最有利的用途进行分配

D. “公交引导开发”（TOD）模式提出新城建设应围绕着公共交通站点建设中心商务区

【答案】B

【解析】邻里单位应当以城市的主要交通干道为边界，这些道路应当足够宽以满足交通通行的需要。避免汽车从居住单位内穿越。应该是主要交通干路，故选项B不准确。

2011-009. **不属于邻里单位理论所提倡的原则是(　　)。**

A. 创造安全的社区环境

B. 一所小学的服务人口规模

C. 街坊式的布局

D. 商业服务设施应与其他商业设施对接

【答案】C

【解析】由从城市生活出发的空间组织理论可知，此题选C。

3. 城市规划方法论

城市规划方法论　　**表 2-1-23**

内容	要　点
综合规划方法论	综合规划方法论是建立在理性的基础上的，它所强调的是思维内容的综合，需要考虑各个方面的内容和相互关系；在思维方式上强调理性，即运用理性的方式来认识和组织该过程中所涉及的种种关系，而这些关系的质量是建立在对对象运作及过程的认识的基础上的。代表人物有麦克劳林和林德布罗姆。
分离渐进方法论	渐进规划方法的基础是理性主义和实用主义思想的结合。 1959年林德布罗姆发表了《“得过且过”的科学》，从政策研究角度提出了渐进方法的优势所在，从而促进了渐进规划方法的发展。他还强调在渐进方法中必须遵循三个原则：按部就班原则、积小变为大变原则、稳中求变原则。
混合审视方法论	混合审视方法是由基本决策和项目决策两部分组成的。 所谓基本决策是指宏观决策，不考虑细节问题，着重于解决整体性的、战略性的问题。所谓项目决策是指微观的决策，也称为小决策。这是基本决策的具体化，受基本决策的限定，在此过程中，是依据分离渐进方法来进行的。 从整个规划的过程中可以看到，“基本决策的任务在于明确规划的方向，项目决策则是执行具体的任务”。

续表

内容	要　点
连续性城乡规划方法论	布兰奇于1973年提出来的有关城乡规划过程的理论。 成功的城乡规划应当统一地考虑总体的和具体的、战略的和战术的、长期的和短期的、操作的和设计的、现在的和终极状态，等等。
倡导性规划方法论	达维多夫和雷纳于1962年发表《规划的选择理论》一文，他们认为规划是通过选择的序列来决定适当的未来行动的过程。 规划的行为有一些必要的因素组成：目标的实现、选择的运用、未来导向、行动和综合性。首先是目标和标准的选择；其次是鉴别一组与这些总体方法论的规定相一致的备选方案，并选择一个想要的方案；最后则是引导行动实现确定了的目标。

4. 现代城市规划思想的发展

《雅典宪法》(1933年)　　表2-1-24

内容	要　点
背景	20世纪上半叶，现代城市规划是追随着现代建筑运动而发展的。在现代城市规划的发展中起了重要作用的《雅典宪章》也是由现代建筑运动的主要建筑师们所制定的，反映的是现代建筑运动对现代城市规划发展的基本认识和思想观点。
思想基础	思想上认识到城市中广大人民的利益是城市规划的基础，因此它强调“对于从事城市规划的工作者，人的需要和以人为出发点的价值是衡量一切建设工作成功的关键”。
思想方法	是基于物质空间决定论的基础之上的，实质在于通过物质空间变量的控制，就可以形成良好的环境，而这样的环境能自动地解决城市中的社会、经济、政治问题，促进城市的发展和进步。
思想内涵	最为突出的内容就是提出了城市的功能分区，认为居住、工作、游憩和交通是四大类基本活动。依据居民活动对城市土地使用进行划分，突破了过去追求图面效果和空间气氛的局限，引导规划向科学的方向发展。
基本任务	从《雅典宪章》可以看出，城乡规划的基本任务是制定规划方案，而这些规划方案的内容都是关于各功能分区的“平衡状态”和建立起“最合适的关系”。它鼓励的是对城市发展终极状态下各类用地关系的描述，并且“必须制定必要的法律以保证其实现”。把城市看成一种产品的创造，物质空间规划成为城市建设的蓝图。
功能分区的意义	从对城市的分析入手，对城市活动进行分解，在解释问题的基础上提出改进建议，将各个部分结合在一起复原成为一个完整的城市。功能分区在当时有着重要的现实意义和历史意义，它主要针对当时大多数城市无计划、无秩序发展过程中出现的问题，尤其是工业和居住混乱，工业污染导致的严重的卫生问题、交通问题和居住环境问题等，功能分区方法的使用确实可以起到缓解和改善这些问题的作用。此外，从城市规划学科的发展过程来看，应该说，《雅典宪章》所提出的功能分区是一种革命。它依据城市活动对城市土地使用进行划分，对传统的城市规划思想和方法进行了重大的改革。

相关真题：2010-083、2010-082、2008-007

《马丘比丘宪章》(1977年)　　表 2-1-25

内容	要　点
背景	1977年，在秘鲁的利马召开了国际性学术会议，认为《雅典宪章》的一些指导思想已不能适应当前形势的发展变化，要进行修正，在马丘比丘山上签署了《马丘比丘宪章》。
主要理论思想	① 强调人与人之间的相互关系对于城市和城乡规划的重要性，并将理解和贯彻这一关系视为城乡规划的基本任务。
	② 摒弃了《雅典宪章》机械主义和物质空间决定论的思想基石，宣扬社会文化论的基本思想。其中社会文化论认为，物质空间只是影响城市生活的一项变量，而且这一变量并不能起决定性的作用。起决定性作用的应该是城市中各人类群体的文化、社会交往模式和政治结构。深信人的相互作用和交往是城市存在的基本依据。
	③《马丘比丘宪章》认为城市是一个动态系统，要求"城市规划师和政策制定人必须把城市看作在连续发展与变化的过程中的一个结构体系"，不仅要包括规划的制定，而且也要包括规划的实施。这一过程应当能适应城市这个有机体的物质和文化的不断变化，更强调城乡规划的过程性和动态性：城乡规划是一个不断模拟、实践、反馈、重新模拟的循环过程。
	④ 自从20世纪60年代中期开始，城市规划的公众参与成为城市规划发展的一个重要内容，同时也成为此后城市规划进一步发展的动力。达维多夫等在20世纪60年代初提出的"规划的选择理论"和倡导性规划的概念，成为城市规划公众参与的理论基础。其基本的意义在于，不同的人和不同的群体具有不同的价值观，规划不应当以一种价值观来压制其他多种价值观，要为多种价值观的体现提供可能。规划师就是要表达这种不同的价值判断，并为不同的利益团提供技术帮助。
	⑤《马丘比丘宪章》不仅承认公众参与对城乡规划的极端重要性，而且更进一步地推进其发展。宪章提出："城市规划必须建立在各专业设计人员、城市居民以及公众和政治领导人之间的不断的相互协作配合的基础上"，并"鼓励建筑使用者创造性地参与设计与施工"。

2010-083. 下列哪些项是《马丘比丘宪章》中的思想观点？(　　)

A. 城市是一个动态的系统

B. 私人汽车从属于公共运输系统的发展

C. 进一步明确城市功能分区的重要性

D. 城市规划的公众参与十分必要

E. 提出了田园城市的设想以及一系列城市美化的方案

【答案】AD

【解析】《马丘比丘宪章》(1977年）首先强调人与人之间的相互关系对于城市和城市规划的重要性，批判《雅典宪章》所崇尚的纯粹功能分区；认为城市是一个动态的系统；不仅承认公众参与对城市规划的极端重要性，而且进一步推进其发展。

2010-082. **下列哪些项是现代城市规划的重要理念？（　　）**

A. 重视过程　　B. 城市美化

C. 区域协调　　D. 公众参与

E. 空间认知

【答案】BCD

【解析】由现代城市规划主要理论发展可知，城市美化、区域协调和公众参与是现代城市规划的重要理念。

2008-007. **《马丘比丘宪章》的主要贡献是（　　）。**

A. 强调物质空间对城市发展的影响　　B. 强调人与人之间的相互关系

C. 突出城市功能分区的重要作用　　D. 提出建立生态城市的思想

【答案】B

【解析】《马丘比宪章》（1977年）首先强调人与人之间的相互关系对于城市和城市规划的重要性，批判《雅典宪章》所崇尚的纯粹功能分区；认为城市是一个动态的系统；不仅承认公众参与对城市规划的极端重要性，而且进一步推进其发展。

第二节　中国城市与城市规划的发展

一、中国古代社会和政治体制下城市的典型格局

相关真题：2018-012、2017-009、2014-009、2013-010、2012-009、2011-010、2010-010、2008-009

夏商周三代时期城市格局　　**表 2-2-1**

时期	内　容
夏代时期	夏代留下的一些城市遗迹表明，当时已经具有一定的工程技术水平，如使用陶制的排水管及采用夯打土坯筑台技术等。
周代时期	最早的我国古代城乡规划思想基本形成时代。 周代时期，我国古代城市规划思想基本成形，各种有关城市建设规划的思想也层出不穷。西周时期的洛邑是有目的、有计划、有步骤地建设起来的，也是中国历史上有明确记载的城市规划事件。《周礼·考工记》记述了关于周代王城建设的空间布局："匠人营国，方九里，旁三门。国中九经九纬，经涂九轨。左祖右社，前朝后市。市朝一夫。"
春秋战国时期	我国古代城乡规划思想的多元化时代。 春秋战国时期的"诸子百家"也留下了许多有关城市建设和规划的思想，丰富了中国城市规划的理论宝库，对后世的城市规划和建设产生了影响。 战国时期，在都城建设方面，基本形成了大小套城的都城布局模式，即城市居民居住在称之为"郭"的大城，统治者居住在由大城所包围的被称为"王城"的小城中。

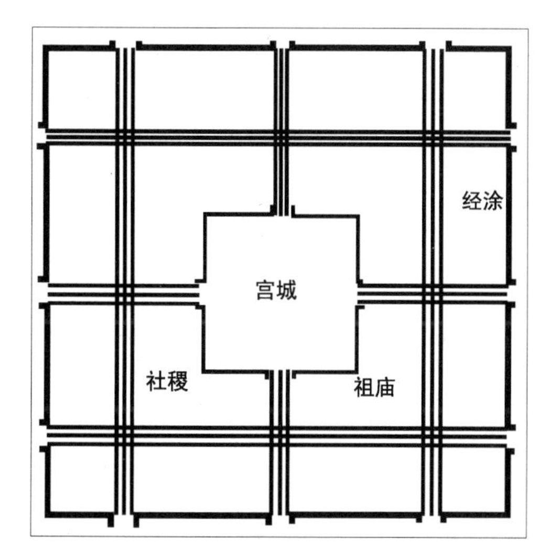

图 2-2-1　周王城复原想象图（全国城市规划执业制度管理委员会．城市规划原理．北京：中国计划出版社，2002：12.）

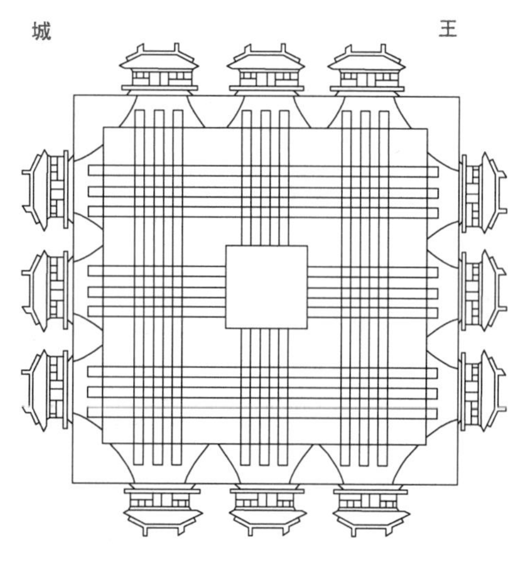

图 2-2-2　《三礼城》中的周王城图（李允鉌．华夏意匠：中国古典建筑设计原理分析．香港：广角镜出版社，1984：378.）

秦汉时期城市格局　　**表 2-2-2**

时期	内　容
秦汉时期	我国古代城乡规划史中具有开创性意义的时代。 发展了“象天法地”的理念，即强调方位，以天体星象坐标为依据，在都城咸阳的规划建设中得到了运用。同时，秦代城市的建设规划实践中出现了复道、甬道等多重的城市交通系统，这在中国古代城市规划史中具有开创性的意义。 在王莽代汉取得政权后的国都洛邑的建设中，洛邑城空间规划布局为长方形，宫殿与市民居住生活区在空间上相互分离，整个城市的南北中轴线上分布了宫殿，并导入祭坛、明堂、辟雍等大规模的礼制建筑，突出了皇权在城市空间组织上的统领性，《周礼》的规划思想理念得到了充分的体现。
三国时期	功能分区的布局方法与自然结合的重要时期。 公元 213 年魏王曹操营建的邺城规划布局中，已经采用城市功能分区的布局方法。邺城功能分区明确，结构严谨，城市交通干道轴线与城门对齐，道路分级明确。三国时期孙权迁都于建业（今南京），“形胜”是金陵城规划的主导思想，是对《周礼》城市形制理念的重要发展，突出了与自然结合的思想。

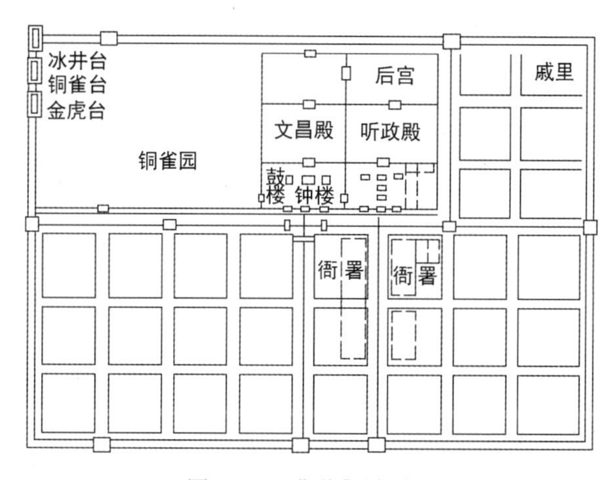

图 2-2-3　曹魏邺城平面

（全国城市规划执业制度管理委员会．城市规划原理．北京：中国计划出版社，2002：15.）

唐宋时期城市格局 **表 2-2-3**

时期	内容
唐朝时期	轴线对称、方格路网、里坊制形成的发展时期。 唐朝长安城采用中轴线对称的格局，整个城市布局严整，分区明确，充分体现了以宫城为中心，“官民不相参”和便于管制的指导思想。城市干道系统有明确分工，设集中的东西两市。长安城采用规整的方格路网，东、南、西三面各有三处城门，通城门的道路为主干道，居住分布采用里坊制，坊里四周设置坊墙，坊里实行严格管制，坊门朝开夕闭。
宋朝时期	从里坊制到街巷制的过渡时期。 五代后周时期对东京（汴梁）城进行了有规划的改建和扩建，奠定了宋代开封城的基本格局，由此也开始了城市中居住区组织模式的改变。随着商品经济的发展，中国城市建设中延绵了千年的里坊制度逐渐被废除，北宋中叶，开封城中已建立较为完善的街巷制。

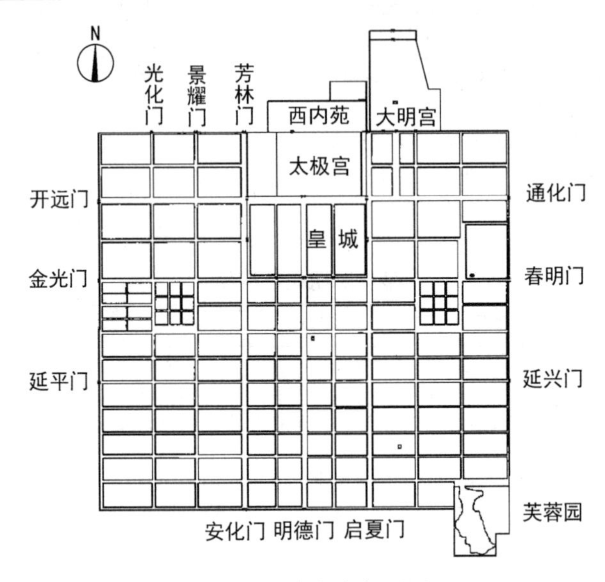

图 2-2-4　唐长安复原图

（建筑设计资料集（第三版）第 1 分册　建筑总论．北京：中国建筑工业出版社，2017：462.）

元明清时期城市格局 **表 2-2-4**

时期	内容
元代	皇权至上与自然环境充分结合的规划时期。 元大都采用三套方城、宫城居中和轴线对称布局的基本格局。三套方城分别是内城、皇城和宫城，各有城墙围合，皇城位于内城的内部中央，宫城位于皇城的东部。元大都有明确的中轴线，南北贯穿三套方城，突出皇权至上的思想。也有学者认为，元大都的城市格局还受到道家回归自然的阴阳五行思想的影响，表现为自然山水融入城市和各边城门数的奇偶关系。
明清	明清北京城： 北部收缩了 2.5km，南部扩展了 0.5km，使中轴线更为突出。皇城前的东西两侧各建太庙和社稷，又在城外设置了天、地、日、月四坛，在内城南侧的正阳门外形成新的商业市肆，城内各处还有各类集市。

2018-012. 下列关于中国古代城市的表述，错误的是(　　)。

A. 夏代的城市建设已使用陶制的排水管及采用夯打土坯筑台技术等

B. 西周洛邑所确定的城市形制已基本具备了此后都城建设的特征

C. “象天法地”的理念在咸阳的规划建设中得到了运用

D. 汉长安的布局按照《周礼·考工记》的形制形成了贯穿全城的中轴线

【答案】D

【解析】本题考查的是中国古代社会和政治体制下城市的典型格局。选项D错误，根据汉代国都长安遗址的发掘，表明其布局尚未完全按照《考工记》的形制进行，没有贯穿全城的对称轴线，宫殿与居民区相互穿插，城市整体的布局并不规则。

2017-009. 中国古代城市的基本形制在(　　)时期就已经形成了雏形。

A. 夏　　B. 商

C. 周　　D. 秦

【答案】B

【解析】影响后世数千年的城市基本形制在商代早期建设的河南偃师商城、中期建设的位于今天郑州的商城和位于今天湖北的盘龙城中已显雏形。

2014-009. 关于我国古代城市的表述，不准确的是(　　)。

A. 唐长安城宫城的外围被皇城环绕

B. 商都殷城以宫廷区为中心，其外围是若干居住聚落

C. 曹魏邺城的北半部为贵族专用，只有南半部才有一般居住区

D. 我国古代城市的城墙是按防御要求修建的

【答案】A

【解析】长安城采用中轴线对称的布局，整个城市布局严整，分区明确，充分体现了以宫城为中心，“官民不相参”和便于管制的指导思想。城市干道系统有明确分工，设集中的东西两市。长安城采用规整的方格路网，东、南、西三面各有三处城门，通城门的道路为主干道，其中最宽的是宫城前的横街和作为中轴线的朱雀大街。

2013-010. 中国古代筑城中的“形胜”思想，准确的意思是(　　)。

A. 等级分明的布局结构　　B. “象天法地”的神秘主义

C. 中轴对称的皇权思想与自然的结合　　D. 早期的城市功能分区

【答案】C

【解析】“形胜”是金陵城规划的主导思想，是对《周礼》城市形制理念的重要发展，突出了与自然结合的思想。礼制的核心思想就是社会等级和宗法关系，《周礼》记载的城市形制就是礼制思想的体现。

2012-009. 集中体现伍子胥“相土尝水，象天法地”古代生态筑城理念的城市是(　　)。

A. 周王城　　B. 长安城

C. 阖闾城　　D. 建业城

【答案】C

【解析】吴国国都遵循了伍子胥提出的“相土尝水，象天法地”的思想，伍子胥主持建造的阖闾城，充分考虑了江南水乡的特点，水网密布，排水通畅，展示了水乡城市规划的高超技巧。

2011-010. **我国古代都城大部分采用规整的空间布局形态，其原因主要是为了(　　)。**

A. 尊重自然　　B. 便捷交通

C. 方便建设　　D. 合乎礼制

【答案】D

【解析】中国古代城市布局思想体现君民不相参，皇权至高无上，核心思想是封建等级制度。

2010-010. **关于我国古代城市的表述，下列哪项是错误的？(　　)**

A. 夏代的一些城市已经有了一定的排水系统

B. 战国时期的都城形成了大小套城的布局模式

C. 宋开封城居住用地布局采用的是里坊制

D. 元大都基本体现了《周礼·考工记》的城市形制

【答案】C

【解析】我国古代城市主要有：①夏商周三代时期：夏代已经具有一定的工程技术水平，如使用陶制的排水管及采用夯打土坯筑台技术；商代城市建设已相当成熟，如早期河南偃师商城，中期郑州商城、湖北盘龙城，晚期安阳殷城等；周代我国古代城市规划思想基本成形；西周洛邑是中国历史上有明确记载的城市规划事件；春秋战国时期“诸子百家”规划理论有《周礼·考工记》、《管子·乘马篇》、《商君书》等，战国时期的都城基本形成了大小套城的布局模式。②秦汉时期：秦代发展“象天法地”理念，城市出现复道、甬道等多重城市交通系统；西汉（长安）尚未完全按照《周礼·考工记》的形制进行，东汉（洛邑）才充分体现。三国（邺城）已采用城市功能分区的布局方法，建业（今南京）突出了与自然结合的思想。③唐宋时期：隋唐大兴（长安城）、东都洛阳采用中轴对称的格局，规整的方格路网，居住分布采用里坊制。宋代（开封城）开始居住区组织模式的改变，北宋中叶已建立较为完善的街巷制。④元明清时期：元大都和明清北京城采用三套方城（内城、皇城、宫城）、宫城居中、轴线对称布局的基本格局。

2008-009. **下列有关中国古代都城的表述，不正确的是(　　)。**

A. 唐长安城的居住采用里坊制

B. 唐长安城的皇城位于城的北部

C. 元大都城的皇城居于城的正中

D. 天坛、地坛、日坛、月坛位于明清北京内城之外

【答案】C

【解析】长安城采用中轴线对称的格局，整个城市布局严整，分区明确，充分体现了以宫城为中心，“官民不相参”和便于管制的指导思想。长安城采用规整的方格路网，东、南、西三面各有三处城门，通城门的道路为主干道，其中最宽的是宫城前的横街和作为中轴线的朱雀大街。居住分布采用里坊制，朱雀大街两侧各有54个里坊，每个里坊四周设置坊墙，坊里实行严格管制，坊门朝开夕闭，坊中考虑了城市居民丰富的社会活动和寺庙用地。元大都采用三套方城、宫城居中和轴线对称布局的基本格局。三套方城分别是内城、皇城和宫城，各有城墙围合，皇城位于内城的内部中央，宫城位于皇城的东部。皇城前的东西两侧各建太庙和社稷，又在城外设置了天、地、日、月四坛。

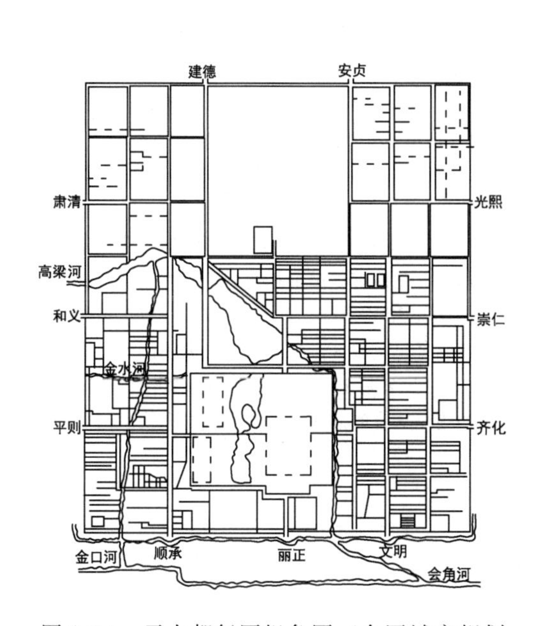

图 2-2-5 元大都复原想象图（全国城市规划执业制度管理委员会．城市规划原理．北京：中国计划出版社，2002：14.）

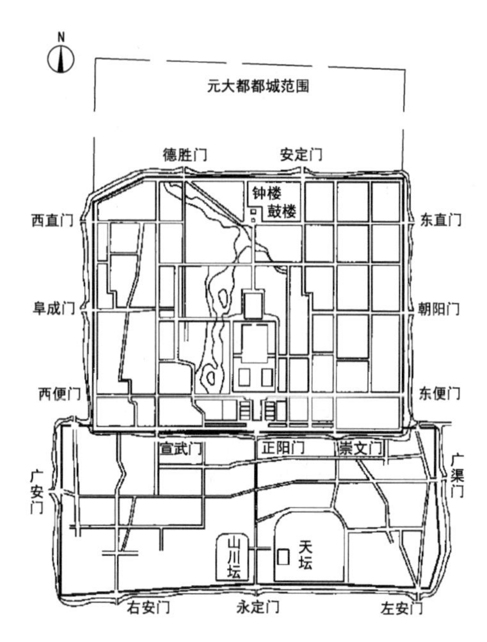

图 2-2-6 清乾隆北京城图（建筑设计资料集（第三版）第 1 分册 建筑总论．北京：中国建筑工业出版社，2017：462.）

二、中国近代城市发展背景与主要规划实践

相关真题：2018-013、2014-010、2013-009、2011-011、2010-011

中国近代社会城市格局 表 2-2-5

内容	要 点
中国近代社会和城市发展	近代以来，中国城市的功能及其发展动力发生了重大的转变。城市逐渐发展成为区域性的经济、政治、文化和社会活动的中心。
	在近代中国，对外贸易的发展促进了国内贸易的发展，逐步形成了以通商口岸城市为中心的大规模市场网络，同时也刺激了国内民族商业的兴起。
	现代商业的兴起，还带动了以轮船、铁路、公路为主要标志的交通业的兴起和发展。
	以上海的地方自治运动为发端，20 世纪初形成了全国各地普遍的地方自治运动，以城市为中心建立了一批地方自治机构。
	从 20 世纪初到抗日战争全面爆发的 30 余年间，是近代中国城市化发展的较快时期，由于商业的发展，一批大城市兴起，同时小城镇也出现了较快的发展，但城市化的发展在区域上表现出极大的不平衡性。
	抗日战争时期，中国大多数大城市，特别是若干重要的政治中心和近代兴起的主要工商业城市相继为日军占领，日军对占领区实施暴虐的殖民统治，对沦陷区进行疯狂的经济掠夺，使得这些地区的城市遭受了严重破坏，人口锐减，出现严重的衰退。但局部地区，如西部地区的一些城市，如重庆、成都、西安、兰州、昆明等则由于东部大量人口和经济设施的迁入而出现了较快发展。
	抗战结束后，东部沿海沿江的城市开始恢复生气，久经忧患和离散痛苦的人民纷纷返回家园，满怀希望，准备重建城市。但以蒋介石为首的国民政府发动了全面内战，造成了中国城市的再一次大倒退。随着蒋家王朝的崩溃，千疮百孔的城市终于迎来了解放，重新获得新生。

续表

内容	要　点
中国近代城市规划的主要类型	19世纪后半期到20世纪初，在开埠通商口岸的部分城市中，西方列强依据各国的城市规划体制和模式，对其所控制的地区和城市按照各自的意愿进行了规划设计，其中最为典型的是上海、广州等租界地区以及被外国殖民者所独占的青岛、大连、哈尔滨等城市。
	1920年代末，南京国民政府成立后，在推进市政改革的进程中，中国的一部分主要城市，如上海、南京、重庆、天津、杭州、成都、武昌以及郑州、无锡等城市都相继运用西方近现代城市规划理论或在欧美专家的指导下进行了城市规划设计。1929年的南京“首都计划”，对南京进行功能分区，共计分为中央政治区、市行政区、工业区、商业区、文教区、住宅区等六大功能区。中央政治区是建设重点。1929年公布的《大上海计划》避开已经发展起来的租界地区，以建设和振兴华界为核心。整个中心区的规划路网采用小方格和放射路相结合的形式，中心建筑群采取中国传统的中轴线对称的手法。
	抗日战争临近结束时，国民政府为战后重建颁布了《都市计划法》。抗战结束后，编制了较为系统完善的城市规划方案，其中上海的《大上海都市计划》三稿和重庆《陪都十年建设计划》最具有代表性。

2018-013. 下列表述中，正确的是(　　)。

A.《大上海计划》代表着近代中国城市规划的最高成就

B. 重庆《陪都十年建设计划》将城区划分为中央政治区、市行政区、工业区、商业区、文教区、住宅区等六大功能区

C.《大上海都市计划》的整个中心区路网采用小方格和放射路相结合的形式，中心建筑群采取中国传统的中轴线对称的手法

D. 1929年南京《首都规划》的部分地区采用美国当时最为流行的方格网加对角线方式，并将古城墙改造为环城大道

【答案】D

【解析】本题考查中国近代城市规划的主要类型。选项A错误，《大上海都市计划》代表着近代中国城市规划的最高成就；选项B错误，1929年南京“首都计划”将城区划分为中央政治区、市行政区、工业区、商业区、文教区、住宅区等六大功能区；选项C错误，《大上海计划》的整个中心区路网采用小方格和放射路相结合的形式，中心建筑群采取中国传统的中轴线对称的手法。

2014-010. 下列城市中，在近代发展中受铁路影响最小的是(　　)。

A. 蚌埠　　B. 九江

C. 石家庄　　D. 郑州

【答案】B

【解析】现代城市往往是现代交通运输的重要枢纽，如上海、郑州、石家庄、徐州、株洲等。蚌埠地处安徽省东北部、淮河中游，京沪铁路和淮南铁路交汇点，同时也是京沪高铁、京福高铁、哈武高铁的交汇点，是全国重要的综合交通枢纽，有皖北中心城市，淮畔明珠之称。但九江市受铁路影响较小。

2013-009. **在20世纪上半叶的中国，为疏解城市的拥挤，最早出现“卫星城”方案的是(　　)。**

A. 孙中山的《建国方略》　　B. 民国政府的《都市计划法》

C. 南京的《首都计划》　　D. 《大上海都市计划总图》

【答案】D

【解析】上海自1946年开始编制《大上海都市计划总图》，由于中国为反法西斯同盟国，西方帝国主义在战后归还了占领的租界地区，因此城市作为一个整体可以进行全面、系统的规划。在规划中，运用了国际流行的“卫星城市”“邻里单位”“有机疏散”以及道路分等级等规划理论和思想。

2011-011. **近代由于交通方式与交通设施的发展而导致原有地位相对衰落的城市是(　　)。**

A. 郑州　　B. 石家庄

C. 芜湖　　D. 扬州

【答案】D

【解析】扬州历史悠久，文化璀璨，商业昌盛，人杰地灵。地处江苏省中部，长江与京杭大运河交汇处，是南京都市圈紧密圈城市和长三角城市群城市，国家重点工程南水北调东线水源地。有着“淮左名都，竹西佳处”之称；又有着中国运河第一城的美誉，也是中国首批历史文化名城。由于近代交通方式由水路交通向公路、铁路转变，扬州逐渐衰退。

2010-011. **下列中国城市中，哪个城市在近代受帝国主义殖民影响最大？(　　)**

A. 大冶　　B. 玉门

C. 大连　　D. 唐山

【答案】C

【解析】19世纪后半期到20世纪初，在开埠通商口岸的部分城市中，西方列强依据各国的城市规划体制和模式，对其所控制的地区和城市按照各自的意愿进行了规划设计，其中最为典型的是上海、广州等租界地区以及被外国殖民者所独占的青岛、大连、哈尔滨等城市。

三、我国当代城市规划思想和发展历程

相关真题：2018-014

计划经济体制时期的城市规划思想与实践　　表2-2-6

要　点
1951年2月，中共中央在《政治局扩大会议决议要点》中指出，“在城市建设计划中，应贯彻为生产、为工人阶级服务的观点”，明确规定了城市建设的基本方针。当年，主管全国基本建设和城市建设工作的中央财政经济委员会还发布了《基本建设工作程序暂行办法》，对基本建设的范围、组织机构、设计施工，以及计划的编制与批准等都作了明文规定。
1952年9月中央财政经济委员会召开了新中国成立以来第一次城市建设座谈会，会议决定各城市要制定城市远景发展的总体规划，在城市总体规划的指导下，有条不紊地建设城市。
第一个五年计划时期（1953～1957年），国家的基本任务是，集中主要力量进行以156个重点建设项目为中心的、由694个建设单位组成的工业建设，以建立社会主义工业化的初步基础。

续表

要　点
1956 年，国务院撤销城市建设总局，成立国家城建部，内设城市规划局等城市建设方面的职能局，分别负责城建方面的政策研究及城市规划设计等业务工作的领导。国家建委颁布的《城市规划编制暂行办法》是新中国第一部重要的城市规划立法。
1957 年，国家先后批准了西安、兰州、太原、洛阳、包头、成都、郑州、哈尔滨、吉林、沈阳、抚顺等 15 个城市的总体规划和部分详细规划，使城市建设能够按照规划，有计划按比例地进行。
1958 年开始，进入“二五”计划时期，1958 年 5 月中共第八届全国代表大会第二次会议确定了“鼓足干劲、力争上游、多快好省地建设社会主义”的总路线。但 1960 年 11 月召开的第九次全国计划会议，却草率地宣布了“三年不搞城市规划”。这一决策是一个重大失误，不仅对“大跃进”中形成的不切实际的城市规划无以补救，而且导致各地纷纷撤销规划机构，大量精简规划人员，使城市建设失去了规划的指导，造成难以弥补的损失。
1961 年 1 月，中共中央提出了“调整、巩固、充实、提高”的八字方针，做出了调整城市工业项目、压缩城市人口、撤销不够条件的市镇建制，以及加强城市建设设施的养护维修等一系列重大决策。
1966 年 5 月开始的“文化大革命”，让无政府主义大肆泛滥，城市规划和建设受到的冲击，国家主管城市规划和建设的工作机构停止了工作。
1974 年，国家建委下发《关于城市规划编制和审批意见》和《城市规划居住区用地控制指标》试行，终于使十几年来被废止的城市规划有了一个编制和审批的依据。

2018-014. 下列关于 1956 年《城市规划编制暂行办法》的表述，错误的是(　　)。

A. 这是新中国第一部最重要的城市规划法规性文件

B. 内容包括设计文件及协议的编订方法

C. 包括城市规划基础资料、规划设计阶段、总体规划和控制性详细规划等方面的内容

D. 由国家建委颁布

【答案】C

【解析】本题考查我国当代城市规划思想和发展历程。国家建委颁布的《城市规划编制暂行办法》，是新中国第一部重要的城市规划立法。该办法分 7 章 44 条，包括城市规划基础资料、规划设计阶段、总体规划和详细规划等方面的内容以及设计文件及协议的编订办法，故选项 C 错误。此题选 C。

相关真题：2018-084

改革开放初期的城市规划思想与实践　　表 2-2-7

要　点
“文化大革命”十年动乱结束后，中国进入了一个新的历史发展时期。 1978 年 3 月国务院召开了第三次城市工作会议，中共中央批准下发执行会议制定的《关于加强城市建设工作的意见》，该文件强调了城市在国民经济发展中的重要地位和作用。 1978 年 12 月中共十一届三中全会作出了把党的工作重点转移到社会主义现代化建设上来的战略决策，以这次会议为标志，我国进入了改革开放的新阶段。城市规划工作经历长期动乱后，开始了拨乱反正，全面恢复、重建建设管理体制的时期。
1980 年 10 月国家建委召开全国城市规划工作会议，会议要求城市规划工作要有一个新的发展。同年 12 月国务院批转《全国城市规划会议纪要》下发全国实施。《纪要》第一次提出要尽快建立我国的城市规划法制，也第一次提出“城市市长的主要职责，是把城市规划、建设和管理好”。

续表

要　点
1980 年 12 月国家建委颁发《城市规划编制审批暂行办法》和《城市规划定额指标暂行规定》两个部门规章，为城市规划的编制和审批提供了法律和技术的依据。
1984 年国务院颁发了《城市规划条例》。这是新中国成立以来，城市规划专业领域第一部基本法规，是对 30 年来城市规划工作正反两方面经验的总结，标志着我国的城市规划步入法制管理的轨道。
1989 年 12 月 26 日，全国人大常委会通过了《中华人民共和国城市规划法》。该法完整地提出了城市发展方针、城市规划的基本原则、城市规划制定和实施的制度以及法律责任等。《城市规划法》的颁布和实施，标志着中国城市规划正式步入了法制化的道路。
从 1980 年代初开始，由江苏的常州、苏州、无锡等城市开始，实施“统一规划、综合开发、配套建设”的居住小区建设方式，形成生活方便、配套设施齐全、整体环境协调的整体面貌。
1982 年 1 月 15 日，国务院批准了第一批共 24 个国家历史文化名城，此后分别于 1986 年、1994 年相继公布了第二、第三批共 75 个国家级历史文化名城，近年来又分别批准了山海关、凤凰县等为国家级历史文化名城，为历史文化遗产的保护起了重要的推动作用，并从制度上提供了可操作的手段。
1984 年至 1988 年间，国家城市规划行政主管部门实行国家计委、建设部双重领导，以建设部为主的行政体制，适应改革开放初期政府主导下的城市快速建设时期的需要，促进了城市建设投资和城市建设之间的协同。

2018-084. 下列表述中，正确的有(　　)。

A. 1980 年全国城市规划工作会议后，各城市全面开展了城市规划的编制工作

B. 1982 年国务院批准了第一批共 24 个国家历史文化名城

C. 1984 年《城市规划法》是新中国成立以来第一次关于城市规划的法律

D. 1984 年为适应全国国土规划纲要编制的需要，城乡建设环境保护部组织编制了全国城镇布局规划纲要

E. 1984 年至 1988 年间，国家城市规划行政主管部门实行国家计委、城乡建设环境保护部双重领导，以城乡建设环境保护部为主的行政体制

【答案】BDE

【解析】选项 A 错误，1980 年全国城市规划工作会议之后，各城市即逐步开展了城市规划的编制工作。选项 B 正确，1982 年 1 月 15 日国务院批准了第一批共 24 个国家历史文化名城，此后分别于 1986 年、1994 年相继公布了第二、第三批共 75 个国家级历史文化名城，近年来又分别批准了山海关、凤凰县等为国家级历史文化名城，为历史文化遗产的保护起了重要的推动作用，并从制度上提供了可操作的手段。选项 C 错误，1984 年国务院颁发了《城市规划条例》。这是新中国成立以来，城市规划专业领域第一部基本法规，是对 30 年来城市规划工作正反两面经验的总结，标志着我国的城市规划步入法制管理的轨道。选项 D 正确，1988 年城乡建设环境保护部撤销，改为建设部。1984 年，为适应全国国土规划纲要编制的需要，建设部组织编制了全国城镇布局规划纲要，由国家计委纳入全国国土规划纲要，同时作为各省编制省域城镇体系规划和修改、调整城市总体规划的依据。选项 E 正确，1984 年至 1988 年间，国家城市规划行政主管部门实行国家计委、建设

部双重领导、以建设部为主的行政体制，适应了改革开放初期政府主导下的城市快速建设时期的需要，促进了城市建设投资和城市建设之间的协同。

1990年代以来的城市规划思想与实践 **表2-2-8**

内容
1990年代以后，一方面社会经济体制的改革不断深化，社会主义市场经济体制初步确立，推进了社会经济快速而持续的发展，另一方面，在经济全球化的不断推动下，城市化的发展和城市建设进入了快速时期。 1991年9月，建设部召开全国城市规划工作会议，提出“城市规划是一项战略性综合性强的工作，是国家指导和管理城市的重要手段”。 1992年以后一段时期内，在全国各地快速建设和发展中出现的“房地产热”和“开发区热”等现象。 1996年5月国务院发布了《关于加强城市规划工作的通知》，指出“城市规划工作的基本任务，是统筹安排城市各类用地及空间资源，综合部署各项建设，实现经济和社会的可持续发展”，并明确规定要“切实发挥城市规划对城市土地及空间资源的调控作用，促进城市经济和社会协调发展”。 1999年12月，建设部召开全国城乡规划工作会议，提出必须尊重规律、尊重历史、尊重科学、尊重实践、尊重专家。强调“城乡规划要围绕经济和社会发展规划，科学地确定城乡建设的布局和发展规模，合理配置资源”。
进入新世纪后，全国各地出现了新一轮基本建设和城市建设过热的状况，国务院在实施宏观调控之初，首先就强调通过城乡规划来进行调控。 2002年3月15日，国务院发出《国务院关于加强城乡规划监督管理的通知》，提出要进一步强化城乡规划对城乡建设的引导和调控作用，健全城乡规划建设的监督管理制度，促进城乡建设健康有序发展。通知要求城市规划和建设要加强城乡规划的综合调控，严格控制建设项目的建设规模和占地规模，加强城乡规划管理监督检查等。 2005年《城市规划编制办法》进行了调整和完善，明确了城市规划的基本内容和相应的编制要求，该办法自2006年4月1日起施行。
2005年10月，中共十六届五中全会首次提出的科学发展观更是我国深化社会经济的改革的指针，2007年党的十七大对科学发展观的内涵作了进一步的阐述，“科学发展观，第一要义是发展，核心是以人为本，基本要求是全面协调可持续，根本方法是统筹兼顾”。从2006年开始执行的“国民经济和社会发展第十一个五年规划”明确提出了“要加快建设资源节约型、环境友好型社会”，既为城市规划的发展指明了方向，同时，全面、协调和可持续的发展观的确立，也为城市规划作用的发挥奠定了基础。
进入20世纪90年代后，伴随着社会经济的快速发展，中国的城市化进入了快速发展时期。 2000年的第五次人口普查结果显示，全国的城市化水平已达36.22%。 2000年全国人大通过的《国民经济和社会发展第十个五年计划纲要》明确提出了“实施城镇化战略，促进城乡共同进步”的基本策略。 2000年6月，中共中央、国务院发布了《关于促进小城镇健康发展的若干意见》，指出“当前加快城镇化进程的时机和条件已经成熟。抓住机遇，适时引导小城镇健康发展，应当作为当前和今后较长时期农村改革与发展的一项重要任务”。 2005年9月29日，胡锦涛总书记在中共中央政治局第二十五次集体学习时指出：城镇化是经济社会发展的必然趋势，也是工业化、现代化的重要标志。 2005年10月，中共十六届五中全会明确提出了建设社会主义新农村的重大历史任务。 2006年初，《中共中央国务院关于推进社会主义新农村建设的若干意见》下发，实质性地启动了新农村建设。这是我国统筹城乡发展，解决“三农”问题的重大举措，也是推进健康城镇化的重要内容，新农村建设规划在各地都有开展，与此同时，城乡统筹在城市规划的各个阶段都得到了有效的贯彻。 2007年10月28日，中华人民共和国第十届全国人民代表大会常务委员会第三十次会议通过《中华人民共和国城乡规划法》，为城乡规划的开展确立了基本的框架。该法自2008年1月1日起施行。

第三节　世纪之交时城乡规划的理论探索和实践

一、全球化条件下的城市发展与规划

相关真题：2018-085、2014-081、2013-083、2012-011、2011-016

城市体系结构的变化　　表 2-3-1

内容	要　点
经济全球化的特征	①各国的经济体系越来越开放； ② 资源跨国流动扩张； ③ 跨国公司地位愈显突出； ④ 信息、通信、交通的革命。
垂直性地域分工体系的发展趋势	① 在发达国家和部分新兴工业化国家已知地区，形成一系列全球性和区域性的经济中心城市，对于全球和区域经济的主导作用越来越显著； ② 制造业资本的跨国投资促进了发展中国家的城市迅速发展，同时也越来越成为跨国公司制造/装配基地； ③ 在发达国家出现一系列科技创新中心和高科技产业基地，而发达国家的传统工业城市普遍衰退，只有少数城市成功地经历了产业结构转型。
三种不同层面经济活动的集聚形成在不同地区与城市中分布的特征	① 担当管理/控制职能的部门由于需要面对面的联系，需要紧靠其他的商务设施和为其服务的设施，需要紧靠政府及相关的决策性机构，所以一般都集中在大都市地区，这类职能部门将影响甚至决定世界经济运作的状况； ② 担当研究/开发职能的部门因为需要吸引知识工人且要有比较良好的生活和工作环境、并要能够保证较高层次知识人士的不断补充，也需要有低税收的政策扶植，因此较多在有宜人环境地区中的小城镇发展； ③ 以常规流水线生产工厂为代表的制造/装配职能的发展极大地依赖于便宜的劳动力和低税收，因此往往向经济较落后地区的小城市或大都市地区的边缘发展。

2018-085. 下列关于全球化下城市发展的表述，正确的有(　　)。

A. 中小城市的发展依靠地区中心而非与全球网络相联系

B. 不同国家的城市的依存程度更为加强

C. 疏通大城市人口和产业成为提升城市竞争力的重要措施

D. 制造业城市出现了较大规模的发展

E. 城市间的职能分工受到全球产业地域分工体系的影响

【答案】BCE

【解析】由于各类城市生产的产品和提供的服务是全球性的，都是以国际市场为导向的，其联系的范围极为广泛，但在相当程度上并不以地域性的周边联系为主，即使是一个非常小的城市，也可以在全球城市网络中建立与其他城市和地区的跨地区甚至是跨国的联系，它不再需要依赖于附近的大城市对外发生作用，因此A选项错误。

在全球化的进程中，且随着空间经济结构重组，城市与城市之间的相互作用与相互依

存程度更为加强，城市的体系也发生了结构性的变化，B选项正确。

由于特大城市人口的大量集聚，出现了通勤半径几小时的消耗，大大降低了城市的生产效率，因此疏解特大城市人口和提升产业，是增强此类城市竞争力的重要举措，C选项正确。

全球化发展中，大城市产业需求和劳动力需求，仍然需要大量的人口，在经济全球化的影响下，发达国家的一些工业城市经历了衰败的过程，但新兴发展中国家的制造业城市仍在发展，D选项错误。

全球整体城市体系结构在改变，由原来的城市与城市之间相对独立的以经济活动的部类为特征的水平结构，改变为紧密联系且相互依赖的以经济活动的层面为特征的垂直结构，城市与城市之间构成的垂直性的地域分工体系受全球经济影响越来越大，E选项正确。

因此B、C、E选项符合题意。

2014-081. 关于经济全球化对城市发展影响的表述，正确的有（　　）。

A. 全球性和区域性的经济中心城市正在逐步形成

B. 城市的发展更加受到国际资本的影响

C. 城市之间水平性的地域分工体系成为主导

D. 城市之间的相互竞争将不断加剧

E. 中小城市与周边大城市的联系有可能会削弱

【答案】ABDE

【解析】城市与城市之间构成了垂直性的地域分工体系：管理控制层面集聚的城市占据了主导性地位，而制造/装配层面集聚的城市处于从属性地位，故C项表述错误。

2013-083. 下列有关全球化背景下城市发展的表述，正确的有（　　）。

A. 全球资本的区位选择明显地影响甚至决定了城市内部的空间布局

B. 不同区域城市间的相互作用与相互依存程度更为加强

C. 以城市滨水区、历史地段等为代表的独特性资源的复兴，成为提升城市竞争力的重要举措

D. 制造业城市出现了较大规模的衰退

E. 生产者服务业所具有的集聚性在不断分解，出现了较强的分散化分布趋势

【答案】BC

【解析】在经济全球化的背景下，世界经济格局的变化、全球市场的变动等都会影响到国家经济和城市经济的变化，在这样的情况下，城市建设和发展的重点、内容及其要求等都会随之发生变化，城市规划所确定的发展路径和具体行动步骤等都将经受考验，比如，城市的产业类型及其空间分布、特定产业与其他产业之间的关联等。而房地产市场所存在的周期性特征，比如大规模的投资或投资紧缩等，都会影响具体的开发内容、数量，同时也会影响各项内容的空间分布，而政府对房地产市场的调节也同样需要应对具体的情况，从而影响城市规划的实施安排。

2012-011. 下列关于经济全球化的城市效应表述，不准确的是（　　）。

A. “全球城市”对世界经济的主导作用愈加明显

B. 跨国公司投资直接促进了发展中国家城市的发展

C. 城市的传统工业面临着全面转型的压力

D. 即使是非常小的城市，也可以在全球网络中与其他地区的城市发生密切关联

【答案】C

【解析】随着经济全球化的进程和经济活动在城市中的相对集中，城市与附近地区的城市之间、城市与周围区域之间原有的密切关系也在发生着变化，这种变化主要体现在城市与周边地区和周边城市之间的联系在减弱。即使是一个非常小的城市，它也可以在全球城市网络中建立与其他城市和地区的跨地区甚至是跨国的联系，它不再需要依赖于附近的大城市而对外发生作用。制造业资本的跨国投资促进了发展中国家的城市迅速发展，同时也越来越成为跨国公司制造/装配基地。非常规流水线生产的工业企业（如传统工业）有在城市中心区和市区继续发展的趋势。

2011-016. 全球化时代的城镇地域分工最显著的特点是(　　)。

A. 金字塔型　　B. 功能明确

C. 垂直结构　　D. 没有规律

【答案】C

【解析】全球化时代的城镇地域分工特点是以市场为导向，以跨国公司为核心的经济活动全过程中各个环节（管理策划、研究开发、生产制造、流通销售等）的垂直功能分工。

相关真题：2014-001

“全球城市”或“世界城市”　　**表 2-3-2**

特　　点
作为跨国公司的总部集中地，是全球或区域经济的管理/控制中心
都是金融中心，对全球资本的运行具有强大的影响力
具有高度发达的生产性服务业，以满足跨国公司的商务需求
生产性服务业是知识密集型产业，因此，这些城市是知识创新的基地和市场
是信息、通信和交通设施的枢纽，以满足各种“资源流”在全球或区域网络中的时空配置，为经济中心提供强有力的技术支撑

2014-001. 不属于全球或区域性经济中心城市基本特征的是(　　)。

A. 作为跨国公司总部或区域总部的集中地

B. 具有完善的城市服务功能

C. 是知识创新的基地和市场

D. 具有雄厚的制造业基础

【答案】D

【解析】由“全球城市”或“世界城市”特点可知，选项 D 不属于其特征。此题选 D。

复兴规划　　　　　　　　**表 2-3-3**

内容	要　点
城市中央商务区的重塑	为了应对经济全球化和信息化的需要，在一些经济中心城市出现了对新型办公楼快速增长的需求，由此出现了城市中央商务区的大规模改造和大型工程的建设。在这些建设中，有一些城市延续了 20 世纪 70 年代以后城市中心改造的趋势，大规模增加符合信息化办公条件的办公楼，完善各项辅助性设施，强化城市中心功能。如洛杉矶、芝加哥等城市中心的改造。
	另外一些城市则在城市中选择适当的位置建设新的商务中心，把边缘转变为中心。如英国伦敦的码头区建设以及美国一些城市中出现的“边缘城市”。
城市更新和滨水地区再开发	结合工业外迁不断加速的趋势，利用已经衰退的工业区、仓储区等实施全面的城市更新，一方面消除城市衰败地区所带来的负面影响，另一方面则通过创造新的吸引点，提升城市集聚能力。在更新后的这些地区，集中着能符合全球经济参与者要求的生活居住设施以及以娱乐、文化、时尚为核心的各类设施。如纽约的 SOHO 地区、伦敦的 SOHO 地区、伦敦东部的码头区改造、利物浦的码头区改造、鹿特丹码头区改造等。
公共空间的完善和文化设施建设	有些城市结合城市大事件和旧城地区的更新改造，建设大量的城市公共空间，完善公共空间的环境品质。比如西班牙的巴塞罗那和毕尔巴鄂、欧洲的“文化之都”等。

二、知识经济和创新城市

知识经济　　　　　　　　**表 2-3-4**

内容	要　点
定义	是指建立在知识和信息的生产、分配和使用基础上的经济。
主要特征	① 以信息技术和网络建设为核心； ② 以人力资本和技术创新为动力； ③以高新技术产业为支柱； ④ 以强大的科学研究为后盾。

相关真题：2018-015

创新城市的形式　　　　　　　　**表 2-3-5**

内容	要　点
高科技园区	① 高科技企业的集聚区：这类地区的形成可以较大地促进科技和产业的创新。 ② 科技城：完全是科学研究中心，与制造业并无直接的地域联系，往往是政府计划的建设项目。 ③ 技术园区：在一个特定地域内提供各种优越条件（包括优惠政策），吸引高科技企业的投资。这类地区往往只是从事高技术产品的生产，缺少基本的研发内容，因此其本质仍然是制造业基地。 ④ 建立完整的科技都会：作为区域发展和产业布局的一项计划。该项研究也认为，尽管各种高科技园区层出不穷，而且也产生了显著的影响，但当今世界的科技创新仍然主要来自传统的国际性大都会（如伦敦、巴黎和东京）。
企业集群	定义：指地方企业集群，是一组在地理上靠近的相互联系的公司和关联机构，它们同处在一个特定的产业领域，由于具有共性和互补性而联系在一起。
	联系：①新产业；②以非标准化或为顾客定制的产品为主的制造业；③生产过程连续的产业。
	主要特点：①同业和相关产业的很多公司在地理上集聚；②支撑的制度结；③企业在地方网络中密集地交易、交流和互动。

2018-015. **下列关于企业群的表述，正确的是(　　)。**

A. 新兴产业之间具有较强的依赖性，因此要比成熟产业更容易形成企业集群

B. 邻近大学并具有便利的交通条件，有利于企业集群的形成

C. 以非标准化或为顾客制定产品为主的制造业，有比较强的地方联系，容易形成企业集群

D. 设立高科技园区形成企业集群的基本条件

【答案】C

【解析】本题考查的是知识经济和创新城市。以非标准化或为顾客制定产品为主的制造业，需要与顾客面对面地信息交流，地方联系相对较强。

三、加强社会协调、提高生活质量

“市民社会”和“城市治理”　　**表 2-3-6**

概念	要点说明
市民社会	自治性质：“市民社会”在西方社会思想中强调的是在市场的经济力量和国家的强权力量之外，社会民众共同形成的一种自治性质的力量。这三者的相互作用决定了社会整体发展的方向。
城市治理	概念：治理是各种公共的或私人的个人和机构管理其共同事务的诸多方式的总和。 特征： ① 治理不是一整套规则，也不是一种活动，而是一个过程； ② 治理过程的基础不是控制，而是协调； ③ 治理既包括公共部门，也包括私人部门； ④ 治理不是一种正式的制度，而是持续的互动。 基本要素： ① 合法性，指的是社会秩序和权威被自觉认可和服从的性质和状态； ② 透明性，指政治信息的公开性； ③ 责任性，指人们应当对自己的行为负责。在公共管理中，它特指与某一特定职位或机构相连的职责及相应的义务； ④ 法治，是公共政治管理的最高准则； ⑤ 回应，公共管理人员和管理机构必须对公民的要求做出及时和负责的反应，不得无故拖延或没有下文；在必要时还应当定期地、主动地向公民征询意见、解释政策和回答问题； ⑥ 有效，指管理的效率，一是管理机构设置合理，管理程序科学，管理活动灵活；二是最大限度地降低管理成本。

相关真题：2018-016

影响居民归属感的主要原因　　**表 2-3-7**

原因	要　点
社区生活条件的满意程度	尽管社区归属感和社区满足感是两个不同的概念（社区归属感是居民对社区的心理感受，而社区满足感是指居民对社区生活条件的评估），但社区满足感在很大程度上决定着社区成员的心理归属感。
社区认同程度	即居民越是喜爱和依恋某个社区，他们就越愿意把自己看成是该社区的成员，让社区生活成为自己生活的组成部分。
社区内的社会关系	城市居民在社区里的同事、朋友和亲戚越多，其社区归属感也就越强。
居住年限	一般说来，居民在社区内的居住年限越长，其社会关系就越广泛和深厚，因而其社区归属感就越强。
社区活动的参与	居民对社区活动的参与度有助于增强居民的社区归属感。

2018-016. **影响居民社区归属感的因素是(　　)。**

A. 社区居民收入水平

B. 社区内有较多的购物、娱乐设施

C. 社区内有较多的教育、医疗设施

D. 居民对社区环境的满意度

【答案】D

【解析】本题考查的是加强社会协调，提高生活质量。影响居民社区归属感的主要原因包括：①居民对社区生活条件的满意程度；②居民的社区认同程度；③居民在社区内的社会关系；④居民在社区内的居住年限；⑤居民对社区活动的参与。

相关真题：2018-017、2017-011、2008-010

可持续发展的内容　　表 2-3-8

内容	要　点
可持续发展的内容	一是对传统发展方式的反思和否定；二是对规范的可持续发展模式的理性设计。 可持续发展具体表现在：工业应当高产低耗；能源应当被清洁利用；粮食需要保障长期供给；人口与资源应当保持相对平衡。
含义	既满足当代人的需求又不危及后代人满足其需求的发展。
人类住区的发展目标	① 为所有人提供足够的住房； ② 改善人类住区的管理，其中尤其强调城市管理，并要求通过种种手段采取有创新的城市规划解决环境和社会问题； ③ 促进可持续土地使用的规划和管理； ④ 促进供水、下水、排水和固体废物管理等环境基础设施的统一建设，并认为城市开发的可持续性通常由供水和空气质量、下水和废物管理等环境基础设施状况参数界定； ⑤ 在人类居住中推广可循环的能源和运输系统； ⑥ 加强多灾地区的人类居住规划和管理； ⑦ 促进可持久的建筑工业活动行动的依据； ⑧ 鼓励开发人力资源和增强人类住区开发的能力。

2018-017. **下列哪个选项无助于实现人居环境可持续发展的目标？(　　)**

A. 为所有人提供足够的住房

B. 完善供水、排水、废物处理等基础设施

C. 控制地区人口数量和建设区扩张

D. 推广可持续的新能源系统

【答案】C

【解析】由可持续发展的内容可知，选项 A、B、D 都属于其内容，C 不符合题意。此题选 C。

2017-011. **下列关于城市可持续发展的表述，不准确的是(　　)。**

A. 提高居民在城市发展决策中的参与程度

B. 通过车辆限行减少通勤和日常生活的出行

C. 居住、工作地点和生活环境应免遭环境危害

D. 以财政转移方式，在城市不同功能地区之间建立财政共享机制

【答案】B

【解析】应优先发展公共交通，合理使用私人小汽车和自行车等个体交通工具，创造良好的步行环境，实现客运交通系统多方式的协调发展。故 B 项错误。

2008-010. 下列关于可持续发展的描述，不确切的是(　　)。

A. 可持续发展是中国未来发展的自身需要和必然选择

B. 人类住区的可持续发展是可持续发展战略的重要组成部分

C. 城市可持续发展的核心是保护好城市的生态环境

D. 可持续发展不仅是为了满足当代人的需求

【答案】C

【解析】根据世界环境和发展委员会 1987 年的报告《我们共同的未来》中可持续发展的定义为："既满足当代人的需求又不危及后代人满足其需求的发展"。根据该报告，可持续发展定义包含两个基本要素或两个关键组成部分："需要"和对需要的"限制"。

相关真题：2013-012、2012-083

《可持续发展的规划对策》 **表 2-3-9**

内容	要　点
土地使用和交通	缩短通勤和日常生活的出行距离，提高公共交通在出行方式中的比重，提高日常生活用品和服务的地方自给程度，采取以公共交通为主导的紧凑发展形态。
自然资源	提高生物多样化程度，显著增加城乡地区的生物量，维护地表水的存量和地表土的品质，更多地使用和生产再生的材料。
能源	显著减少化石燃料的消耗，更多地采用可再生的能源，改进材料的绝缘性能，建筑物的形式和布局应有助于提高能效。
污染和废弃物	减少污染排放，采取综合措施改善空气、水体和土壤的品质，减少废弃物的总量，更多采用"闭合循环"的生产过程，提高废弃物的再生与利用程度。

2013-012. 下列哪个选项无法提高城市发展的可持续性？(　　)

A. 缩短上下班通勤和日常生活出行的距离

B. 维护地表水的存量和地表土的品质

C. 不断提高土地建设开发强度

D. 高效能的建筑物形态和布局

【答案】C

【解析】由可持续发展的内容可知，选项 A、B、D 都属于其内容，C 不符合题意。此题选 C。

2012-083. **下列哪些内容有助于实现我国城市的可持续发展？（　　）**

A. 提高公共交通在出行方式中的比重

B. 维护地表水的存量和地表土的品质

C. 建设低密度居住区，形成良好的人居环境

D. 优先使用闲置、弃置土地，减少城市扩张的压力

E. 为低收入人群提供更多的发展机会

【答案】ABDE

【解析】选项C容易造成土地的浪费，建筑容积率低。

相关真题：2014-082、2008-083

对可持续发展的建议　　表 2-3-10

建议	要点
循环使用土地与建筑	城市建设应当首先使用衰败地区和闲置的土地和建筑，应尽量减少将农业用地转换成城市用地。同时要改变过去在城市边缘和郊区大规模建设低密度居住区的做法，应避免在城市之外建设零售业和校园风格的办公/商务园区。
改善城市环境	鼓励“紧凑城市”（Compact City）的概念，鼓励培育可持续性和城市质量。已有的城区必须改造得更富吸引力，从而使人们愿意在其中居住、工作和交往。可持续性的实现将通过把城市密度与提供各种商店和服务的各级城市中心联系在一起进行组织，在提供中心服务的范围内要很好地结合公共交通和步行路。较高的密度和紧凑城市形态的适当结合可以减少对汽车的依赖。
优化地区管理	城市的可持续发展必须依靠强有力的地方领导和市民广泛参与的民主管理。居民应当在决策中扮演更重要的角色。
旧区复兴是城市持续发展的关键性内容	地方政府应当被赋予更多的权力和职责以从事长期衰落地区的复兴工作。应该设立公共基金以便通过市场吸引私人投资者。
国家政策应当鼓励创新	过去的许多规划标准限制了创新，尤其像坚持公路标准（如道路宽度、转弯半径以及交叉口视距等）优先于城市布局，由此导致了枯燥乏味的城市环境。街道应当被看作“场所”（Place），而不只是运输通道。
高密度	单一的密度指标并不能成为衡量城市质量的标准，尽管它是一个重要因素。相对于英国现在普遍的开发密度，高密度开发（并不必然是高层开发）可以对城市的可持续发展做出重要贡献。
加强城市规划与设计	好的城市规划和设计可以修复过去的错误并为城市创造对生活更有吸引力的场所，而且可以适应多用途混合使用的发展需要，从而培育城市的可持续发展。

2014-082. **城市可持续发展战略的实施措施有（　　）。**

A. 在城市发展中，坚决限制城市用地的进一步扩展

B. 保护城市的文脉和自然生态环境

C. 优先使用城市中的弃置地

D. 鼓励建设低密度的居住区

E. 提高公众参与的程度

【答案】BCE

【解析】A项明显错误；D项应为鼓励紧凑的开发，故A、D项表述错误，排除。

2008-083. **实施可持续发展战略中可以采用的措施有(　　)。**

A. 在城市发展中，限制城市用地的进一步扩展

B. 保护开放空间

C. 应优先使用城市中的弃置地

D. 鼓励紧凑的开发

E. 提高公众参与的程度

【答案】BCDE

【解析】可持续发展战略包括，既满足当代人的需要，又不损害后代满足其需要的能力。选项 A 中所说的限制城市用地的进一步扩展，将会阻碍当代人的需求。所以排除 A 选项。

"精明增长" **表 2-3-11**

基本原则
① 保持大量开放空间和保护环境质量； ② 内城中心的再开发和城市内零星空地的开发，改善人类住区的管理，其中尤其强调城市管理，并要求通过种种手段采取有创新的城市规划解决环境和社会问题； ③ 在城市和新的郊区地区减少城市设计创新的障碍； ④ 在地方和邻里中创造更强的社区感，在整个大都市地区创造更强的区域相互依赖和团结； ⑤ 鼓励紧凑的、混合用途的开发，在人类居住中推广可循环的能源和运输系统； ⑥ 创造显著的财政刺激，使地方政府能够运用基本原则基础上的精明增长规划； ⑦ 以财政转移的方式，在不同的地方之间建立财政的共享； ⑧ 确定谁有权作出控制土地使用的决定； ⑨ 加快开发项目申请的审批过程，提供给开发商更大的确定性，降低改变项目的成本； ⑩ 在外围新增长地区提供更多的低价房； ⑪ 建立公私协同的建设过程； ⑫ 在城市的增长中限制进一步向外扩张； ⑬ 完善城市内的基础设施； ⑭ 减少对私人小汽车交通的依赖。

当代城市规划的主要理论或理念 **表 2-3-12**

内容	要　　点
从城市规划到环境规划	标志：1990 年，英国城乡规划协会成立了可持续发展研究小组，经过 3 年的研究工作，于 1993 年发表了《可持续发展的规划对策》，提出将可持续发展的概念和原则引入城市规划的行动框架，称为环境规划，这就是将环境要素管理纳入各个层面的空间规划。 主要特征：预警性；整合性；战略性 基本原则： ① 土地使用和交通：通过倡导公共交通，缩短出行距离，节约和有效利用土地； ② 自然资源：减少对自然生态的破坏和对自然资源的消耗； ③ 能源：减少能源的浪费，更多地采用可再生能源； ④ 污染物与废弃物：减少污染物排放，提高废弃物的再生利用程度。

我国现阶段城市规划面临的新问题 **表 2-3-13**

内容	要　点
从增量规划到存量规划	增量规划：指以新增建设用地为对象、基于空间扩张为主的规划。
	存量规划：指以不增加建设用地为主张、基于城市更新为手段的城市功能优化调整的规划。
	减量规划：指在压缩城镇建设用地、提高生态用地的规划引导下，所要进行的利益补偿。
生态修复与城市修补	指导思想：牢固树立创新、协调、绿色、开放、共享的发展理念，坚持以人民为中心的发展思想，进一步加强城市规划建设管理工作，将“城市双修”作为推动供给侧结构性改革的重要任务，以改善生态环境质量、补足城市基础设施短板、提高公共服务水平为重点，转变城市发展方式，治理“城市病”，提升城市治理能力，打造和谐宜居、富有活力、各具特色的现代化城市。
	基本原则：政府主导，协同推进；统筹规划，系统推进；因地制宜，分类推进；保护优先，科学推进。
	主要任务目标：2017 年，各城市制定“城市双修”实施计划，开展生态环境和城市建设调查评估，完成“城市双修”重要地区的城市设计，推进一批有实效、有影响、可示范的“城市双修”项目。2020 年，“城市双修”工作初见成效，被破坏的生态环境得到有效修复，“城市病”得到有效治理，城市基础设施和公共服务设施条件明显改善，环境质量明显提升，城市特色风貌初显。
	主要工作内容：加快山体修复；开展水体治理和修复；修复利用废弃地；完善绿地系统；填补基础设施欠账；增加公共空间；改善出行条件；改造老旧小区；保护历史文化；塑造城市时代风貌。
多规合一	含义：“多规合一”是指在一级政府一级事权下，强化国民经济和社会发展规划、城乡规划、土地利用规划、环境保护、文物保护、林地与耕地保护、综合交通、水资源、文化与生态旅游资源、社会事业规划等各类规划的衔接；确保“多规”确定的保护性空间、开发边界、城市规模等重要空间参数一致，并在统一的空间信息平台上建立控制线体系，以实现优化空间布局、有效配置土地资源、提高政府空间管控水平和治理能力的目标。
	多规合一有望成为现实：虽然近年来一直倡导和试点多规合一，但由于各项规划权利分属不同部门，往往形成互相杯葛、彼此钳制的格局。此次纳入自然资源部管理的不仅是城乡规划，还包括原来由发改委管辖的国家主体功能区规划，以及原国土资源部的土地利用规划、原国家海洋局的海洋规划、农业部和国家林业局的草原和森林、湿地规划等；一句话，所有空间规划现在都归属自然资源部管辖，由此第一次实现了规划权的高度统一。规划权统一后，主体功能区规划、土地利用规划、城乡规划三大核心规划将实现无缝对接，从而保障城乡保护性空间、开发边界、城市规模控制等重要空间参数的一致性、空间信息平台的统一性、空间管控体系的高效性。在此统一空间规划的基础上，再对接发改委的国民经济与社会发展规划、生态环境部的环境保护规划等指标性规划，由此多规合一将可最终实现。

第三章　城乡规划体系

大纲要求 **表 3-0-1**

内容	分项	知识点
城乡规划体系	城乡规划的内涵	掌握城乡规划的概念 熟悉现代城乡规划的基本特点与构成 熟悉城乡规划的公共政策属性 熟悉规划师的角色与地位
	我国城乡规划体系	熟悉我国城乡规划法规体系的构成 熟悉我国城乡规划行政体系的构成 熟悉我国城乡规划工作体系的构成
	城乡规划的制定	掌握制定城乡规划的基本原则 熟悉制定城乡规划的基本程序 掌握城乡规划编制的层次及其相互关系 熟悉城乡规划编制的公众参与

第一节　城市规划的基本概念

一、城乡规划的概念

相关真题：2012-012

城乡规划的概念　　表 3-1-1

内容	要　点
概念	《城市规划基本术语标准》：城市规划是“对一定时期内城市的经济和社会发展、土地利用、空间布局以及各项建设的综合部署、具体安排和实施管理”。这是从城市规划的主要工作内容对城市规划所作的定义。
	《〈中华人民共和国城乡规划法〉解说》：从城乡规划社会作用的角度对城乡规划作了如下定义：“城乡规划是各级政府统筹安排城乡发展建设空间布局，保护生态和自然环境，合理利用自然资源，维护社会公正与公平的重要依据，具有重要公共政策的属性。”
	《城乡规划法》：城乡规划是以促进城乡经济社会全面协调可持续发展为根本任务、促进土地科学使用为基础、促进人居环境改善为目的，涵盖城乡居民点的空间布局规划。

2012-012. 城乡规划不是(　　)的重要依据。

A. 安排城乡建设空间布局　　B. 统筹城乡经济发展

C. 合理利用自然资源　　D. 维护社会公正与公平

【答案】B

【解析】《〈中华人民共和国城乡规划法〉解说》则从城乡规划社会作用的角度对城乡规划作了如下定义：城乡规划是各级政府统筹安排城乡发展建设空间布局，保护生态和自然环境，合理利用自然资源，维护社会公正与公平的重要依据，具有重要公共政策的属性，因而此题选 B。

二、现代城市规划的基本特点与构成

相关真题：2014-012、2013-013、2011-012、2010-012、2008-012

现代城市规划的主要特点　　表 3-1-2

特点	内　容
综合性	城市的社会、经济、环境和技术发展等各项要素，既互为依据，又相互制约，城市规划需要对城市的各项要素进行统筹安排，使之各得其所、协调发展。综合性是城市规划的最重要特点之一，在各个层次、各个领域以及各项工作中都会得到体现。
政策性	城市规划是关于城市发展和建设的战略部署，同时也是政府调控城市空间资源、指导城乡发展与建设、维护社会公平、保障公共安全和公众利益的重要手段。
民主性	城市规划涉及城市发展和社会公共资源的配置，需要代表最广大人民的利益，由于城市规划的核心在于对社会资源的配置，因此城市规划就成为社会利益调整的重要手段。
实践性	城市规划是一项社会实践，是在城市发展的过程中发挥作用的社会制度；城市规划是一个过程，需要充分考虑近期的需要和长期的发展，保障社会经济的协调发展；城市规划的实施是一项全社会的事业，需要城市政府和广大市民共同努力才能得到很好的实施。

2014-012. 下列工作中，难以体现城市规划政策性的是(　　)。

A. 确定相邻建筑的间距

B. 确定居住小区的空间形态

C. 确定居住区各类公共服务设施的配置规模和标准

D. 确定地块开发的容积率和绿地率

【答案】A

【解析】由现代城市规划的主要特点可知，选项A符合题意。此题选A。

2013-013. 下列表述错误的是(　　)。

A. 城乡规划是各级政府保护生态和自然环境的重要依据

B. 城市规划是在城市发展过程中发挥重要作用的政治制度

C. 动员全体市民实施规划是城市规划民主性的重要体现

D. 协调经济效率和社会公正之间的关系是城市规划政策性的重要体现

【答案】B

【解析】选项A反映了现代城市规划的综合性，选项C反映了现代城市规划的民主性，选项D反映了现代城市规划的政策性。现代城市规划的实践性主要表现为城市规划是一项社会实践，是在城市发展的过程中发挥作用的社会制度。因而选项B错误，此题选B。

2011-012. 有关城市规划特点的表述，不确切的是(　　)。

A. 城市规划需要考虑城市社会、经济、环境、技术发展等各项因素的综合作用

B. 城市规划是政府调控城市空间资源、维护社会公平、保障公共安全和公众利益的重要手段

C. 城市规划是从城市的实际问题和需求出发的地方性事务

D. 城市规划是在城市发展过程中发挥作用的社会实践

【答案】C

【解析】现代城市规划的主要特点：①综合性，城市的社会、经济、环境和技术发展等各项要素，既互为依据，又相互制约。A选项正确。②政策性，城市规划发展和建设的战略部署，同时也是政府调控城市空间资源、指导城乡发展与建设、维护社会公平、保障公共安全和公众利益的重要手段。B选项正确。③民主性，城市规划涉及城市发展和社会公共资源的配置，需要代表最为广大的人民的利益。C选项错误。④实践性，城市规划是在城市发展过程中的一项社会实践。D选项正确。

2010-012. 下列哪项工作难以体现城市规划的政策性(　　)。

A. 划定城市空间管制区　　B. 规定各地块土地使用的性质

C. 确定居住区各类公共服务设施的配置　　D. 确定城市总体布局形态

【答案】D

【解析】城市规划中的任何内容都会关系到城市经济的发展水平和发展效率、居民生活质量和水平、社会利益的调配、城市的可持续发展等，是国家方针政策和社会利益的全面体现，选项A、B、C为城市规划的内容，能够体现城市规划的政策性，选项D为城市

设计的内容，因而此题选 D。

2008-012. **下列哪项不是城市规划的基本特征？(　　)**

A. 综合性　　　　B. 战略性

C. 政策性　　　　D. 实践性

【答案】B

【解析】现代城市规划的基本特点：综合性、政策性、民主性、实践性，因而此题选 B。

相关真题：2017-084、2011-084、2008-013

现代城市规划的基本构成　　　　**表 3-1-3**

分类	内　　容
基本构成	现代城市规划既是一项社会实践，也是一项政府职能，同时也是一项专门技术；因此，一个国家的城市规划体系必然有这样三个方面，或者说城乡规划体系由三个子系统所组成，即法律法规体系、行政体系以及城市规划自身的工作（运行）体系。
城市规划法律法规体系	法律法规体系是城市规划体系的核心。城市规划法律法规体系的构成可以有两种划分方式： ① 根据法律法规的内容与城市规划本身的相关性进行划分，一般可以分为主干法及其从属法、专项法和相关法； ② 根据相关法律法规的属性与适用范围来进行划分：国家法律、行政法规、地方法规、行政规章、规范性文件、技术规范等。
城市规划行政体系	城市规划行政体系是指城市规划行政管理权限的分配、行政组织的架构以及行政过程的整体。 以城市规划行政主管部门的“纵向”行政关系及其与其他政府部门之间“横向”行政关系共同组成了城市规划行政体系。
城市规划工作体系	城市规划工作体系是指围绕着城市规划工作和行为的开展过程所建立起来的结构体系，也可以理解为运行体系或运作体系。 就城市规划的整体而言，城市规划的工作体系包括城市规划的制定和实施两个部分。 ① 城市规划的制定：包括了城市规划的文本体系、各类规划的编制过程和各类规划的审批过程等； ② 城市规划的实施：目的就是将经法定程序批准的法定规划付诸实施，其基本内容包括：城市规划实施的组织、城市建设项目的规划管理和城市规划实施的监督检查。

2017-084、2011-084. **下列关于现代城市规划体系的表述，正确的有(　　)。**

A. 现代城市规划融社会实践、政府职能、专门技术于一体

B. 城市规划体系包括法律法规体系、行政体系、编制体系

C. 城市规划法律法规体系是城市规划体系的核心

D. 城市规划的行政体系不仅仅限于城市规划行政主管部门之间的关系，而且还涉及其上各级政府以及政府其他部门之间的关系

E. 城市规划的文本体系是城市规划法律法规体系的重要组成部分，是城市规划法律权威性的体现

【答案】ACD

【解析】一个国家的城市规划体系必然有这样三个方面，或者说城市规划体系由三个子系统所组成。即法律法规体系、行政体系以及城市规划自身的工作（运行）体系，故B项错误。城市规划的文本体系又称发展规划体系，主要是指各类规划编制成果之间的相互关系，通常包括战略性发展规划和实施性发展规划。城市规划制定的目的就是建立可以在实践中执行的合法的城市规划文件，故E项错误。

2008-013. 下列说法不正确的是（　　）。

A. 城市规划法律法规是城市规划行政体系和工作体系的基础

B.《城乡规划法》是我国城市规划法律法规体系的主干法

C. 城市规划标准规范是城市规划法律法规体系的组成部分

D. 作为法定规划的控制性详细规划是城市规划法律法规体系的组成部分

【答案】D

【解析】控制性详细规划属于城市规划的工作体系中城市规划制定的组成部分，选项D不正确，选项D符合题意。

三、城乡规划的作用

相关真题：2017-012、2014-013、2010-013、2008-084

城市规划的作用　　表3-1-4

作用	内　容
宏观经济条件调控的手段	城市规划通过对城市土地和空间使用配置的调控，来对城市建设和发展中的市场行为进行干预，从而保证城市的有序发展。
保障社会公共利益	在市场经济的运作中，市场不可能自觉地提供公共物品，这就要求政府干预。 通过城市规划对土地使用的安排为公共利益的实现提供了基础。
协调社会利益、维护公平	城市规划以预先安排的方式、在具体的建设行为发生之前对各种社会需求进行协调，从而保证各群体的利益得到体现，同时也保证社会公共利益的实现； 作为社会协调的基本原则就是公平地对待各利益团体，并保证普通市民尤其是弱势群体的生活和发展的需要。
改善人居环境	城市规划综合考虑社会、经济、环境发展的各个方面，从城市与区域等方面入手，合理布局各项生产和生活设施，完善各项配套，使城市的各个发展要素在未来发展过程中相互协调，满足生产和生活各个方面的需要，提高城乡环境品质，为未来的建设活动提供统一的框架。 同时从社会公共利益的角度实行空间管制，保障公共安全，保护自然和历史文化资源，建构高质量的、有序的、可持续的发展框架和行动纲领。

2017-012. 下列关于城市规划作用的表述，正确的是（　　）。

A. 城市规划通过对各类开发进行管制，尽量减少新开发建设给周边地区带来负面影响

B. 城市规划对城市建设进行管理的实质是对土地产权的控制

C. 城市规划安排城市各类公共服务设施与公共服务保障体系等“公共物品”

D. 城市规划通过预先安排的方式，按照预期经济收益最大化原则，协调各种社会

需求

【答案】A

【解析】城市规划对城市建设进行管理的实质是对开发权的控制，故B项错误。公共设施、公共安全、公共卫生、公共环境以及自然资源、生态环境、历史文化等都可称为"公共物品"；城市规划通过对社会、经济、自然资源等的分析，结合未来发展的安排，从社会需要的角度对各类公共设施等进行安排，并通过土地使用的安排为公共利益的实现提供了基础，通过开发控制保障公共利益不受到损害，故C项错误。城市规划以预先安排的方式、在具体的建设行为发生之前对各种社会需求进行协调，从而保证各群体的利益得到体现，同时也保证社会公共利益的实现，故D项错误。

2014-013. 下列内容中，不属于城市规划调控手段的是(　　)。

A. 通过土地使用的安排，保证不同土地使用之间的均衡

B. 通过规划许可限定开发类型

C. 通过土地供应控制开发总量

D. 通过公共物品的提供推动地区开发建设

【答案】C

【解析】城市规划作为政府实现调控的手段包括通过对城市土地和空间使用配置的调控，包括公共部门对各类开发进行的管制，即选项A、B，还包括公共物品供应的协调和确定，即选项D。

2010-013. 下列哪项不属于城市规划保障社会整体公共利益的主要作用？(　　)

A. 控制建筑物之间的日照间距

B. 保护自然环境和生态环境

C. 控制自然灾害易发生地区

D. 保护历史文化遗产

【答案】A

【解析】城市是人口高度集聚的地区，当大量的人口生活在一个相对狭小的地区时，就形成了一些共同的利益要求，比如充足的公共设施（如学校、公园、游憩场所、城市道路和供水、排水、污水处理等）、公共安全、公共卫生、舒适的生活环境等，同时还涉及自然资源和生态环境的保护、历史文化的保护等。对于自然资源、生态环境和历史文化遗产以及自然灾害易发地区等，则通过空间管制等手段予以保护和控制，使这些资源能够得到有效保护，使公众免受地质灾害的损害。由此可见，选项A符合题意。

2008-084. 城市规划的主要作用包括(　　)。

A. 政府调控城市空间资源

B. 指导城乡发展与建设

C. 促进房地产业的发展

D. 保障公共安全和公众利益

E. 带动地区经济的发展

【答案】ABD

【解析】城市规划作为宏观经济条件调控的手段，一是通过对城市土地和空间使用配置即城市土地资源的配置进行直接的控制，二是城市规划对城市建设进行管理的实质是对开发权的控制，选项A、B正确；城市规划的作用还包括保证社会公共利益，协调社会利益，维护社会公平，选项D正确。

四、城市规划师的角色与地位

相关真题：2012-013、2008-079

规划师的角色与地位　　表 3-1-5

分类	角色与职责
政府部门的规划师	角色：国家和政府的法律法规和方针政策的执行者 城市规划领域和运用城市规划对各类建设行为进行管理的管理者 职责：作为政府公务员所担当的行政管理职责 担当了城市规划领域的专业技术管理职责
规划编制部门的规划师	角色：专业技术人员和专家 职责：编制经法定程序批准后可以操作的城市规划成果 为决策者提供咨询和参谋，担当着社会利益协调者
研究与咨询机构的规划师	角色：专业技术人员和专家的身份为主 职责：提出合理建议，进行技术储备
私人部门的规划师	角色：特定利益团体的代言人，他们运用自己的专业技术与政府部门、规划编制机构或者咨询机构等的城市规划师进行沟通和交流，以维护其所代表的机构的利益 职责：各自行业的利益诉求

2012-013. **下列关于城市规划师角色的表述，错误的是(　　)。**

A. 政府部门的规划师担当行政管理、专业技术管理和仲裁三个基本职责

B. 规划编制部门的规划师主要角色是专业技术人员和专家

C. 研究与咨询机构的规划师可能成为某些社会利益的代言人

D. 私人部门的规划师是特定利益的代言人

【答案】A

【解析】政府部门中的城市规划师担当着两方面的职责。一方面是作为政府公务员所担当的行政管理职责，是国家和政府的法律法规和方针政策的执行者；另一方面担当了城市规划领域的专业技术管理职责，是城市规划领域和运用城市规划对各类建设行为进行管理的管理者。因而选项A符合题意。

2008-079. **私人部门的开发行为是私人部门实现自身利益的手段，(　　)。**

A. 必然会损害到城市的公共利益

B. 同样也可以是实施城市规划的手段

C. 主要为了满足城市居民生产和生活的需求

D. 是政府应予严格管制的领域

【答案】B

【解析】私人部门的建设性活动是出于自身的利益而进行的，在此过程中往往以达到利益的最大化为目的，但只要遵守城市规划的有关规定，符合城市规划的要求，客观上就是在实施城市规划，选项B正确。

第二节　我国城乡规划体系

一、我国城乡规划法律法规体系的构成

相关真题：2017-013、2013-014、2011-013

我国城乡规划法律法规体系的构成　　表 3-2-1

分类	要　点
法律	法律是指由全国人大或者其常委会批准的法律文件，通常以“中华人民共和国×××法”为名称。 《中华人民共和国城乡规划法》是整个国家法律体系的一个组成部分，是城乡规划法规体系的主干法和基本法。
法规	法规是指由国务院批准的行政法规，省、自治区、直辖市和具有立法权的城市人大或其常委会批准的地方法规。 城乡规划行政法规和地方法规都是《城乡规划法》的具体化和深化，是结合具体的主题内容或地方特征对《城乡规划法》的贯彻和进一步执行的具体规定。
规章	由国务院部门和省、直辖市、自治区以及有立法权的人民政府制定的具有普遍约束力的规范称为行政规章。这些规章通常以“部长令”“省长令”“市长令”等形式发布，如《城市规划编制办法》《村镇规划编制办法》。
规范性文件	各级政府及规划行政主管部门制定的其他具有约束力的文件统称为规范性文件。
标准规范	标准规范是对一些基本概念和重复性的事物进行统一规定，以科学、技术和实践经验的综合成果为基础，经有关方面协商一致，由行业主管部门批准，以特定的形式发布，作为城乡规划共同遵守的准则和依据，其目的是保障专业技术工作科学、规范，符合质量要求。 标准规范分为国家标准、地方标准和行业标准；标准规范的实际效力相当于技术领域的法规，标准规范中的强制性条文是政府对其执行情况实施监督的依据。

2017-013. 下列关于我国城乡规划法律法规体系的表述，错误的是(　　)。

A.《中华人民共和国城乡规划法》是城乡规划法律法规体系的基本法

B. 省会城市人大及其常委会可以制定该城市的城乡规划地方法规

C. 地级市人民政府可以制定本行政区的城乡规划地方法规

D. 城乡规划标准规范中的强制性条文是政府对规划执行情况实施监督的依据

【答案】C

【解析】城乡规划的行政法规是指由国务院制定的实施国家《城乡规划法》或配套的具有针对性和专题性的规章。城乡规划的地方法规是指由省、自治区、直辖市以及国家规定的具有地方立法权的城市的人大或其常委会所制定的城乡规划条例、国家《城乡规划法》实施条例或办法。故C项错误。

2013-014. 下列关于我国城乡规划法律法规体系的表述，正确的是(　　)。

A.《北京市城乡规划条例》是城乡规划的地方规章，由北京市人大制定

B.《中华人民共和国行政许可法》是城乡规划管理必须遵守的重要法律

C.《城市综合交通体系规划编制导则》是城乡规划领域重要的技术标准

D. 城乡规划的标准规范实际效力相当于技术领域的法律，但其中的非强制性条文不作为政府对其执行情况进行实施监督的依据

【答案】A

【解析】《中华人民共和国行政许可法》是为了规范行政许可的设定和实施，保护公民、法人和其他组织的权益，维护公共利益和社会秩序，保障和监督行政机关有效实施行政管理，根据宪法规定制定的法律，故B项错误。《城市综合交通体系规划编制导则》是为了指导各城市做好城市综合交通体系规划编制工作，故C项错误。标准规范的实际效力相当于技术领域的法规，标准规范中的强制性条文是政府对其执行情况实施监督的依据，故D项错误。

2011-013. 有关《城乡规划法》的表述，不准确的是(　　)。

A. 《城乡规划法》是国家法律体系的组成部分

B. 国务院部门和省级人民政府制定行政规章时必须符合《城乡规划法》

C. 所有的城乡规划建设管理行为都不得违背《城乡规划法》

D. 制定《城乡规划法》的目的就是确立各类法定城乡规划的权威性

【答案】D

【解析】《中华人民共和国城乡规划法》是整个国家法律体系的一个组成部分，城乡规划领域的所有法律和规章、行政管理及其行为、城乡规划的编制和执行等都必须以此法为依据，不得违背。故A、B、C正确。制定《城乡规划法》的目的就是为了加强城乡规划管理，协调城乡空间布局，改善人居环境，促进城乡经济社会全面协调可持续发展，制定本法，故D错误。

二、我国城乡规划行政体系的构成

相关真题：2012-014、2011-014

我国城乡规划行政体系的构成　　表 3-2-2

分类	要　点
横向体系	城乡规划行政主管部门是各级政府的组成部门，对同级政府负责。 城乡规划行政主管部门与本级政府的其他部门一起，共同代表着本级政府的立场，执行共同的政策，发挥着在某一领域的管理职能。
纵向体系	由不同层级的城乡规划行政主管部门组成，即国家城乡规划行政主管部门，省、自治区、直辖市行政主管部门，城市行政主管部门。它们分别对各自行政辖区的城乡规划工作依法进行管理，上级城乡规划行政主管部门对下级城乡规划行政主管部门进行业务指导和监督。

2012-014. 下列关于城乡规划行政主管部门在实施规划管理中与本级政府的其他部门关系的表述，错误的是(　　)。

A. 决策之前需要与相关部门进行协商　　B. 工作相互协同

C. 统筹部门利益关系　　D. 共同作为一个整体执行有关决策

【答案】C

【解析】城乡规划行政主管部门与本级政府的其他部门一起，共同代表着本级政府的

立场，执行共同的政策，发挥着在某一领域的管理职能；它们之间的相互作用关系应当是相互协同的，在决策之前进行信息互通和协商，并在决策之后共同执行，从而成为一个整体发挥作用。选项C表述错误，此题选C。

2011-014. 下列表述中，错误的是(　　)。

A. 城乡规划主管部门是各级人民政府的组成部门

B. 城乡规划主管部门负责各自行政辖区内的城乡规划管理工作

C. 上级城乡规划主管部门对下级城乡规划主管部门进行业务指导和监督

D. 下级城乡规划主管部门应当定期向上级城乡规划主管部门报告城乡规划实施情况，并接受监督

【答案】D

【解析】纵向体系是由不同层级的城乡规划行政主管部门组成，即国家城乡规划行政主管部门，省、自治区直辖市城乡规划行政主管部门，城市的规划行政主管部门。它们分别对各自行政辖区的城乡规划工作依法进行管理，上级城乡规划行政主管部门对下级城乡进行业务指导和监督。

三、我国城乡规划工作体系的构成

相关真题：2017-016、2014-084、2014-014、2013-064、2013-015、2012-015、2010-016、2008-015

我国城乡规划的编制体系　　表3-2-3

分类	要　点
城镇体系构成	我国城乡规划的编制体系由城镇体系规划、城市规划、镇规划、乡规划和村庄规划组成。其中，城市规划、镇规划划分为总体规划和详细规划，详细规划分为控制性详细规划和修建性详细规划。
城镇体系规划	城镇体系规划主要包括全国城镇体系规划、省域城镇体系规划。此外，根据实际情况还可编制跨行政区域的城镇体系规划。 全国城镇体系规划由国务院城乡规划主管部门会同国务院有关部门组织编制，报国务院审批；（《中华人民共和国城乡规划法》第二章第十二条） 省域城镇体系由省、自治区人民政府组织编制，报国务院审批。省域城镇体系规划的主要内容包括：城镇空间布局和规模控制，重大基础设施的布局，为保护生态环境、资源等需要严格控制的区域。（《中华人民共和国城乡规划法》第二章第十三条）
总体规划	总体规划分为城市总体规划和镇总体规划。 主要内容应当包括：城市、镇的发展布局，功能分区，用地布局，综合交通体系，禁止、限制和适宜建设的地域范围，各类专项规划等。直辖市的城市总体规划由直辖市的人民政府报国务院审批。省、自治区人民政府所在地的城市以及国务院确定的城市的总体规划，由省、自治区人民政府审查同意后，报国务院审批。其他城市的总体规划，由城市人民政府报省、自治区人民政府审批。（《中华人民共和国城乡规划法》第二章第十四条） 县人民政府所在地镇的总体规划由县人民政府组织编制，报上一级人民政府审批。其他镇的总体规划由镇人民政府组织编制，报上一级人民政府审批。（《中华人民共和国城乡规划法》第二章第十五条）

续表

分类	要　点
详细规划	详细规划可分为城市控制性详细规划、城市修建性详细规划以及镇的控制性和修建性详细规划。 城市的控制性详细规划由城市人民政府城乡主管部门组织编制，经本级人民政府批准后，报本级人民代表大会常务委员会和上一级人民政府备案。(《中华人民共和国城乡规划法》第二章第十九条) 镇的控制性详细规划由镇人民政府组织编制，报上一级人民政府审批。县人民政府所在地镇的控制性详细规划，由县人民政府城乡规划主管部门组织编制，经县人民政府批准后，报本级人民代表大会常务委员会和上一级人民政府备案。(《中华人民共和国城乡规划法》第二章第二十条) 城市、县人民政府城乡规划主管部门和镇人民政府组织制定重要地块的修建性详细规划，其他的详细规划可以结合建设项目的开展由建设单位组织编制。(《中华人民共和国城乡规划法》第二章第二十一条)
乡、村规划	乡规划、村庄规划的内容应当包括：规划区范用内，住宅、道路、供水、排水、供电、垃圾收集、禽养殖场所等农村生产、生活服务设施、公益事业等各项建设的用地布局、建设要求，以及对耕地等自然资源和历史文化遗产保护、防灾减灾等的具体安排。乡规划还应当包括本行政区域内的村庄发展布局。乡、镇人民政府组织编制乡规划、村庄规划，报上一级人民政府审批。村庄规划在报送审批前，应当经村民会议或者村民代表会议讨论同意。(《中华人民共和国城乡规划法》第二章第二十二条)

2017-016. 下列关于我国城乡规划编制体系的表述，正确的是(　　)。

A. 我国城乡规划编制体系由城镇体系规划、城市规划、镇规划、乡规划和村庄规划构成，并分为总体规划和详细规划

B. 乡的详细规划可以分为控制性详细规划和修建性详细规划

C. 城镇体系规划包括全国和省城两个层面，还可以依据实际需要编制跨行政区域的城镇体系规划

D. 镇的控制性详细规划由其上一级人民政府城乡规划行政主管部门审批

【答案】C

【解析】我国城乡规划编制体系由城镇体系规划、城市规划、镇规划、乡规划和村庄规划构成。城市规划、镇规划划分为总体规划和详细规划。详细规划分为控制性详细规划和修建性详细规划。故A、B项错误。镇的控制性详细规划由镇人民政府组织编制，报上一级人民政府审批。故D项错误。

2014-084. 下列规划类型中，属于法律规定的有(　　)。

A. 省域城镇体系规划

B. 乡域村庄体系规划

C. 镇修建性详细规划

D. 村庄规划

E. 村庄修建性详细规划

【答案】ACD

【解析】城镇体系规划主要包括全国城镇体系规划、省域城镇体系规划。此外，根据实际工作的需要和特定情况，还可编制跨行政区域的城镇体系规划，故B项不属于法律

规定。城市和镇可以由城市、县人民政府城乡规划主管部门和镇人民政府组织编制重要地段的修建性详细规划，其他的修建性详细规划可以结合建设项目的开展由建设单位组织编制，故E项不属于法律规定。乡、镇人民政府组织编制乡规划、村庄规划，报上一级人民政府审批。村庄规划在报送审批前，应当经村民会议或者村民代表会议讨论同意，故D项属于法律规定。

2014-014. 下列表述中，错误的是(　　)。

A. 城乡规划编制的成果是城乡规划实施的依据

B. 各级政府的城乡规划主管部门之间的关系构成了城乡规划体系的一部分

C. 城乡规划的组织实施由地方各级人民政府承担

D. 村庄规划区内使用原有宅基地进行村民住宅建设的规划管理办法由各省制定

【答案】C

【解析】在市场经济体制下，城乡规划的实施并不是完全由政府及其部门来承担的，相当数量的建设是由私人部门以及社会各个方面所进行的，故C项表述错误。

2013-064. 县人民政府所在地镇的控制性详细规划，由(　　)。

A. 县人民政府组织编制

B. 市人民政府编制

C. 报县级人民代表大会常务委员会备案

D. 县人民政府依法将规划草案予以公告

【答案】C

【解析】县人民政府所在地镇的控制性详细规划，由县人民政府城乡规划主管部门组织编制，选项A、B错误；经县人民政府批准后，报本级人民代表大会常务委员会和上一级人民政府备案，选项C正确；组织编制机关将规划草案予以公告，选项D错误。

2013-015. 下列关于我国城乡规划编制体系的表述，正确的是(　　)。

A. 我国城乡规划编制体系由区域规划、城市规划、镇规划和乡村规划构成

B. 县人民政府所在地镇的控制性详细规划由县政府规划主管部门组织编制，由县人大常委会审核后报上级政府备案

C. 市辖区所属镇的总体规划由镇人民政府组织编制，由市政府审批

D. 村庄规划由村委会组织编制，由镇政府审批

【答案】C

【解析】我国城乡规划编制体系由以下内容构成，即城镇体系规划、城市规划、镇规划、乡规划和村庄规划。县人民政府所在地镇的总体规划由县人民政府组织编制，报上一级人民政府审批；其他镇的总体规划由镇人民政府组织编制，报上一级人民政府审批，乡、镇人民政府组织编制乡规划、村庄规划，报上一级人民政府。

2012-015. 下列关于城乡规划编制体系的表述，正确的是(　　)。

A. 城镇体系规划包括全国、省域和市域三个层次

B. 国务院负责审批的总体规划包括直辖市和省会城市、自治区首府城市三种类型

C. 村庄规划由村委会组织编制，报乡政府审批

D. 城市、镇修建性详细规划可以结合建设项目由建设单位组织编制

【答案】D

【解析】由我国城乡规划的编制体系可知，选项A、B、C、不正确。此题选D。

2010-016. 根据《城乡规划法》有关城乡体系规划编制的规定，下列哪项表述是正确的？（　　）

A. 城镇体系规划主要包括全国城镇体系规划、省域城镇体系规划、市域城镇体系规划和县域城镇体系规划

B. 城市规划包括市域城镇体系规划、总体规划和详细规划。其中，详细规划包括控制性详细规划和修建性详细规划

C. 镇规划包括镇域城镇体系规划、总体规划和详细规划。其中，详细规划包括控制性详细规划和修建性详细规划

D. 乡规划包括乡政府所在地集镇规划和本行政区内的村庄发展布局

【答案】C

【解析】由我国城乡规划的编制体系可知，选项C属于其内容，此题选C。

2008-015. 下列规划不属于法定规划的是(　　)。

A. 省域城镇体系规划

B. 非县人民政府所在地镇的修建性详细规划

C. 县域总体规划

D. 村庄规划

【答案】C

【解析】我国城乡规划编制体系由以下内容构成，即城镇体系规划、城市规划、镇规划、乡规划和村庄规划，其中城市规划、镇规划划分为总体规划和详细规划。详细规划分为控制性详细规划和修建性详细规划。城镇体系规划主要包括全国城镇体系规划、省域城镇体系规划审批。村庄规划在报送审批前，应当经村民会议或者村民代表会议讨论同意。

相关真题：2017-014、2010-014、2008-014

我国城乡规划实施管理体系的构成　　表3-2-4

分类	要　点
城乡规划的实施组织	就城乡规划实施组织而言，政府及其部门的主要职责包括： ① 确定近期和年度的发展重点和地区，进行分类指导和控制，从而保证有计划、分步骤地实施城乡规划； ② 编制近期建设规划，保证城市总体规划的实施与具体建设活动的开展紧密结合； ③ 通过下层次规划的编制落实和深化上层次规划的内容和要求，从而使下层次规划成为上层次规划实施的工具和途径； ④ 政府部门根据城乡规划的要求，通过公共设施和基础设施的安排和建设，推动和带动地区建设的开展； ⑤ 针对城市建设状况，依据经法定程序批准的城乡规划，针对重点领域（如产业政策）和重点地区制定相应的政策，保证城乡规划的有效实施。

续表

分类	要　点
建设项目的规划管理	① 建设用地的规划管理：根据《城乡规划法》的有关规定，城市建设用地的规划管理按照土地使用权的获得方式不同可以区分为以下两种情况：划拨方式与出让方式。 ② 建设工程的规划管理：城市、镇规划区内进行建筑物、构筑物、道路、管线和其他工程建设的，建设单位或者个人应当向城市、县人民政府城乡规划主管部门或者省、自治区、直辖市人民政府确定的镇人民政府申请办理建设工程规划许可证；还包括乡村建设规划许可证的核发、建设工程规划条件的核实及竣工验收资料的备案。
城乡规划实施的监督检查	① 行政监督：《城乡规划法》规定："县级以上人民政府及其城乡规划主管部门应当加强对城乡规划编制、审批、实施、修改的监督检查。" ② 立法机构监督：根据《城乡规划法》，"地方各级人民政府应当向本级人民代表大会常务委员会或者乡、镇人民代表大会报告城乡规划的实施情况，并接受监督。" ③ 社会监督：社会公众对城乡规划实施过程中的各项行为有权进行监督。

2017-014. 下列关于我国城乡规划实施管理体系的表述，准确的是(　　)。

A. 城乡规划的实施完全是由政府及其部门来承担的

B. 政府及其部门针对重点地区和领域制定各项政策的行为，属于对城市规划的实施组织

C. 城市建设用地的规划管理按照土地所有权属性的不同进行分类整理

D. 省级人民政府可以确定镇人民政府是否有权办理建设工程规划许可证

【答案】B

【解析】在市场经济体制下，城乡规划的实施并不是完全由政府及其部门来承担的。故 A 项错误。根据《城乡规划法》的有关规定，城市建设用地的规划管理按照土地使用权的获得方式不同可以区分为两种情况，其管理的方式有所不同，建设用地规划许可证的含义也不相同。故 C 项错误。《城乡规划法》第四十条规定，在城市、镇规划区内进行建筑物、构筑物、道路、管线和其他工程建设的，建设单位或者个人应当向城市、县人民政府城乡规划主管部门或者省、自治区、直辖市人民政府确定的镇人民政府申请办理建设工程规划许可证。故 D 项错误。

2010-014. 下列哪项表述是错误的？(　　)

A. 城市规划制度的成果是城市规划实施的依据

B. 各级政府的城乡规划主管部门之间的关系构成了城乡规划行政体系的一部分

C. 城乡规划的组织实施由地方各级人民政府承担

D. 城乡规划审批机关应及时公布批准的城乡规划

【答案】C

【解析】城乡规划的实施组织是政府的基本职责。在市场经济体制下，城乡规划的实施并不是完全由政府及其部门来承担的，相当数量的建设是由私人部门以及社会各个方面所进行的，政府及其部门如何通过引导和控制的方式保证各项建设能够符合城乡规划的原则和要求，则是城乡规划能否有效实施的关键所在。

2008-014. 下列说法不准确的是(　　)。

A. 城市规划制定和城市规划实施构成了城市规划的过程

B. 城市规划编制的成果是城市规划实施的依据

C. 城市规划编制的成果之间必须互相衔接，下层次规划依据上层次规划

D. 城市规划实施包括规划实施的组织、建设项目的规划管理和规划实施的监督检查

【答案】B

【解析】城市规划编制的成果是规划实施的基础，而不同层次的规划成果间的关系直接决定了上层次规划是否能够得到有效实施。城市规划实施体系的目的就是将经法定程序批准的法定规划付诸实施，其基本内容包括：城市规划实施的组织、城市建设项目的规划管理和城市规划实施的监督检查。

城乡规划管理职责纳入自然资源部 **表 3-2-5**

内容	要　点
住房和城乡建设部的城乡规划管理职责纳入自然资源部	将国土资源部的职责，国家发展和改革委员会的组织编制主体功能区规划职责，住房和城乡建设部的城乡规划管理职责，水利部的水资源调查和确权登记管理职责，农业部的草原资源调查和确权登记管理职责，国家林业局的森林、湿地等资源调查和确权登记管理职责，国家海洋局的职责，国家测绘地理信息局的职责整合，组建自然资源部，作为国务院组成部门。自然资源部对外保留国家海洋局牌子。
城乡规划重心的转变	此次改革中，国土资源部改组为自然资源部，并且扩充了许多职能，这是应生态文明战略的具体行动。十九大报告提出："加强对生态文明建设的总体设计和组织领导，设立国有资源管理和自然生态监管机构。"规划作为面向未来、引领发展的战略工具，它的控制权归属也往往意味着政策重心的方向。过去十六年，城乡规划归属建设部门，国家发展的重心也偏向开拓和建设，而自然资源部的设立，显然是以自然资源的保护和利用为主旨。这也意味着未来规划工作的重心将发生改变，过去地方政府随心所欲的大手笔规划时代恐怕难以再现。十八大以来所提倡导的两山理论、绿色发展、生态文明等将不再仅仅停留于理论层面，而是通过规划引领进入实践行动。

第三节　城乡规划的制定

一、制定城乡规划的基本原则

相关真题：2013-016、2012-084

制定城乡规划的基本原则 **表 3-3-1**

内　容
① 制定城乡规划必须遵守并符合《城乡规划法》及相关法律法规，在规划的指导思想、内容及具体程序上，真正做到依法制定规划。
② 制定城乡规划必须严格执行国家政策，应当以科学发展观为指导，以构建社会主义和谐社会为基本目标，坚持五个统筹，坚持中国特色的城镇化道路，坚持节约和集约利用资源，保护生态环境，保护人文资源，尊重历史文化，坚持因地制宜确定城市发展目标与战略，促进城市全面协调可持续发展。
③ 制定城乡规划应当遵循城乡统筹、合理布局、节约土地、集约发展和先规划后建设的原则，改善生态环境，促进资源、能源节约和综合利用，保护耕地等自然资源和历史文化遗产，保持地方特色、民族特色和传统风貌，防止污染和其他公害，并符合区域人口发展、国防建设、防灾减灾和公共卫生、公共安全的需要。
④ 制定城乡规划应当考虑人民群众需要，改善人居环境，方便群众生活，充分关注中低收入人群，扶助弱势群体，维护社会稳定和公共安全。
⑤ 制定城乡规划应当坚持政府组织、专家领衔、部门合作、公众参与、科学决策的原则。

2013-016. **按照《城市规划编制办法》，编制城市规划应当坚持的原则包括(　　)。**

A. 政府领导的原则　　B. 专家领衔的原则

C. 部门配合的原则　　D. 先规划后发展的原则

【答案】B

【解析】按照《城市规划编制办法》编制城市规划应当坚持政府组织、专家领衔、部门合作、公众参与、科学决策的原则。

2012-084. **制定城乡规划应当坚持的包括(　　)。**

A. 依法规划　　B. 政府组织

C. 专家决策　　D. 节约集约利用资源

E. 扶助弱势群体

【答案】ABDE

【解析】由制定城乡规划的基本原则可知。选项C不属于其内容。此题选ABDE。

相关真题：2017-015、2010-015

二、制定城乡规划的基本程序

制定城镇体系规划的基本程序　　**表3-3-2**

内　容
① 组织编制机关对现有城镇体系规划实施情况进行评估，对原规划的实施情况进行总结，并向审批机关提出修编的申请报告； ② 经审批机关批准同意修编，开展规划编制的组织工作； ③ 组织编制机关委托具有相应资质等级的单位承担具体编制工作； ④ 规划草案公告30日以上，组织编制单位采取论证会、听证会或者其他方式征求专家和公众的意见； ⑤ 规划方案的修改完善； ⑥ 在政府审查基础上，报请本级人民代表大会常务委员会审议； ⑦ 报上一级人民政府审批； ⑧ 审批机关组织专家和有关部门进行审查； ⑨ 组织编制机关及时公布依法批准的城镇体系规划。

2017-015、2010-015. **下列关于城镇体系规划制定程序的表述，错误的是(　　)。**

A. 城镇体系规划修编前，必须对现有规划的实施进行评估

B. 城镇体系规划草案必须公告30日以上，规划编制单位必须组织征求专家与公众的意见

C. 规划需经过本级人大常委会审议

D. 规划审批机关组织专家和有关部门进行审查

【答案】B

【解析】《城乡规划法》第二十四条规定，城乡规划组织编制机关应当委托具有相应资质等级的单位承担城乡规划的具体编制工作。第二十六条规定，城乡规划报送审批前，组织编制机关应当依法将城乡规划草案予以公告，并采取论证会、听证会或者其他方式征求专家和公众的意见。公告时间不得少于30日。选项B错误。此题选B。

相关真题：2010-084

制定城市、镇总体规划的基本程序　　表 3-3-3

内　容
① 前期研究；
② 提出进行编制工作的报告，向上一级的规划主管部门提出报告；
③ 编制工作报告经同意后，开展组织编制总体规划的工作；
④ 组织编制机关委托具有相应资质等级的单位承担具体编制工作；
⑤ 编制城市总体规划纲要；
⑥ 组织编制机关按规定报请总体规划纲要审查，报上一级的规划主管部门组织审查；
⑦ 根据纲要审查意见，组织编制城市总体规划方案；
⑧ 规划方案编制完成后由组织编制机关公告 30 日以上，并采取论证会、听证会或者其他方式征求专家和公众的意见；
⑨ 规划方案的修改完善；
⑩ 在政府审查基础上，报请本级人民代表大会常务委员会（或镇人民代表大会）审议；
⑪ 根据规定报请审批机关审批；
⑫ 审批机关组织专家和有关部门进行审查；
⑬ 组织编制机关及时公布经依法批准的城市和镇总体规划。

2010-084. 下列关于城市总体规划制度的表述，下列哪些项是正确的？（　　）

A. 总体规划的组织编制机关应组织前期研究

B. 总体规划纲要按规定审查后，方可组织编制城市总体规划方案

C. 规划编制单位应采取论证会、听证会或者其他方式征求专家和公众的意见

D. 规划方案上报审批前，由组织编制机关公告 30 日以上

E. 规划方案上报审批前，应报请本级人民代表大会审议

【答案】ABD

【解析】根据《城乡规划法》第二十六条，选项 C 错误；由制定城市、镇总体规划的基本程序可知，选项 E 不属于其内容，选项 E 错误。因此选 ABD。

相关真题：2014-015、2013-017、2012-085、2008-085、2008-017

制定城市、镇控制性详细规划的基本程序　　表 3-3-4

内　容
① 城市人民政府城乡规划主管部门和县人民政府城乡规划主管部门、镇人民政府根据城市和镇的总体规划，组织控制性详细规划的编制，确定规划编制的内容和要求等；
② 组织编制机关委托具有相应资质等级的单位承担具体编制工作；
③ 在城市、镇控制性详细规划的编制中，应当采取公示、征询等方式，充分听取规划涉及的单位、公众的意见；对有关意见采纳结果应当公布；
④ 组织编制机关将规划草案予以公告，并采取论证会、听证会或者其他方式征求专家和公众的意见；公告的时间不得少于 30 日。
⑤ 规划方案的修改完善；
⑥ 规划方案报请审批；
⑦ 组织编制机关及时公布经依法批准的城市和镇控制性详细规划；同时报本级人民代表大会常务委员会和上一级人民政府备案。

2014-015. **关于制定镇总体规划的表述，不准确的(　　)。**

A. 由镇人民政府组织编制，报上级人民政府审批

B. 由镇人民政府组织编制的，在报上一级人民政府审批前，应当先经镇人民代表大会审议

C. 规划报送审批前，组织编制机关应当依法将草案公告三十日以上

D. 镇总体规划批准前，审批机关应当组织专家和有关部门进行审查

【答案】A

【解析】直辖市的城市总体规划由直辖市人民政府报国务院审批；省、自治区人民政府所在地的城市以及国务院确定的城市的总体规划，由省、自治区人民政府审查同意后，报国务院审批；其他城市的总体规划，由城市人民政府报省、自治区人民政府审批。县人民政府所在地镇的总体规划由县人民政府组织编制，报上一级人民政府审批，其他镇的总体规划由镇人民政府组织编制，报上一级人民政府审批。故A不准确，选A。

2013-017. **下列关于制定控制性详细规划基本程序的表述，正确的是(　　)。**

A. 对已有控制性详细规划进行修改时，规划编制单位应对修改的必要性进行论证并征求原审批机关的意见

B. 组织编制机关对控制性详细规划草案的公告时间不得少于30日

C. 控制性详细规划的修改如果涉及城市总体规划有关内容修改的，必须先修改总体规划

D. 组织编制机关应当及时公布依法批准的控制性详细规划，并报本级政府备案

【答案】B

【解析】由制定城市、镇总体规划的基本程序可知，选项B表述正确。此题选B。

2012-085. **下列关于控制性详细规划制定的基本程序的表述，正确的是(　　)。**

A. 已有控规的修改，编制单位应该征求规划地段内利害相关人的意见

B. 控规修改如果涉及强制性内容，应该先修改总体规划

C. 控规草案公告时间不少于30日

D. 县政府驻地以外的镇的控规由上一级政府规划行政主管部门审批

E. 控规修改必须经原审批机关同意

【答案】ABCE

【解析】城市控制性详细规划报本级人民政府，县人民政府所在地镇的控制性详细规划报县人民政府，其他镇的控制性详细规划报上一级人民政府审批。所以选项D是错误的。

2008-085. **关于县人民政府所在地镇的控制性详细规划，下列表述正确的是(　　)。**

A. 由县人民政府城乡规划主管部门组织编制

B. 由县人民政府审批

C. 审批前，县人民政府必须将规划草案公告三十日以上

D. 审批前，县人民政府必须组织专家和有关部门进行审查

E. 批准后的规划应报县人民代表大会常务委员会和上一级人民政府备案

【答案】ABCE

【解析】县人民政府所在地镇的控制性详细规划，由县人民政府城乡规划主管部门根据镇总体规划的要求组织编制，经县人民政府批准后，报本级人民代表大会常务委员会和上一级人民政府备案。县人民政府组织编制县人民政府所在地镇的总体规划，报上一级人民政府审批。其他镇的总体规划由镇人民政府组织编制，报上一级人民政府审批。审批前，县人民政府必须将规划草案公告三十日以上。

2008-017. 城市控制性详细规划修改时，下列表述中不正确的是(　　)。

A. 修改内容不符合城市总体规划内容的，应先按法定程序修改总体规划

B. 由城市人民政府城乡规划主管部门组织修改，由本级人民政府审批

C. 组织编制机关应征求规划地段内利害关系人的意见

D. 规划草案应予公告，公告时间不得少于三十日

【答案】A

【解析】由制定城市、镇控制性详细规划的基本程序可知，选项A不属于其内容，因此选A。

相关真题：2014-016、2011-015、2008-018

城乡规划编制的层次及其相互关系　　表3-3-5

类型	编制与审批
城镇体系规划	全国城镇体系规划由国务院城乡规划主管部门会同国务院有关部门组织编制，报国务院审批。 省域城镇体系规划由省、自治区人民政府组织编制，报国务院审批。
城市、镇总体规划	直辖市的城市总体规划由直辖市人民政府报国务院审批。 省、自治区人民政府所在城市以及国务院确定的城市的总体规划，由省、自治区人民政府审查同意后，报国务院审批。 其他城市的总体规划，由城市人民政府报省、自治区人民政府审批。 县人民政府所在地镇的总体规划由县人民政府组织编制，报上一级人民政府审批。 其他镇的总体规划由镇人民政府组织编制，报上一级人民政府审批。
城市、镇控制性详细规划	城市的控制性详细规划由城市人民政府城乡规划主管部门组织编制，经本级人民政府批准后，报本级人民代表大会常务委员会和上一级人民政府备案。 镇的控制性详细规划由镇人民政府组织编制，报上一级人民政府审批。 县人民政府所在地镇的控制性详细规划由县人民政府城乡规划主管部门组织编制，经县人民政府批准后，报本级人民代表大会常务委员会和上一级人民政府备案。
重要地块的修建性详细规划	城市和镇可以由城市、县人民政府城乡主管部门和镇人民政府组织编制重要地块的修建性详细规划，其他详细规划可以结合建设项目的开展由建设单位组织编制。
乡规划、村庄规划	乡、镇人民政府组织编制乡规划、村庄规划，报上一级人民政府审批。

2014-016. 关于城镇体系规划和镇村体系规划的表述，错误的是(　　)。

A. 国务院城乡规划主管部门会同国务院有关部门组织编制全国城镇体系规划

B. 省、自治区城乡规划主管部门会同省、自治区有关部门组织编制省域城镇体系规划

C. 市域城镇体系规划纲要需预测市域总人口及城镇化水平

D. 镇域镇村体系规划应确定中心村和基层村，提出村庄的建设调整设想

【答案】B

【解析】全国城镇体系规划由国务院城乡规划主管部门会同国务院有关部门组织编制，报国务院审批；省域城镇体系由省、自治区人民政府组织编制，报国务院审批。

2011-015. 有关县人民政府所在地镇规划体系的表述，错误的是(　　)。

A. 镇总体规划由县人民政府组织编制

B. 镇控制性详细规划由县人民政府城乡规划主管部门组织编制

C. 镇的修建性详细规划由镇人民政府组织编制

D. 县人民政府城乡规划主管部门组织编制重要地块的修建性详细规划

【答案】C

【解析】《城乡规划法》第二十条镇人民政府根据镇总体规划的要求，组织编制镇的控制性详细规划，报上一级人民政府审批。县人民政府所在地镇的控制性详细规划，由县人民政府城乡规划主管部门根据镇总体规划的要求组织编制，经县人民政府批准后，报本级人民代表大会常务委员会和上一级人民政府备案。第二十一条，城市、县人民政府城乡规划主管部门和镇人民政府可以组织编制重要地块的修建性详细规划，修建性详细规划应当符合控制性详细规划。

2008-018. 下列关于省域城镇体系规划的表述，不准确的是(　　)。

A. 省域城镇体系规划是促进省域内各级各类城镇协调发展的综合性规划

B. 省域城镇体系规划由省、自治区人民政府城乡规划主管部门编制

C. 省域城镇体系规划在上报国务院审批前，须经本级人民代表大会常务委员会审议

D. 省域城镇体系规划编制需有公众参与的环节

【答案】B

【解析】依据《城乡规划法》第十三条可知，选项B不准确。

城乡规划编制的公众参与　　　　表3-3-6

内容	要　点
意义	① 确保社会公众对城乡规划的知情权，可以保证公众的有效参与； ② 确保社会公众对城乡规划的参与权，可以保证公众的有效监督，从而推动城乡规划的制定； ③ 确保社会公众对城乡规划的监督权，有利于推动社会主义和谐社会的建设，特别是一些事关民生的公益设施的规划建设。

续表

内容	要　点
具体措施	① 在规划的编制过程中，要求组织编制机关应当先将城乡规划草案予以公告，并采取论证会、听证会或其他方式征求专家和公众的意见，并在报送审批的材料中附具意见采纳情况及理由。 ② 在规划的实施阶段，要求城市、县人民政府城乡规划主管部门或省、自治区、直辖市人民政府应当将经审定的修建性详细规划、建设工程设计方案的总平面予以公布；城市、县人民政府城乡规划主管部门批准建设单位变更规划条件的申请的，应当将依法变更后的规划条件公示。 ③ 在修改省域城镇体系规划、城市总体规划、镇总体规划时，组织编制机关应当组织有关部门和专家定期对规划实施情况进行评估，并采取论证会、听证会或者其他方式征求公众意见，向本级人大常委会、镇人民政府和原审批机关提出评估报告时应附具征求意见的情况。 ④ 在修改控制性详细规划、修建性详细规划和建设工程设计方案的总平面图时，城乡规划主管部门应当征求规划地段内利害关系人的意见。 ⑤ 任何单位和个人有查询规划和举报或者控告违反城乡规划的行为的权利。 ⑥ 进行城乡规划实施情况的监督后，监督检查情况和处理结果应当公开，供公众查阅和监督。
原则内容及形式	公正原则、公开原则、参与原则、效率原则。
	内容：公众参与的目标控制、公众参与的过程控制、公众参与的结果控制。
	形式：主要包括城市规划展览系统，规划方案听证会、研讨会，规划过程中的民意调查，规划成果网上咨询等。

第四章　城镇体系规划

大纲要求 **表 4-0-1**

内容	要点	说明
城镇体系规划	城镇体系规划的作用和任务	掌握各层次城镇体系规划的作用
		掌握各层次城镇体系规划的主要任务
	城镇体系规划的编制	熟悉城镇体系规划编制的基本原则
		了解各层次城镇体系规划的主要内容

第一节　城镇体系规划的作用与任务

一、城镇体系的概念与演化规律

相关真题：2018-018、2011-020、2010-017、2008-086

城镇体系的概念　　表 4-1-1

项目	内　容
概念	城镇体系指在一个相对完整的区域中，由一系列不同职能分工、不同等级规模、空间分布有序的城镇所组成的联系密切、相互依存的城镇群体。
《城市规划基本术语标准》	城镇体系：一定区域内在经济、社会和空间发展上具有有机联系的城镇群体。 这个概念有以下几层含义： ① 城镇体系是以一个相对完整区域内的城镇群体为研究对象，不同的区域有不同的城镇体系； ② 城镇体系的核心是中心城市，没有一个具有一定经济社会影响力的中心城市，就不可能形成具有现代意义的城镇体系； ③ 城镇体系是由一定数量的城镇所组成的；城镇之间存在职能、规模和功能方面的差别； ④ 城镇体系最本质的特点是相互联系，从而构成一个有机整体。

2018-018. 下列关于城镇体系概念的表述，不准确的是(　　)。

A. 城镇体系以一个相对完整区域内的城镇群体为研究对象，而不是把一座城市当作一个区域系统来研究

B. 城镇体系是由一定数量的城镇所组成的，这些城镇是通过客观的和非人为的作用而形成的区域分工产物

C. 城镇体系最本质的特点是城镇之间是相互联系的，构成了一个有机整体

D. 城镇体系的核心是中心城市

【答案】B

【解析】 由城镇体系的概念可知，选项 A、C、D 是正确的，此题选 B。

2011-020. 关于城镇体系的表述中，错误的是(　　)。

A. 城镇体系是以一个相对完整区域内的城镇群体为研究对象，不同的区域有不同的城镇体系

B. 没有一个具有一定经济社会影响力的中心城市，就不可能形成有现代意义的城镇体系

C. 城镇体系是有一定数量的城镇所组成的，城镇之间一般存在着性质、规模和功能方面的差别

D. 在一定区域空间内，相互缺乏联系的城镇可以构成城镇体系

【答案】D

【解析】 由城镇体系的概念可知，城镇体系最本质的特征是相互联系。选项 D 错误，

此题选 D。

2010-017. **下列哪项表述反映了城镇体系最本质的特征？(　　)**

A. 由一定区域内的城镇群体组成　　B. 中心城市是城镇体系的核心

C. 城镇体系由一定数量的城镇组成　　D. 城镇之间存在密切的社会经济联系

【答案】D

【解析】城镇体系的概念包含四个方面的含义：以一个相对完整区域内的城镇群体为研究对象、城镇体系的核心是中心城市、由一定数量的城镇所组成、城镇最本质的特点是相互联系。选项 D 符合题意。

2008-086. **城镇体系作为一个系统，具有的基本特征是(　　)。**

A. 群体性与整体性　　B. 关联性

C. 等级层次性　　D. 开放性

E. 稳定性

【答案】ABCD

【解析】城镇体系具有所有“系统”的共同特征：①整体性。城镇体系是由城镇、联系通道和联系流、联系区域等多个要素按一定规律组合而成的有机整体。②等级性或层次性。系统由逐级子系统组成。③动态性。城镇体系不仅作为状态而存在，也随着时间而发生阶段性变动。这就要求城镇体系规划也要不断地修正、补充，适应变化了的实际。从城镇体系的个性特征来看，它既不是简单的机械系统或自然系统，也不是严格的经济系统或政治系统，而是兼有自然、经济、政治、文化等多种层面的社会系统。社会系统的开放性特点，使城镇体系很容易受到来自外部的、难以预言的复杂影响，因此按系统的变化状态而论，它有高度的不稳定性。作为社会系统的另一个特点，城镇体系不能像自然系统那样，通过某种给定的变化可以得到明确的决定性的结果。城镇体系的演变虽然有总的规律性趋势可循，但对每个具体变动的反馈都存在着很大程度的不确定性。因此按系统的规律性质而论，不属于必然性系统，而属于随机性系统。

相关真题：2018-020、2017-017、2014-008、2014-006、2010-028

区域城镇体系演变的基本规律　　**表 4-1-2**

内容	要　点
过程	城镇体系是区域城镇群体发展到一定阶段的产物，也是区域社会经济发展到一定阶段的产物；因此，城镇体系存在着一个形成—发展—成熟的过程。
按社会发展阶段分	① 前工业化阶段（农业社会）：以规模小、职能单一、孤立分散的低水平均衡分布为特征。 ② 工业化阶段：以中心城市发展、集聚为表征的高水平不均衡分布为特征。 ③ 工业化后期至后工业化阶段（信息社会）：以中心城市扩散，各种类型城市区域（包括城市连绵区、城市群、城市带、城市综合体等）的形成，各类城镇普遍发展，区域趋向于整体性城镇化的高水平均衡分布为特点。 （低水平均衡阶段—高水平不均衡阶段—高水平均衡分布阶段）

续表

内容	要　点
从空间演化形态来看	“点—轴—网”空间结构系统形成过程模式： ① 点—轴形成前的均衡阶段，区域是比较均质的空间，社会经济客体虽说呈“有序”状态分布，但却是无组织状态，这种空间无组织状态具有极端的低效率； ② 点、轴同时开始形成，区域局部开始有组织状态，区域资源开发和经济进入动态增长时期； ③ 主要的点—轴系统框架形成，社会经济发展迅速，空间结构变动幅度大； ④ “点—轴—网”空间结构系统形成，区域进入全面有组织状态，它的形成是社会经济要素长期自组织过程的结果，也是科学的区域发展政策和计划、规划的结果。
全球化时代城镇体系的新发展	① 城市正在成为整个社会的主体；以城市为中心，组织、带动、服务于整个社会已是明显的时代特征。 ② 世界城市体系正在形成，城市间的等级职能正以新的国际劳动地域分工规则进行重组。

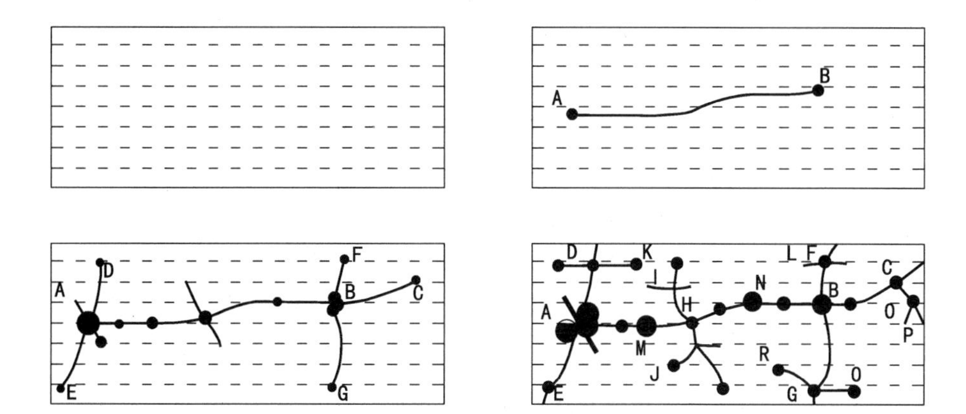

图 4-1-1　“点—轴—网”空间结构系统形成过程模式
（陆大道，区域发展及其空间结构. 北京：科学出版社，1998.）

2018-020. **下列不属于我国城镇体系规划主要基础理论的是(　　)。**

A. 核心边缘理论　　　　B. 点—轴开发模式

C. 雁形理论　　　　D. 圈层结构理论

【答案】C

【解析】雁行理论（日语：雁行形态论，英语：the flying-geese model）1935 年由日本学者赤松要（Akamatsu）提出。指某一产业，在不同国家伴随着产业转移先后兴盛衰退，以及在其中一国中不同产业先后兴盛衰退的过程。核心边缘理论、点—轴开发模式、圈层结构理论是城镇体系规划的主要理论，研究的是整个城市和城市之间的关系。在城市内部，各类土地使用配置具有一定的模式。为此，许多学者对此进行了研究，提出了许多的理论，其中最为基础的是同心圆理论、扇形理论和多核心理论。扇形理论研究的是城市内部的土地形态理论。从以上分析可知，C 选项符合题意。本题超纲，教材中无论述，可了解一下雁行理论，如亚洲化，从 20 世纪后期的日本崛起到亚洲四小龙，再到中国崛起的过程。

2017-017. **下列关于城镇体系概念和演化规律的表述，不准确的是(　　)。**

A. 没有中心城市就不可能形成现代意义的城镇体系

B. 区域城镇体系一般经历“点—轴—网”的演化过程

C. 全球化时代的城市职能结构应以城市在经济活动组织中的地位分工为依据

D. 城市连绵区无法形成城镇体系

【答案】D

【解析】工业化后期至后工业化阶段（信息社会），以中心城市扩散，各种类型城市区域（包括城市连绵区、城市群、城市带、城市综合体等）的形成，各类城镇普遍发展，区域趋向于整体性城镇化的高水平均衡分布为特点。城市连绵区、城市地带和城市群内都形成了特定的城镇体系，故D项错误。

2014-008. **关于点轴理论与发展极理论，表述更准确的是(　　)。**

A. 点轴理论与发展极理论是指导空间规划的核心理论

B. 点轴理论强调空间沿着交通线以及枢纽性交通站集中发展

C. 发展极核通过极化与扩散机制实现区域的平衡增长

D. 发展极理论的核心是主张中心城市与区域的不均衡发展和增长

【答案】C

【解析】点轴理论与发展极理论是区域经济空间结构的理念。点轴理论模型是我国著名经济地理学家陆大道院士提出的经济发展理论，“点”指各级居民点和中城市，“轴”指由交通、通讯干线和能源、水源通道连接起来的“基础设施束”。发展极核理论阐述城市发展与区域空间经济的关系。故C项说法更准确。

2014-006. **与城市群、城市带的形成直接相关的因素是(　　)。**

A. 区域内城市的密度　　B. 中心城市的高首位度

C. 区域的城乡结构　　D. 区域内资源利用的状态

【答案】A

【解析】按社会发展阶段划分，城镇体系的演化和发展阶段可以分为：①前工业化阶段（农业社会），以规模小、职能单一、孤立分散的低水平均衡分布为特征；②工业化阶段，以中心城市发展、集聚为表征的高水平不均衡分布为特征；③工业化后期至后工业化阶段（信息社会），以中心城市扩散，各种类型城市区域（包括城市连绵区、城市群、城市带、城市综合体等）的形成，各类城镇普遍发展，区域趋向于整体性城镇化的高水平均衡分布为特点。简单地说，城市群是城市发展到成熟阶段的最高空间组织形式，是在地域上集中分布的若干城市和特大城市集聚而成的庞大的、多核心、多层次城市集团，是大都市区的联合体。因此，城市群、城市带形成的直接因素应当为区域内城市的密度。

2010-028. **城镇体系的组织结构演变的进程为(　　)。**

A. 低水平均衡阶段—扩散阶段—极核发展阶段—高水平均衡阶段

B. 低水平均衡阶段—极核发展阶段—扩散阶段—高水平均衡阶段

C. 极核发展阶段—低水平均衡阶段—扩散阶段—高水平均衡阶段

D. 极核发展阶段—扩散阶段—低水平均衡阶段—高水平均衡阶段

【答案】B

【解析】简单地说，城镇体系的组织结构演变相应经历了低水平均衡阶段、极核发展阶段、扩散阶段和高水平均衡阶段等。

二、城镇体系规划的地位与作用

相关真题：2013-018、2012-016、2010-018

城镇体系规划的地位和作用 **表 4-1-3**

内容	要点
定义	城镇体系规划是在一定地域范围内，妥善处理各城镇之间、单个或数个城镇与城镇群体之间以及群体与外部环境之间关系，以达到地域经济、社会、环境效益最佳的发展。 《城市规划基本术语标准》GB/T 50280— 98 中对城镇体系规划的定义是：一定地域范围内，以区域生产力合理布局和城镇职能分工为依据，确定不同人口规模等级和职能分工的城镇的分布和发展规划。
地位	《中华人民共和国城乡规划法》中明确规定："国务院城乡规划主管部门会同国务院有关部门组织编制全国城镇体系规划，用于指导省域城镇体系规划、城市总体规划的编制。"（第十二条） 2005 年国务院城乡规划主管部门会同国务院有关部门首次组织编制了《全国城镇体系规划（2005—2020 年）》
作用	① 指导总体规划的编制，发挥上下衔接的功能； ② 全面考察区域发展态势，发挥对重大开发建设项目及重大基础设施布局的综合指导功能； ③ 综合评价区域发展基础，发挥资源保护和利用的统筹功能； ④ 协调区域城市间的发展，促进城市之间形成有序竞争与合作的关系。

2013-018. 下列关于城镇体系和城镇体系规划的表述，准确的是(　　)。

A. 城镇体系是对一定区域内的城镇群体的总称

B. 城镇体系规划的目的是构建完整的城镇体系

C. 城镇体系规划是一种区域性规划

D. 城镇体系中只有一个中心城市

【答案】C

【解析】城镇体系指在一个相对完整的区域中，由一系列不同职能分工、不同等级规模、空间分布有序的城镇所组成的联系密切、相互依存的城镇群体，选项 A 不准确，选项 D 不正确；城镇体系规划是在一定地域范围内，妥善处理各城镇之间、单个或数个城镇与城镇群体之间以及群体与外部环境之间关系，以达到地域经济、社会、环境效益最佳的发展，选项 B 不准确，选项 C 正确。

2012-016. 城镇体系具有层次性的特征是指(　　)。

A. 城镇之间的社会经济联系是有层次的

B. 城镇的职能分工是有层次的

C. 区域基础设施的等级和规模是有层次的

D. 中心城市的辐射范围是有层次的

【答案】C

【解析】城镇体系规划的定义是在一定地域范围内，以区域生产力合理布局和城镇职能分工为依据，确定不同人口规模等级和职能分工的城镇分布和发展规划。所以，城镇体系具有层次性的特征是指区域基础建设的等级和规模是有层次的。

2010-018. 在城镇体系规划中，下列哪项是确定其等级规模结构的主要工作？（　　）

A. 将城镇按其行政地位分为若干等级，调整其规模

B. 调整城镇级别，将规模达到设市标准的城镇升格为市

C. 按人口规模确定中心城市的级别

D. 根据城市地位和人口规模划分等级规模

【答案】D

【解析】《城市规划基本术语标准》（GB/T 50280—98）中对城镇体系规划的定义是：一定地域范围内，以区域生产力合理布局和城镇职能分工为依据，确定不同人口规模等级和职能分工的城镇的分布和发展规划。

各层次城镇体系规划的主要任务　　表 4-1-4

要　点
根据《中华人民共和国城乡规划法》及《城市规划编制方法》的规定，全国城镇体系规划用于指导省域城镇体系规划；全国城镇体系规划和省域城镇体系规划是城市总体规划编制的法定依据。
在《中华人民共和国城乡规划法》中进一步明确：市域城镇体系规划则作为城市总体规划的一部分，为下层面各城镇总体规划的编制提供区域性依据，其重点是“从区域经济社会发展的角度研究城市定位和发展战略，按照人口与产业、就业岗位的协调发展要求，控制人口规模，提高人口素质，按照有效配置公共资源、改善人居环境的要求，充分发挥中心城市的区域辐射和带动作用，合理确定城乡空间布局，促进区域经济社会全面、协调和可持续发展。
从理论上讲，城镇体系规划属于区域规划的一个部分，但是由于历史的原因，在我国的城乡规划编制体系中，城镇体系规划事实上长期扮演着区域性规划的角色，具有区域性、宏观性、总体性的作用，尤其是对城乡总体规划起着重要的指导作用。

第二节　城镇体系规划的编制

一、城镇体系规划的编制原则

相关真题：2012-018、2011-021

城镇体系规划的类型及编制的基本原则　　表 4-2-1

内容	要　点
类型	① 按行政等级和管辖范围，可以分为全国城镇体系规划、省域（或自治区域）城镇体系规划、市域（包括直辖市以及其他市级行政单元）城镇体系规划等。 ② 根据实际需要，还可以由共同的上级人民政府组织编制跨行政区域的城镇体系规划。 ③ 随着城镇体系规划实践的发展，在一些地区也出现了衍生型的城镇体系规划类型，例如都市圈规划、城镇群规划等。

续表

内容	要　点
基本原则	城镇体系规划是一个综合的多目标规划，涉及社会经济各个部门、不同空间层次乃至不同的专业领域，因此在规划过程中应贯彻以空间整体协调发展为重点，促进社会、经济、环境的持续协调发展的原则，具体包括： ① 因地制宜原则； ② 经济社会发展与城镇化战略互相促进的原则； ③ 区域空间整体协调发展的原则； ④ 可持续发展的原则。

2012-018. **下列表述中，正确的是(　　)。**

A. 城镇体系规划体现各级政府事权
B. 城镇体系规划应划分城市（镇）经济区
C. 城镇体系规划需要单独编制并报批
D. 城镇体系规划的对象只涉及城镇

【答案】C

【解析】一级政府、一级规划、一级事权，下位规划不得违反上位规划的原则，故A项错误。全国城镇体系规划省域城镇体系规划需要单独报批，故C项正确。市域城镇体系规划、镇域城镇体系规划属于城市、镇总体规划的一部分，随总体规划上报审批，乡域城镇体系规划还应当包括本行政区内的村庄发展布局。故BD错误。

2011-021. **下列表述中，正确的是(　　)。**

A. 城镇体系规划体现各级政府事权
B. 城镇体系规划涉及全国、省域、地（市）域、县（市）域、镇域等层次
C. 城镇体系规划需要单独编制并报批
D. 城镇体系规划的对象只涉及城镇

【答案】C

【解析】同2012-018解析。

二、城镇体系规划的编制内容

相关真题：2017-018、2008-019

全国城镇体系规划的作用与编制的主要内容　　表4-2-2

内容	要　点
作用	全国城镇体系规划是统筹安排全国城镇发展和城镇空间布局的宏观性、战略性的法定规划，是国家制定城镇化政策、引导城镇化健康发展的重要依据，也是编制、审批省域城镇体系规划和城市总体规划的依据，有利于加强中央政府对城镇发展的宏观调控。
主要内容	① 明确国家城镇化的总体战略与分期目标； ② 确立国家城镇化的道路与差别化战略； ③ 规划全国城镇体系的总体空间格局； ④ 构架全国重大基础设施支撑系统； ⑤ 特定与重点地区的规划。

2017-018. **下列关于全国城镇体系规划内容的表述，不准确的是(　　)。**

A. 确定国家城镇化的总体战略和分期目标

B. 规划全国城镇体系的总体空间格局

C. 构架全国重大基础设施支撑系统

D. 编制跨省界城镇发展协调地区的城镇发展协调规划

【答案】D

【解析】全国城镇体系规划的主要内容是：①明确国家城镇化总体战略与分期目标；②确立国家城镇化的道路与差别化战略；③规划全国城镇体系的总体空间格局；④构架全国重大基础设施支撑系统；⑤特定与重点地区的规划。

2008-019. **下列关于全国城镇体系规划内容的表述，不准确的是(　　)。**

A. 明确国家城镇化的总体战略与分期目标

B. 确立国家城镇化的道路与总体发展格局

C. 规划全国镇乡的空间格局

D. 构架国家重大基础设施支撑系统

【答案】C

【解析】全国城镇体系规划的主要内容是：①明确国家城镇化总体战略与分期目标；②确立国家城镇化的道路与差别化战略；③规划全国城镇体系的总体空间格局；④构架全国重大基础设施支撑系统；⑤特定与重点地区的规划。

相关真题：2017-019、2014-017、2013-021、2013-019、2012-087、2011-018、2011-017、2008-020

省域城镇体系规划的主要内容　　　　表 4-2-3

内容	要　点
原则	① 符合全国城镇体系规划，与全国城市发展政策相符，与国土规划、土地利用总体规划等其他相关法定规划相协调； ② 协调区域内各城市在城市规模、发展方向以及基础设施布局等方面的矛盾，有利于城乡之间、产业之间的协调发展，避免重复建设； ③ 体现国家关于可持续发展的战略要求，充分考虑水、土地资源和环境的制约因素，以及保护耕地的方针； ④与周边省（区、市）的发展相协调。
省域城镇体系规划的核心内容	① 制订全省（自治区）城镇化和城镇发展战略。包括确定城镇化方针和目标，确定城镇发展与布局战略。 ② 确定区域城镇发展用地规模的控制目标。省域城镇体系规划应依据区域城镇发展战略，参照相关专业规划，对省域内城镇发展用地的总规模和空间分布的总趋势提出控制目标；并结合区域开发管制区划，根据各地区的土地资源条件和省域经济社会发展的总体部署，确定不同地区、不同类型城镇用地控制的指标和相应的引导措施。 ③ 协调和部署影响省域城镇化与城市发展的全局性和整体性事项。包括确定不同地区、不同类型城市发展的原则性要求，统筹区域性基础设施和社会设施的空间布局和开发时序；确定需要重点调控的地区。

续表

内容	要　点
省域城镇体系规划的核心内容	④ 确定乡村地区非农产业布局和居民点建设的原则。包括确定农村剩余劳动力转化的途径和引导措施，提出农村居民点和乡镇企业建设与发展的空间布局原则，明确各级、各类城镇与周围乡村地区基础设施统筹规划和协调建设的基本条件。 ⑤ 确定区域开发管制区划。从引导和控制区域开发建设活动的目的出发，依据区域城镇发展战略，综合考虑空间资源保护、生态环境保护和可持续发展的要求，确定规划中应优先发展和鼓励发展的地区、需要严格保护和控制开发的地区，以及有条件地许可开发的地区，并分别提出开发的标准和控制的措施，作为政府进行开发管理的依据。 ⑥ 按照规划提出的城镇化与城镇发展战略和整体部署，充分利用产业政策、税收和金融政策、土地开发政策等政策手段，制定相应的调控政策和措施，引导人口有序流动，促进经济活动和建设活动健康、合理、有序的发展。

2017-019. **下列关于省域城镇体系规划的表述，不准确的是(　　)。**

A. 符合全国城镇体系规划

B. 与全国城市发展政策相符，与土地利用总体规划等相关法定规划

C. 确定区域城镇发展用地规模的控制目标

D. 确定产业园区的布局

【答案】A

【解析】 由省域城镇体系规划的主要内容可知，选项B、C、D属于其内容，不包括选项A，此题选A。

2014-017. **关于省域城镇体系规划主要内容的表述，不准确的是(　　)。**

A. 制定全省、自治区城镇化目标和战略

B. 分析评价现行省域城镇体系规划实施情况

C. 提出限制建设区、禁止建设区的管制要求和实现空间管制的措施

D. 制定省域综合交通、环境保护、水资源利用、旅游、历史文化遗产保护等专项规划

【答案】D

【解析】 由省域城镇体系规划的主要内容可知，D项是全国城镇体系规划的主要内容。所以D为错误答案。此题选D。

2012-087. **为了编制省域城镇体系规划，在进行区域调查时需收集的资料包括(　　)。**

A. 区域内的矿产资源条件

B. 区域内的基础设施状况

C. 区域内各城市、镇、乡、村的基本情况

D. 区域内的风向、风速等风象资料

E. 区域内的人口流动情况

【答案】ABCE

【解析】 由《省域城镇体系规划编制审批办法》(2010)第二十四条可知，综合评价土地资源、水资源、能源、生态环境承载能力等城镇发展支撑条件和制约因素，提出城镇化

进程中重要资源、能源合理利用与保护、生态环境保护和防灾减灾的要求。故选项 A 正确。

综合分析经济社会发展目标和产业发展趋势、城乡人流动和人口分布趋势、省域内城镇化和城镇发展的区域差异等影响本省、自治区城镇发展的主要因素，提出城镇化的目标、任务及要求。故选项 E 正确。

按照城乡区域全面协调可持续发展的要求，综合考虑经济社会发展与人口资源环境条件，提出优化城乡空间格局的规划要求，包括省域城乡空间布局、城乡居民点体系和优化农村居民点布局的要求；提出省域综合交通和重大市政基础设施、公共设施布局的建议；提出需要从省域层面重点协调、引导的地区，以及需要与相邻省（自治区、直辖市）共同协调解决的重大基础设施布局等相关问题。故选项 B 正确。

按照保护资源、生态环境和优化省域城乡空间布局的综合要求，研究提出适宜建设区、限制建设区、禁止建设区的划定原则和划定依据，明确限制建设区、禁止建设区的基本类型。故选项 C 正确。

2013-021、2011-018. 不属于省域城镇体系规划内容的是（　　）。

A. 城镇规模控制　　B. 区域重大基础设施布局

C. 划定省域内必须控制开发的区域　　D. 历史文化名城保护规划

【答案】D

【解析】《城乡规划法》第十三条，省、自治区人民政府组织编制省域城镇体系规划，报国务院审批。省域城镇体系规划的内容应当包括：城镇空间布局和规模控制，重大基础设施的布局，为保护生态、环境、资源等需要严格控制的区域。

2013-019、2011-017. 有关省域城镇体系规划的表述，正确的是（　　）。

A. 应制定全省（自治区）经济社会发展目标

B. 应制定全省（自治区）城镇化和城镇发展战略

C. 由省（自治区）住房和城乡建设厅组织编制

D. 由省（自治区）人民政府审批

【答案】B

【解析】由省域城镇体系规划的主要内容可知，选项 A 错误，选项 B 正确；省域城镇体系规划应由省、自治区人民政府组织编制，报国务院审批，选项 C、D 错误。此题选 B。

2008-020. 下列不属于省域城镇体系规划内容的是（　　）。

A. 研究本区域的资源和生态环境承载能力

B. 明确重点地区的城镇发展

C. 明确需要由省、自治区政府协调的重点地区和重点项目及其协调要求

D. 划定优化开发区域、重点开发区域、限制开发区域、禁止开发区域

【答案】A

【解析】省域城镇体系规划的核心内容是：①制定全省（自治区）城镇化和城镇发展战略；②确定区域城镇发展用地规模的控制目标；③协调和部署影响省域城镇化和城市发展的全局性和整体性事项；④确定乡村地区非农产业布局和居民点建设的原则；⑤确定区

域开发管制区划；⑥制定相应的调控政策（产业、税收、金融、土地开发等）和措施，促进经济活动和建设活动健康、合理、有序地发展。

相关真题：2017-022、2017-020、2012-086、2012-026、2012-017

编制市域城镇体系规划的目的及主要内容　　表 4-2-4

内容	要　点
目的	① 贯彻城镇化和城镇现代化发展战略，确定与市域社会经济发展相协调的城镇化发展途径和城镇体系网络； ② 明确市域及各级城镇的功能定位，优化就业结构和布局，对开发建设活动提出鼓励或限制的措施； ③ 统筹安排和合理布局基础设施，实现区域基础设施的互利共享和有效利用； ④ 通过不同空间职能分类和管制要求，优化空间布局结构，协调城乡发展，促进各类用地的空间集聚。
主要内容	① 提出市域城乡统筹的发展战略； ② 确定生态环境、土地和水资源、能源、自然和历史文化遗产等方面的保护与利用的综合目标和要求，提出空间管制原则和措施； ③ 预测市域总人口及城镇化水平，确定各城镇人口规模、职能分工、空间布局和建设标准； ④ 提出重点城镇的发展定位、用地规模和建设用地控制范围； ⑤ 确定市域交通发展策略，原则确定市域交通、通信、能源、供水、排水、防洪、垃圾处理等重大基础设施、重要社会服务设施布局； ⑥ 在城市行政管辖范围内，根据城市建设、发展和资源管理的需要划定城市规划区； ⑦ 提出实施规划的措施和有关建议。

注：内容详见《城市规划编制办法》。

2017-022. **下列关于市域城镇体系规划的表述，错误的是(　　)。**

A. 市域城镇聚落体系应分为中心城市—县城—镇区和乡集镇—行政村四级体系

B. 市域城镇体系规划应划定城市规划区

C. 市域城镇体系规划应专门对重点镇的建设规划进行研究

D. 市域城镇体系规划应对市域交通与基础设施的布局进行协调

【答案】A

【解析】市域城镇发展布局规划中可将市域城镇聚落体系分为中心城市—县城—镇区和乡集镇—中心村四级体系。对一些经济发达的地区，从节约资源和城乡统筹的要求出发，结合行政区划调整，实行中心城区—中心镇—新型农村社区的城市型居民点体系。因而选 A。

2017-020. **下列不属于市域城镇体系规划内容的是(　　)。**

A. 提出与相邻行政区在空间发展布局、重大基础设施等方面协调建议

B. 在城市行政管辖范围内划定城市规划区

C. 确定农村居民点布局

D. 原则确定交通、通讯、能源等重大基础设施布局

【答案】C

【解析】由编制市域城镇体系规划的目的及主要内容可知，选项 A、B、D 属于其内

容，不包括选项 C，因而选 C。

2012-086. 根据《城市规划编制办法》，下列属于市域城镇体系规划纲要的内容是(　　)。

A. 确定各城镇人口规模、职能分工、空间布局方案

B. 确定重点城镇的用地规模和用地控制范围

C. 原则确定市域交通发展策略

D. 提出市域城乡统筹发展战略

E. 划定城市规划区

【答案】ABDE

【解析】 由编制市域城镇体系规划的目的及主要内容可知，选项 ABDE 都属于其内容，因而选 ABDE。

2012-026. 市域城镇体系规划内容不包括(　　)。

A. 规定城市规划区

B. 制定中心城市与相邻行政区域在空间发展布局方面的协调策略

C. 提出空间管制原则与措施

D. 明确重点城镇的建设用地控制范围

【答案】B

【解析】 由编制市域城镇体系规划的目的及主要内容可知，选项 A、C、D 属于其内容，不包括选项 B，因而选 B。

2012-017. 城镇体系规划的必要图纸一般不包括(　　)。

A. 城镇体系规划图

B. 旅游设施规划图

C. 区域基础设施规划图

D. 重点地区城镇发展规划示意图

【答案】B

【解析】 城镇体系规划的主要图纸包括：城镇现状建设和发展条件综合评价图；城镇体系规划图；区域社会及工程基础设施配置图；重点地区城镇发展规划示意图。图纸比例：全国用 1∶250 万；省域用 1∶100 万～1∶50 万；市域、县域用 1∶50 万～1∶10 万；重点城镇发展规划示意图用 1∶5 万～1∶1 万。

相关真题：2017-021、2010-029

城镇体系规划的强制性内容　　　　表 4-2-5

内　容
① 区域内必须控制开发的区域：自然保护区、退耕还林地区、大型湖泊、水源保护区、分滞洪地区、基本农田保护区、地下矿产资源分布区域、其他生态敏感区域等。
② 区域内的区域性重大基础设施的布局：高速公路、干线公路、铁路、港口、机场、区域性电厂和高压输电网、天然气站、天然气主干管、区域性防洪滞洪骨干工程、水利枢纽工程、区域饮水工程等。
③ 涉及相邻城市、地区的重大基础设施布局：取水口、污水排放口、垃圾处理场等。

注：依据《城市规划编制办法》、《城市规划编制性内容暂行规定》。

2017-021. **下列属于市域城镇体系规划强制性内容的是(　　)。**

A. 市域城乡统筹的发展战略

B. 市域城镇体系空间布局

C. 区域水利枢纽工程的布局

D. 中心城市与相邻地域的协调发展问题

【答案】C

【解析】由城镇体系规划的强制性内容可知选项C符合市域城镇体系规划强制性内容，因而选C。

2010-029. **城镇体系规划中，区域基础设施不涉及下列哪项？(　　)**

A. 防洪设施　　B. 消防设施

C. 交通设施　　D. 电力设施

【答案】B

【解析】区域性重大基础设施的布局是城镇体系规划的强制性内容，主要包括：高速公路、干线公路、铁路、港口、机场、区域性电厂和高压输电网、天然气门站、天然气主干管、区域性防洪、滞洪骨干工程、水利枢纽工程、区域引水工程等。

相关真题：2011-019

各层次城镇体系规划的内容　　**表4-2-6**

类型	要　点
调查分析	综合评价区域与城市建设和发展条件
	预测区域人口增长、确定城市化目标
规划布局（三大结构）	提出城镇体系的职能结构和城镇分工
	确定城镇体系的等级和规模结构
	确定城镇体系的空间布局
区域发展支撑条件	统筹安排区域基础设施、社会设施
	确定保护区域生态环境、自然和人文景观以及历史遗产的原则和措施
	确定各时期重点发展的城镇，提出近期重点发展城镇的规划建议
实施保障	提出实施规划的政策和措施

2011-019. **不属于城镇体系规划内容的是(　　)。**

A. 统筹安排区域社会服务设施

B. 提出实施规划的政策措施

C. 确定城镇体系规划区的范围

D. 确定保护区域生态环境、自然环境和人文景观及历史遗产的原则和措施

【答案】C

【解析】由各层次城镇体系规划的内容可知，选项A、B、D属于其编制范围，不包括选项C，因而选C。

第五章　城市总体规划

大纲要求 **表 5-0-1**

内容	要 点	说 明
城市总体规划	城市总体规划的作用和任务	掌握城市总体规划的作用
		掌握城市总体规划的主要任务
	城市总体规划纲要	掌握城市总体规划纲要的主要任务和内容
		掌握城市总体规划纲要的成果要求
	城市总体规划编制程序和基本要求	熟悉城市总体规划编制的基本工作程序
		熟悉城市总体规划编制的基本要求
	城市总体规划的基础研究	掌握城市总体规划现状调查的内容
		掌握城市总体规划的实施评价内容与方法
		熟悉城市发展条件综合评价内容与方法
		熟悉城市发展目标和城市性质的内涵
		熟悉城市规模预测方法
		了解城市总体规划的其他专题研究
	城镇发展布局规划	熟悉市域城镇体系规划的内容和方法
		掌握划定规划区的目的及其划定原则
		掌握城市结构与城市形态的类型
		掌握城市空间布局选择的基本方法
	城市用地布局规划	掌握城市建设用地分类的标准
		掌握各项城市建设用地间的相互关系及布局要求
		掌握城市建设用地变化及分布的特征
		掌握城市用地布局与交通系统的关系
	城市综合交通规划	熟悉城市综合交通规划的主要内容
		了解城市交通发展战略研究的要求和方法
		掌握城市对外交通与城市道路网络规划的要求和基本方法
		熟悉城市交通设施规划的要求和基本方法
		了解城市公共交通系统规划的要求和基本方法
	城市历史文化遗产保护规划	熟悉历史文化遗产保护的意义
		掌握历史文化名城保护规划的内容和成果要求
		掌握历史文化街区保护规划的内容和成果要求
	其他主要专项规划	熟悉城市绿地系统规划的主要内容
		熟悉城市市政公用设施规划的主要内容
		熟悉城市防灾系统规划的主要内容
		熟悉城市环境保护规划的主要内容
		熟悉城市竖向规划的主要内容
		了解城市地下空间规划的主要内容
	城市总体规划成果	掌握城市总体规划成果的文本要求
		掌握城市总体规划成果的图纸要求
		掌握城市总体规划成果的附件要求
		掌握城市总体规划强制性内容

第一节　城市总体规划的作用和任务

一、城市总体规划的作用

相关真题：2018-021、2014-019、2013-020、2008-087

城市总体规划的概念、依据及作用　　表 5-1-1

内容	要　点
概念	城市总体规划是对一定时期内城市的性质、发展目标、发展规模、土地使用、空间布局以及各项建设的综合部署。
依据	编制城市总体规划，应当以全国城镇体系规划、省域城镇体系规划以及其他上层次法定规划为依据，从区域经济社会发展的角度研究城市定位和发展战略。
作用	① 城市总体规划涉及城市的政治、经济、文化和社会生活等各个领域，在指导城市有序发展、提高建设和管理水平等方面发挥着重要的先导和统筹作用； ② 城市总体规划已经成为指导与调控城市发展建设的重要手段，具有公共政策属性； ③ 经法定程序批准的城市总体规划文件，是编制城市近期建设规划、详细规划、专项规划和实施城市规划行政管理的法定依据，涉及城乡发展和建设的行业发展规划，都应符合城市总体规划的要求； ④ 由于具有全局性和综合性，我国的城市总体规划不仅是专业技术，同时更重要的是引导和调控城市建设，保护和管理城市空间资源的重要依据和手段，因此也是城市规划参与城市综合性战略部署的工作平台。

2018-021. **下列不属于城市总体规划的主要作用的是(　　)。**

A. 战略引领作用　　B. 刚性控制作用

C. 风貌提升作用　　D. 协同平台作用

【答案】C

【解析】由城市总体规划的概念、依据及作用可知，选项 C 表述不准确。此题选 C。

2014-019. **关于城市总体规划主要作用的表述，不准确的是(　　)。**

A. 带动市域经济发展　　B. 指导城市有序发展

C. 调控城市空间资源　　D. 保障公共安全和公共利益

【答案】D

【解析】由城市总体规划的概念、依据及作用可知，选项 D 表述不准确。此题选 D。

2013-020. **下列表述正确的是(　　)。**

A. 主体功能区规划应以城市总体规划为指导

B. 城市总体规划应以城镇体系规划为指导

C. 区域国土规划应以城镇体系规划为指导

D. 城市总体规划应以土地利用总体规划为指导

【答案】B

【解析】城镇体系规划是城市总体规划的一个重要基础，城市总体规划的编制要以全国城镇体系规划、省域城镇体系规划等为依据。

2008-087. 下列哪些城市总体规划的内容应与区域规划相互协调衔接？（　　）

A. 城市性质与规模　　B. 城市空间发展方向

C. 城市用地功能组织　　D. 城市综合交通系统

E. 城市社会经济发展目标

【答案】ABDE

【解析】城市总体规划中的城市性质与规模、城市空间发展方向、城市综合交通系统、城市社会经济发展目标应与区域规划相互协调衔接。

二、城市总体规划的主要任务和内容

相关真题：2018-022、2017-023、2013-022、2012-019、2010-085

城市总体规划的主要任务　　表 5-1-2

内容	要　点
城市总体规划的主要任务	① 根据城市经济社会发展需求和人口、资源情况及环境承载能力，合理确定城市的性质、规模； ② 综合确定土地、水、能源等各类资源的使用标准和控制指标，节约和集约利用资源； ③ 划定禁止建设区、限制建设区和适宜建设区，统筹安排城乡各类建设用地； ④ 合理配置城乡各项基础设施和公共服务设施，完善城市功能； ⑤ 贯彻公交优先原则，提升城市综合交通服务水平； ⑥ 健全城市综合防灾体系，保证城市安全； ⑦ 保护自然生态环境和整体景观风貌，突出城市特色； ⑧ 保护历史文化资源，延续城市历史文脉； ⑨ 合理确定分阶段发展方向、目标、重点和时序，促进城市健康、有序发展。
市域城镇体系规划的主要内容	① 提出市域城乡统筹发展战略； ② 确定生态环境、土地和水资源、能源、自然和历史文化遗产等方面的保护与利用的综合目标和要求，提出空间管制原则和措施； ③ 确定市域交通发展策略； ④ 原则确定市域交通、通信、能源、供水、排水、防洪、垃圾处理等重大基础设施和重要社会服务设施的布局； ⑤ 根据城市建设、发展和资源管理的需要划定城市规划区； ⑥ 提出实施规划的措施和有关建议。
中心城区规划的主要内容	① 分析确定城市性质、职能和发展目标，预测城市人口规模； ② 划定禁建区、限建区、适建区，并制定空间管制措施； ③ 确定建设用地规模，划定建设用地范围，确定建设用地的空间布局； ④ 提出主要公共服务设施的布局； ⑤ 确定住房建设标准和居住用地布局，重点确定满足中低收入人群住房需求的居住用地布局及标准； ⑥ 确定绿地系统的发展目标及总体布局，划定绿地的保护范围（绿线），划定河湖水面的保护范围（蓝线）； ⑦ 确定历史文化保护及地方传统特色保护的内容和要求； ⑧ 确定交通发展战略和城市公共交通的总体布局，落实公交优先政策，确定主要对外交通设施和主要道路交通设施布局； ⑨ 确定供水、排水、供电、电信号；燃气、供热气环卫发展目标及重大设施总体布局； ⑩ 确定生态环境保护与建设目标，提出污染控制与治理措施； ⑪ 确定综合防灾与公共安全保障体系，提出防洪、消防、人防、抗震、地质灾害防护等的规划原则和建设方针； ⑫ 提出地下空间开发利用的原则和建设方针； ⑬ 确定城市空间发展时序，提出规划实施步骤、措施和政策建议。

2018-022. 下列不属于城市总体规划主要任务的是(　　)。

A. 合理确定城市分阶段发展方向、目标、重点和时序

B. 控制土地批租、出让，正确引导开发行为

C. 综合确定土地、水、能源等各类资源的使用标准和控制指标

D. 合理配置城乡基础设施和公共服务设施

【答案】B

【解析】由城市总体规划的主要任务可知，选项 B 不属于其主要任务，此题选 B。

2017-023. 按照《城市规划编制办法》，下列不属于城市总体规划编制内容的是(　　)。

A. 原则确定市域重要社会服务设施的布局

B. 确定中心城区满足中低收入人群住房需求的居住用地布局及标准

C. 确定中心城区的交通发展战略

D. 划定中心城区规划控制单元

【答案】D

【解析】根据《城市规划编制办法》关于城市总体规划编制内容的规定，市域城镇体系规划应当包括：确定市域交通发展策略；原则确定市域交通、通信、能源、供水、排水、防洪、垃圾处理等重大基础设施，重要社会服务设施的布局，如危险品生产储存设施的布局。故 A 项正确。中心城区规划应当包括：确定交通发展战略和城市公共交通的总体布局，落实公共优先政策，确定主要对外交通设备和主要道路交通设施布局；研究住房需求，确定住房政策、建设标准和居住用地布局，重点确定经济适用房、普通商品住房等满足中低收入人群住房需求的居住用地布局标准，故 B、C 项正确。因而此题选 D。

2013-022. 下列关于城市总体规划主要任务与内容的表述，准确的是(　　)。

A. 城市总体规划一般分为市域城镇体系规划、中心城区规划、近期建设地区规划三个层次

B. 城市总体规划应当以全国和省域城镇体系规划以及其他上层次各类规划为依据

C. 市域城镇体系规划要划定中心城区规划建设用地范围

D. 中心城区规划需要明确地下空间开发利用的原则和建设方针

【答案】D

【解析】城市总体规划一般分为市域城镇体系规划和中心城区规划两个层次，A 选项错误。编制城市总体规划，应当以全国城镇体系规划、省域城镇体系规划以及其他上层次法定规划为依据，B 选项错误。中心城区规划要划定中心城区规划建设用地范围、提出地下空间开发利用的原则和建设方针 C 选项错误，D 选项正确。此题选 D。

2012-019. 下列关于城市总体规划的作用和任务的表述，错误的是(　　)。

A. 城市总体规划是参与城市综合性战略部署的工作平台

B. 城市总体规划应该以各种上层次法定规划为依据

C. 各类行业发展规划都要依据城市总体规划

D. 中心城区规划要确定保障性住房的用地布局和标准

【答案】D

【解析】由城市总体规划的概念、依据及作用可知，选项D表述不正确。此题选D。

2010-085. 按照《城市规划编制办法》，关于城市总体规划内容的表述，下列哪些项是不准确的？（　　）

A. 确定城市主、次干路和城市支路的红线位置

B. 编制相应的市域城镇体系规划

C. 确定市域重点城镇的用地规模和建设用地控制范围

D. 确定城市各分区内的土地使用性质、人口分布与建设容量控制

E. 确定城市空间布局及市中心、区中心的位置和规模

【答案】AD

【解析】根据《城市规划编制办法》

第二十条，城市总体规划包括市域城镇体系规划和中心城区规划。故B项正确。

第三十条，市域城镇体系规划应当包括下列内容：（四）提出重点城镇的发展定位，用地规模和建设用地控制范围。故C项正确。

第三十一条，中心城区规划应当包括下列内容：（八）确定市级和区级中心的位置和规模，提出主要的公共服务设施的布局。故E项正确。因此，此题选AD。

城市总体规划必须坚持的原则　　表5-1-3

要　点
① 统筹城乡和区域发展：必须贯彻工业反哺农业、城市支持农村的方针。 ② 积极稳妥地推进城镇化：要考虑国民经济和社会发展规划的要求，根据经济社会发展趋势、资源环境承载能力、人口变动等情况，合理确定城市规模和城市性质。 大城市要把发展的重点放到城市结构调整、功能完善、质量提高和环境改善上来，加快中心城区功能的疏解，避免人口过度集中。 中小城市要发挥比较优势，明确发展方向，提高发展质量，体现个性和特点。 ③ 加快建设节约型城市：编制城市总体规划，要根据建设节约型社会的要求，把节地、节水、节能、节材和资源综合利用落实到城市规划建设和管理的各个环节中去。要落实最严格的土地管理制度；要以水的供给能力为基本出发点；要大力促进城市综合节能；要加大城市污染防治力度。 ④ 为人民群众的生产生活提供方便：改善人居环境，建设宜居城市，是城市总体规划工作的重要目标。 ⑤ 统筹规划城市基础设施建设：要统筹规划交通、能源、水利、通信、环保等市政公用设施；统筹规划城市地下空间资源开发利用；统筹规划城市防灾减灾和应急救援体系建设，建立健全突发公共事件应急处理机制。

第二节　城市总体规划纲要

一、城市总体规划纲要的任务和主要内容

相关真题：2014-026、2013-087、2012-025、2011-097、2011-028、2010-027、2008-029

城市总体规划纲要的任务和主要内容　　表5-2-1

内容	要　点
任务	编制城市总体规划应先编制总体规划纲要，作为指导总体规划编制的重要依据。城市总体规划纲要的任务是研究总体规划中的重大问题，提出解决方案并进行论证。经过审查的纲要也是总体规划成果审批的依据。

续表

内容	要　点
主要内容	① 提出市域城乡统筹发展战略； ② 确定生态环境、土地和水资源、能源、自然和历史文化遗产保护等方面的综合目标和保护要求，提出空间管制原则； ③ 预测市域总人口及城镇化水平，确定各城镇人口规模、职能分工、空间布局方案和建设标准； ④ 原则确定市域交通发展策略； ⑤ 提出城市规划区范围； ⑥ 分析城市职能、提出城市性质和发展目标； ⑦ 提出禁建区、限建区、适建区范围； ⑧ 预测城市人口规模； ⑨ 研究中心城区空间增长边界，提出建设用地规模和建设用地范围； ⑩ 提出交通发展战略及主要对外交通设施布局原则； ⑪ 提出重大基础设施和公共服务设施的发展目标； ⑫ 提出建立综合防灾体系的原则和建设方针。

2014-026. 根据《城市规划编制办法》，不属于城市总体规划纲要主要内容的是(　　)。

A. 提出城市规划区范围　　B. 研究中心城区空间增长边界

C. 提出绿地系统的发展目标　　D. 提出主要对外交通设施布局原则

【答案】C

【解析】由城市总体规划纲要的主要任务和内容可知，选项C不属于其内容。此题选C。

2013-087. 下列关于城市总体规划纲要主要任务与内容的表述，准确的有(　　)。

A. 经过审查的总体规划纲要是总体规划审批的重要依据

B. 总体规划纲要必须提出市域城乡空间总体布局方案

C. 总体规划纲要必须确定市域交通发展策略

D. 总体规划纲要必须提出主要对外交通设施布局方案

E. 总体规划纲要必须提出建立综合防灾体系的原则和建设方针

【答案】ACE

【解析】由城市总体规划纲要的主要任务和内容可知，选项B、D表述不准确。此题选ACE。

2012-025. 城市总体规划纲要应(　　)。

A. 作为总体规划成果审批的依据

B. 确定市域综合交通体系规划，引导城市空间布局

C. 确定各项建设用地的空间布局

D. 研究中心城区空间增长边界

【答案】A

【解析】编制城市总体规划应先编制总体规划纲要，作为指导总体规划编制的重要依

据。城市总体规划纲要的任务是研究总体规划中的重大问题，提出解决方案并进行论证。经过审查的纲要也是总体规划成果审批的依据。

2011-097. **下列表述中准确的有(　　)。**

A. 在编制城市总体规划时应同步编制规划区内的乡、镇总体规划

B. 在编制城市总体规划时可同期编制与中心城区关系密切的镇总体规划

C. 城市规划区内的镇建设用地指标与中心城区建设用地指标一致

D. 城市规划区内的乡和村庄生活服务设施和公益事业由中心城区提供

E. 中心城区的市政公用设施规划也要考虑相邻镇、乡、村的需要

【答案】BE

【解析】《城市规划编制办法》第八条规定，国务院建设主管部门组织编制的全国城镇体系规划和省、自治区人民政府组织编制的省域城镇体系规划，应当作为城市总体规划编制的依据。城市总体规划不必与规划区内的乡、镇总体规划同步编制。故A项错误。城市规划区内的镇建设用地指标应当与城市总体规划的建设用地指标一致。故C项错误。乡和村庄建设规划应当包括住宅、乡村企业、乡村公共设施、公益事业等各项建设的用地布局、用地规划。故D项错。

2011-028. **根据《城市规划编制办法》，不属于城市总体规划纲要编制内容的是(　　)。**

A. 提出市域空间管制原则

B. 确定市域各城镇建设标准

C. 安排建设用地、农业用地、生态用地和其他用地

D. 提出建立综合防灾体系的原则和建设方针

【答案】C

【解析】由城市总体规划纲要的主要任务和内容可知，选项C不属于其内容。此题选C。

2010-027. **根据《城市规划编制办法》，下列哪项不属于城市总体规划纲要编制内容？(　　)**

A. 提出城市规划区范围

B. 划定禁建区、限建区、适建区和已建区，并制定空间管制措施

C. 研究中心城区空间增长边界

D. 提出建立综合防灾体系的原则和建设方针

【答案】B

【解析】由城市总体规划纲要的任务和主要内容可知，选项B不属于其内容。此题选B。

2008-029. **根据《城市规划编制办法》，下列不属于城市总体规划纲要编制内容的是(　　)。**

A. 确定市域各城镇建设标准

B. 原则确定市域交通发展策略

C. 确定中心城区用地布局

D. 提出建立综合防灾体系的原则和建设方针

【答案】C

【解析】城市总体规划纲要的主要内容有：① 提出市域城乡统筹发展战略；②确定生态环境、土地和水资源、能源、自然和历史文化遗产保护等方面的综合目标和保护要求，提出空间管制原则；③预测市域总人口及城镇化水平，确定各城镇人口规模、职能分工、空间布局方案和建设标准；④原则确定市域交通发展策略；⑤提出城市规划区范围；⑥分析城市职能、提出城市性质和发展目标；⑦ 提出禁建区、限建区、适建区范围；⑧预测城市人口规模；⑨研究中心城区空间增长边界，提出建设用地规模和建设用地范围；⑩提出交通发展战略及主要对外交通设施布局原则；⑪提出重大基础设施和公共服务设施的发展目标；⑫提出建立综合防灾体系的原则和建设方针。

二、城市总体规划纲要的成果要求

相关真题：2017-087、2011-087

城市总体规划纲要的成果要求　　表 5-2-2

内容	要　点
文字说明	简述城市自然、历史、现状特点。
	分析论证城市在区域发展中的地位和作用、经济和社会发展的目标、发展优势与制约因素，提出市域城乡统筹发展战略，确定城市规划区范围。
	确定生态环境、土地和水资源、能源、自然和历史文化遗产保护等方面的综合目标和保护要求，提出空间管制原则。
	原则确定市域总人口、城镇化水平及各城镇人口规模。
	原则确定规划期内的城市发展目标、城市性质，初步预测城市人口规模。
	初步提出禁建区、限建区、适建区范围，研究中心城区空间增长边界，确定城市用地发展方向，提出建设用地规模和建设用地范围。
	对城市能源、水源、交通、公共设施、基础设施、综合防灾、环境保护、重点建设等主要问题提出原则规划意见。
图纸	区域城镇关系示意图，图纸比例为 1∶200000～1∶1000000
	市域城镇体系分布现状图，图纸比例为 1∶50000～1∶200000
	市域城镇体系分布方案图，图纸比例为 1∶50000～1∶200000
	市域空间管制示意图，图纸比例为 1∶50000～1∶200000
	城市现状图，图纸比例为 1∶5000～1∶25000
	城市总体规划方案图，图纸比例为 1∶5000～1∶25000
	其他必要的分析图纸
专题研究报告	在纲要编制阶段应对城市重大问题进行研究，撰写专题研究报告。例如人口规模预测专题、城市用地分析专题等。

2017-087、2011-087. 按照《城市规划编制办法》的规定，下列关于城市总体规划纲要成果的表述，准确的有(　　)

A. 城市总体规划纲要成果包括纲要文本、说明和基础资料汇编

B. 纲要文字说明必须简要说明城市的自然、历史和现状特点

C. 纲要阶段必须确定城市各项建设用地指标，为成果制定提供依据

D. 区域城镇关系分析是纲要成果的组成部分

E. 城市总体规划方案图必须标注各类主要建设用地

【答案】BDE

【解析】城市总体规划纲要成果包括文字说明、图纸和专题研究报告。故A项错误。编制城市总体规划应先编制总体规划纲要，作为指导总体规划编制的重要依据。经过审查的纲要也是总体规划成果审批的依据。城市总体规划纲要的内容有提出禁建区、限建区、适建区范围；研究中心城区空间增长边界，提出建设用地规模和建设用地范围。纲要阶段没有确定各项建设用地指标。故C项错误。

第三节　城市总体规划编制程序和基本要求

城市总体规划编制的基本工作程序和基本要求　　表 5-3-1

内容	要　点
工作程序	①现状调研：通过现场踏勘、抽样或问卷调查、访谈和座谈会调查、文献资料搜集等方法进行现状调研。
	②基础研究，构思方案：在现场分析的基础上展开深入研究，进一步认识城市，并以科学的研究为基础，理性地构思规划方案。
	③编制总体规划纲要：经过多方案的对比，编制城市总体规划纲要，对重大原则性问题进行专家论证和政府决策。
	④成果编制与评审报批：城市总体规划成果的编制应依据经审查的城市总体规划纲要，并与地方城市建设进行充分协调。城市总体规划的评审报批是规划内容法定化的重要程序，通常会伴随着反复的修改完善工作，直至正式批复。
基本要求	① 规划编制规范化：总体规划的重要作用和法律地位，无论是制定程序还是编制内容都必须严谨、规范，要保证与政策的高度一致性。
	② 规划编制的针对性：城市的产生和发展有其规律性，但是对于不同地理环境、不同发展时机的城市，规划编制需要有针对性。
	③ 科学性：编制规划是城市规划实践的重要内容之一，总体规划涉及城市发展的重大战略问题，必须科学、严谨地对待。
	④ 综合性：城市总体规划涉及城市政治、经济、文化和社会生活各个领域，与许多学科和专业相关，规划的综合性体现在要尽可能地使相关研究和有关部门共同参与到编制过程中，在研究和解决城市发展的重大问题上发挥更大作用。

第四节　城市总体规划基础研究

一、城市规划的基本分析方法与应用

相关真题：2010-019、2008-021

定　性　分　析　　**表 5-4-1**

内容	要　点
适用范围	常用于城市规划中复杂问题的判断，主要有因果分析法和比较法。
因果分析法	城市规划分析中涉及的因素繁多，为全面考虑问题，提出解决问题的方法，往往先尽可能多地排列出相关因素，发现主要因素，找出因果关系。
比较法	在城市规划中常常会碰到一些难以定量分析又必须量化的问题，对此可以采用对比的方法找出其规律性，例如确定新区或新城的各类用地指标，再参照相近的同类已建城市的指标。

定　量　分　析　　**表 5-4-2**

内容	要　点
概述	城市规划中常采用一些概率统计方法、运筹学模型、数学决策模型等数理工具进行定量化分析。
频数和频率分析	频数分布：是指一组数据中取不同值的个案的次数分布情况，它一般以频数分布表的形式表达。在规划调查中经常有调查的数据是连续分布的情况。 频率分布：是指一组数据中不同取值的频数相对于总数的比率分布情况，一般以百分比的形式表达。
集中量数分析	集中量数分析指的是用一个典型的值来反映一组数据的一般水平，或者说反映这组数据向这个典型值集中的情况。常见的有平均数、众数。 平均数：是调查所得各数据之和除以调查数据的个数； 众数：是一组数据中出现次数最多的数值。
离散程度分析	离散程度分析是用来反映数据离散程度的。常见的有极差、标准差、离散系数。 极差：是一组数据中最大值与最小值之差。 标准差：是一组数据对其平均数的偏差平方的算术平均数的平方根。 离散系数：是一种相对的表示离散程度的统计量，是指标准差与平均数的比值，以百分比的形式表示。
一元线性回归分析	一元线性回归分析是利用两个要素之间存在比较密切的相关关系，通过试验或抽样调查进行统计分析，构造两个要素间的数学模型，以其中一个因素为控制因素（自变量），以另一个预测因素为因变量，从而进行试验和预测。
多元回归分析	多元回归分析是对多个要素之间构造数学模型。例如，可以在房屋的价格和土地的供给、建筑材料的价格与市场需求之间构造多元回归分析模型。

续表

内容	要　点
线性规划模型	如果在规划问题的数学模型中，决策变量为可控的连续变量。目标函数和约束条件都是线性的，则这类模型称为线性规划模型。城市规划中有很多问题都是为在一定资源条件下进行统筹安排，使得在实现目标的过程中，如何在消耗资源最少的情况下获得最大的效益，即如何达到系统最优的目标。这类问题就可以利用线性规划模型求解。
系统评价法	包括矩阵综合评价法、概率评价法、投入产出法、德尔菲法等，在城市规划中，系统评价法常用于对不同方案的比较、评价、选择。
模糊评价法	模糊评价法是应用模糊数学的理论对复杂的对象进行定量化评价，如可以对城市用地进行综合模糊评价。
层次分析法	将复杂问题分解成比原问题简单得多的若干层次系统，再进行分析、比较、量化、排序，然后再逐级进行综合，可灵活地应用于各类复杂的问题。

空间模型分析　　表 5-4-3

内容	要　点
概述	城市规划各个物质要素在空间上占据一定的位置，形成错综复杂的相互关系。除了用数学模型、文字说明来表达外，还常用空间模型的方法来表达，主要有实体模型和概念模型两类。
实体模型	模型除了可以用实物表达外，也可以用图纸表达，例如用投影法画的总平面图、剖面图、立面图，主要用于规划管理与实施；用透视法画的透视图、鸟瞰图，主要用于效果表达。
概念模型	概念模型一般用图纸表达，主要用于分析和比较。常用的方法有以下几种。 ① 几何图形法：用不同色彩的几何形在平面上强调空间要素的特点与联系。常用于功能结构分析、交通分析、环境绿化分析等。 ② 等值线法：根据某因素空间连续变化的情况，按一定的值差，将同值的相邻点用线条联系起来。常用于单一因素的空间变化分析，例如用于地形分析的等高线图、交通规划的可达性分析、环境评价的大气污染和噪声分析等。 ③ 方格网法：根据精度要求将研究区域划分为方格网，将每一方格网的被分析因素的值用规定的方法表示（如颜色、数字、线条等）。常用于环境、人口的空间分布等分析。此法可以多层叠加，常用于综合评价。 ④ 图表法：在地形图（地图）上相应的位置用玫瑰图、直方图、折线图、饼图等表示各因素的值。常用于区域经济、社会等多种因素的比较分析。

2010-019. 在城市规划的分析方法中，下列哪项不属于定量分析？（　　）

A. 空间实体模型分析　　B. 模糊评价法

C. 层次分析法　　D. 一元线性回归分析

【答案】A

【解析】城市规划常用的分析方法有三种：定性分析、定量分析和空间模型分析。由表 5-4-2 可知，选项 A 不属于定量分析，属于空间模型分析，因而选 A。

2008-021. **在城市规划分析中，下列用来反映数据离散程度的是(　　)。**

A. 平均数　　B. 众数

C. 标准差　　D. 频数分布

【答案】C

【解析】由定量分析可知，选项 C 符合题意。此题选 C。

二、城市总体规划现状调查

相关真题：2017-085、2017-037、2014-087、2014-025、2014-023、2014-022、2014-021、2014-020、2013-023、2011-085、2011-025、2011-024、2011-023、2011-022、2010-086、2010-022、2010-021、2010-020、2008-022

城市总体规划现状调查　　**表 5-4-4**

分类	内　容
现状调查的内容	区域环境的调查：区域环境在不同的城市规划阶段可以指不同的地域。在城市总体规划阶段，指城市与周边发生相互作用的其他城市和广大的农村腹地所共同组成的地域范围。
	历史文化环境的调查：历史文化环境的调查首先要通过对城市形成和发展过程的调查，把握城市发展动力以及城市形态的演变原因。城市的经济、社会和政治状况的发展演变是城市发展最重要的决定因素。每个城市由于其历史、文化、经济、政治、宗教等方面的原因，在发展过程中都形成了各自的特点。城市的特色与风貌体现在两个方面：① 社会环境方面，是城市中的社会生活和精神生活的结晶，体现了当地经济发展水平和当地居民的习俗、文化素养、社会道德和生活情趣等；② 物质环境方面，表现在历史文化遗产、建筑形式与组合、建筑群体布局、城市轮廓线、城市设施、绿化景观以及市场、商品、艺术和土特产等方面。
	自然环境的调查： ① 自然地理环境，包括地理位置、地形地貌、工程地质、水文地质和水文条件等； ② 气象因素，包括风向、气温、降雨、太阳辐射等； ③ 生态因素，主要涉及城市及周边地区的野生动植物种类与分布、生态资源、自然植被、园林绿地、城市废弃物的处置对生态环境的影响等。
	社会环境的调查： ① 人口方面，主要涉及人口的年龄结构、自然变动、迁移变动和社会变动； ② 社会组织和社会结构方面，主要涉及构成城市社会各类群体及它们之间的相互关系，包括家庭规模、家庭生活方式、家庭行为模式及社区组织等； ③ 还有政府部门、其他公共部门及各类企业事业单位的基本情况。
	经济环境的调查： ① 城市整体的经济情况； ② 城市中各产业部门的状况； ③ 有关城市土地经济方面的内容； ④ 城市建设资金的筹措、安排与分配，其中涉及城市政府公共项目资金的运转。

续表

分类	内 容
现状调查的内容	广域规划及上位规划：城市规划将国土规划、区域规划以及城镇体系规划等具有更广泛空间范围的规划作为研究确定城市性质、规模等要素的依据之一。
	城市土地使用的调查：按照国家《城市用地分类与规划建设用地标准》所确定的城市土地使用分类，对规划区范围的所有用地进行现场勘查调查，对各类土地使用的范围、界限、用地性质等在地形图上进行标注，完成土地使用的现状图和用地平衡表。
	城市道路与交通设施的调查：城市交通设施可大致分为道路、广场、停车场等城市交通设施，以及公路、铁路、机场、车站、码头等对外交通设施。掌握各项城市交通设施的现状，分析发现其中存在的问题，是规划能否形成完善合理的城市结构、提高城市运转效率的关键之一。
	城市园林绿化：开敞空间及非城市建设用地调查。了解城市现状各类公园、绿地、风景区、水面等开敞空间以及城市外围的大片农林牧业用地和生态保护绿地。
	城市住房及居住环境调查：了解城市现状居住水平，中低收入家庭住房状况，居民住房意愿，居住环境，当地住房政策。
	市政公用工程系统调查：主要是了解城市现有给水、排水、供热、供电、燃气、环卫、通信设施和管网的基本情况，以及水源、能源供应状况和发展前景。
	城市环境状况调查：与城市规划相关的城市环境资料主要来自于两个方面：① 有关城市环境质量的监测数据，包括大气、水质、噪声等方面，主要反映现状中的城市环境质量水平；② 工矿企业等主要污染源的污染物排放监测数据。
现状调查的主要方法	现场踏勘：主要用于城市土地使用、城市空间结构等方面的调查，也用于交通量调查等。
	抽样或问卷调查：掌握一定范围内大众意愿时最常见的调查形式。
	访谈或座谈会调查。
	文献资料搜集：城市总体规划相关文献的统计资料通常以公开出版的城市统计年鉴、城市年鉴、各类专业年鉴、不同时期的地方志等形式存在。

2017-085. 城市总体规划中的城市住房调查涉及的内容包括(　　)。

A. 城市现状居住水平　　B. 中低收入家庭住房状况

C. 居民住房意愿　　D. 当地住房政策

E. 居民受教育程度

【答案】ABCD

【解析】城市住房及居住环境调查：城市现状居住水平、中低收入家庭住房状况、居民住房意愿、居住环境、当地住房政策。

2017-037. 风向频率是指(　　)。

A. 各个风向发生的次数占同时期内不同风向的总次数的百分比

B. 各个风向发生的天数占所有风向发生的总天数的百分比

C. 某个风向发生的次数占同时期内不同风向的总次数的百分比

D. 某个风向发生的天数占所有风向发生的总天数的百分比

【答案】A

【解析】风向频率一般分 8 个或 16 个罗盘方位观测，累计某一时期内（一季、一年或多年）各个方位风向的次数，并以各个风向发生的次数占该时期内观测、累计各个不同风向（包括静风）的总次数的百分比来表示。

2014-087. 调查城市用地的自然条件时，经常采用的方法包括(　　)。

A. 专项座谈
B. 现场踏勘
C. 问卷调查
D. 地图判读
E. 文献检索

【答案】BCDE

【解析】B、C、D、E 项都属于调查城市用地的自然条件时常采用的方法。

2014-025. 城市总体规划区域环境调查的主要目的是(　　)。

A. 分析城市在区域中的地位与作用
B. 揭示区域环境质量的状况
C. 分析区域环境要素对城市的影响
D. 揭示城市对周围地区的影响范围

【答案】D

【解析】由城市总体规划现状调查可知，选项 D 符合题意。此题选 D。

2014-023. 下列表述中，不准确的是(　　)。

A. 城市的特色与风貌主要体现在社会环境和物质环境两方面
B. 城市历史文化环境的调查包括对城市形成和发展过程的调查
C. 城市经济、社会和政治状况展演变是城市发展重要的决定的发因素之一
D. 城市历史文化环境中有形物质形态的调查主要针对文物保护单位进行

【答案】D

【解析】由城市总体规划现状调查可知，选项 D 表述不准确。此题选 D。

2014-022. 下列数据类型中，不属于城市环境质量监测数据的是(　　)。

A. 大气监测数据
B. 水质监测数据
C. 噪声监测数据
D. 主要工业污染源的污染物排放监测数据

【答案】D

【解析】与城市规划相关的城市环境资料主要来自于两个方面：① 有关城市环境质量的监测数据，包括大气、水质、噪声等方面，主要反映现状中的城市环境质量水平；② 工矿企业等主要污染源的污染物排放监测数据。

2014-021. 关于城市总体规划现状调查的表述，不准确的是(　　)。

A. 调查研究是对城市从感性认识上升到理性认识的必要过程

B. 自然环境的调查内容包括市域范围的野生动物种类与活动规律
C. 调查内容包括了解城市现状水资源利用、能源供应状况
D. 上位规划和相关规划的调查，一般包括省域城镇体系规划和相关的国土规划、区域规划、国民经济与社会发展规划等

【答案】D

【解析】由城市总体规划现状调查可知，选项D表述不准确。此题选D。

2014-020. 在城市总体规划的历史环境调查中，不属于社会环境方面内容的是(　　)。

A. 独特的节庆习俗
B. 国家级文物保护单位
C. 地方戏
D. 少数民族聚居区

【答案】B

【解析】由城市总体规划现状调查可知，选项B表述不准确。此题选B。

2013-023. 在城市规划调查中，社会环境的调查不包括(　　)。

A. 人口的年龄结构、自然变动、迁移变动和社会变动情况调查
B. 家庭规模、家庭生活方式、家庭行为模式及社区组织情况调查
C. 城市住房及居住环境调查
D. 政府部门、其他公共部门以及各类企事业单位的基本情况调查

【答案】C

【解析】社会环境的调查主要包括两方面：首先是人口方面，主要涉及人口的年龄结构、自然变动、迁移变动和社会变动；其次是社会组织和社会结构方面，主要涉及构成城市社会各类群体及它们之间的相互关系，包括家庭规模、家庭生活方式、家庭行为模式及社区组织等，此外还有政府部门、其他公共部门及各类企事业单位的基本情况。

2011-085. 城市总体规划中的城市住房调查涉及的内容包括(　　)。

A. 城市现状居住水平
B. 中低收入家庭住房状况
C. 居民住房意愿
D. 当地住房政策
E. 居民受教育程度

【答案】ABCD

【解析】由城市总体规划现状调查可知，选项E不属于其内容。此题选ABCD。

2011-025. 在城市规划调查中，社会环境的调查不包括(　　)。

A. 人口的年龄结构、自然变动、迁移变口动和社会变动
B. 构成城市社会各类群体以及它们之间的相互关系
C. 城市与周边发生相互作用的其他城市和广大的农村腹地所共同组成的地域范围内的城乡状况
D. 城乡医疗卫生系统的基本情况

【答案】C

【解析】由城市总体规划现状调查可知，选项C不属于其内容。此题选C。

2011-024. 下列不属于规划现状调查主要方法的是(　　)。

A. 建立数学模型　　B. 查阅地方志
C. 企业访谈　　D. 出行调查

【答案】A

【解析】由城市总体规划现状调查可知，选项A不属于其内容。此题选A。

2011-023. 编制城市总体规划必须进行深入细致的调查工作。下列表述中，正确的是(　　)。

A. 自然环境调查的主要方法是地形图判读
B. 经济环境调查的核心是了解城市建设资金状况
C. 历史环境调查主要是了解历史文物的分布情况
D. 住房及居住环境调查需要了解城市现状居住水平

【答案】D

【解析】由城市总体规划现状调查可知，选项D表述不准确。此题选D。

2011-022. 城市总体规划进行区域环境调查的范围应为(　　)。

A. 该城市所在的省域　　B. 该城市的经济区域
C. 该城市的市域　　D. 该城市的规划区

【答案】B

【解析】在城市总体规划阶段，指城市与周边发生相互作用的其他城市和广大的农村腹地所共同组成的地域范围。此处指的相互作用关系，主要是经济联系。

2010-086. 为了编制市域城镇体系规划，在进行区域调查时需收集下列哪些项资料？(　　)

A. 市域内的矿产资源条件　　B. 市域内的重大基础设施情况
C. 市域内各城市、村镇的基本情况　　D. 市域内的风向、风速等风象资料
E. 市域内的人口流动情况

【答案】ABCE

【解析】依据市域城镇体系规划的主要内容，选项D不是内容所规定的要收集的资料类型。

2010-022. 编制城市总体规划时，开展区域环境调查的范围应该是(　　)。

A. 该城市所在地省域　　B. 与该城市具有密切关系的地域
C. 该城市的市域　　D. 该城市的规划区

【答案】B

【解析】区域环境在不同的城市规划阶段可以指不同的地域。在城市总体规划阶段，指城市与周边发生相互作用的其他城市和广大的农村腹地所共同组成的地域范围。

2010-021. 现场踏勘或观察是城市总体规划调查的重要方法，但较少用于调查(　　)。

A. 土地使用状况　　B. 地形条件
C. 交通量　　D. 企业生产状况

【答案】D

【解析】现场踏勘是城市总体规划调查中最基本的手段，主要用于城市土地使用、城市空间结构等方面的调查，也用于交通量调查等。

2010-020. 在编制城市防洪工程规划时，为了调查历史上洪灾的情况，最可能运用的调查方法的顺序是(　　)。

A. 抽样调查、访谈与座谈、文献查询

B. 现场踏勘、文献查询、抽样调查

C. 文献查询、抽样调查、访谈与座谈

D. 现场踏勘、问卷调查、抽样调查

【答案】C

【解析】城市总体规划中的调查涉及面广，可运用的方法也多种多样，各类调查方法的选取与所调查的对象及规划分析研究的要求直接相关，各种调查的方法也都具有其各自的局限性。现状调查的主要方法有：现场踏勘、抽样或问卷调查、访谈和座谈会调查、文献资料收集。

2008-022. 城市总体规划用地现状调查可以不涉及的内容是(　　)。

A. 用地规模　　B. 用地性质

C. 用地范围　　D. 用地权属

【答案】D

【解析】由城市总体规划现状调查可知，选项D不符合题意。此题选D。

三、城市自然资源条件分析

相关真题：2018-086、2014-024

城市自然资源条件分析　　表5-4-5

分类	要　点
土地资源	土地在城乡建设发展中的作用：承载功能、生产功能、生态功能。 城市用地的特殊性：区位的极端重要性；开发经营的集约型；土地使用功能的固定性；不同用地功能的整体性。
水资源	① 水资源是城市产生和发展的基础； ② 水资源制约工业项目的发展； ③ 丰富的水资源是城市的特色和标志； ④ 正确评价水资源供应量是城市规划必须做的基础工作。
矿产资源	① 矿产资源的开采和加工可促成新城市的产生。 ② 矿产资源决定城市的性质和发展方向：矿业城市中，矿产开发和加工业成为城市经济主导产业部门，整个产业结构是以此为核心构筑的，对城市的性质和发展方向起决定性作用。我国在采掘矿产资源的基础上形成的矿业城市有，大同、鹤岗、鸡西、淮北、阜新等煤炭工业城市；大庆、任丘、濮阳、克拉玛依、玉门等石油工业城市；鞍山、本溪、包头、攀枝花、马鞍山等钢铁工业城市；个旧、金昌、白银、东川、铜陵等有色金属工业城市；景德镇陶瓷工业城市。 ③ 矿产资源的开采决定城市的地域结构和空间形态。 ④ 矿业城市必须制定可持续的发展战略。

2018-086. **下列表述中，正确的有(　　)。**

A. 土地资源、水资源和森林资源是城市赖以生存和发展的三大资源

B. 土地在城乡经济、社会发展与总体生活中的作用主要表现为土地的承载功能、生产功能和生态功能

C. 城市土地使用的环境效益和社会效益，主要与城市用地性质有关，与城市的区位无关

D. 城市水资源开发利用的用途包含城市生产用水、生活用水等

E. 正确评价水资源承载能力是城市规划必须做的基础工作

【答案】BD

【解析】选项A错误，土地资源、水资源和矿产资源影响城市产生和发展的全过程，决定城市的选址、城市性质和规模、城市空间结构及城市特色，是城市赖以生存和发展的三大资源。

选项B正确，土地在城乡经济、社会发展与人民生活中的作用主要表现为土地的承载功能、生产功能和生态功能，这三大功能缺一不可。

选项C错误，城市用地的空间位置不同，不仅造成用地间的级差收益不同，也使土地使用的环境效益和社会效益发生联动变化。随着城市土地有偿使用制度的逐步建立和完善，用地的区位属性直接影响城市用地的空间布局。

选项D正确，由于我国城市的特殊地位和作用，其水资源开发利用几乎包括了人类水资源开发利用的全部内容，既有城市工业用水、居民消费用水，还有无土栽培的农业用水和绿地用水。可以说城市水资源的水质保证和永续利用，是其本身可持续发展的根本性问题。

选项E错误，正确评价水资源供应量是城市规划必须做的基础工作。

2014-024. **我国不少城市是在采掘矿产资源基础上形成的工业城市。下列表述不准确的是(　　)。**

A. 大庆是石油工业城市

B. 鞍山是钢铁工业城市

C. 景德镇是陶瓷工业城市

D. 唐山是有色金属工业城市

【答案】D

【解析】矿产资源决定城市的性质和发展方向。矿业城市中，矿产开发和加工业成为城市经济主导产业部门，整个产业结构是以此为核心构筑的，对城市的性质和发展方向起决定性作用。我国在采掘矿产资源的基础上形成的矿业城市有大同、鹤岗、鸡西、淮北、阜新等煤炭工业城市；大庆、任丘、濮阳、克拉玛依、玉门等石油工业城市；鞍山、本溪、包头、攀枝花、马鞍山等钢铁工业城市；个旧、金昌、白银、东川、铜陵等有色金属工业城市；景德镇陶瓷工业城市。

四、城市总体规划的实施评估

相关真题：2018-023、2017-024、2013-085、2011-026

城市总体规划的实施评估　表 5-4-6

内容	要　点
目的	城乡规划是政府指导和调控城乡建设发展的基本手段之一，也是政府在一定时期内履行经济调节、市场监管、社会管理和公共服务职能的重要依据。城乡规划一经批准即有法律效力，必须严格遵守和执行。 ① 在城乡规划实施期间，需要结合当地经济社会发展的情况，定期对规划目标实现的情况进行跟踪评估，及时监督规划的执行情况，及时调整规划实施的保障措施，提高规划实施的严肃性。 ② 对城乡规划进行全面、科学的评估，也有利于及时研究规划中出现的新问题，及时总结和发现城乡规划的优点和不足，为继续贯彻实施规划或者对其进行修改提供可靠的依据，提高规划实施的科学性，从而避免一些地方政府及其领导违反法定程序，随意干预和变更规划。 ③《城乡规划法》第四十六条规定，省域城镇体系规划、城市总体规划、镇总体规划的组织编制机关，应当组织有关部门和专家定期对规划实施情况进行评估，并采取论证会、听证会或者其他方式征求公众意见。 对城乡规划实施进行定期评估，是修改城乡规划的前置条件。
要求	① 规划期限一般为 20 年。 ② 通过评估，不但可以监督检查总体规划的执行情况，而且可以及时发现规划实施过程中存在的问题，提出新的规划实施应对措施，提高规划实施的绩效，并为规划的动态调整和修编提供依据。 ③ 评估中要系统地回顾上版城市总体规划的编制背景和技术内容，研究城市发展的阶段特征，把握好城市发展的自身规律，全面总结现行城市总体规划各项内容的执行情况，包括城市的发展方向和空间布局、人口与建设用地规模、综合交通、绿地、生态环境保护、自然与历史文化遗产保护、重要基础设施和公共服务设施等规划目标的落实情况以及强制性内容的执行情况。

2018-023. 下列关于城乡规划实施评估的表述，错误的是(　　)。

A. 城市总体规划实施评估的唯一目的就是监督规划的执行情况

B. 省域城镇体系规划、城市总体规划、镇总体规划都应进行实施评估

C. 对城乡规划实施进行评估，是修改城乡规划的前置条件

D. 城市总体规划实施评估应全面总结现行城市总体规划各项内容的执行情况

【答案】A

【解析】 由城市总体规划的实施评估可知，选项 A 表述错误。此题选 A。

2017-024. 下列关于城市总体规划实施评估的表述，不准确的是(　　)。

A. 城市总体规划组织编制机关，应安排现有干部和专家不定期对规划实施情况进行评估

B. 地方人民政府应当就规划实施情况同本级人民代表大会及其常务委员会报告

C. 规划实施评估是修改城市总体规划的前置条件

D. 规划实施评估应总结城市的发展方向和空间布局等规划目标落实情况

【答案】A

【解析】《城乡规划法》第四十六条规定，省域城镇体系规划、城市总体规划、镇总体规划的组织编制机关，应当组织有关部门和专家定期对规划实施情况进行评估，并采取论证会、听证会或者其他方式征求公众意见。故 A 项错误。

2013-085. **下列哪些是城市总体规划实施评估应考虑的内容？(　　)**

A. 城市人口与建设用地规模情况

B. 综合交通规划目标落实情况

C. 自然与历史文化遗产保护情况

D. 政府在规划实施中的作用

E. 城市发展方向与布局的落实情况

【答案】ABCE

【解析】评估中要系统地回顾上版城市总体规划的编制背景和技术内容，研究城市发展的阶段特征，把握好城市发展的自身规律，全面总结现行城市总体规划各项内容的执行情况，包括城市的发展方向和空间布局、人口与建设用地规模、综合交通、绿地、生态环境保护、自然与历史文化遗产保护、重要基础设施和公共服务设施等规划目标的落实情况以及强制性内容的执行情况。

2011-026. **关于城乡规划实施评估的表述，错误的是(　　)。**

A. 应评价规划方案的优劣

B. 应跟踪评价规划目标实现情况

C. 应定期进行评估

D. 应确定是否需要修改规划

【答案】A

【解析】在城乡规划实施期间，需要结合当地经济社会发展的情况定期对规划目标实现的情况进行跟踪评估，及时监督规划的执行情况，及时调整规划实施的保障措施，提高规划实施的严肃性。另一方面，对城乡规划进行全面、科学的评估，也有利于及时研究规划实施中出现的新问题，及时总结和发现城乡规划的优点和不足，为继续贯彻实施规划或者对其进行修改提供可靠的依据，提高规划实施的科学性，从而避免有些地方政府及某领导违反法定程序，随意干预和变更规划。

五、城市空间发展方向

相关真题：2018-027、2017-025、2013-088、2012-006、2008-003

城市空间发展方向　　表 5-4-7

分类	内　容
自然条件	地形地貌、河流水系、地质条件等。 出于维护生态平衡、保护自然环境目的的各种对开发建设活动的限制。
人工环境	高速公路、铁路、高压输电线等的建设。 区域产业布局和区域中各城市间的相对位置关系等。
城市建设现状与城市形态结构	除个别完全新建的城市外，大部分城市均依托已有的城市发展。因此，城市现状的建设水平不可避免地影响到与新区的关系，进而影响到城市整体的形态结构。
规划及政策性因素	城市用地的发展方向也不可避免地受到政策性因素以及其他各种规划的影响。
其他因素	土地产权问题、农民土地征用补偿问题，城市建设中的城中村问题等社会问题也是需要关注和考虑的因素。

2018-027. 下列不属于影响城市发展方向主要因素的是(　　)。

A. 地形地貌　　B. 高速公路

C. 城市商业中心　　D. 农田保护政策

【答案】C

【解析】影响城市发展方向的因素较多，可大致归纳为以下几种：自然条件、人工环境、城市建设现状与城市形态结构、规划及政策性因素、其他因素。

2017-025. 下列(　　)不是影响城市空间发展方向的因素。

A. 地形地貌　　B. 经济规模

C. 铁路建设情况　　D. 文物分布情况

【答案】B

【解析】由城市自然资源条件分析可知，选项B不是影响城市空间发展方向的因素。此题选B。

2013-088. 影响城市空间发展方向选择的因素包括(　　)。

A. 地质条件　　B. 人口规模

C. 高速公路建设情况　　D. 城中村分布情况

E. 基本农田保护情况

【答案】ACE

【解析】影响城市发展方向的因素较多，可大致归纳为以下几种：自然条件、人工环境、城市建设现状与城市形态结构、规划及政策性因素、其他因素。

2012-006. 影响城市用地发展方向选择的主要因素一般不包括(　　)。

A. 与城市中心的距离　　B. 城市主导风向

C. 交通的便捷程度　　D. 与周边用地的竞争与依赖关系

【答案】B

【解析】此题利用排除法可知，城市主导风向不是影响城市用地发展方向选择的主要因素。

2008-003. 在确定城市用地发展方向时起到决定性作用的是(　　)。

A. 优区位应优先开发

B. 沿着交通轴线延伸发展

C. 中心城市的发展方向应与区域内其他城镇的发展方向相呼应

D. 考虑城市有利的发展空间及影响城市发展方向的制约因素

【答案】D

【解析】在进行城市总体规划时，对于城市用地发展方向的选择要有利于城市空间的发展。

六、城市发展目标和城市性质

相关真题：2018-024、2017-026、2014-003、2013-024、2012-022、2012-021、2012-020、2010-025、2010-024、2008-026、2008-025、2008-024、2008-004

城市发展目标和城市性质　　表 5-4-8

分类	要　点
城市发展目标	经济发展目标：包括国内生产总值（GDP）等经济总量指标、人均国民收入等经济效益指标以及第一、二、三产业之间的比例等经济结构指标。 社会发展目标：包括总人口规模等人口总量指标、年龄结构等人口构成指标、平均寿命等反映居民生活水平的指标以及居民受教育程度等人口素质指标等。 城市建设目标：建设规模、用地结构、人居环境质量、基础设施和社会公共设施配套水平等方面的指标。 环境保护目标：城市形象与生态环境水平等方面的指标。这些指标的分析、预测与选定通常采用定性分析与定量预测相结合的方法，即在把握现状水平的基础上，按照一定的规律进行预测，并通过定性分析、类比等方法的校验，最终确定具体的取值。
城市职能	基本职能是指城市为城市以外地区服务的职能，是城市发展的主导促进因素。 主要职能是城市基本职能中比较突出的、对城市发展起决定作用的职能。
城市性质	确定城市性质的意义：不同城市的性质决定城市发展的不同特点，对城市规模、城市空间结构和形态以及各种市政公用设施的水平起着重要的指导作用。
	确定城市性质的依据： ① 从城市在国民经济中所承担的职能方面去认识，就是指一个城市在国家或地区的经济、政治、社会、文化生活中的地位和作用。城镇体系规划规定了区域内城镇的合理分布、城镇的职能分工和相应的规模，因此，城镇体系规划是确定城市性质的主要依据。 ② 从城市形成与发展的基本因素中去研究、认识城市形成与发展的主导因素。
	确定城市性质的方法： ① 从地区着手，由面到点，调查分析周围地区所能提供的资源条件，农业生产特点、发展水平和对工业的要求，以及与邻近城市的经济联系和分工协作关系等； ② 全面调查分析本市所在地点的建设条件、自然条件，政治、经济、文化等历史发展特点和现有基础，以及附近的风景名胜和革命纪念地等； ③ 自上而下，充分了解各级有关主管部门对于发展本市生产和建设事业的意图和要求，特别是这些意图和要求的客观依据； ④ 在调查的基础上进行认真分析，从地区综合平衡出发，明确城市发展方向，从而确定城市性质。
	城市性质确定的检验： ① 是否符合国民经济发展计划和区域经济对该城市的任务与要求； ② 与城市本身所拥有的条件是否相符； ③ 是否反映了城市区域与城市的关系对城市性质的影响； ④ 主导部门的确定依据是否客观、合理； ⑤ 是否充分考虑了发展变化的因素； ⑥ 能否反映出城市的特点。

2018-024. 下列哪一项不是城市总体规划中城市发展目标的内容？(　　)

A. 城市性质　　B. 用地规模

C. 人口规模　　D. 基础设施和公共设施配套水平

【答案】A

【解析】本题考查的是城市发展目标和城市性质。选项 B、C、D 均属于城市发展目标，选项A城市性质与城市发展目标并列。

2017-026. **下列关于城市性质的表述，错误的是(　　)。**

A. 城市性质是对城市基本职能的表述

B. 城市性质是确定城市发展方向的重要依据

C. 城市性质采用定性分析与定量分析相结合，以定性分析为主的方法确定

D. 城市性质要从城市在国民经济中所承担职能，及其形成与发展的基本因素中去认识

【答案】A

【解析】城市性质是指城市在一定地区、国家以至更大范围内的政治、经济与社会发展中所处的地位和担负的主要职能，由城市形成与发展的主导因素的特点所决定，由该因素组成的基本部门的主要职能所体现。城市性质关注的是城市最主要的职能，是对主要职能的高度概括。故A项错误。

2014-003. **在国家统计局的指标体系中，(　　)属于第三产业。**

A. 采掘业

B. 物流业

C. 建筑安装业

D. 农产品加工业

【答案】B

【解析】根据《国民经济行业分类》(GB/T 4754—2011)的规定，采掘业、建筑安装业和农产品加工业均属于第二产业。中国第三产业包括流通和服务两大部门。物流业属于流通行业，故B项正确。

2013-024. **下列关于城市职能和城市性质的表述，错误的是(　　)。**

A. 城市职能可以分为基本职能和非基本职能

B. 城市基本职能是城市发展的主导促进因素

C. 城市非基本职能是指城市为城市以外地区服务的职能

D. 城市性质关注的是城市最主要的职能，是对主要职能的高度概括

【答案】C

【解析】按照城市职能在城市生活中的作用，可划分为基本职能和非基本职能，基本职能是指城市为城市以外地区服务的职能，非基本职能是城市为城市自身居民服务的职能，其中基本职能是城市发展的主导促进因素。城市性质关注的是城市最主要的职能，是对主要职能的高度概括。

2012-022、2010-025. **下列哪些是确定城市性质最主要的依据？(　　)**

A. 城市在区域中的地位和作用

B. 城市的优势条件和制约因素

C. 城市产业性质

D. 城市经济社会发展前景

【答案】A

【解析】由城市发展目标和城市性质可知，选项A是最主要依据。此题选A。

2012-021、2010-024. **两个城市的第一、二、三次产业结构分别为：A城市15∶35∶50，B城市为15∶45∶40。下列表述正确的是(　　)。**

A. A 城市的产业结构要比 B 城市更高级

B. B 城市的产业结构要比 A 城市更高级

C. A 城市与 B 城市在产业结构上有同构性

D. A 城市与 B 城市在产业结构上无法比较

【答案】A

【解析】 产业结构演进的一般趋势包含五个方面内容：

① 随着经济总量的增长，整个产业结构会发生变化。如第二产业的产值和就业人数所占比重逐渐降低，第三产业逐渐上升，第一产业持续趋低。产业结构的位序演进将经历一、二、三次产业到二、三、一次产业，再到三、二、一次产业的转变过程。

② 工业的内部结构逐渐由轻工业为中心向以重工业为中心演进。

③ 从主导产业的转换过程来看，在重工业化的过程中，逐渐由以原材料、初级产品为中心向以加工组装工业为中心，再进一步向以高、精、尖工业为中心演进。

④ 在向区域外输出产业的过程中，逐渐由低附加值产业向具有高附加值的产业演进。

⑤ 在产业结构的要素密集程度上，逐渐由劳动密集型产业为主向资金密集型产业为主，再向技术密集型产业为主演进。

2012-020. 下列不属于评价城市社会状况指标的是(　　)。

A. 人口预期寿命　　B. 万人拥有医生数量

C. 人均公共绿地面积　　D. 城市犯罪率

【答案】C

【解析】 城市绿地指标是反映城市绿化建设质量和数量的量化方式，在城市绿地系统规划编制中主要控制的绿地指标为：人均公园绿地面积（m^2/人）、城市绿地率（%）和绿化覆盖率（%）。

2008-026. GNP 的含义是(　　)。

A. 国民生产总值　　B. 国内生产总值

C. 工农业生产总值　　D. 国民收入

【答案】A

【解析】 国民生产总值（Gross National Product，简称 GNP）是最重要的宏观经济指标，它是指一个国家地区的国民经济在一定时期（一般 1 年）内以货币表现的全部最终产品（含货物和服务）价值的总和。

2008-025. 下列哪项属于评价城市社会发展水平的指标？(　　)

A. 社会商品零售额　　B. 城市三废处理率

C. 人口自然增长率　　D. 社会全员劳动生产率

【答案】C

【解析】 社会发展目标：包括总人口规模等人口总量指标、年龄结构等人口构成指标、平均寿命等反映居民生活水平的指标以及居民受教育程度等人口素质指标等。

2008-024. 基尼系数是评价社会经济状况的重要指标，主要用于反映(　　)。

A. 区域经济的差异　　B. 地区居民收入的均衡状况

C. 区域产业结构的合理性　　　　　　　　D. 城乡二元结构的状况

【答案】B

【解析】基尼系数，意大利经济学家基尼于 1912 年提出，是国际上用来综合考察居民内部收入分配差异状况的一个重要分析指标。它是一个比值，数值在 0 和 1 之间。基尼指数的数值越低，表明财富在社会成员之间的分配越均匀。一般发达国家的基尼指数在 0.24 到 0.36 之间。

2008-004. 根据国家统计局的指标体系，不属于第二产业的是(　　)。

A. 采掘业　　　　　　　　B. 物流仓储业

C. 建筑业　　　　　　　　D. 煤气的生产与供应业

【答案】B

【解析】英国经济学家费希尔和克拉克将经济活动分为三种部类，产品直接来源于自然界的部类称为第一产业，对初级产品进行加工的部类称为第二产业，为生产和消费提供服务的部类称为第三产业。物流仓储业是为生产和消费提供服务的，因此不属于第二产业。

七、城市规模

相关真题：2018-066、2018-025、2013-025、2012-024、2012-023、2011-086、2011-027、2010-026、2008-088、2008-027

城　市　规　模　　　　**表 5-4-9**

内容	要　点
城市规模	城市规模是以城市人口和城市用地总量所表示的城市的大小。
城市人口规模	城市人口规模就是城市人口总数。编制城市总体规划时，通常将城市建成区范围内的实际居住人口视作城市人口，即在建设用地范围中居住的户籍非农业人口、户籍农业人口以及暂住期在一年以上的暂住人口的总和。 城市人口的统计范围与地域范围一致，即现状城市人口与现状建成区、规划城市人口与规划建成区要相对应。 城市建成区指城市行政区内实际成片开发建设、市政公用设施和公共设施基本具备的地区，包括城区集中连片的部分以及分散在近郊与核心区有着密切联系、具有基本市政设施的城市建设用地。
	城市人口的构成：城市人口的状态是在不断变化的，可以通过对一定时期内城市人口的年龄、寿命、性别、家庭、婚姻、劳动、职业、文化程度、健康状况等方面的构成情况加以分析，反映其特征。
	城市人口的变化：一个城市的人口始终处于变化之中，它主要受到自然增长与机械增长的影响，两者之和便是城市人口的增长值。
	自然增长：指出生人数与死亡人数的净差值。通常以一年内城市人口的自然增加数与该年平均人数之比的千分率来表示其增长速度，称为自然增长率。 自然增长率=(本年出生人口数－本年死亡人口数)/年平均人数×1000‰
	机械增长：指由于人口迁移所形成的变化量，即一定时期内，迁入城市的人口与迁出城市的人口的净差值。

续表

内容	要　　点
城市人口规模	机械增长率=(本年迁入人口数－本年迁出人口数)/年平均人数×1000‰
	人口平均增长速度：指一定年限内，平均每年人口增长的速度。
	城市人口规模预测：整个社会的城市化进程、城市社会经济的发展以及由此而产生的城市就业岗位是造成城市人口增长的根本原因。
	城市总体规划采用的城市人口规模预测的方法主要有以下几种： 综合平衡法、时间序列法、相关分析法（间接推算法）、区位法、职工带眷系数法、环境容量法（门槛约束法）、比例分配法、类比法。

2018-066. 下列不能单独用来预测城市总体规划阶段人口规模的是(　　)。

A. 时间序列法　　B. 间接推算法

C. 综合平衡法　　D. 比例分配法

【答案】D

【解析】时间序列法、间接推算法、综合平衡法、区位法可以单独预测城市人口；环境容量法、比例分配法、类比法作为校核的方法，不能单独预测人口规模。因此D选项符合题意。

2018-025. 下列不属于城市总体规划中人口结构研究关注重点的是(　　)。

A. 消费构成　　B. 年龄构成

C. 职业构成　　D. 劳动构成

【答案】A

【解析】本题考查的是城市规模。城市人口的构成在城市总体规划中，需要研究的主要有年龄、性别、家庭、劳动、职业等构成情况。

2013-025. 下列表述中，错误的是(　　)。

A. 城市人口包括城市建成区范围内的实际居住人口

B. 城市人口的统计范围不论现状和规划，都应与规划区范围相对应

C. 城市人口规模预测时，环境容量预测法不适合作单独预测方式

D. 分析育龄妇女的年龄、人口数量、生育率、初育率等是预测人口自然增长的重要依据

【答案】B

【解析】城市人口的统计范围应与地域范围一致，即现状城市人口与现状建成区、规划城市人口与规划建成区要相对应。

2012-024. 下列哪项与城市人口规模预测直接有关？(　　)

A. 城市的社会经济发展　　B. 人口的年龄构成

C. 人口的性别构成　　D. 老龄人口比重

【答案】A

【解析】城市人口规模预测是按照一定的规律对城市未来一段时间内人口发展动态所

作出的判断。其基本思路是：在正常的城市化过程中，城市社会经济的发展，尤其是产业的发展对劳动力产生需求（或者认为是可以提供就业岗位），从而导致城市人口的增长。因此，整个社会的城市化进程、城市社会经济的发展以及由此而产生的城市就业岗位是造成城市人口增减的根本原因。

2012-023. 人口机械增长是由(　　)所导致的。

A. 人口构成差异　　B. 人口死亡因素

C. 人口出生因素　　D. 人口迁移因素

【答案】D

【解析】机械增长是指由于人口迁移形成的变化量，即一定时期内，迁入城市的人口与迁出城市的人口的净差值。

2011-086. 下列(　　)不宜单独作为城市人口规模预测方法，但可以用来校核。

A. 综合平衡法　　B. 环境容量法

C. 比例分配法　　D. 类比法

E. 职工带眷系数法

【答案】BCD

【解析】城市总体规划采用的城市人口规模预测方法主要有综合平衡法、时间序列法、相关分析法（间接推算法）、区位法和职工带眷系数法。某些人口规模预测方法不宜单独作为预测城市人口规模的方法，但可以作为校核方法使用，例如环境容量法（门槛约束法）、比例分配法、类比法。

2011-027. 构成人口机械增长的因素是(　　)。

A. 人口结构　　B. 人口死亡

C. 人口出生　　D. 人口迁移

【答案】D

【解析】机械增长是指由于人口迁移所形成的变化量。

2010-026. 下列城市人口规模预测方法中，哪项是可以单独应用并作为主要预测结果的方法？(　　)

A. 综合平衡法　　B. 环境容量法

C. 区域人口分配法　　D. 类比法

【答案】A

【解析】城市人口规模预测主要方法有五类：综合平衡法、时间序列法、相关分析法（间接推算法）、区位法、职工带眷系数法。另外还有三类方法不宜单独作为预测城市人口规模的方法，但可以作为校核方法使用：环境容量法（门槛约束法）、比例分配法、类比法。

2008-088. 在市域城镇体系规划中，预测市域总人口和城镇化水平的主要作用是(　　)。

A. 为制定城镇化的目标提供依据

B. 确定城镇体系等级规模结构的基础

C. 预测规划期城市建设总用地的依据之一

D. 对各级城镇人口规模进行有效控制

E. 安排区域基础设施的依据

【答案】ABCE

【解析】预测市域总人口及城镇化水平，确定各城镇人口规模、职能分工、空间布局和建设标准，是为制定城镇化的目标提供依据；是确定城镇体系等级规模结构的基础；是预测规划期城市建设总用地的依据；是安排区域基础设施的依据。

2008-027. 按照我国城乡规划主管部门的规定，下列不属于城镇人口统计范围的是(　　)。

A. 建成区内的户籍非农业人口

B. 建成区内的户籍农业人口

C. 建成区内居住一年以上的暂住人口

D. 建成区内居住三个月以上的暂住人口

【答案】D

【解析】城市人口规模就是城市人口总数。编制城市总体规划时，通常将城市建成区范围内的实际居住人口视作城市人口，即在建设用地范围中居住的户籍非农业人口、户籍农业人口以及暂住期在一年以上的暂住人口的总和。

相关真题：2018-087、2017-027、2013-086、2010-035

城市的用地规模　　表 5-4-10

内容	要　点
概念	城市用地规模是指到规划期末城市规划区内各项城市建设用地的总和。
公式	城市的用地规模＝预测的城市人口规模×人均建设用地面积标准
规划人均城市建设用地面积标准	① 规划人均城市建设用地面积指标，应根据现状人均城市建设用地面积指标、城市（镇）所在的气候区以及规划人口规模，按规划人均城市建设用地面积指标一览表（见下表）的规定综合确定，并应符合表中允许采用的规划人均城市建设用地面积指标和允许调整的幅度双因子的限制要求。 ② 新建城市（镇）的规划人均建设用地面积指标宜在 85.1～105.0m^2/人内确定。 ③ 首都的规划人均城市建设用地面积指标应在 105.1～115.0m^2/人内确定。 ④ 边远地区、少数民族地区城市（镇）以及部分山地城市、人口较少的工矿业城市（镇）、风景旅游城市（镇）等，人均城市建设用地面积指标，应专门论证，且上限不得大于 150m^2/人。
规划人均单项城市建设用地面积标准	① 人均居住用地面积指标：Ⅰ、Ⅱ、Ⅵ、Ⅶ气候区，28.0～38.0m^2/人；Ⅲ、Ⅳ、Ⅴ气候区，23.0～36.0m^2/人。 ② 规划人均公共管理与公共服务设施用地面积不应小于 5.5m^2/人。 ③ 规划人均道路与交通设施用地面积不应小于 12.0m^2/人。 ④ 规划人均绿地与广场用地面积不应小于 10.0m^2/人，其中人均公园绿地面积不应小于 8.0m^2/人。

续表

内容	要　　点
规划城市建设用地结构	居住用地、公共管理与公共服务设施用地、工业用地、道路与交通设施用地以及绿地与广场用地五大类主要用地规划，占城市建设用地的比例应符合下表。

规划人均城市建设用地面积指标一览表（m^2/人）

气候区	现状人均城市建设用地规模	规划人均城市建设用地规模取值区间	允许调整幅度		
			规划人口规模≤20.0万人	规划人口规模20.1万～50.0万人	规划人口规模>50.0万人
Ⅰ、Ⅱ、Ⅵ、Ⅶ	≤65.0	65.0～85.0	>0.0	>0.0	>0.0
	65.1～75.0	65.0～95.0	+0.1～+20.0	+0.1～+20.0	+0.1～+20.0
	75.1～85.0	75.0～105.0	+0.1～+20.0	+0.1～+20.0	+0.1～+15.0
	85.1～95.0	80.0～110.0	+0.1～+20.0	−5.0～+20.0	−5.0～+15.0
	95.1～105.0	90.0～110.0	−5.0～+15.0	−10.0～+15.0	−10.0～+10.0
	105.1～115.0	95.0～115.0	−10.0～−0.1	−15.0～−0.1	−20.0～−0.1
	>115.0	≤115.0	<0.0	<0.0	<0.0
Ⅲ、Ⅳ、Ⅴ	≤65.0	65.0～85.0	>0.0	>0.0	>0.0
	65.1～75.0	65.0～95.0	+0.1～+20.0	+0.1～+20.0	+0.1～+20.0
	75.1～85.0	75.0～100.0	−5.0～+20.0	−5.0～+20.0	−5.0～+15.0
	85.1～95.0	80.0～105.0	−10.0～+15.0	−10.0～+15.0	−10.0～+10.0
	95.1～105.0	85.0～105.0	−15.0～+10.0	−15.0～+10.0	−15.0～+5.0
	105.1～115.0	90.0～110.0	−20.0～−0.1	−20.0～−0.1	−25.0～−5.0
	>115.0	≤110.0	<0.0	<0.0	<0.0

2018-087. 按照《城市用地分类与规划建设用地标准》（GB 50137—2011），符合规划人均建设用地指标要求的有(　　)。

A. Ⅱ气候区，现状人均建设用地规划 70 平方米，规划人口规模 55 万人，规划人均建设用地指标 93 平方米

B. Ⅲ气候区，现状人均建设用地规模 106 平方米，规划人口规模 70 万人，规划人均建设用地指标 103 平方米

C. Ⅳ气候区，现状人均建设用地规模 92 平方米，规划人口规模 45 万人，规划人均建设用地指标 107 平方米

D. Ⅴ气候区，现状人均建设用地规模 106 平方米，规划人口规模 45 万人，规划人均建设用地指标 105 平方米

E. Ⅵ气候区，现状人均建设用地规模 120 平方米，规划人口规模 30 万人，规划人均建设用地指标 115 平方米

【答案】ABCD

【解析】根据《城市用地分类与规划建设用地标准》（GB 50137—2011）的除首都以外的现有城市规划人均城市建设用地指标：Ⅵ气候区，现状人均建设用地规模 120 平方

米，规划人口规模30万人，规划人均建设用地指标应不大于110平方米。选项E错误。

2017-027. 下列关于规划人均城市建设用地面积指标的表述，错误的是(　　)。

A. 规划人均城市建设用地面积指标通常控制在65～115m^2/人范围内

B. 规划人均城市建设用地指标应根据现状人均城市建设用地面积指标、所在气候区以及规划人口规模综合确定

C. 新建城市的规划人均城市建设用地指标宜在85.1～105m^2/人内确定

D. 首都的规划建设用地指标应在95.1～105m^2/人内确定

【答案】D

【解析】《城市用地分类与规划建设用地标准》(GB 50137—2011) 第4-2-3条规定，首都的规划人均城市建设用地面积指标应在105～115m^2/人内确定。

2013-086. 下列关于城市总体规划中城市建设用地规模的表述，正确的有(　　)。

A. 规划人均城市建设用地标准为100平方米/人

B. 用地规模与城市性质、自然条件等有关

C. 规划人均城市建设用地需要低于现状水平

D. 规划用地规模是推算规划人口规模的主要依据

E. 规划人口规模是推算规划用地规模的主要依据

【答案】BE

【解析】影响不同类型城市用地规模的因素是不同的，即不同用途的城市用地在不同城市中变化的规律和变化的幅度是不同的。在国家大的土地政策、经济水平以及居住模式一定的前提下，采用通过统计得出的数据（如居住区的人口密度或人均居住用地面积等），结合人口规模的预测，很容易计算出城市在未来某一时点所需居住用地的总体规模。

2010-035. 关于人均城市建设用地指标的表述，下列哪项是正确的？(　　)

A. 在计算人均建设用地指标时，人口数不应包括农业人口

B. 居住、工业、道路广场和绿地四大类用地总和占建设用地比例宜为60%～75%

C. 中小工矿城市的人均工业用地指标不宜小于30平方米/人

D. 边远地区和少数民族地区中地多人少的城市，可根据实际情况确定规划人均建设用地指标，但不得大于120平方米/人

【答案】B

【解析】根据《城市用地分类与规划建设用地标准》(GBJ 137—90)，在计算建设用地标准时，人口计算范围必须与用地计算范围相一致，人口数宜以非农业人口数为准，故A项错误；边远地区和少数民族地区中地多人少的城市，可根据实际情况确定规划人均建设用地指标，但不得大于150平方米/人，故D项错误；设有大中型工业项目的中小工矿城市，其规划人均工业用地指标可适当提高，但不宜大于30平方米/人，故C项错误；居住、工业、道路广场和绿地四大类用地总和占建设用地比例宜为60%～75%，故B项正确。

根据《城市用地分类与规划建设用地标准》(GB 50137—2011)，城市建设用地统计范围与人口统计范围必须一致，人口规模应按常住人口进行统计；边远地区、少数民族地区城市（镇）以及部分山地城市（镇）、人口较少的工矿业城市（镇）、风景旅游城市

（镇）等，不符合规定的，应专门论证确定规划人均城市建设用地面积之比且上限不得大于150平方米/人；工矿城市（镇）、风景旅游城市（镇）以及其他具有特殊情况的城市（镇），其规划城市建设用地结构可根据实际情况具体确定；居住用地占城市建设用地比例宜为25%～40%，工业用地宜为15%～30%，道路与交通设施用地宜为10%～25%，绿地与广场用地宜为5%～8%。

八、城市环境容量研究

相关真题：2013-026

城市环境容量　　表5-4-11

内容	要　点
概念	城市环境容量，是指环境对于城市规模以及人类活动提出的限度。
类型	城市人口容量：有限性；可变性；稳定性。 城市大气环境容量：在满足大气环境目标值（即能维持生态平衡及不超过人体健康阈值）的条件下，某区域大气环境所能承受污染物的最大能力，或允许排放污染物的总量。 城市水环境容量：在满足城市用水以及居民安全卫生使用城市水资源的前提下，城市区域水资源环境所能承纳的最大污染物质的负荷量。
制约条件	城市自然条件：地质、地形、水文、水文地质、气候、矿藏、动植物等条件的状况及特征。 城市现状条件：城市基础设施即能源、交通运输、通信、给排水设施等方面的建设是社会物质生产以及其他社会活动的基础，基础设施的规模量对整个城市环境容量有重要的制约作用。 经济技术条件：城市拥有的经济技术条件对城市发展规模也提出容许限度。一个城市所拥有的经济技术条件越雄厚，它所拥有的改造城市环境的能力就越大。 历史文化条件：城市建设和现代化进程对城市遗留的历史文化的“侵扰”破坏了历史环境，促使人们越发强烈地意识到历史文化遗产保护的重要性，由此对城市环境容量的影响也随之加大。

2013-026. 下列关于城市环境容量的表述，错误的是(　　)。

A. 自然条件是城市环境容量的最基本要素

B. 城市人口容量具有有限性、可变性、极不稳定性三个特性

C. 城市大气环境容量是指满足大气环境目标值下某区域允许排放的污染物总量

D. 城市水环境容量与水体的自净能力和水质标准有密切的关系

【答案】B

【解析】城市人口容量具有三个特性：① 有限性，城市人口容量应控制在一定限度之内，否则必将以牺牲城市中人们生活的环境为代价；② 可变性，城市人口容量会随着生产力与科技水平的活动强度和管理水平而变化；③ 稳定性，在一定的生产力与科学技术水平下，一定时期内，城市人口容量具有相对稳定性。

第五节　城镇空间发展布局规划

一、市域城乡空间的基本构成及空间管制

相关真题：2013-028、2013-027、2008-028

市域城乡空间的基本构成及空间管制 表 5-5-1

内容	要　点
市域城乡空间的基本构成	一般分为建设空间、农业开敞空间和生态敏感空间。 细分为城镇建设用地、乡村建设用地、交通用地、其他建设用地、农业生产用地、生态旅游用地。
市域城乡空间的管制策略	鼓励开发区：指市域发展方向上生态敏感度低的城市发展急需的空间。一般来说基地条件良好，现状已有一定开发基础，适宜城市优先发展。 控制开发区：一般包括农业开敞空间和未来的战略储备空间，航空、电信、高压走廊自然保护区的外围协调区、文物古迹保护区的外围协调区。该区中建设用地的投放主要是满足乡村居民点建设的需要。 禁止开发区：指生态敏感度高、关系区域生态安全的空间，主要是自然保护区、文化保护区、环境灾害区、水面等。
关于主体功能区	优化调整区：指发展基础、区位条件均最为优越，但由于发展过度或发展方式问题导致资源环境支撑条件相对不足的地区。未来发展的方向是转变经济增长方式，增强科技发展能力，调整空间布局，提高发展的质量与效率。 重点开发区：是指发展基础厚实、区位条件优越、资源环境支撑能力较强的地区，是区域未来工业化、城市化的最适宜扩展区和人口集聚区。 适度发展区：指发展基础中等，区位条件一般，资源环境支撑能力不足，工业化、城市化发展条件一般的地区；或者是虽然各方面发展条件较好，但由于受到土地开发总量的限制或者出于景观生态角度的考虑而无法列入重点发展区的地区。 控制发展区：主要是指工业化、城市化的不适宜区，包括各类生态脆弱区以及各方面发展潜力不够，工业化、城市化发展条件最差的地区。

2013-028. 下列关于市域城镇发展布局规划的表述，准确的是(　　)。

A. 经济发达地区可以规划为中心城区、外围新城、中心镇、新型农村社区的城市型居民点体系

B. 市域城乡聚落体系可以分为中心城市、县城、镇区（乡集镇）、中心村四级体系

C. 市域城镇发展布局规划的主要内容包括确定市域各类城乡居民点产业发展方向

D. 市域交通和基础设施体系要优先满足本市域发展的需要，不能分担周边城市的发展要求，否则不利于促进城市之间的有机分工

【答案】B

【解析】 市域城镇发展布局规划中可将市域城镇聚落体系分为中心城市—县城—镇区、乡集镇—中心村四级体系。对一些经济发达的地区，从节约资源和城乡统筹的要求出发，结合行政区划调整，实行中心城区—中心镇—新型农村社区的城市型居民点体系。故 A 项错误。市域城镇发展布局规划的主要内容包括以下几方面：市域城镇聚落体系的确定与相应发展策略、市域城镇空间规模与建设标准、重点城镇的建设规模与用地控制、市域交通与基础设施协调布局、相邻城镇协调发展的要求、划定城市规划区。故 C 项错误。交通和基础设施的布局一方面要满足市域内城镇发展的基本要求，另一方面又需要引导市域城镇在空间上的合理布局。市域城镇发展布局规划应对市域交通与基础设施的布局进行协调，按照可持续发展原则，优化市域城镇的发展条件。故 D 项错误。

2013-027. 下列关于市域城乡空间的表述，正确的是(　　)。

A. 市域城乡空间可以划分为建设空间、农业开敞空间、区域重大基础设施空间和生

态敏感空间四大类

B. 按照生态敏感性分析对市域空间进行生态适宜性分区，可以分为鼓励开发区、控制开发区、禁止开发区、基本农田保护区四类

C. 市域城镇空间由中心城区及周边其他城镇组成，主要的组合类型有：均衡式、单中心集核式、分片组团式、轴带式等

D. 独立布局的区域性基础设施用地与城乡居民生活具有密切联系，应该纳入城乡人均建设用地进行平衡

【答案】C

【解析】市域城乡空间一般可以划分为建设空间、农业开敞空间和生态敏感空间三大类。故A项错误。立足于生态敏感性分析和未来区域开发态势的判断，通常对市域城乡空间进行生态适宜性分区，分别采取不同的空间管制策略。一般来说，分为以下三类：鼓励开发区、控制开发区、禁止开发区。故B项错误。独立布局的区域性基础设施用地，指独立于一般城镇建成区的区域性水、电、气、电信等设施所占用的土地，一般与城乡居民生活无直接关系，因此规划中应单独列出，不宜作为城镇或乡村人均建设用地进行平衡。故D项错误。

2008-028. 按照区域空间管制的要求，应列入禁止建设区的是(　　)。

A. 地表水源二级保护区　　B. 基本农田

C. 国家级风景名胜区　　D. 山前生态保护区

【答案】B

【解析】区域空间管制禁止开发区域指生态敏感度高、关系区域生态安全的空间，结合我国基本农田保护的国策可知，选项B正确，故选B。

二、市域城镇空间组合的基本类型和内容

相关真题：2014-027、2014-018、2012-066、2012-027

市域城镇空间组合的基本类型和内容　　表5-5-2

内容	要　点
基本类型	均衡式：市域范围内中心城区与其他城镇的分布较为均衡，没有呈现明显的聚集。
	单中心集核式：中心城区集聚了市域范围内大量的资源，首位度高，其他城镇的分布呈现围绕中心城区、依赖中心城区的态势，中心城区往往是市域的政治、经济化中心。
	分片组团式：市域范围内城镇由于地形、经济、社会、文化等因素的影响，若干个城镇聚集成组团。
	轴带式：由于中心城区沿某种地理要素扩散，呈“串珠”状发展形态。
内容	市域城镇聚落体系的确定与相应发展策略：中心城市—县城—镇区；乡集镇—中心村四级体系（经济发达地区：中心城区—中心镇—新型农村社区）； 市域城镇空间规模与建设标准； 重点城镇的建设规模与用地控制； 市域交通与基础设施协调布局； 相邻城镇协调发展的要求； 划定城乡规划区。

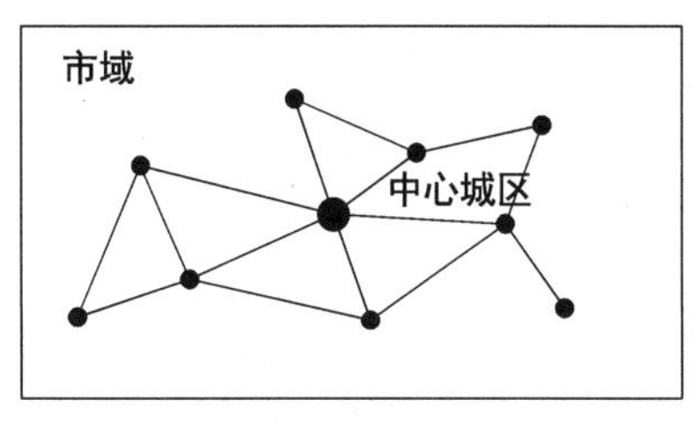

(*a*)均衡式

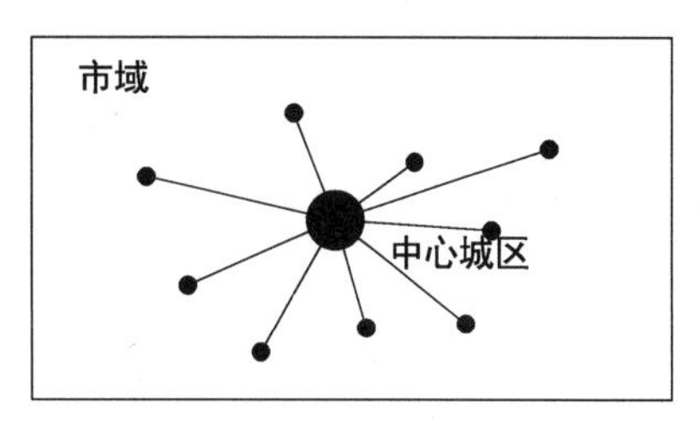

(*b*)单中心集核式

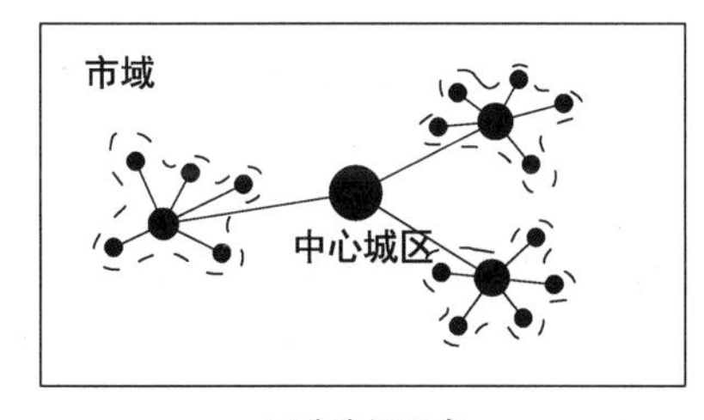

(*c*)分片组团式

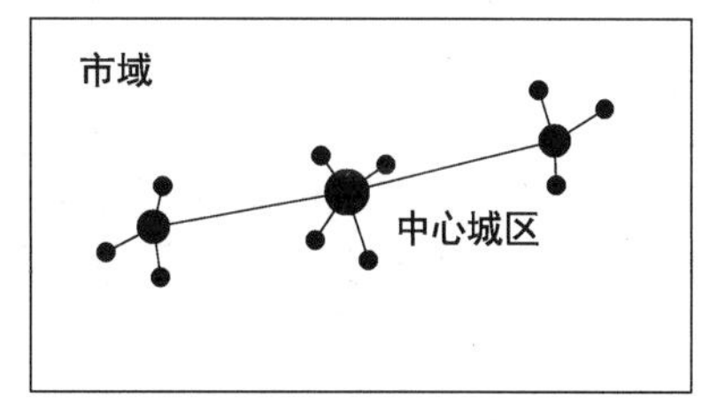

(*d*)轴带式

图 5-5-1　市域城镇空间组合类型
（全国城市规划执业制度管理委员会 . 城市规划原理 . 2011 版 .
北京：中国计划出版社，2011.）

2014-027. 根据《城市规划编制办法》，不属于市域城镇体系规划内容的是(　　)。

A. 分析确定城市性质、职能和发展目标　　B. 预测市域总人口及城镇化水平

C. 确定市域交通发展策略　　D. 划定城市规划区

【答案】A

【解析】由市域城镇空间组合的基本类型和内容可知，选项 A 不属于其内容。此题选 A。

2014-018. 根据《城市规划编制办法》，在城市总体规划纲要编制阶段，不属于市域城镇体系规划纲要内容的是(　　)。

A. 提出市域城乡统筹发展战略

B. 确定各城镇人口规模、职能分工

C. 原则确定市域交通发展战略

D. 确定重点城镇的用地规模和用地控制范围

【答案】D

【解析】由市域城镇空间组合的基本类型和内容可知，选项 D 不属于其内容。此题选 D。

2012-066. 我国城郊村庄的空间自组织演进难以产生下列哪种形式？(　　)

A. 城中村　　B. 外来人口聚居地

C. 开发区　　D. 物流园

【答案】A

【解析】根据选项可知，城中村是在城市中心区形成的村落，而不是城郊村庄的空间

自组织演进形成的。

2012-027. **下列关于市域城镇空间组合基本类型的表述，正确的是（　　）。**

A. 均衡式的市域城镇空间，其中心城区与其地域镇分布比较均衡，首位度相对低

B. 单中心集核式的市域城镇空间，其他城镇是中心城区的卫星城镇

C. 轴带式的市域城镇空间，市域内城镇沿一条发展轴带状连绵市局

D. 分片组群式的市域城镇空间，中心城区的辐射能力比较薄弱

【答案】A

【解析】由市域城镇空间组合的基本类型和内容可知，选项 A 符合题意。此题选 A。

三、划定规划区的目的及其划定原则

相关真题：2017-097、2017-028、2014-028、2013-029、2012-028、2011-029、2010-030、2008-030

划定规划区的目的及其划定原则　　**表 5-5-3**

内容	要　点
概念	规划区是指城市、镇和村庄的建成区以及因城乡建设和发展需要，必须实行规划控制的区域。规划区的具体范围由有关人民政府在组织编制的城市总体规划、镇总体规划、乡规划和村庄规划中，根据城乡经济社会发展水平和统筹城乡发展的需要划定。
影响划定规划区时需考虑的主要原因	① 充分考虑城市与周边镇、乡、村统筹发展的要求； ② 充分考虑对水源地、生态控制区廊道、区域重大基础设施廊道等城乡发展的保障条件的保护要求； ③ 充分考虑城乡规划主管部门依法实施城乡规划的必要性与可行性，综合确定规划区范围。
原则	坚持科学发展观的原则：综合考虑当地城乡经济社会发展的实际水平与发展需要，既要为今后的发展提供空间准备，保障可持续发展目标要求的实现，又要注重经济发展与人口、资源、环境的协调，促进集约、优化利用土地与自然资源，防止引发城乡发展建设的盲目性无序性。
	坚持城乡统筹发展的原则：将具有密切联系的镇、乡和村庄纳入统一的规划，实施统一的规划管理，加强市、镇基础设施向农村地区延伸和社会服务事业向农村覆盖，保证一定空间距离范围内的城市、镇、乡和村庄在资源调配、生活供应、设施共享等方面能够实现相互依存、紧密联系，避免各自为政、重复建设、资源浪费。
	坚持因地制宜、实事求是的原则：根据城乡发展的需要与可能，深入研究城镇化和城市空间拓展的历史规律，科学预测城市未来空间拓展的方向和目标，充分考虑城市与周边镇、乡、村统筹发展的要求，充分考虑对水源地、生态廊道、区域重大基础设施廊道等城乡发展的保障条件的保护要求。
	坚持可操作性原则：保证规划区范围位于相应层级的行政管辖范围内，在一般情况下应是一个用封闭线所围成的区域，并且以完整的行政管辖区为界限，以便于规划的实施管理。

2017-097. **下列表述中准确的有(　　)。**

A. 在编制城市总体规划时应同步编制规划区内的乡、镇总体规划

B. 在编制城市总体规划时可同期编制与中心城区关系密切的镇总体规划

C. 城市规划区内的镇建设用地指标与中心城区建设用地指标一致

D. 城市规划区内的乡和村庄生活服务设施和公益事业由中心城区提供

E. 中心城区的市政公用设施规划也要考虑相邻镇、乡、村的需要

【答案】BE

【解析】《城市规划编制办法》第八条规定，国务院建设主管部门组织编制的全国城镇体系规划和省、自治区人民政府组织编制的省域城镇体系规划，应当作为城市总体规划编制的依据。城市总体规划不必与规划区内的乡、镇总体规划同步编制。故A项错误。城市规划区内的镇建设用地指标应当与城市总体规划的建设用地指标一致。故C项错误。乡和村庄建设规划应当包括住宅、乡村企业、乡村公共设施、公益事业等各项建设的用地布局、用地规划。故D项错误。

2017-028. **下列关于规划区的表述，错误的是(　　)。**

A. 在城市、镇、乡、村的规划过程中，应首先划定规划区

B. 规划区划定的主体是当地人民政府

C. 水源地、生态廊道、区域重大基础设施廊道等应划入规划区

D. 已划入所属城市规划区的镇，在镇总体规划中不再划定规划区

【答案】C

【解析】划定城乡规划区，要坚持因地制宜、实事求是、城乡统筹和区域协调发展的原则，根据城乡发展的需要与可能，深入研究城镇化和城镇空间拓展的历史规律，科学预测城镇未来空间拓展的方向和目标，充分考虑对水源地、生态控制区廊道、区域重大基础设施廊道等城乡发展保障条件的保护要求，充分考虑城乡规划主管部门依法实施城乡规划的必要性与可行性，综合确定规划区范围。C项只是划定规划区应考虑的因素，并不一定要划入规划区。

2014-028. **关于城市规划区的表述，不准确的是(　　)。**

A. 城市规划区应根据经济社会发展水平划定

B. 划定城市规划区时应考虑统筹城乡发展的需要

C. 划定城市规划区时应考虑机场的影响

D. 某城市的水源地必须划入该城市的规划区

【答案】D

【解析】市域城镇发展布局规划应根据城市建设、发展和资源管理的需要划定城市规划区。城市规划区应当位于城市行政管辖范围内。规划区的具体范围由有关人民政府在组织编制的城市总体规划、镇总体规划、乡规划和村庄规划中，根据城乡经济社会发展水平和统筹城乡发展的需要划定。划定城乡规划区，要坚持因地制宜、实事求是、城乡统筹和区域协调发展的原则，根据城乡发展的需要与可能，深入研究城镇化和城镇空间拓展的历史规律，科学预测城镇未来空间拓展的方向和目标，充分考虑城市与周边镇、乡、村统筹发展的要求，充分考虑对水源地、生态控制区廊道、区域重大基础设施廊道等城乡发展保

障条件的保护要求，充分考虑城乡规划主管部门依法实施城乡规划的必要性与可行性，综合确定规划区范围。

2013-029. **下列关于城市规划区的表述，错误的是(　　)。**

A. 规划区的划定应符合城乡规划行政管理的需要

B. 规划区的范围大小应体现城市规模控制的要求

C. 规划区范围应包括有密切联系的镇、乡、村

D. 水源地、生态廊道、区域重大基础设施廊道等应划入规划区

【答案】D

【解析】应充分考虑对水源地、生态廊道、区域重大基础设施廊道等城乡发展的保障条件的保护要求。

2012-028. **下列关于规划区的表达，错误的是(　　)。**

A. 在城市、镇、乡、村的规划过程中，应首先划定规划区

B. 规划区划定的主体是人民政府

C. 水源地、区域重大基础设施廊道等应划入规划区

D. 城市的规划区应包括有密切联系的镇、乡、村

【答案】C

【解析】《城乡规划法》第二条规定，规划区是指城市、镇和村庄的建成区以及因城乡建设和发展需要，必须实行规划控制的区域。规划区的具体范围由有关人民政府在组织编制的城市总体规划、镇总体规划、乡规划和村庄规划中，根据城乡经济社会发展水平和统筹城乡发展的需要划定。划定城乡规划区，要坚持因地制宜、实事求是、城乡统筹和区域协调发展的原则，根据城乡发展的需要与可能，深入研究城镇化和城镇空间拓展的历史规律，科学预测城镇未来空间拓展的方向和目标，充分考虑城市与周边城镇、乡、村统筹发展的要求，充分考虑对水源地、生态控制区廊道、区域重大基础设施廊道等城乡发展保障条件的保护要求，充分考虑城乡规划主管部门依法实施城乡规划的必要性与可行性，综合确定规划区范围。规划区是城乡规划、建设、管理与有关部门职能分工的重要依据之一。划定规划区应按照科学性、系统性的原则，统筹兼顾各方要求，采取定性与定量相结合的方式，进行方案比选，听取各方意见，科学论证后最终确定。选项C中只是划定规划区时应考虑的因素，而并不一定要划入规划区。

2011-029. **下列可以不划入规划区的是(　　)。**

A. 城市生态控制区　　B. 基本农田保护区

C. 区域重大基础设施廊道　　D. 水源保护区

【答案】C

【解析】《城乡规划法》第十七条，城市总体规划、镇总体规划的内容应当包括：城市、镇的发展布局，功能分区，用地布局，综合交通体系，禁止、限制和适宜建设的地域范围，各类专项规划等。规划区范围、规划区内建设用地规模、基础设施和公共服务设施用地、水源地和水系、基本农田和绿化用地、环境保护、自然与历史文化遗产保护以及防灾减灾等内容，应当作为城市总体规划、镇总体规划的强制性内容。划定规划区时，要充

分考虑对水源地、生态廊道、区域重大基础设施廊道等城乡发展的保障条件的保护要求。

2010-030. **下列关于规划区的表述，哪项是错误的？（　　）**

A. 规划区宜以完整的行政管辖区为界限

B. 规划区由规划编制单位划定

C. 规划区要为城市未来的发展提供空间准备

D. 划定规划区时要充分考虑对生态廊道的保护要求

【答案】B

【解析】由规划区的概念可知，规划区的具体范围由有关人民政府划定。选项ABCD正确。

2008-030. **下列哪项不属于划定规划区时需考虑的主要原因？（　　）**

A. 统筹城乡发展的需要

B. 区域重大基础设施廊道的保护要求

C. 中心城区未来空间拓展的方向

D. 利用山体、河流等自然界线

【答案】D

【解析】由划定规划区的目的及其划定原则可知，选项D不属于其主要原因。此题选D。

四、城市发展与空间形态的形成

相关真题：2010-089

影响城市空间形态形成的因素　　**表 5-5-4**

内容	要　点
直接因素	直接因素既包括城市本身所在地区位、地形、地质、水文、气象、景观、生态、农林矿业资源等地理环境自然条件，也包括城市的人口规模、用地范围、城市性质、在国家和地区中的地位和作用、能源、水源和对外交通、大型工业企业配置、公共建筑和居住区组织形式等社会经济和城市建设条件。
间接因素	间接因素则是城市各历史时期的发展特征、国家政策和行政体制、规划设计理论和建筑法规、文化传统理念等人为条件。

2010-089. **下列哪些项不是直接影响城市空间形态拓展的主要因素？（　　）**

A. 能源、水源和对外交通

B. 城市的非物质文化遗产

C. 大型工业企业配置

D. 城市的人口规模和城市性质

E. 社区体育设施

【答案】BE

【解析】影响城市空间形态形成的因素是多方面的，其直接因素既包括城市本身所在地区位、地形、地质、水文、气象、景观、生态、农林矿业资源等地理环境自然条件，也包括城市的人口规模、用地范围、城市性质、在国家和地区中的地位和作用、能源、水源和对外交通、大型工业企业配置、公共建筑和居住区组织形式等社会经济和城市建设条件；其间接因素则是城市各历史时期的发展特征、国家政策和行政体制、规划设计理论和建筑法规、文化传统理念等人为条件。

相关真题：2017-029、2014-030、2012-030、2012-029、2011-030、2010-032、2010-031、2008-089

城市形态分类　　表 5-5-5

内容	说　明
集中型形态	城市建成区主体轮廓长短轴之比小于 4：1，是长期集中紧凑全方位发展的状态，其中包括方形、圆形、扇形等，这种类型城市是最常见的基本形式，往往以同心圆式同时向四周扩延。
带型形态	这些城市往往受自然条件所限，或完全适应和依赖区域主要交通干线而形成，呈长条带状发展，有的沿着湖海水面的一侧或江河两岸延伸，有的因地处山谷狭长地形或不断沿铁路、公路干线一个轴向地长向扩展城市。
放射型形态	建成区总平面的主体团块有三个以上明确的发展方向，包括指状、星状、花状等，这些形态的城市多是位于地形较平坦而对外交通便利的平原地区。它们在迅速发展阶段很容易由原城市旧区，同时沿交通于线自发或按规划多向多轴地向外延展，形成放射性走廊。
星座型形态	城市总平面是由一个相当大规模的主体团块和三个以上较次一级的基本团块组成的复合式形态。最通常的是一些国家首都或特大型地区的中心城市，在其周围一定距离内建设发展若干相对独立的新区或卫星城镇。
组团型形态	城市建成区是由两个以上相对独立的主体团块和若干个基本团块组成，这多是由于较大河流或其他地形等自然环境条件的影响，城市用地被分隔成几个有一定规模的分区团块，有各自的中心和道路系统。
散点型形态	城市没有明确的主体团块，各个基本团块在较大区域内呈散点状分布。这种形态往往是资源较分散的矿业城市。

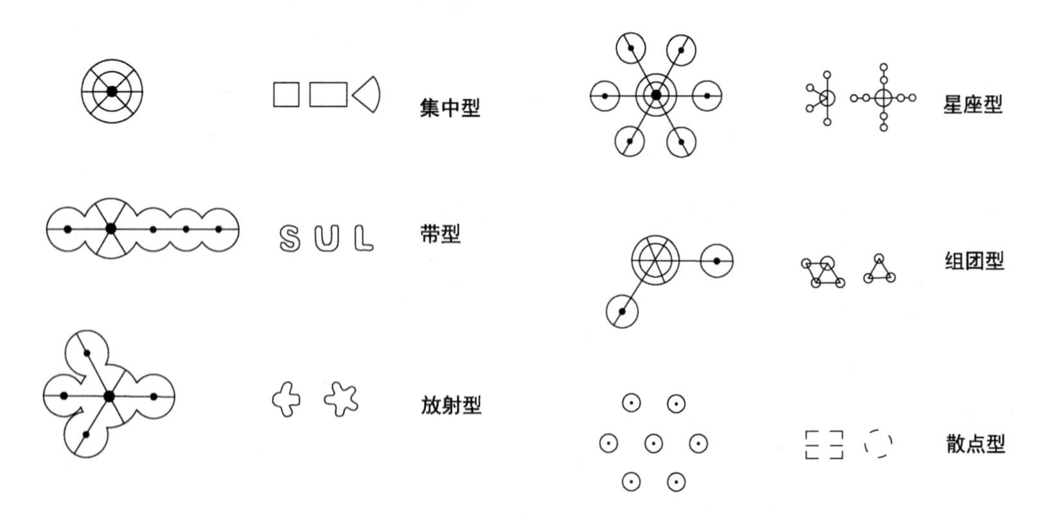

图 5-5-2　城市形态图解式分类示意

（邹德慈．城市规划导论．北京：中国建筑工业出版社，2002：26.）

2017-029. **下列关于城市形态的表述，错误的是(　　)。**

A. 集中型城市形态一般适合于平原

B. 带型城市形态一般适合于沿河地区

C. 放射型城市形态一般适合于山区

D. 星座型城市形态一般适合特大型城市

【答案】C

【解析】放射型城市建成区总平面的主题团块有三个以上明确的发展方向，包括指状、星状、花状等类型。这些形态的城市多是位于地形较平坦，而对外交通便利的平原地区。故 C 项错误。

2014-030. **关于组团式城市总体布局的表述，不准确的是(　　)。**

A. 组团与组团之间应有两条及以上的城市干路相连

B. 组团与组团之间应有河流、山体等自然地形分隔

C. 每个组团内应有相应数量的就业岗位

D. 每个组团内的道路网应尽量自成系统

【答案】C

【解析】各组团要根据各自组团的用地布局布置各自的道路系统，各组团间的隔离绿地中布置疏通性的快速路，而交通性主干路和生活性主干路则把相邻城市组团和组团内的道路网联系在一起。简单地用一个方格路网套在组团布局的城市中是不恰当的，故 A、D 项正确。沿河谷、山谷或交通走廊呈带状组团布局的城市，往往需要布置联系各组团的交通性干路和有城市发展轴性质的道路，与各组团路网一起共同形成链式路网结构故 B 项正确。此题选 C。

2012-030. **下列关于城市形态的表述，正确的是(　　)。**

A. 集中型城市形态是多中心城市

B. 带型城市形态是多中心城市

C. 组团型城市形态是多中心城市

D. 散点型城市形态是多中心城市

【答案】D

【解析】散点型城市形态没有明确的主体团块，各个基本团块在较大区域内呈散点状分布。

2012-029. **下列关于放射型城市形态的表述，错误的是(　　)。**

A. 放射型城市形态主要受山地的影响而形成

B. 放射轴之间的大型绿地，有利于保持城市环境质量

C. 增强放射轴之间的交通联系，有可能出现轴带之间的连绵

D. 放射型城市发展到一定规模，会形成多中心城市

【答案】A

【解析】放射型形态的城市多是位于地形较平坦，而对外交通便利的平原地区。

2011-030. **下列关于城市总体布局的表述，不准确的是(　　)。**

A. 小城市规模小，应尽可能采用集中式的总体布局

B. 大城市规模大，应尽可能采用组团式的总体布局

C. 集中式的总体布局可以节约用地，减少城市蔓延发展的压力

D. 组团式总体布局的城市应在组团内做到居住与工作的基本平衡

【答案】C

【解析】集中式的总体布局可以节约用地，但城市用地大面积集中布置，不利于城市道路交通组织，进一步发展会出现“摊大饼”现象，城市总体布局陷入混乱。

2010-032. **关于组团式城市总体布局的表述，下列哪项是不准确的？(　　)**

A. 各组团应根据功能基本完善、居住与工作基本平衡的原则予以组织

B. 组团规模不宜太小，应配套完善的生活服务设施

C. 各组团之间必须要有城市干路以上级别的道路相连

D. 各组团之间应有明确的自然分隔

【答案】A

【解析】组团型城市多是由于较大河流或其他地形影响分隔成几个有一定规模的分区团块。组团式城市布局可根据用地条件灵活编制，比较好处理城市发展的近、远关系，容易接近自然，并使各项用地各得其所。关键要处理好集中与分散的“度”，既要合理分工，加强联系，又要在各个组团内形成一定的规模，使功能和性质相近的部门相对集中，分块布置。组团之间必须有便捷的交通联系。

2010-031. **关于城市空间结构表述，下列哪项是错误的？(　　)**

A. 多中心城市应加强各中心之间的交通

B. 带型城市中需要完善垂直于交通主轴的道路

C. 小城市适宜采用环形放射的城市空间布局结构

D. 特大城市的空间布局适宜采用多中心城市结构形式

【答案】C

【解析】城市空间形态一般分为集中型、带型、放射型、星座型、组团型和散点型六个类型。集中型城镇是最常见的基本形式，便于集中设置市政基础设施，合理有效利用土地，容易组织市内交通系统，但容易“摊大饼”蔓延，各项城市问题难以解决；带型城市受自然条件所限或完全适应和依赖区域主要交通干线而形成；放射型城市多位于地形较平坦、对外交通便利的平原地区；星座型城市通常是一些国家首都或特大型地区中心城市，在其周围一定距离内建设发展若干相对独立的新区或卫星城镇；组团型城市多是由于较大河流或其他地形影响分隔成几个有一定规模的分区团块；散点型城市往往是资源较分散的矿业城市。

2008-089. **下列城市形态中，属于集中式城市总体布局的有(　　)。**

A. 散点型形态　　B. 组团型形态

C. 同心圆形态　　D. 放射型形态

E. 星座型形态

【答案】CD

【解析】集中式城市总体布局，特点是城市各项建设用地集中连片发展，就其道路网形式而言，可分网络状、环状、环形放射状、混合状以及沿江、沿海或沿主要交通干路带状发展等模式。

五、转型期城市空间增长特点

相关真题：2017-036

转型期城市空间增长特点 **表 5-5-6**

内容	要　点
新产业空间	包括开发区、高新区、保税区等
新型业态	如超市、大型购物中心、各种专业店、便利店、连锁店
新居住空间	城市地区商品房社区建设、城中村的产生成为转型期城市居住区的两个主要特点。
大学园区	我国高校扩招，致使处于城市内部的众多高校发展举步维艰，纷纷谋求在郊区扩展，建立分校。同时，中国也正从传统的以工业技术为主转向以高速交通和通信技术为主的社会支撑技术，促进知识创新、技术创新源的集散，因此出现了大学城、大学园区等城市新空间。
生态保护空间	转型期以来，城市规划和管理上都更加注重城市生态可持续发展，重视城市河湖水面、绿地等开敞空间，城市通过点线面等的生态保护体系进行规划，运用生态隔离等来保证城市的生态基底不受破坏。
中央商务区（CBD）	改革开放以来，伴随着经济全球化，作为城市对外开放窗口的中央商务区在我国经济增长热点地区的中心城市出现。
快速交通网	随着人口的增多以及城市空间结构的拉大，交通成为制约城市发展的一大障碍，许多大城市都开始兴建城市快速道路和轨道交通网络。

2017-036. 为了改善特大城市人口与产业过于集中布局在中心城区带来的环境恶化状况，最有效的途径是(　　)。

A. 产业向城市近郊区转移

B. 在市域甚至更大的区域范围布置生产力

C. 在中心城区周边建立绿化隔离带

D. 城市布局采用组团式结构

【答案】A

【解析】产业转移是优化生产力空间布局、形成合理产业分工体系的有效途径，是推进产业结构调整、加快经济发展方式转变的必然要求。产业向城市近郊区转移是改善特大城市人口与产业过于集中布局在中心城区带来的环境恶化状况的最有效的途径。

六、信息社会城市空间结构形态的演变发展趋势

相关真题：2017-088、2017-030、2013-030、2012-088、2011-088

信息社会城市空间结构形态的演变发展趋势 **表 5-5-7**

内容	要　点
大分散小集中	技术进步既提高了生产率，也使空间出现“时空压缩”效应，人们对更好的、更接近自然的居住、工作环境的追求，是城市空间结构分散化的重要原因。分散的结果就是城市规模扩大，市中心区的聚集效应降低，城市边缘区与中心区的聚集效应差别缩小，城市密度梯度的变化曲线日趋平缓，城乡界限变得模糊。城市空间结构的分散将导致城市的区域整体化，即城市景观向区域的蔓延扩展。
从圈层走向网络	进入工业化后期，城市土地的利用方式出现明显的分化，形成不同的功能，城市形态呈现圈层式自内向外扩展。进入信息社会，准确、快捷的信息网络将部分取代物质交通网络的主体地位，空间区位影响力削弱。网络的“同时”效应使不同地段的空间区位差异缩小，城市各功能单位的距离约束变弱，空间出现网络化的特征。网络化的趋势使城市空间形散而神不散，城市结构正是在网络的作用下，以前所未有的紧密程度联系着。分散化与网络化的另一个影响是城市用地从相对独立走向兼容。
新型集聚体出现	虽然城市用地出现兼容化的特点，但是由于城市外部效应、规模经济仍然存在，为了获取更高的集聚经济，不同阶层、不同收入水平与文化水平的城市居民可能会集聚在某个特定的地理空间，形成各种社区；功能性质类似或联系密切的经济活动，可能会根据它们的相互关系聚集成区。 另外，城市结构的网络化重构也将出现多功能新社区。网络化城市的多功能社区与传统社区不同，它除了居住功能外，还可以是远程教育、远程医疗、远程娱乐、网上购物等功能机构的复合体。目前在世界发达地区的城市，位于郊区的社区不仅是传统的居住中心，而且还是商业中心、就业中心，具备了居住、就业、交通、游憩等功能，可以被看作多功能社区的端倪。

2017-088、2011-088. 下列关于信息化时期城市形态变化的表述，错误的有(　　)。

A. 在区域层面上看，城市发展更加分散

B. 城市中心与边缘的聚集效应差别减小

C. 城市各部分之间的联系减弱

D. 位于郊区的居住社区功能变得更加纯粹

E. 电子商务逐步发展，导致城市中心商务区衰落

【答案】ACDE

【解析】信息化时期城市形态的变化：城市空间结构形态将从集聚走向分散，但分散之中又有集中，呈现大分散与小集中的局面。分散的结果就是城市规模扩大，市中心区的集聚效应降低，城市边缘区与中心区的聚集效应差别缩小，城市密度梯度的变化曲线日趋平缓，城乡界限变得模糊。网络化的趋势使城市空间形散而神不散，城市结构正是在网络的作用下，以前所未有的紧密程度联系着。位于郊区的社区不仅是传统的居住中心，而且还是商业中心、就业中心，具备了居住、就业、交通、游憩等功能，可以被看作多功能社区的端倪。电子商务的发展不会导致城市中心商务的衰落。

2017-030. 下列关于信息社会城市空间形态演变的表述，不准确的是(　　)。

A. 城乡界限变得模糊

B. 城市各功能的距离约束变弱，空间出现网络化的特征

C. 由于用地出现兼容化的特点，功能集聚体逐渐消失

D. 网络的“同时”效应使不同地段的空间区位差异缩小

【答案】C

【解析】虽然城市用地出现兼容化的特点，但是由于城市外部效应、规模经济仍然存在，为了获取更高的集聚经济，不同阶层、不同收入水平与文化水平的城市居民可能会集聚在某个特定的地理空间，形成各种社区；功能性质类似或联系密切的经济活动，可能会根据它们的相互关系集聚成区。故C项错误。

2013-030. 下列关于信息化对城市形态影响的表述，错误的是(　　)。

A. 城市空间结构出现分散趋势　　B. 城乡边界变得模糊

C. 不同地段的区位差异缩小　　D. 新型社区功能更加单纯

【答案】D

【解析】由信息社会城市空间结构形态的演变发展趋势可知，选项D错误。此题选D。

2012-088. 下列关于信息化时代城市的表述中，正确的是(　　)。

A. 城市中心与边缘的聚集效应差别加大

B. 城乡边界变得模糊

C. 多中心特征更加明显

D. 位于郊区的居住社区功能变得更加纯粹

E. 大城市的圈层结构更加明显

【答案】BCE

【解析】由信息社会城市空间结构形态的演变发展趋势可知，选项B、C、E表述正确。此题选BCE。

第六节　城市用地布局规划

一、城市用地分类与评价

相关真题：2018-029、2013-089、2013-050、2012-089、2008-033

城乡用地分类　　表5-6-1

内容	要　点
建设用地	城乡居民点建设用地（H1）：城市建设用地（H11）、镇建设用地（H12）、乡建设用地（H13）、村庄建设用地（H14）
	区域交通设施用地（H2）：铁路用地（H21）、公路用地（H22）、港口用地（H23）、机场用地（H24）、管道运输用地（H25）
	区域公用设施用地（H3）：为区域服务的公用设施用地
	特殊用地（H4）：军事用地（H41）、安保用地（H42）
	采矿用地（H5）
	其他建设用地（H9），除以上以外的建设用地

续表

内容	要　点
非建设用地	水域（E1）：自然水域（E11）、水库（E12）、坑塘沟渠（E13）
	农林用地（E2）：含耕地、园地、林地、牧草地、农业设施用地、田坎、农村道路等用地
	其他非建设用地（E3）：指空闲地、盐碱地、沼泽地、沙地、裸地、不用于畜牧业的草地

城市建设用地分类　　表 5-6-2

内容	要　点
居住用地（R）	指居民和相应服务设施的用地。
	一类居住用地（R1）：住宅用地（R11）、服务设施用地（R12）
	二类居住用地（R2）：住宅用地（R21）、服务设施用地（R22）
	三类居住用地（R3）：住宅用地（R31）、服务设施用地（R32）
公共管理与公共服务设施用地（A）	指行政、文化、教育、体育、卫生等机构和设施的用地，不包括居住用地中的服务设施用地。
	行政办公用地（A1）：指党政机关、社会团体、事业单位等的办公机构及相关设施
	文化设施用地（A2）：图书馆展览用地（A21）、文化活动用地（A22）
	教育科研用地（A3）：高等院校用地（A31）、中等专业学校用地（A32）、中小学用地（A33）、特殊教育用地（A34）、科研用地（A35）
	体育用地（A4）：体育场馆用地（A41）、体育训练用地（A42）
	医疗卫生用地（A5）：医院用地（A51）、卫生防疫用地（A52）、特殊医疗用地（A53）、其他医疗卫生用地（A59）
	社会福利用地（A6）：福利院、养老院、孤儿院等用地
	文物古迹用地（A7）：具有保护价值的古遗迹、古墓葬、古建筑、古窟寺、近代代表性建筑、革命纪念建筑等用地
	外事用地（A8）：外国驻华使馆、领事馆、国际机构及其生活设施等用地
	宗教用地（A9）：宗教活动场所
商业服务业设施用地（B）	商业用地（B1）：零售商业（B11）、批发市场（B12）、餐饮用地（B13）、旅馆用地（B14）
	商务用地（B2）：金融保险用地（B21）、艺术传媒用地（B22）、其他商务用地（B29）
	娱乐康体用地（B3）：娱乐用地（B31）、康体用地（B32）
	公用设施营业网点用地（B4）：加油加气站用地（B41）、其他公用设施营业网点用地（B49）
	其他服务设施用地（B9）：民营学校、民营培训机构、私人诊所、殡葬、宠物医院、汽车维修站等服务设施用地
工业用地（M）	指工矿企业的生产车间、库房及其附属设施等用地，包括专用铁路、码头和附属道路、停车场等用地，但不包括露天矿用地。

续表

内容	要　点
物流仓储用地（W）	物资储备、中转、配送等用地，包括附属道路、停车场以及货运公司车队的站场等用地。
道路交通设施用地（S）	城市道路用地（S1）：快速路、主干路、次干路和支路，包括交叉口用地
	城市轨道交通用地（S2）：独立地段的城市轨道交通地面以上部分的线路、站点用地
	交通枢纽用地（S3）：铁路客货站、公路长途客运站、港口客运码头、公交枢纽及其附属设施用地
	交通站场用地（S4）：公共交通站场（S41）、社会停车场（S42）
	其他交通设施用地（S9）：除以上之外的交通设施用地，包括教练场等用地
公共设施用地（U）	供应设施用地（U1）：供水用地（U11）、供电用地（U12）、供燃气用地（U13）、供热用地（U14）、通信用地（U15）、广播电视用地（U16）
	环境设施用地（U2）：排水用地（U21）、环卫用地（U22）
	安全设施用地（U3）：消防用地（U31）、防洪用地（U32）
	其他公共设施用地（U9）：除以上之外的公用设施用地，包括施工、养护、维修等设施用地。
绿地与广场用地（G）	公园绿地（G1）：向公众开放、以游憩为主要功能，兼具生态、美化、防灾等作用的绿地
	防护绿地（G2）：具有卫生、隔离和安全防护功能的绿地
	广场用地（G3）：以游憩、纪念、集会和避险等功能为主的城市公共活动场地

2018-029. 下列关于城市建设用地分类的表述，正确的是(　　)。

A. 小学用地属于居住用地

B. 宾馆用地属于公共管理与公共服务用地

C. 居住小区内的停车场属于道路与交通设施

D. 革命纪念建筑用地属于文物古迹用地

【答案】D

【解析】小学用地若服务于社区，即居住区级小学，则属于居住用地，否则属于公共服务管理与公共服务设施用地；宾馆属于商业用地；居住小区内的停车场属于居住用地。

2013-089、2012-089. 下列关于用地归属的表达，符合《城市用地分类与规划建设用地标准》(GB 50137—2011) 的是(　　)。

A. 货运公司车队的站场属于物流仓储用地

B. 电动汽车充电站属于商业服务设施用地
C. 公路收费站属于道路与交通设施用地
D. 外国驻华领事馆属于特殊用地
E. 业余体校属于公共管理与公共服务设施用地

【答案】ABE

【解析】根据《城市用地分类与规划建设用地标准》（GB 50137－2011）可知，物流仓储用地是指物资储备、中转、配送、批发、交易等的用地，包括大型批发市场以及货运公司车队的站场（不包括加工）等用地，故A项正确。商业服务设施用地是指各类商业、商务、娱乐康体等设施用地，不包括居住用地中的服务设施用地以及公共管理与服务用地内的事业单位用地。零售加油、加气、充电站归为B41，属于商业服务设施用地，故B项正确。交通设施用地是指城市道路、交通设施等用地。“外事用地”原在特殊用地中，考虑到其对城市公共设施以及公用设施的需求，因此将其纳入“公共管理与公共服务用地”，指外国驻华使馆、领事馆及其生活设施等用地，故D项错误。公共管理与公共服务用地是指行政、文化、教育、体育、卫生等机构和设施的用地，不包括居住用地中的服务设施用地，故E项正确。其中体育场馆用地是指室内外体育运动用地，包括体育场馆、游泳场馆、各类球场及其附属的业余体校等用地。

2013-050. 城市中心城区的建设用地范围内用于园林生产的苗圃，其用地性质列入下列哪一类？（　　）

A. 公园绿地（G1）　　B. 生产绿地（G2）
C. 农林用地（E2）　　D. 科研用地（A35）

【答案】B

【解析】生产绿地（G2）主要是指为城市绿化提供苗木、花草、种子的苗圃、花园、草圃等生产园地。它是城市绿化材料的重要来源，对城市植物多样性保护有积极的作用。

2008-033. 根据《城市用地分类与规划建设用地标准》，下列表述正确的是（　　）。

A. 公安派出所属于特殊用地
B. 交通指挥中心属于行政办公用地
C. 公交保养场属于市政公用设施用地
D. 货物运输公司属于对外交通用地

【答案】C

【解析】题目过时。依据旧规范《城市用地分类与规划建设用地标准》中规定，特殊用地包括军事、保安等设施用地，不包括部队家属生活区等用地。公安派出所属于公共服务设施，故A项错误。交通指挥中心属于其他交通设施用地。行政办公用地包括党政机关、社会团体、事业单位等机构及其相关设施用地，故B项错误。公交保养场在旧规范里属于市政公用设施用地里的公共交通设施用地，但是，在新规范改名为公共设施用地里的其他公用设施用地。故本题选C。对外交通用地包括镇对外交通的各种设施用地，故D项错误。

相关真题：2018-030、2010-036、2010-023、2008-023

城市用地的自然条件评价　　表 5-6-3

内容	要　点
工程地质条件	土质与地基承载力；地形条件；冲沟；滑坡与崩塌；岩溶；地震
水文及水文地质条件	江河湖泊等地面水体，不但可作为城市水源，还在水路运输、改善气候、稀释污水以及美化环境等方面发挥作用。但某些水文条件也可能给城市带来不利影响，如年降水量的不均匀性，水流对沿岸的冲刷，以及河床泥沙淤积等。沿江河的城市常会受到洪水的威胁。 如过量取水、排放大量污水、改变水道与断面等，均能导致水体水文条件的变化，对城市建设产生新的问题。因此，在城市规划和建设之前，需要对水体的流量、流速、水位、水质等进行调查分析，研究规划对策。 水文地质条件一般是指地下水的存在形式，含水层的厚度、矿化度、硬度、水温及水的流动状态等条件。 地下水分为三类，即上层滞水、潜水和承压水。地下水若过量开采，会使地下水位大幅度下降，形成“漏斗”，这会使漏斗外围的污染物质流向漏斗中心，使水质变坏，严重的还会造成水源枯竭和引起地面沉陷，形成一个碟形洼地，对城市的防汛与排水均不利。对地下水有污染的一些建设项目不应布置在地下水的上游方向。
气候条件	太阳辐射；风向；气温；降水与湿度

2018-030. 下列不属于城市用地条件评价内容的是(　　)。

A. 自然条件评价　　B. 社会条件评价

C. 建设条件评价　　D. 用地经济性的评价

【答案】B

【解析】城市用地的评价包括多方面的内容，主要体现在三个方面，分别是自然条件评价、建设条件评价和用地经济性评价。

2010-036. 下列哪项不属于城市规划的工程地质评价中考虑的主要因素？(　　)

A. 土质与地基承载力　　B. 冲沟

C. 地下水硬度　　D. 滑坡

【答案】C

【解析】城市用地的自然条件评价包括工程地质条件、水文及水文地质条件、气候条件等。工程地质条件包括土质与地基承载力、地形条件、冲沟、滑坡与崩塌、岩溶、地震等六个方面；气候条件包括太阳辐射、风象、气温、降水与湿度等四个方面。

2010-023. 下列哪项表述是错误的？(　　)

A. 地下水位过高会影响地基承载力

B. 地下水位下降是城市地面沉降的主要原因

C. 潜水的补给主要依靠地下水

D. 地下水变化容易诱发滑坡灾害

【答案】C

【解析】地下水按其成因与埋藏条件可以分三类：上层滞水、潜水和承压水，其中能作为城市水源的主要是潜水和承压水。潜水基本上是地表渗水形成，主要靠大气降水补给。

2008-023. 在下列自然资源中，通常对城市的产生和发展的全过程影响相对较小的是(　　)。

A. 矿产资源　　B. 土地资源

C. 森林资源　　D. 水资源

【答案】C

【解析】由城市用地的自然条件评价可知，选项C不符合题意。此题选C。

相关真题：2011-033

城市用地的建设条件评价　　**表 5-6-4**

内容	要　点
城市用地布局结构方面	① 城市用地布局结构是否合理，主要体现在城市各项功能的组合与结构是否协调，以及城市总体运行的效率。 ② 城市用地布局结构能否适应发展需要，城市布局结构形态是封闭的还是开放的，将对城市空间发展、调整或改变的可能性产生影响。 ③ 城市用地布局对生态环境的影响，主要体现在城市工业排放物所造成的环境污染与城市布局的矛盾。 ④ 城市内外交通系统的协调性、矛盾与潜力，城市对外铁路、公路、水道、港口及空港等站场、线路的分布。 ⑤ 城市用地结构是否体现出城市性质的要求，或者反映出城市特定自然地理环境和历史文化积淀的特色等。
城市市政设施和公共服务设施方面	城市公共服务设施和市政设施的建设现状，包括质量、数量、容量及改造利用的潜力等，都将影响到土地的利用及旧区再开发的可能性和经济性。
社会、经济构成方面	① 社会构成状况，主要表现在人口结构及其分布的密度，以及城市各项物质设施的分布及其容量与居民需求之间的适应性； ② 经济构成状况，城市经济的发展水平、城市的产业结构和相应的就业结构； ③ 工程准备条件； ④ 外部环境条件。

2011-033. 城市用地建设条件评价中不包括(　　)。

A. 地质灾害　　B. 城市用地布局结构

C. 交通系统的协调性　　D. 人口结构及人口分布的密度

【答案】A

【解析】城市用地建设条件评价与城市用地自然条件相对应，城市用地建设条件评价更强调“人为因素”造成的影响，根据此特征可进行判断。

相关真题：2018-028

城市用地的经济评价 表 5-6-5

内容	要　点
概念	城市用地的经济评价是指根据城市土地的经济和自然两方面的属性及其在城市社会经济活动中所产生的作用，综合评价土地质量优劣差异，为土地使用与安排提供依据。
基本特征	① 承载性，是城市土地最基本的自然属性。 ② 区位，城市土地由于其不可移动性，导致了区位的极端重要性。 ③ 地租与地价，地租意指报酬或收益，其本质是土地供给者凭借土地所有权向土地需求者出让土地使用权时所索取的利润。而土地价格代表了土地作为生产资本的收益能力，是地租的资本化表现。具体而言，土地价格是土地供给者向土地需求者让渡土地使用权时获得的一次性货币收入。在我国，城市土地属国家所有，因而地价一般指土地一定年限内使用权的价格，是国家向土地使用者出让土地使用权时获得的一次性货币收入。
主要影响因素	① 基本因素层，包括土地区位、城市设施、环境优劣度及其他因素。 ② 派生因素层，即由基本因素派生出来的因素，包括繁华度、交通通达度、城市基础设施、社会服务设施、环境质量、自然条件、城市规划等子因素，它们从不同方面反映基本因素的作用。 ③ 因子层，它们从更小的侧面具体地对土地的使用产生影响，包括商业服务中心等级、道路功能与宽度、道路网密度、供水设施、排水设施、供电设施、文化教育设施、医疗卫生设施、公园绿地、大气污染、地形坡度、绿化覆盖率等具体因子。

2018-028. 下列不属于城市用地条件评价内容的是(　　)。

A. 自然条件评价　　B. 社会条件评价

C. 建设条件评价　　D. 用地经济性评价

【答案】B

【解析】城市用地的评价包括多方面的内容，主要体现在三个方面，分别是自然条件评价、建设条件评价和用地经济性评价。

相关真题：2013-031、2011-035

城市用地的工程性评定 表 5-6-6

类型	要　点
一类用地	一类用地即适宜修建的用地： ① 地形坡度在 10%以下，符合各项建设用地的要求； ② 土质能满足建筑物地基承载能力的要求； ③ 地下水位低于建筑物、构筑物的基础埋置深度； ④ 没有被百年一遇的洪水淹没的危险； ⑤ 没有沼泽现象或采取简单的工程措施即可排除地面积水的地段； ⑥ 没有冲沟、滑坡、崩塌、岩溶等不良地质现象的地段。
二类用地	二类用地即基本适宜修建的用地： ① 土质较差，在修建建筑物时，地基需要采取人工加固措施； ② 地下水位距地表面的深度较浅，修建建筑物时，需降低地下水位或采取排水措施； ③ 属洪水轻度淹没区，淹没深度不超过 1.5m，需采取防洪措施； ④ 地形坡度较大，修建建筑物时，除需要采取一定的工程措施外，还需动用较大土石方工程； ⑤ 地表面有较严重的积水现象，需要采取专门的工程准备措施加以改善； ⑥ 有轻微的活动性冲沟、滑坡等不良地质现象，需要采取一定的工程准备措施等。

续表

类型	要　点
三类用地	三类用地即不适宜修建的用地： ① 地基承载力小于 60kPa 和厚度在 2m 以上的泥炭层或流沙层的土壤，需要采取很复杂的人工地基和加固措施才能修建； ② 地形坡度超过 20%，布置建筑物很困难； ③ 经常被洪水淹没，且淹没深度超过 1.5m； ④ 有严重的活动性冲沟、滑坡等不良地质现象，若采取防治措施需花费很大工程量和工程费用； ⑤ 农业生产价值很高的丰产农田，具有开采价值的矿藏埋藏，属给水水源卫生防护地段，存在其他永久性设施和军事设施等。

2013-031. 在城市用地工程适宜性评定中，下列用地不属于二类用地的是(　　)。

A. 地形坡度 15%

B. 地下水位低于建筑物的基础埋藏深度

C. 洪水轻度淹没区

D. 有轻微的活动性冲沟、滑坡等不良地质现象

【答案】B

【解析】 由城市用地的工程性评定可知，选项 B 不属于二类用地。此题选 B。

2011-035. 关于城市用地工程适宜性评定的表述，错误的是(　　)。

A. 对平原河网地区的城市必须重点评价水质条件

B. 对山区和丘陵地区的城市必须重点评价地形、地貌

C. 对地震区的城市，必须重点评价地质构造

D. 对矿区附近的城市，必须重点评价地下矿

【答案】A

【解析】 平原河网地区的城市必须重点分析水文和地基承载力的情况。

城市建设用地选择　　　　表 5-6-7

类型	要　点
选择有利的自然条件	一般是指地势较为平坦、地基承载力良好、不受洪水威胁、工程建设投资省，而且能够保证城市日常功能的正常运转等。
尽量少占农田	保护耕地是我国的基本国策，城市建设用地尽可能利用劣地、荒地、坡地，少占农田。
保护古迹与矿藏	城市用地选择避开有价值的历史文物古迹和已探明有开采价值的矿藏的分布地段。
满足主要建设项目的要求	对城市发展关系重大的建设项目，应优先满足其建设需要，解决城市用地选择的主要矛盾，此外还要研究它们的配套设施如水、电、运输等用地的要求。
要为城市合理布局创造良好条件	城市布局的合理与否与用地选择的关系很大，在用地选择时要结合城市总体规划的初步设想，反复分析比较，从长远发展考虑。

二、城市总体布局

相关真题：2018-088、2008-090

城市总体布局的基本原则　表 5-6-8

原则	内　容
城乡结合，统筹安排	城市总体布局的综合性很强，要立足于城市全局，符合国家、区域和城市自身的根本利益和长远发展的要求。城市与周围地区有密切联系，总体布局时应作为一个整体，统筹安排，同时还应与区域的土地利用、交通网络、山水生态相互协调。
功能协调，结构清晰	城市是一个庞大的系统，各类物质要素及其功能既有相互关联、互补的一面，又有相互矛盾、排斥的一面。城市规划用地结构清晰是城市用地功能租住合理性的一个标志，要求城市各主要用地功能明确，各用地之间相互协调，同时有安全便捷的联系，保障城市功能的整体协调、安全和运转高效。
依托旧区，紧凑发展	城市总体布局在充分发挥城市正常功能的前提下应力争布局的集中紧凑，节约用地，节约城市基础设施建设投资，有利于城市运营，方便城市管理；减轻交通压力，有利于城市生产，方便居民生活。依托旧区和现有对外交通干线，就近避开新区，循序滚动发展。
分期建设，留有余地	城市总体布局是城市发展与建设的战略部署，必须有长远观点和具有科学与践行，力求科学合理、方向明确、留有余地。对于城市远期规划，要坚持从现实出发，对于城市近期建设规划，必须以城市远期为指导，重点安排好近期建设和发展用地，滚动发展，形成城市建设的良性循环。

2018-088. 下列表述中，正确的有(　　)。

A. 城市与周围乡镇地区有密切联系，城乡总体布局应进行城乡统筹安排

B. 城市规划应建立清晰的空间结构，合理划分功能分区

C. 超大、特大城市的旧区应重点通过完善快速路、主干路等道路系统，增加各类停车设施，解决交通拥堵问题

D. 城市应分别在各区设立开发区，满足各区经济发展、社会发展的需要

E. 城市总体规划划定的规划区范围内的用地都可以建设开发区

【答案】ABC

【解析】城市与周围乡镇地区有密切联系，城乡总体布局应进行城乡统筹安排，把密切联系的乡镇划入规划区，A 选项正确。

城市规划应当明确清晰的空间结构，合理划分功能分区，B 选项正确。

在超大、特大城市旧区改造过程中，应重点完善快速路、主干路等道路系统，增加停车设施，着重解决交通拥堵的问题，C 选项正确。

开发区的设立应根据城市经济发展水平，在城市设立，D 选项中分别在各区设立是错误的。

根据《城乡规划法》，在规划区范围内的非建设用地不得设立各类开发区，E 选项错误。

因此 A、B、C 选项符合题意。

2008-090. 城市用地布局依托旧城、紧凑发展，这样做的主要原因在于（　　）。

A. 有利于尽快改造旧区，形成新的城市面貌

B. 方便新、旧区联系，便于疏散旧城功能与人口

C. 可充分利用旧区现有公共设施和基础设施，便于新、旧区基础设施的衔接

D. 便于行政管理工作，有利于基层社区组织建设

E. 便于解决城乡接合部存在的问题

【答案】ABCD

【解析】城市总体布局的基本原则有：城乡结合，统筹安排；功能协调，结构清晰；依托旧区，紧凑发展；分期建设，留有余地。依托旧区，紧凑发展，这样做有利于城市总体布局在充分发挥城市正常功能的前提下应力争布局的集中紧凑，节约用地，节约城市基础设施建设投资，有利于城市运营，方便城市管理；减轻交通压力，有利于城市生产和方便居民生活。依托旧区和现有对外交通干线，就近开辟新区，循序滚动发展。

相关真题：2008-031

自然条件对城市总体布局的影响 **表 5-6-9**

内容	要　点
地貌类型	包括山地、高原、丘陵、盆地、平原、河流谷地等，它对城市的影响体现在选址和空间形态等方面。
地表形态	包括地面起伏度、地面坡度、地面切割度等。 ① 山地丘陵城市的市中心一般选在山体的四周进行建设，将自然风光与城市环境有机结合，形成特色； ② 居住区一般布置在用地充裕、地表水丰富的谷地中； ③ 工业特别是污染工业应布置在地形较高、通风良好的城市下风向区域。
地表水系	流域的水系分布走向对污染较重的工业用地和居住用地的规划布局有直接影响，规划中居住用地、水源地，特别是取水口应布置在城市的上游地带。
地下水	地下水的矿化度、水温等条件决定着一些特殊行业的选址与布局，决定其产品的品质。
风向	在城市用地规划布局时，一定要考虑盛行风、静风所形成的工业污染对居住区的影响。
风速	风速对城市工业布局影响很大。一般来说，风速越大，城市空气污染物越容易扩散，空气污染程度就越低；相反，风速越小，城市空气污染物越不易扩散，空气污染程度就越高。在城市总体布局中，除了考虑城市盛行风向的影响外，还应特别注意当地静风频率的高低，尤其在一些位于盆地或峡谷的城市，静风频率往往很高。如果只按频率不高的盛行风向作为用地布局的依据而忽视静风的影响，那么在静风时日，烟气滞留在城市上空无法吹散，只能沿水平方向慢慢扩散，仍然影响到邻近上风侧的生活居住区，难以解决城市大气的污染问题。因此，在静风占优势的城市，布局时除了将有污染的工业布置在盛行风向的下风地带以外，还应与居住区保持一定的距离，防止近处受严重污染。

2008-031. 盆地或峡谷地区的城市在布置工业用地和居住用地时，应重点考虑(　　)的影响。

A. 静风频率　　B. 最小风频风向

C. 温度　　D. 太阳辐射

【答案】A

【解析】风速对城市工业布局影响很大。一般来说，风速越大，城市空气污染物越容易扩散，空气污染程度就越低；相反，风速越小，城市空气污染物越不易扩散，空气污染程度就越高。在城市总体布局中，除了考虑城市盛行风向的影响外，还应特别注意当地静风频率的高低，尤其在一些位于盆地或峡谷的城市，静风频率往往很高。如果只按频率不高的盛行风向作为用地布局的依据，而忽视静风的影响，那么在静风时日，烟气滞留在城

市上空无法吹散，只能沿水平方向慢慢扩散，仍然影响到邻近上风侧的生活居住区，难以解决城市大气的污染问题。因此，在静风占优势的城市，布局时除了将有污染的工业布置在盛行风向的下风地带以外，还应与居住区保持一定的距离，防止近处受严重污染。

相关真题：2014-037、2010-033

城市用地空间布局的主要模式　　表 5-6-10

原则	内　　容
集中式	就其道路网形式而言，可分为网格状、环状、环形放射状、混合状以及带状等模式。 优点：① 布局紧凑，节约用地，节省建设投资；② 容易低成本配套建设各项生活服务设施和基础设施；③ 居民工作、生活出行距离较短，城市氛围浓郁，交往需求易于满足。 缺点：① 城市用地功能分区不十分明显，工业区与生活区紧邻，如果处理不当，易造成环境污染；② 城市用地大面积集中连片布置，不利于城市道路交通的组织，因为越往市中心，人口和经济密度越高，交通流量越大；③ 城市进一步发展，会出现“摊大饼”的现象，即城市居住区与工业区层层包围，城市用地连绵不断地向四周扩展，城市总体布局可能陷入混乱。
分散式	城市分为若干相对独立的组团，组团间被山丘、河流、农田或森林分隔，一般都有便捷的交通联系。 优点：① 布局灵活，城市用地发展和城市容量具有弹性，容易处理好近期与远期的关系；② 接近自然、环境优美；③ 各城市物质要素的布局关系井然有序，疏密有致。 缺点：① 城市用地分散，土地利用不集约；② 各城区不易统一配套建设基础设施，分开建设成本较高；③ 如果每个城区的规模达不到最低要求，城市氛围就不浓郁；④ 跨区工作和生活出行成本高，居民联系不便。

2014-037. 分散式城市布局的优点是(　　)。

A. 城市土地使用效率较高

B. 有利于生态廊道的形成

C. 易于统一配置建设基础设施

D. 出行成本较低

【答案】B

【解析】分散式布局的优点：① 布局灵活，城市用地发展和城市容量具有弹性，容易处理好近期与远期的关系：② 接近自然、环境优美；③ 各城市物质要素的布局关系井然有序，疏密有致。分散式布局的缺点：① 城市用地分散，土地利用不集约；② 各城区不易统一配套建设基础设施，分开建设成本较高；③ 如果每个城区的规模达不到一个最低要求，城市氛围就不浓郁；④ 跨区工作和生活成本高，居民联系不便。

2010-033. 城市总体布局中，相对于分散式布局，下列哪项不是集中式布局的优点？(　　)

A. 布局紧凑，节约用地，节省建设投资

B. 布局灵活，城市用地发展和城市容量具有弹性，易于处理近远期发展关系

C. 城市居民平均出行距离较短，城市氛围浓郁，利于社会交往

D. 配置建设各项生活服务设施和基础设施的成本较低

【答案】B

【解析】集中式布局三个优点：布局紧凑、节约用地，节省建设投资；容易低成本配套建设各项生活服务设施和基础设施；居民工作、生活出行距离较短，城市氛围浓郁，交往需求易于满足。三个缺点：功能分区不十分明显；不利于道路交通组织；后续发展容易出现“摊大饼”现象。

相关真题：2014-061

城市总体布局的基本内容 **表 5-6-11**

内容	要　　点
工业区的布局	按组群方式布置工业企业，将那些单独的、小型的、分散的工业企业按其性质、生产协作关系和管理系统组织成综合性的生产联合体，或按组群分工相对集中地布置成为工业区。 工业区要协调好与交通系统的配合，协调好与居住区的关系，控制好工业对居住区乃至对整个城市的环境影响。
居住区布局	居住区的布局按居住生活的层次性，在城市范围内，依据工作和游憩活动的布局，合理分布和安排居住区及其相应的公共服务设施。
游憩活动及公共生活空间的布局	配合城市各功能要素以及各种公共生活的特点，进行合理安排和布局。
城市交通的组织	按交通性质和交通速度划分城市道路，形成城市道路交通体系，并解决好城市各部分以及各功能区之间的便捷往来和生活组织。

2014-061. 在实际的城市建设中，不可能出现的情况是(　　)。

A. 建筑密度＋绿地率＝1　　B. 建筑密度＋绿地率＜1

C. 建筑密度×建筑平均层数＝1　　D. 建筑密度×建筑平均层数＜1

【答案】A

【解析】建设用地分为建筑用地、道路用地及绿化广场用地等，建筑密度是指地块内所有建筑基底面积与地块用地面积的百分比；绿地率是指地块内各类绿地面积总和与地块用地面积的百分比；建筑密度加绿地率永远是小于1的，因而选项A错误，选项A符合题意。

城市用地空间布局的艺术问题 **表 5-6-12**

要　　点
① 用地布局艺术：城市用地布局艺术指用地布局上的艺术构思及其在空间的体现，把山川河湖、名胜古迹、园林绿地、有保留价值的建筑等有机组织起来，形成城市景观的整体框架。
② 城市空间布局体现城市审美：城市之美是自然美与人工美的结合，不同规模的城市要有适当的比例尺度。城市美在一定程度上反映在城市尺度的均衡、功能与形式的统一上。
③ 城市空间景观的组织：城市中心和干路的空间布局都是形成城市景观的重点，是反映城市面貌和个性的重要因素。城市总体布局应通过对节点、路径、界面、标志的有效组织，创造出具有特色的城市中心和城市干路的艺术风貌。 城市轴线艺术：是组织城市空间的重要手段，通过轴线，可以把城市空间组成一个有秩序、有韵律的整体，以突出城市空间的序列和秩序感。

续表

要　点
④ 继承历史传统，突出地方特色：在城市总体布局中，要充分考虑每个城市的历史传统和地方特色，保护好有历史文化价值的建筑、建筑群、历史街区，使其融入城市空间环境之中，创造独特的城市环境和形象。

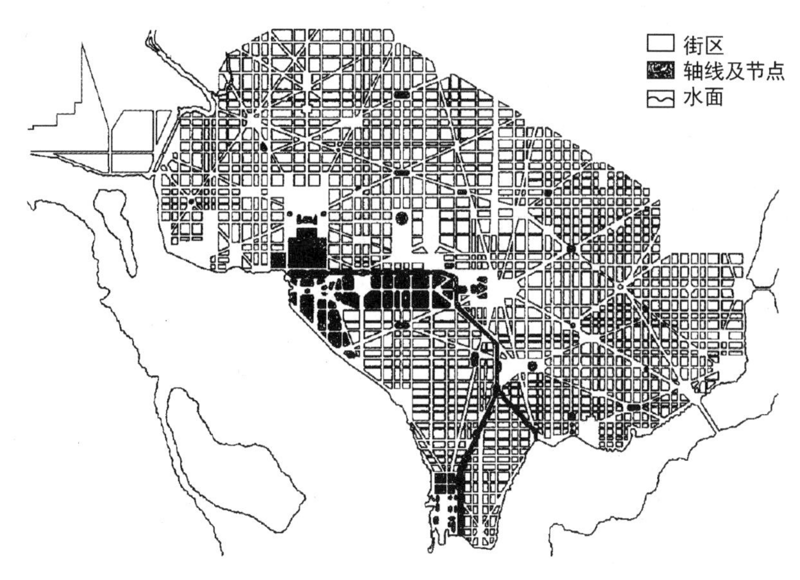

图 5-6-1　华盛顿规划方案
（建筑设计资料集（第三版）第 1 分册 建筑总论．北京：中国建筑工业出版社，2017.）

三、居住用地规划布局

相关真题：2008-074

居住用地规划布局　　**表 5-6-13**

内容	要　点
概念	住宅用地和居住小区及居住小区级以下的公共服务设施用地、道路用地及绿地。
影响因素	城市规模：一般是大城市因工业、交通、公共设施等用地较之小城市的比重要高些，相对地居住用地比重会低些。同时也由于大城市可能建造较多高层住宅，人均居住用地指标会比小城市低些。
	城市性质：一般老城市建筑层数较低，居住用地所占城市用地的比重会高些，而新兴工业城市，因产业占地较大，居住用地比重就较低。
	自然条件：丘陵或水网地区会因土地可利用率较低，需要增加居住用地的数量，加大该项用地的比重。此外，在不同纬度的地区，为保证住宅必要的日照间距，从而会影响到居住用地的标准。
	城市用地标准：城市社会经济发展水平不同，加上房地产市场的需求状况不一，也会影响到住宅建设标准和居住用地的指标。
用地指标	居住用地的比重：居住用地占城市建设用地的比例为 20%～32% ，可根据城市具体情况取值。如大城市可能偏于低值，小城市可能接近高值。在有些居住用地比值偏高的城市，随着城市发展，道路、公共设施等相对用地增大，居住用地的比重会逐步降低。 居住用地人均指标：居住用地人均指标按照国标《城市用地分类与规划建设用地标准》规定，人均居住用地指标为 18.0～28.0m^2，并规定大中城市不得少于 16.0m^2。在城市总体用地平衡的条件下，城市居住区、居住小区等不同等级的用地指标在《城市居住区规划设计规范》中有规定。

2008-074. 下列哪项不是决定人均居住区用地指标的因素？（　　）

A. 居住区人口　　B. 住宅层数

C. 居住区所处建筑气候分区　　D. 绿化覆盖率

【答案】D

【解析】根据表 5-6-13 居住用地规划布局可知，主要影响因素有：居住区人口（大小城市）、住宅层数、居住区所处建筑气候分区。

相关真题：2018-080、2014-034、2012-033、2008-035

居住用地的规划布局　　表 5-6-14

内容	要　点
居住用地的选择	① 选择自然环境优良的地区，有适合的地形与工程地质条件，避免选择易受洪水、地震灾害，以及滑坡、沼泽、风口等不良条件的地区； ② 居住用地的选择应协调与城市就业区和商业中心等功能地域的相互关系，以减少居住—工作、居住—消费的出行距离与时间； ③ 居住用地选择要十分注重用地自身及用地周边的环境污染影响； ④ 居住用地选择应有适宜的规模与用地形状，从而合理地组织居住生活，经济有效地配置公共服务设施等； ⑤ 在城市外围选择居住用地，要考虑与现有城区的功能结构关系，利用旧城区公共设施和就业设施，有利于密切新区与旧区的关系，节省居住区建设的初期投资； ⑥ 居住区用地选择要结合房产市场的需求趋向，考虑建设的可行性与效益； ⑦ 居住用地选择要注意留有余地。
居住用地的规划布局	集中布置：当城市规模不大，有足够的用地且在用地范围内无自然或人为的障碍，而可以成片紧凑地组织用地时，常采用这种布置方式。用地的集中布置可以节约城市市政建设投资，加强城市各部分在空间上的联系，在便利交通，减少能耗、时耗等方面可获得较好的效果。但在城市规模较大、居住用地过于大片密集布置时，可能会造成上下班出行距离的增加、疏远居住与自然的联系、影响居住生态质量等诸多问题。
	分散布置：前者如在丘陵地区，居住用地沿多条谷地展开；后者如在矿区城市，居住用地与采矿点相伴而分散布置。
	轴向布置：当城市用地以中心地区为核心，沿着多条由中心向外国放射的交通干线发展时，居住用地依托交通干线（如快速路、轨道交通线等），在适宜的出行距离范围内，赋以一定的组合形态，并逐步延展。

2018-080. 下列哪一项目建设对周边地区的住宅开发具有较强的带动作用？（　　）

A. 城市公园　　B. 变电站

C. 污水厂　　D. 政府办公楼

【答案】A

【解析】城市公园相对于变电站、污水厂和政府办公楼来说，对周边地区的住宅开发具有较强的带动作用。

2014-034. **在郊区布置单一大型居住区，最易产生的问题是(　　)。**

A. 居住区配套设施不足，居民使用不方便

B. 增大居民上下班出行距离，高峰时易形成钟摆式交通

C. 缺少城市公共绿地，影响居住生态质量

D. 市政设施配套规模大，工程建设成本高

【答案】B

【解析】钟摆式交通即上班早高峰时某个方向交通量所占比例特别大，下班晚高峰时相反方向交通量所占比例特别大。

2012-033. **下列关于居住用地布局原则的表述，不准确的是(　　)。**

A. 应尽量接近就业中心

B. 应有良好的公共交通服务

C. 应靠近大型公共设施布局

D. 应在环境条件好的区域布局

【答案】B

【解析】由居住用地的规划布局要点可知：

① 选择自然环境优良的地区，有适合的地形与工程地质条件，避免选择易受洪水、地震灾害和滑坡、沼泽、风口等不良条件的地区，因而选项 D 正确；

② 居住用地的选择应协调与城市就业区和商业中心等功能地域的相互关系以减少居住—工作、居住—消费的出行距离与时间，因而选项 A、C 正确；

由此可见，选项 B 符合题意。

2008-035. **下列表述不准确的是（　　）。**

A. 居住用地规划应使居民更多地接近自然环境，提高居住地域的生态效应

B. 居住用地的组织与规模应有利于社区管理和物业管理

C. 居住用地应靠近城市中心，便于居民就近利用城市公共设施

D. 居住用地的规划组织要尊重地方文化脉络

【答案】C

【解析】由居住用地的规划布局要点可知：

① 选择自然环境优良的地区，有适合的地形与工程地质条件，避免选择易受洪水、地震灾害和滑坡、沼泽、风口等不良条件的地区，因而选项 A 正确；

② 居住用地的选择应协调与城市就业区和商业中心等功能地域的相互关系以减少居住—工作、居住—消费的出行距离与时间，因而选项 C 不准确；

③ 居住用地选择应有适宜的规模与用地形状，从而合理地组织居住生活、经济有效地配置公共服务设施等，因而选项 B 正确；

④ 在城市外围选择居住用地，要考虑与现有城区的功能结构关系，利用旧城区公共设施、就业设施有利于密切新区与旧区的关系节省居住区建设的初期投资，因而选项 D 正确。

由此可见，选项 C 符合题意。

四、公共设施用地规划布局

相关真题：2014-089、2010-088

公共设施分类和用地规模 表 5-6-15

内容	要点
类型	按使用性质分：行政办公类、商业金融业类、文化娱乐类、体育类、医疗卫生类、大专院校类、文物古迹类、其他类
	按服务范围分： ① 市级如市政府、电博物馆、戏剧院、电视台； ② 居住区级如街道办事处、派出所、街道医院等； ③ 小区级如小学、菜市场等。
	按所属机构的性质及其服务范围分：非地方性公共服务设施与地方性公共服务设施。
公共设施用地的影响因素	城市性质：城市性质对公共设施用地规模有较大的影响，有时影响是决定性的。 城市规模：一般规律，城市规模越大，公共设施用地规模越大。 城市经济发展水平：经济较发达的城市中第三产业占有较高的比重，对公共设施用地有大量的需求。对于个人或家庭消费而言，能支配的收入越多就意味着购买力越强，也就要求更多的商业服务、文化娱乐设施。 居民生活习惯。 城市布局：在布局较为紧凑的城市中，商业服务中心的数量相对较少，但中心的用地规模较大，且其中的门类较齐全，等级较高，而在因地形等原因呈较为分散布局的城市中，为了照顾到城市中各个片区的需求，商业服务中心的数量增加，同时整体用地规模也相应增加。
公共设施用地规模的确定	根据人口规模推算。
	根据各专业系统和有关部门的规定来确定。
	根据地方的特殊需求，通过调研，按需确定。

2014-089、2010-088. 关于确定城市公共设施指标的表述，错误的有(　　)。

A. 体育设施用地指标应根据城市人口规模确定

B. 医疗卫生用地指标应根据有关部门的规定确定

C. 金融设施用地指标应根据城市产业特点确定

D. 商业设施用地指标应根据城市形态确定

E. 文化娱乐用地指标应根据城市风貌确定

【答案】BCDE

【解析】医疗卫生用地指标、金融设施用地指标、商业设施用地指标、文化娱乐用地指标主要的确定依据是人口和经济规模。

相关真题：2018-030、2017-033、2017-031、2014-091、2013-032、2012-035、2012-032、2011-032、2008-036

公共设施的布局规划 表 5-6-16

原则	要点
公共设施的布局规划	公共设施项目要合理地配置
	公共设施要按照与居民生活的密切程度确定合理的服务半径
	公共设施的布局要结合城市道路与交通规划考虑
	根据公共设施本身的特点及其对环境的要求进行布置
	公共设施布置要考虑城市景观组织的要求
	公共设施的布局要考虑合理的建设顺序并留有余地
	公共设施的布局要充分利用城市原有基础

2018-030. **下列不属于城市总体规划阶段公共设施布局需要研究内容的是（　　）。**

A. 公共设施的总量

B. 公共社会的服务半径

C. 公共设施的投资预算

D. 公共设施与道路交通设施的统筹安排

【答案】C

【解析】本题考查的是公共设施用地布局规划。总体规划阶段，在研究确定城市公共设施总量指标和分类分项指标的基础上，进行公共设施用地的总体布局：① 公共设施项目要合理地配置；② 公共设施要按照与居民生活的密切程度确定合理的服务半径；③ 公共设施的布局要结合城市道路与交通规划考虑；④ 根据公共设施本身的特点及其对环境的要求进行布置；⑤ 公共设施布置要考虑城市景观组织的要求；⑥ 公共设施的布局要考虑合理的建设顺序，并留有余地；⑦ 公共设施的布局要充分利用城市原有基础。

2017-033、2011-032. **关于城市布局的表述，不准确的是（　　）。**

A. 静风频率高的地区不宜布置排放有害废气的工业

B. 铁路编组站应安排在城市郊区，并避免被大型货场、工厂区包围

C. 城市道路布局时，道路走向应尽量平行于夏季主导风向

D. 各类大型设施应统一集聚配置，以发挥联动效应

【答案】D

【解析】在静风频率高的地区，空气流通不良会使污染物无法扩散而加重，不宜布置排放有害废气的工业，选项 A 正确；铁路编组站要避免与城市的相互干扰，同时考虑职工的生活，宜布置在城市郊区，并避免被大型货场、工厂区包围，选项 B 正确；城市道路布局时，道路走向应尽量平行于夏季主导风向，选项 C 正确；某些专业设施统一聚集配置，可以发挥联动效应，如文化馆、戏剧院等公共设施安排在一个地区。D 选项为各类大型设施统一聚集配置，而有些设施是需要分级分层配置的，要区别对待，故 D 项错误。

2017-031、2013-032. **不宜与文化馆毗邻布置的设施是（　　）。**

A. 科技馆

B. 广播电视中心

C. 档案馆

D. 小学

【答案】D

【解析】文化馆内噪声较大的排练、游艺设施不宜布置在用地内靠近医院、住宅及托儿所、幼儿园小学等建筑的一侧。

2014-091. **关于城市空间布局的表述，错误的有（　　）。**

A. 大型体育场馆应避开城市主干路，减少对交通的干扰

B. 分散布局的专业化公共中心有利于更均衡的公共服务

C. 沿公交干线应降低开发强度，避免人流的影响

D. 居住用地相对集中布置，有利于提供公共服务

E. 公园应布置在城市边缘，以提高城市土地收益

【答案】ACDE

【解析】对于大型体育场馆、展览中心等公共设施，由于对城市道路交通系统的依存关系，则应与城市干路相联结，所以A项错误。市级换乘枢纽，与城市对外客运交通枢纽（铁路客站、长途客站等）结合布置的公交换乘枢纽，设置在市级城市中心附近，具有与多条市级公交干线换乘的功能，故C项错误。在一些国家或地区经济中心城市中，居住区的位置相对集中，这样市政容易提供便利的公共服务设施，D项并不严谨。公园绿地与城市的居住、生活密切相关，是城市绿地的重要部分。块状绿地布局是将绿地成块状均匀地分布在城市中，方便居民使用，多应用于旧城改建中，故E项错误。

2012-035. 下列表述中不准确的是(　　)。

A. 各种类型的专业市场应集中布置，以发挥联动效应

B. 工业用地应与对外交通设施相结合，以利运输

C. 公交线路应避开居住区，以减少噪声干扰

D. 公共停车场应均匀分布，以保证服务均衡

【答案】A

【解析】某些专业设施的集聚配置，可以发挥联动效果，如专业市场群、专业商业街区等。

2012-032. 在城市体育设施的规划布局中，应充分考虑人流疏散问题，一般来说，大型体育馆出入口必须与下列哪个等级的城市道路相连？(　　)

A. 城市快速路　　B. 城市主干路

C. 城市次干路　　D. 城市支路

【答案】B

【解析】由于在城市体育设施的规划布局中要考虑人流疏散问题，所以大型体育馆出入口应与城市主干路相连接。

2008-036. 下列关于公共设施规划布局的表述中，不正确的是(　　)。

A. 各类公共设施应按城市的需要配套齐全

B. 城市中的专业商业街区应分散布置，方便就近为市民提供服务

C. 在城市的交通枢纽地区，应按服务功能与对象设置成套的公共设施

D. 公共服务设施一般应按城市的布局结构进行分级或系统的配置

【答案】B

【解析】公共设施项目要合理地配置。所谓合理配置有着多重含义：一是指整个城市各类公共设施应按城市的需要配套齐全，以保证城市的生活质量和城市机能的运转；二是按城市的布局结构进行分级或系统的配置，与城市的功能、人口、用地的分布格局具有对应的整合关系；三是在局部地域的设施按服务功能和对象成套设置，如地区中心、车站码头地区、大型游乐场所等地域；四是指某些专业设施的集聚配置，以发挥联动效应，如专业市场群、专业商业街区等。

相关真题：2014-035、2014-031、2013-037、2012-037、2011-038、2008-032

城市公共中心的组织与布局　　表 5-6-17

内容	要　点
城市公共中心系列	在规模较大的城市，因公共设施的性质与服务地域和对象的不同，往往有全市性、地区性以及居住区、小区等分层级的集聚设置，形成城市公共中心的等级序列。同时，由于城市功能的多样性，还有一些专业设施相聚配套而形成的专业性公共中心，如体育中心、科技中心、展览中心、会议中心等。尤其在一些大城市，或是以某项专业职能为主的城市，会有此类专业中心，或位于城市公共中心地区，或是在单独地域设置。
全市性公共中心	全市性公共中心是显示城市历史与发展状态、城市文明水准以及城市建设成就的标志性地域。这里汇集有全市性的行政、商业、文化等设施，是信息、交通、物资汇流的枢纽，也是第三产业密集的区域。 ① 按照城市的性质与规模组合功能与空间环境； ② 组织中心地区的交通； ③ 城市公共中心的内容与建设标准要与城市的发展目标相适应； ④ 慎重对待城市传统商业中心。

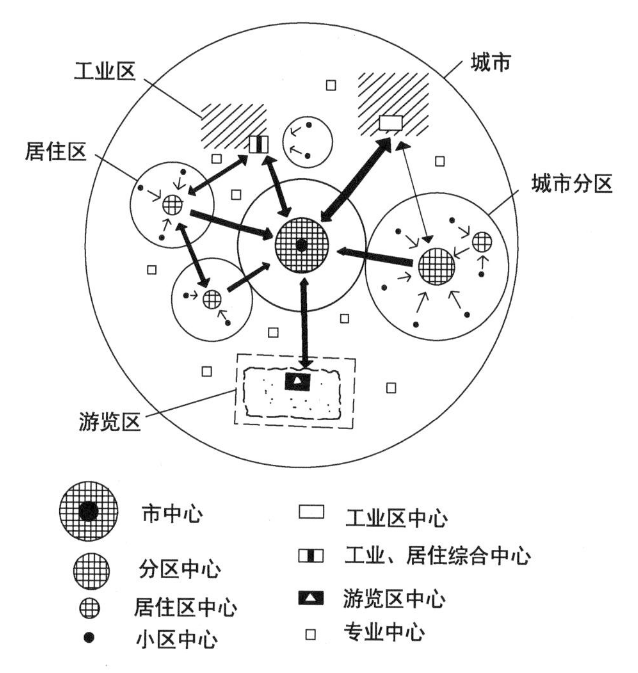

图 5-6-2　城市各类公共中心构成示意图
（李德华．城市规划原理．3 版．北京：中国建筑工业出版社，2001：129.）

2014-035. 关于城市中心的表述，不准确的是(　　)。

A. 在全市性公共中心的规划中，首先应集中安排好各类商务办公设施

B. 以商业设施为主体的公共中心应尽量建设商业步行街、区

C. 因公共设施的性能与服务对象不同，城市公共中心应按等级布置

D. 在一些大城市，可以通过建设副中心来完善城市中心的整体功能

【答案】A

【解析】在规模较大的城市，因公共设施的性质与服务地域和对象的不同，往往有全市性、地区性以及居住区、小区等分层级的集聚设置，形成城市公共中心的等级系列。在一些大城市或都会地区，通过建立城市副中心，可以分解市级中心的部分职能，主、副中心相辅相成，共同完善市中心的整体功能。在以商业设施为主体的公共中心，为避免商业活动受汽车交通的干扰，以提供适宜而安全的购物休闲环境，而辟建商业步行街或步行街区。

2014-031. 下列表述中，不准确的是(　　)。

A. 大城市的市级中心和各区级中心之间应有便捷的交通联系

B. 大城市商业中心应充分利用城市的主干路形成商业大街

C. 大城市中心地区应配置适当的停车设施

D. 大城市中心地区应配置完善的公共交通

【答案】B

【解析】在以商业设施为主体的公共中心，为避免商业活动受汽车交通的干扰，以提供适宜而安全的购物休闲环境，而辟建商业步行街或步行街区，已为许多城市所采用，形成各具特色的商业中心环境。如北京的王府井、上海的南京路等商业步行街等。

2013-037、2012-037. 下列表述中不准确的是(　　)。

A. 在商务中心区内安排居住功能，可以防止夜晚的“空城”化

B. 设置步行商业街区，有利于减少小汽车的使用

C. 城市中心的功能分解有可能引发城市副中心的形成

D. 在城市中心安排文化设施，可以增强公共中心的吸引力

【答案】B

【解析】在中心地区规模较大时，应结合区位条件安排部分居住用地，以免在夜晚出现中心“空城”现象，选项A正确；在一些大城市或都会地区，通过建立城市副中心，可以分解市级中心的部分职能，主、副中心相辅相成，共同完善市中心的整体功能，选项C正确；在城市中心安排文化设施，可以增强公共中心的吸引力，比如电影院、影剧院、图书馆、展览馆等，选项D正确。

如果商业步行街有良好的公共交通枢纽，可能会减少小汽车使用，但是当步行街公共交通不完善，从某种程度上来看将会增加小汽车的使用，故需要在步行街的周边设置截留式停车设施，故B项不准确。

2011-038. 关于商业用地布局的表述，不准确的是(　　)。

A. 商业用地应选择高地价区域布局

B. 为居民日常生活服务的商业用地应结合一定规模的居住用地进行布局

C. 商业用地应布置在通达性好的地点

D. 商业用地应远离有污染的工业用地

【答案】C

【解析】商业用地布局要合理配置，按照与居民生活的便利程度、结合道路与交通规划综合考虑。

2008-032. 下列关于城市布局不正确的表述是（　　）。

A. 大城市的科技中心、展览中心、会议中心等专业性公共中心必须在单独地域中设置

B. 火电厂不应布置在城市最大频率风向的上风向

C. 城市快速路不宜深入市中心

D. 能互相利用副产品及废渣进行生产的工厂应尽量布置在同一个工业区中

【答案】A

【解析】城市公共活动中心通常是指城市主要公共建筑物分布最为集中的地段，是城市居民进行政治、经济、社会、文化等公共生活的中心，是城市居民活动十分频繁的地方。选择城市各类公共活动中心的位置以及安排什么内容，是城市总体布局的重要任务之一。这些公共活动中心包括社会政治公共活动中心、科技教育公共活动中心、商业服务公共活动中心、文化娱乐公共活动中心、体育公共活动中心等。

五、工业用地规划布局

相关真题：2014-036、2012-034、2011-037、2008-038

城市工业布置的基本要求　　表 5-6-18

内容	要　　点
基本要求	① 用地的形状和规模：工业用地要求的形状与规模，不仅因生产类别不同而不同，且与机械化、自动化程度、采用的运输方式、工艺流程和建筑层数有关。 ② 地形要求：工业用地的自然坡度要和工业生产工艺、运输方式与排水坡度相适应。 ③ 水源要求：安排工业项目时注意工业与农业用水的协调平衡。 ④ 能源要求：安排工业区必须有可靠的能源供应，大量用电的炼铝、有机合成与电解企业用地要尽可能靠近电源布置，采用发电厂直接输电，以减少架设高压线、升降电压带来的电能损失等。 ⑤ 工程地质：工业用地不应选在 7 级和 7 级以上的地震区；山地城市的工业用地应特别注意，不应选址于滑坡、断层、岩溶或泥石流等不良地质地段；在黄土地区，工业用地选址应尽量选在湿陷量小的地段，以减少基建工程费用；工业用地的地下水位最好低于房屋的基础，并能满足地下工程的要求；地下水的水质要求不应对混凝土产生腐蚀作用；工业用地应避开洪水淹没地段。 ⑥ 工业的特殊要求：某些工业对气压、湿度、空气含尘量、防磁、防电磁波等有特殊要求，应在布置时予以满足，某些工业对地基、土壤以及防爆、防火等有特殊要求，也应在布置时予以满足。 ⑦ 其他要求：工业用地应避开以下地区：军事用地水力枢纽、大桥等战略目标，以及矿物蕴藏地区的采空区、文物古迹埋藏地区以及生态保护与风景旅游区、埋有地下设备的地区。
交通运输的要求	① 铁路运输：铁路运输的特点是运量大、效率高、运输费用低，但建设投资高，用地面积大，并要求用地平坦。因此只有需要大量燃料、原料和生产大量产品的冶金、化工、重型机器制造业，或大量提供原料、燃料的煤、铁、有色金属开采业，适合建设铁路运输设施，可以提高专用线的利用率，节约建设投资。 ② 水路运输：水路运输费用最为低廉，在有通航河流的城市安排工业，特别是木材、造纸原料、砖瓦、矿石、煤炭等大宗货物的运输应尽量采用水运，采用水路运输的工厂要尽量靠近码头。 ③ 公路运输：公路运输机动灵活，建设快，基建投资少，是城市的主要运输方式。为此在规划中要注意工业区与公路、码头、车站、仓库等有便捷的交通联系。 ④ 连续运输：连续运输包括传送带、传送管道、液压、空气压缩输送管道、悬索及单轨运输等方式。连续运输效率高，节约用地，并可节约运输费用和时间，但建设投资高，灵活性小。

续表

内容	要　　点
防止工业对城市环境的污染	① 减少有害气体对城市的污染：散发有害气体的工业，不宜过分集中在一个地段。工业在城市中的布置要综合考虑风向、风速、地形等多方面的影响因素。工业区与居住区之间按要求隔开一定距离，称为卫生防护带，这段距离的大小随工业排放污物的性质与数量的不同而变化。 ② 防止废水污染：在城市现有及规划水源的上游不得设置排放有害废水的工业，亦不得在排放有害废水的工业下游开辟新的水源。集中布置废水性质相同的厂，以便统一处理废水，节约废水的处理费用。 ③ 防止工业废渣污染：矿工业废渣主要来源于燃料和冶金工业，其次来源于化学和石油化工工业，它们的数量大、化学成分复杂，有的具有毒性。在城市中布置工业可根据其废渣的成分、综合利用的可能。 ④ 防止噪声干扰：从工厂的性质看，噪声最大的是金属制品厂，其次为机械厂和化工。在规划中要注意将噪声大的工业布置在离居住区较远的地方，亦可设置一定宽度的绿带，减弱噪声干扰。

2014-036. 在盆地地区的城市布置工业用地时，应重点考虑(　　)的影响。

A. 静风频率　　B. 最小风频风向

C. 温度　　D. 太阳辐射

【答案】A

【解析】有城市总体布局中，除了考虑城市盛行风面的影响外，特别注意当地静风频率的高低，尤其在一些位于盆地或峡谷的城市，静风频率往往很高。

2012-034. 某城市的风玫瑰如下图所示，其规划工业用地应尽可能在城市的(　　)布局。

A. 东侧或西侧

B. 南侧或北侧

C. 东南侧或西北侧

D. 东北侧或西南侧

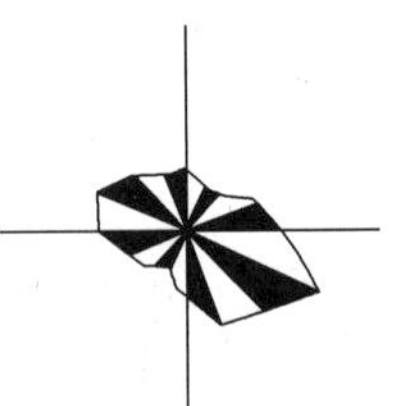

【答案】D

【解析】风玫瑰是根据城市多年风向观测记录汇总所绘制的风向频率图和平均风速图，所以规划工业用地应尽可能在城市的东北侧或西南侧布局。

2011-037. 影响工业用地规模预测的主要因素不包括(　　)。

A. 城市主导产业的变化　　B. 各主要工业门类的产值

C. 劳动生产率的提高　　D. 现状工业用地的布局

【答案】D

【解析】工业用地规模的计算可能要复杂一些，一般从两个角度出发进行预测。一个是按照各主要工业门类的产值预测和该门类工业的单位产值所需用地规模来推算；另一个是按照各主要工业门类的职工数与该门类工业人均用地面积来计算。其中，城市主导产业的变化、劳动生产率的提高、工业工艺的改变等因素均会对工业用地的规模产生较大的影响。

2008-038. 工业用地选择时考虑的主要因素不包括（　　）。

A. 工业用地应避开水利枢纽

B. 有易燃易爆危险性的工业企业应该远离公路干线布置

C. 工业用地的地下水位最好低于工业厂房的基础

D. 工业用地应选择地形平坦的区域

【答案】D

【解析】工业用地地形要求：工业用地的自然坡度要和工业生产工艺、运输方式与排水坡度相适应。利用重力运输的水泥厂、选矿厂应设于山坡地，对安全距离要求很高的工厂宜布置在山坳或丘陵地带，有铁路运输时则应满足线路铺设要求。

相关真题：2014-090、2010-039

工业用地在城市中的布置和旧城工业布局调整　　表 5-6-19

内容	要　点
分类	按工业性质可分为冶金工业电力工业、燃料工业、机械工业、化学工业、建材工业等，在工业布置中可按工业性质分成机械工业用地、化工工业用地等。
工业在城市中布局的一般原则	① 有足够的用地面积，用地条件符合工业的具体特点和要求，有方便的交通运输条件能解决给排水问题； ② 职工的居住用地应分布在卫生条件较好的地段上，尽量靠近工业区，并有方便的交通联系； ③ 在各个发展阶段中，工业区和城市各部分应保持紧凑集中，互不妨碍，并充分注意节约用地； ④ 相关企业之间应取得较好的联系，开展必要的协作，考虑资源的综合利用，减少市内运输。
布局	① 工业用地位于城市特定地区：通常中小城市中的工业用地多呈此种形态布局，其优点是总体规模较小，与生活居住用地之间具有较密切的联系，但容易造成污染，并且当城市进一步发展时，有可能形成工业用地与生活居住用地相间的情况。 ② 工业用地与其他用地形成组团：常见于大城市或丘陵地区的城市，其优点是在一定程度上平衡组团内的就业和居住，但由于不同程度地存在工业用地与其他用地交叉布局的情况，不利于局部污染的防范。 ③ 工业园或独立的工业卫星城（有相关的配套）。 ④ 工业地带（不属于总体规划的范畴，是区域规划要解决的问题）：数量和规模发展到一定阶段的产业带。
旧城工业布局存在的问题	① 工厂用地面积小，不能满足生产需要； ② 缺乏必要的交通运输条件； ③ 居住区与工厂混杂； ④ 工厂的仓库、堆场不足； ⑤ 工厂布局混乱，缺乏生产上的统一安排； ⑥ 有些工厂的厂房利用一般民房或临时建筑，不符合生产要求，影响生产和安全。
旧城工业布局调整的一般措施	留：原有的厂房设备好，位于交通方便、市政设施齐全的地段，而且对周围环境没有影响的可以保留，允许就地扩建。 改：原有工厂的厂房设备好且位于交通方便、市政设施齐全、有发展余地的地段，但对周围环境有影响的，应采取改变生产性质、改革工艺等措施，以减轻或消除对环境的污染，有的还可以改作他用。 并：规模小的、车间分散的，可适当合并，以改善技术设备提高生产。 迁：对周围环境有严重污染又不易治理，或有易燃、易爆危险的工厂，应尽可能迁往远郊。

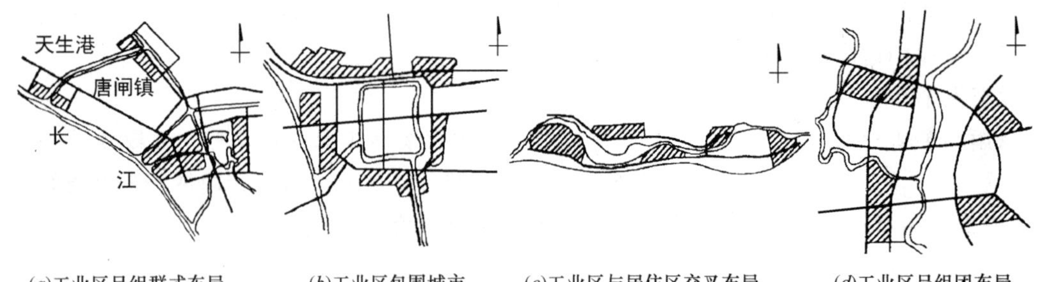

图 5-6-3　工业用地在城市中的布局

（李德华．城市规划原理．3 版．北京：中国建筑工业出版社，2006）

2014-090. 在工业区与居住区之间的防护带中，不宜设置（　　）。

A. 消防车库　　B. 市政工程构筑物

C. 职业病医院　　D. 仓库

E. 运动场

【答案】CE

【解析】工业区与居住区之间按要求隔开一定距离，称为卫生防护带，这段距离的大小随工业排放污物的性质与数量的不同而变化。在卫生防护带中，一般可以布置一些少数人使用的、停留时间不长的建筑，如消防车库、仓库、停车场、市政工程构筑物等。不得将体育设施、学校、儿童机构和医院等布置在防护带内。

2010-039. 关于工业用地布局的表述，下列哪项是错误的？（　　）

A. 受地价的影响，工业区适合安排在城市边缘

B. 为方便企业生产协作，可设立工业园

C. 为减少工业的环境污染，可降低工业区建筑密度

D. 为减少上下班交通，可以将工业与居住适当结合布置

【答案】C

【解析】为减少和避免工业对城市的污染，应注意四个方面：减少有害气体对城市的污染、防止废水污染、防止工业废渣污染、防止噪声干扰。

六、仓储用地规划布局

相关真题：2017-034、2014-056、2013-034、2011-036、2011-034、2010-038、2010-037、2008-037

仓储用地的分类和在城市用地中的布置　　表 5-6-20

内容	要　点
分类	按照国标《城市用地分类与规划建设用地标准》GB 50137—2011 仓储用地分为： 普通仓储用地、危险品仓储用地、堆场用地；另外，按照仓库的使用性质也可以分为：储备仓库、转运仓库、供应仓库、收购仓库等。

续表

内容	要　点
布置原则	① 满足仓储用地的一般技术要求； ② 有利于交通运输； ③ 有利于建设、经营使用； ④ 节约用地，但有留有发展余地； ⑤ 沿河、湖、海布置仓库时，必须留出岸线，照顾城市居民生活； ⑥ 注意城市环境保护，防止污染，保证城市安全，应满足有关卫生、安全方面的要求。
布局	① 储备仓库一般应设在城市郊区、水陆交通条件方便的地方，有专用的独立地段。 ② 转运仓库也应设在城市边缘或郊区，并与铁路、港口等对外交通设施紧密结合。 ③ 收购仓库如属农副产品和当地土产收购的仓库，应设在货源来向的郊区、城市干路口或水运必经的入口处。 ④ 供应仓库或一般性综合仓库要求接近其供应的地区，可布置在使用仓库的地区内或附近地段，并具有方便的市内交通运输条件。 ⑤ 特种仓库： A. 危险品仓库如易爆和剧毒等危险品仓库，要布置在城市远郊独立地段的专门用地上，同时应与使用单位所在位置方向一致，避免运输时穿越城市； B. 冷藏仓库设备多、容积大，需要大量运输，往往结合屠宰场、加工厂、皮毛处理厂等布置，有一定气味与污水的污染，多设于郊区河流沿岸，建有码头或专用线； C. 蔬菜仓库应设于城市市区边缘通向市郊的干路入口处，不宜过分集中，以免运输线太长，损耗太大； D. 木材仓库、建筑材料仓库运输量大、用地大，常设于城郊对外交通运输线或河流附近； E. 燃料及易燃材料仓库如石油、煤炭、天然气及其他易燃物品仓库，应满足防火要求布置在郊区的独立地段。在气候干燥、风速大的城市，还必须布置在大风季节城市的下风向或侧风向。特别是油库选址时应离开城市居住区、变电所、重要交通枢纽、机场、大型水库及水利工程、电站、重要桥梁、大中型工业企业、矿区、军事目标和其他重要设施，并最好在城市地形的低处，有一定的防护措施。

2017-034、2011-034. 下列关于液化石油气储配站规划布局的表述，错误的是(　　)。

A. 应选择在所在地区全年最大频率风向的下风侧

B. 应远离居住区

C. 应远离影剧院、体育场等公共活动场所

D. 主产区和辅助区至少应各设置一个对外出入口

【答案】A

【解析】为了减轻工业排放的有害气体对生活区的危害，通常把工业区布置于生活居住区的下风向，但应同时考虑最小风频风向、静风频率、各盛行风向的季节变换及风速关系。如全年只有一个盛行风向，且与此相对的方向风频最小，或最小风频风向与盛行风向转换夹角大于 90°，则工业用地应放在最小风频之上风向，居住区位于其下风向；当全年拥有两个方向的盛行风时，应避免使有污染的工业处于任何一个盛行风向的上风方向，工业区及居住区一般可分别布置在盛行风向的两侧。故 A 项错误。

2014-056. **不属于液化气储配站选址要求的是(　　)。**

A. 位于全年主导风向的上风向　　B. 选择地势开阔的地带

C. 避开地基沉陷的地带　　D. 避开城市居民区

【答案】A

【解析】由于液化气属于容易挥发的污染气体，因此液化气储配站应建在全年主导风向的下风向或侧风向，以免随风向扩散至居民区造成空气污染。

2013-034、2010-037. **大城市的蔬菜批发市场应该(　　)。**

A. 集中布置在城市中心区边缘　　B. 统一安排在城市的下风向

C. 结合产地布置在远郊区县　　D. 设于城区边缘的城市出入口附近

【答案】A

【解析】蔬菜批发市场有一定的货运量，但又要直接服务城市，进一步向零售摊贩批发，故设置在城市中心区边缘较适宜。

2011-036. **普通仓储用地布局应考虑的因素不包括(　　)。**

A. 坡度有利于排水　　B. 地下水位低

C. 远离主要城市居住区　　D. 便捷的交通运输条件

【答案】C

【解析】① 满足仓储用地的一般技术要求，地势较高，地形平坦，有一定坡度，利于排水；② 有利于交通运输；③ 有利于建设、有利于经营使用；④ 节约用地，有发展余地；⑤ 沿河、湖、海布置仓库时，必须留出岸线；⑥ 保护环境。

2010-038. **下列哪项不是仓储用地的布局应考虑的主要因素？(　　)**

A. 适宜的地形坡度口　　B. 较低的地下水位

C. 良好的社会服务设施　　D. 便捷的交通运输条件

【答案】C

【解析】仓储用地布置的六个一般原则：满足仓储用地的一般技术要求（地势较高，地形平坦，有一定的坡度，利于排水；地下水位不能太高，不应将仓库布置在潮湿的洼地上）；有利于交通运输；有利于建设、有利于经营使用；节约用地，但有一定发展余地；沿河、湖、海布置仓库时，必须留出岸线；注意城市环境保护。

2008-037. **下列关于仓库规划布局的表述中，不正确的是（　　）。**

A. 油库应靠近重要的交通枢纽布置以方便运输

B. 供应仓库可布置在使用仓库的地区内或附近地段

C. 建筑材料仓库常设于城郊对外交通运输线附近

D. 储备仓库应设在城市郊区或远郊，并有专用的独立地段

【答案】A

【解析】燃料及易燃材料仓库如石油、煤炭、天然气及其他易燃物品仓库，应满足防火要求，布置在郊区的独立地段。

七、城市用地布局与交通系统的关系

相关真题：2018-031、2013-039、2012-038、2012-039、2010-087

城市用地布局与交通系统的关系　　表 5-6-21

内容	要　点
城市道路系统与城市用地的协调发展关系	① 城市形成的初期，城市是小城镇，规模小，多数呈现为单中心集中式布局，城市道路大多为规整的方格网式，一般分为干路、支路和街巷三级。 ② 城市发展到中等规模，城市仍可能呈集中式布局，但会出现次级中心，城市形成较为紧凑的组团式布局，城市道路网在中心组团仍维持旧城的基本格局，在外围组团则形成了适应机动交通的三级道路网。 ③ 城市发展到大城市，逐渐形成相对分散的、多中心组团式布局。城市中心组团与外围组团间形成由现代城市交通所需的城市快速路连接，城市道路系统开始向混合式道路网转化。 ④ 特大城市呈现“组合型城市”的布局，城市道路进一步发展形成混合型网，因为有了加强区间联系的需求，快速路网组合为城市的疏通性交通干线路网，城区间利用公路或高速公路相联系。

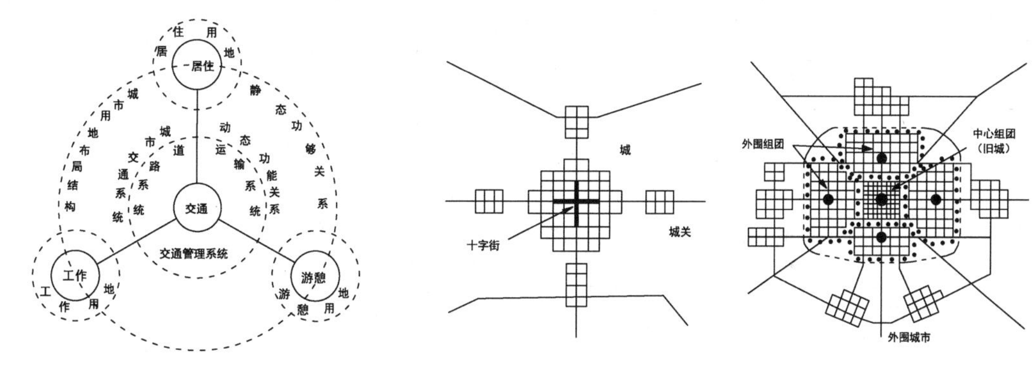

图 5-6-4　雅典宪章四大基本活动分析　　图 5-6-5　小城镇　　图 5-6-6　中等城市
（文国玮．城市交通与道路系统规划．新版．北京：清华大学出版社，2007：34，94.）

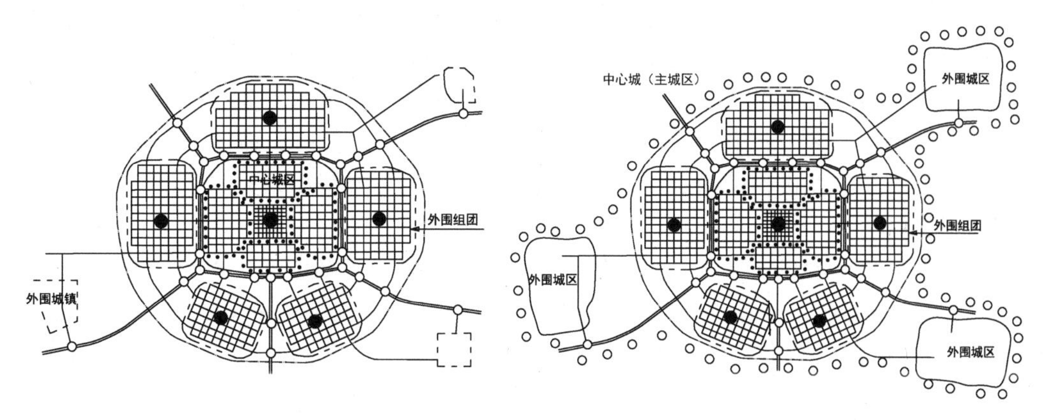

图 5-6-7　大城市　　图 5-6-8　特大城市
（文国玮．城市交通与道路系统规划．新版．北京：清华大学出版社，2007：34，94.）

城市用地布局形态与道路交通网络的配合关系　　表 5-6-22

内容	说　明
形式配合关系	① 集中型较适应规模较小的城市，其道路网形式多为方格网状。 ② 分散型城市，其道路网形式会因城市的分散模式而形成不同的网络形态。
功能配合关系	各级城市道路既是组织城市的“骨架”，又是城市交通的渠道。城市中各级道路的性质、功能与城市用地布局结构的关系表现为城市道路功能布局。

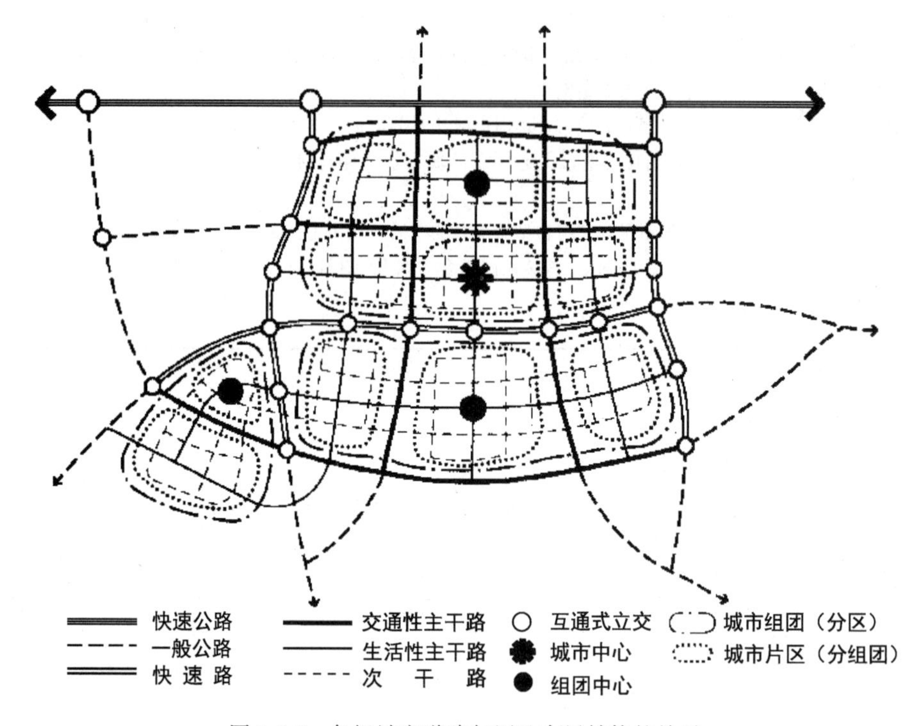

图 5-6-9　各级城市道路与用地布局结构的关系

（文国玮．城市交通与道路系统规划．新版．北京：清华大学出版社，2007：54.）

2018-031. 下列关于城市道路系统与城市用地协调发展关系的表述，错误的是(　　)。

A. 水网发达地区的城市可能出现河路融合、不规则的方格网形态路网

B. 位于交通要道的小城镇，可能出现外围放射路与城内路网衔接的形态

C. 大城市按照多中心组团式布局，必然出现出行距离过长、交通过于集中的通病

D. 不同类型的城市干路网是与不同的城市用地布局形式密切相关的

【答案】C

【解析】 城市发展到大城市，如果仍然按照单中心集中式的布局，必然出现出行距离过长、交通过于集中、交通拥挤阻塞，导致生产生活不便、城市效率低下等一系列的大城市通病。因此规划一定要引导城市逐渐形成相对分散的、多中心组团式布局，中心组团（可以以原中等城市为主体构成）相对紧凑、相对独立，若干外围组团相对分散的结构。从以上分析可知，C 选项的描述是单中心集中式布局的特点而不是多中心组团式布局的特点，故 C 选项符合题意。

2013-039. **下列关于城市道路与城市用地关系的表述，错误的是(　　)。**

A. 旧城用地布局较为紧凑，道路密而狭窄，适于非机动的交通模式

B. 城市发展轴可以结合传统的混合性主要道路安排

C. 不同类型城市的干路网与城市用地布局的形式密切相关、密切配合

D. 城市用地规模和用地布局的变化，不会根本性地改变城市道路系统的形式和结构

【答案】 D

【解析】 不同规模和不同类型的城市用地布局有不同的交通分布和通行要求，就会有不同的道路网络类型和模式，就会有不同的路网密度要求和交通组织方式。所以，不同的城市可能有不同的道路网络类型；同一城市的不同城区或地段，由于用地布局的不同，也会有不同的道路网类型。因此选项 D 表述不正确，此题选 D。

2012-038. **下列关于城市道路系统与城市用地关系的表述，错误的是(　　)。**

A. 城市由小城市发展到大城市、特大城市，城市的道路系统也会随之发生根本性的变化

B. 单中心集中式布局的小城市，城市道路宽度较窄、密度较高，较适用于步行和非机动化交通

C. 单中心集中式布局的大城市，一般不会出现出行距离过长、交通过于集中的现象，生产生活较为方便

D. 呈“组合型城市”布局的特大城市，城市道路一般会发展成混合型路网，会出现对城市交通性干路网、快速网的需求

【答案】 C

【解析】 城市发展到大城市，如果仍然按照单中心集中式的布局，必然出现出行距离过长、交通过于集中、交通拥挤阻塞，导致生产生活不便、城市效率低下等一系列的大城市通病。

2012-039. **下列关于城市用地市局形态与道路网络形式关系的表述，错误的是(　　)。**

A. 规模较大的组团式用地布局的城市中，不能简单地套用方格路网

B. 沿河谷呈带状组团式布局的城市，往往不需要布置联系各组团的交通性干路

C. 中心城市对周围的城镇具有辐射作用，其交通联系也呈中心放射形态

D. 公共交通干线的形态应与城市用地形态相协调

【答案】 B

【解析】 沿河谷、山谷或交通走廊呈带状组团布局的城市，往往需要布置联系各组团的交通性干路和有城市发展轴性质的道路，与各组团路网一起共同形成链式路网结构。

2010-087. **关于城市空间布局的表述，下列哪些项是错误的？(　　)**

A. 大型体育场馆应避开城市主干路，减少对交通的干扰

B. 分散布局的专业化公共中心有利于更均衡的公共服务

C. 沿公交干线应降低开发强度，避免人流的影响

D. 居住用地相对集中布置，有利于提供公共服务

E. 公园应布置在城市边缘，以提高城市土地收益

【答案】 ACDE

【解析】 此题用排除法即可选出正确答案。选项 B 表述正确。因而此题选 ACDE。

第七节　城市综合交通规划

一、城市综合交通规划的基本概念

相关真题：2018-034、2017-039、2008-039

城市综合交通规划基本概念　　表 5-7-1

内容	要　点
概念	城市综合交通包括了存在于城市中及与城市有关的各种交通形式。城市综合交通可分为城市对外交通和城市交通两大部分。 ① 从地域关系上分为：城市对外交通和城市交通两大部分。 ② 从形式上分为：地上交通、地下交通、路面交通、轨道交通、水上交通等。 ③ 从运输性质上分为：客运交通和货运交通两大类型。 ④ 从交通的位置上分为：道路上的交通和道路外的交通。
交通性质与交通方式进行分类	① 城市对外交通：泛指城市与其他城市间的交通，以及城市地域范围内的城区与周围城镇、乡村间的交通。主要交通形式有：航空、铁路、公路、水运等。 ② 城市交通：广义的“城市交通”是指城市（区）范围以内的交通，或称为城市各种用地之间人和物的流动。 ③ 城市公共交通：是与城市居民密切相关的一种交通，是使用公共交通工具的城市客运交通。 包括公共汽车、有轨电车、无轨电车、地铁、轻轨、轮渡、市内航运、出租汽车等（将来还可能出现空中公共运输）。 ④ 城市交通系统：以城市道路交通为主体的城市交通作为一个系统来研究，由城市运输系统（交通行为的运作）、城市道路系统（交通行为的通道）和城市交通管理系统（交通行为的控制）组成。

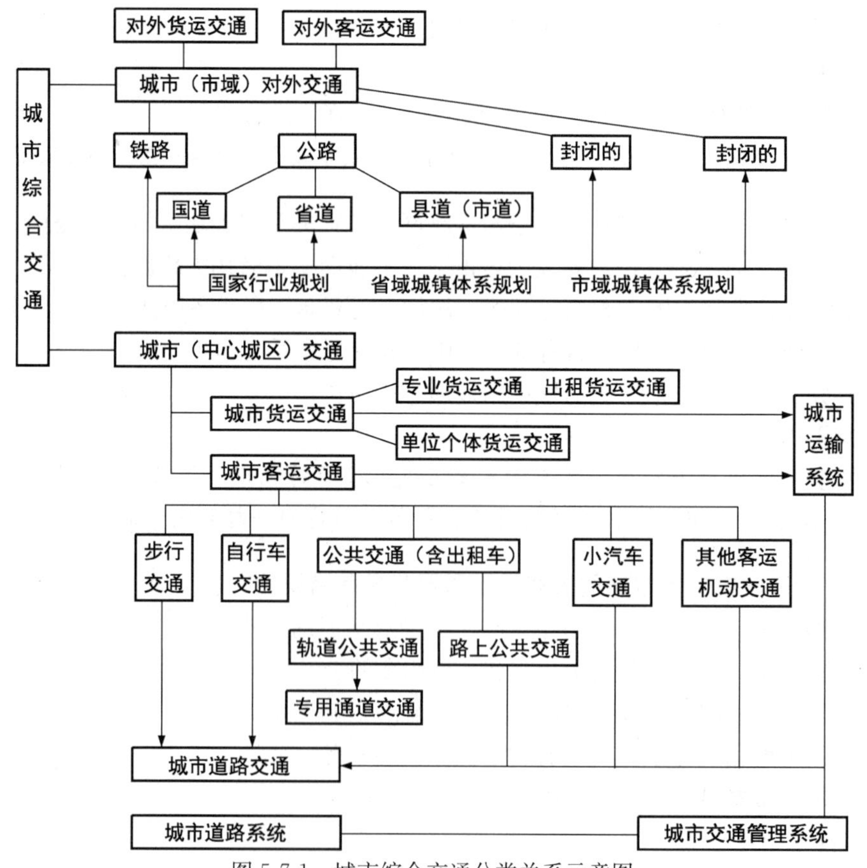

图 5-7-1　城市综合交通分类关系示意图

（文国玮．城市交通与道路系统规划．新版．北京：清华大学出版社，2007：2.）

2018-034. **下列关于城市综合交通发展战略研究内容的表述，错误的是(　　)。**

A. 确定城市综合交通体系总体发展方向和目标

B. 确定各交通子系统发展定位和发展目标

C. 确定航空港功能、等级规模和规划布局

D. 确定城市交通方式结构

【答案】C

【解析】确定航空港功能、等级规模和规划布局是城市对外交通规划的内容。

2017-039. **下列关于城市交通系统子系统构成的表述，正确的是(　　)。**

A. 城市道路、铁路、公路

B. 自行车、公共汽车、轨道交通

C. 城市道路、城市运输、交通枢纽

D. 城市运输、城市道路、城市交通管理

【答案】D

【解析】城市交通系统包括城市道路系统（交通行为的通道)、城市运输系统（交通行为的运作）和城市交通管理系统（交通行为的控制）三个组成部分。

2008-039. **关于城市综合交通内容的完整表述，正确的是(　　)。**

A. 城市中及与城市相关的各种交通形式

B. 市区及市区以外的道路网络

C. 城市道路交通、城市轨道交通、水上交通

D. 公路交通、铁路交通、航空交通、水上交通

【答案】A

【解析】所谓“城市综合交通”即涵盖了存在于城市中及与城市有关的各种交通形式。

二、城市综合交通规划的基本内容和要求

相关真题：2014-039、2014-038、2013-041、2012-041、2011-042、2011-041、2010-041

城市综合交通规划的内容　　**表 5-7-2**

内容	要　点
基本概念	城市综合交通包括了存在于城市中及与城市有关的各种交通形式。城市综合交通可分为城市对外交通和城市交通两大部分。 城市交通系统规划是与城市用地布局密切相关的一项重要的规划工作。鉴于城市交通的综合性，城市交通与城市对外交通的密切关系，通常把二者结合起来进行综合研究和综合规划。城市综合交通规划要从“区域”和“城市”两个层面进行研究，分别对市域的“城市对外交通”和中心城区的“城市交通”进行规划，并在两个层次的研究和规划中处理好对外交通和城市交通的衔接关系。
作用	① 建立与城市用地发展相匹配的、完善的城市交通系统，协调城市道路交通系统与城市用地布局、城市对外交通系统的关系，协调城市中各种交通方式之间的关系。 ② 分析城市交通问题的原因，提出综合解决策略。 ③ 使城市交通系统有效支撑城市的经济、社会发展和城市建设，并获得最佳效益。

续表

内容	要点
目标	① 提高城市的经济效率。 ② 确定城市合理的交通结构。 ③ 在充分保护有价值的地段（如历史遗迹）、解决居民搬迁和财政允许的前提下，尽快建成相对完善的城市交通设施。 ④ 提高交通可达性，拓展城市的发展空间，保证新开发的地区都能获得有效的公共交通服务。 ⑤ 在满足各种交通方式合理运行速度的前提下，把城市道路上的交通拥挤控制在一定的范围内。 ⑥ 实施有效的财政补贴、社会支持和科学的、多元化经营，尽可能使运输价格水平适应市民的承受能力。
内容	城市交通发展战略研究的工作内容： ① 现状分析：分析城市交通发展的过程、出行规律、特性和现状城市道路交通系统存在的问题； ② 城市发展分析：根据城市经济社会和空间的发展，分析城市交通发展的趋势和规律，预测城市交通总体发展水平； ③ 战略研究：确定城市综合交通发展目标，确定发展模式，制定发展战略和政策，预测城市交通发展、交通结构和各项指标，提出实施规划的重要技术经济政策和管理政策； ④ 规划研究：结合城市空间和用地布局基本框架，提出城市道路交通系统的基本结构和初步规划方案。 城市道路交通系统规划的工作内容： ① 规划方案：依据城市交通发展战略，结合城市土地使用的规划方案，具体提出城市对外交通、城市道路系统、城市客货运交通系统和城市道路交通设施的规划方案，确定相关各项技术要素的规划建设标准，落实城市重要交通设施用地的选址和用地规模； ② 交通校核：在规划方案基本形成后，采用交通规划方法对城市道路交通系统规划方案进行交通校核，提出反馈意见，并从土地使用和道路交通系统两方面进行修改，最后确定规划方案； ③ 实施要求：提出对道路交通建设的分期安排及相应的政策措施和管理要求。

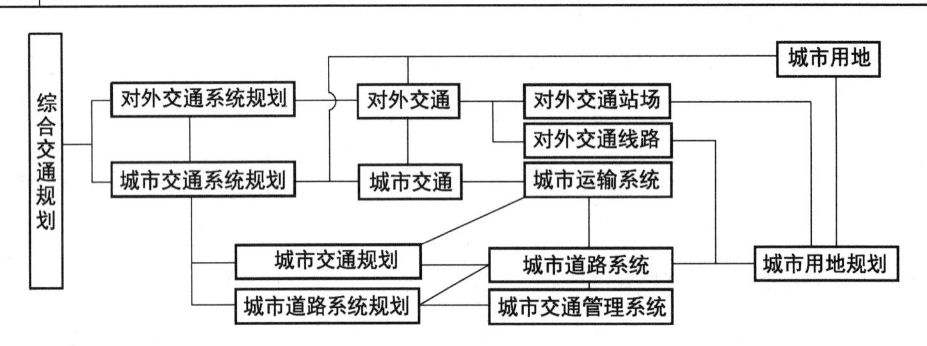

图 5-7-2　城市综合交通规划与城市用地规划的关系

（文国玮．城市交通与道路系统规划．新版．北京：清华大学出版社，2007：34.）

2014-039. 关于城市综合交通规划的表述，不准确的是(　　)。

A. 规划应紧密结合城市主要交通问题和发展需求进行编制

B. 规划应与城市空间结构和功能布局相协调

C. 城市综合交通体系构成应按照城市近期规模加以确定

D. 规划应科学配置交通资源

【答案】C

【解析】 由城市综合交通规划的内容可知，选项 C 表述不准确。此题选 C。

2014-038. (　　)不属于城市综合交通规划的目的。

A. 合理确定城市交通结构　　　　B. 有效控制交通拥挤程度

C. 有效提高城市交通的可达性　　　　D. 拓宽道路并提高通行能力

【答案】D

【解析】由城市综合交通规划的内容可知，选项D不属于其目的。此题选D。

2013-041. 下列关于城市综合交通规划的表述，错误的是(　　)。

A. 城市综合交通规划可以脱离土地使用规划单独进行编制

B. 城市综合交通规划内容包括城市对外交通和城市交通的衔接关系

C. 城市综合交通规划需要处理好对外交通与城市交通的衔接关系

D. 城市综合交通规划需要协调城市中各种交通方式之间的关系

【答案】A

【解析】城市交通系统规划是与城市用地布局密切相关的一项重要的规划工作。鉴于城市交通的综合性，城市交通与城市对外交通的密切关系，通常把二者结合起来进行综合研究和综合规划。

2012-041. 下列关于城市综合交通规划的表述，不准确的是(　　)。

A. 城市综合交通规划应从城市层面进行研究

B. 城市综合交通规划应把城市交通和城市对外交通结合起来综合研究

C. 城市综合交通规划应协调城市道路交通系统与城市用地布局的关系

D. 城市综合交通规划应确定合理的城市交通结构，促进城市交通系统的协调发展

【答案】A

【解析】城市综合交通涵盖了存在于城市中及与城市有关的各种交通形式，包括城市对外交通和城市交通两大部分。城市综合交通规划就是将城市对外交通和城市内的各类交通与城市的发展和用地布局结合起来进行系统性综合研究的规划，是城市总体规划中与城市土地使用规划密切相结合的一项重要的工作内容。为配合城市交通的整治和重要交通问题的解决而单独编制的城市综合交通规划，也应密切与用地布局规划相结合。城市综合交通规划要从“区域”和“城市”两个层面进行研究，并分别对市域的“城市对外交通”和中心城区的“城市交通”进行规划，并在两个层次的研究和规划中处理好对外交通和城市交通的衔接关系。

2011-042. 在城市综合交通规划中，不属于交通发展战略研究任务的是(　　)。

A. 优化选择交通发展模式

B. 确定交通发展与市域城镇布局、城市土地使用的关系

C. 提出城市用地功能组织和规划布局原则和要求

D. 提出交通发展政策和策略

【答案】B

【解析】战略研究：确定城市综合交通发展目标，确定城市交通发展模式，制定城市交通发展战略和城市交通政策；预测城市交通发展、交通结构和各项指标，提出实施规划的重要技术经济政策和管理政策。

2011-041. 关于城市综合交通规划的表述，不准确的是(　　)。

A. 交通发展需求预测应以现状用地布局为依据

B. 综合交通规划应体现城市综合交通体系发展的总体目标和相关要求

C. 交通网络布局、重大交通基础设施布局应进行多方案比较

D. 编制过程中，应采取多种方式征求相关部门和公众意见

【答案】A

【解析】交通发展需求预测应以规划用地布局为依据。

2010-041. 下列哪项不是城市综合交通规划的基本原则？（　　）

A. 应当以建设集约化城市和节约型社会为目标

B. 应当促进城市交通机动化的发展

C. 满足城市防灾减灾和应急交通建设需要

D. 应当与重大交通基础设施规划等相衔接

【答案】B

【解析】根据《城市综合交通体系规划编制办法》（建城〔2010〕13号），第六条，城市综合交通体系规划应当与区域规划、土地利用总体规划、重大交通基础设施规划等相衔接。第八条，编制城市综合交通体系规划，应当以建设集约化城市和节约型社会为目标，遵循资源节约、环境友好、社会公平、城乡协调发展的原则，贯彻优先发展城市公共交通战略，优化交通模式与土地使用的关系，保护自然与文化资源，考虑城市应急交通建设需要，处理好长远发展与近期建设的关系，保障各种交通运输方式协调发展。

三、城市交通调查与分析

相关真题：2018-033、2014-040、2013-042、2012-042、2011-040、2010-043、2008-040

城市交通调查与分析　　　表 5-7-3

内容	要　　点
城市交通调查的目的和要求	目的：通过对城市交通现状的调查与分析，摸清城市道路上的交通状况，城市交通的产生、分布、运行规律以及现状存在的主要问题。 要求：做到调查全面深入、资料丰富准确、分析透彻可信、实事求是、实效性强。 内容：城市交通调查包括城市交通基础资料调查、城市道路交通调查和交通出行OD调查等。
城市交通基础资料调查与分析	① 收集城市人口、就业、收入、消费、产值等社会、经济现状与发展资料； ② 收集城市公共交通客运总量，货运总量，对外交通客、货运总量等运输现状与发展资料； ③ 收集城市各类车辆保有量、出行率，交通枢纽及停车设施等资料； ④ 收集城市道路环境污染与治理资料； ⑤ 根据调查的资料，分析城市车辆、客货运量的增长特点和规律等。
城市道路交通调查与分析	城市道路交通调查包括对机动车、非机动车、行人的流量、流向和车速等的调查，通过调查，分析交通量在道路上的空间分布和时间分布，以及过境交通对城市道路网的影响，结合道路与用地的功能关系，进一步分析城市交通存在问题的原因。
交通出行OD调查与分析	目的：OD调查就是交通出行的起、终点调查，目的是为了得到现状城市交通的流动特性，是交通规划的基础工作。 交通区划分：为了对OD调查获得的资料进行科学分析，需要把调查区域分成若干交通区，每个交通区又可分为若干交通小区。划分交通区应符合下列条件： ① 交通区应与城市用地布局规划和人口等调查的区划相协调； ② 交通区的划分应便于把该区的交通分配到交通网上； ③ 应使每个交通区预期的土地使用动态和交通的增长大致相似；

续表

内容	要　点
	④ 交通区的大小也取决于调查的类型和调查区域的大小，交通区划得越小，精确度越高，但资料整理工作会越困难。
交通出行 OD 调查与分析	居民出行调查：居民出行 OD 调查的对象包括年满 6 岁以上的城市居民、暂住人口和流动人口。调查的内容包括：调查对象的社会经济属性（家庭地址、用地性质、家庭成员情况、经济收入等）和调查对象的出行特征（出行起终点、出行目的、出行次数、出行时间、出行路线、交通方式的选择等）。
	居民出行规律包括出行分布和出行特性。城市居民的出行特性有下列四项要素。 ① 出行目的：包括上下班出行（含上下学出行）、生活出行（购物、游憩、社交）和公务出行三大类。交通规划主要研究上下班出行，这是形成客运高峰的主要出行。 ② 出行方式：居民采用步行或使用交通工具的方式。 ③ 平均出行距离：即居民平均每次出行的距离。还可以用平均出行时间和最大出行时间来表示。 ④ 日平均出行次数：即每日人均出行次数，反映城市居民对生产、生活活动的要求程度。生产活动越频繁，生活水平越高，日平均出行次数就越多。
	货运出行调查：货运调查常采用抽样发调查表或深入单位访问的方法，通过分析可以研究货运出行生成的形态，取得货运交通生成指标，货运出行与土地使用特征（性质、面积、规模）、社会经济条件（产值、产量、货运总量、生产水平）之间的关系，得到全市不同货物运输量、货流及货运车辆的（道路）空间和时间的分布规律。
现状城市道路交通问题分析	现状城市道路交通问题及产生的原因主要有： ①“城市道路交通设施的建设不能满足交通增长的需求”； ②“南北不通，东西不畅”，表明了城市道路交通设施的不完善，城市道路交通网络存在系统缺陷； ③“交通混杂，交通效率低下”，是现状城市道路交通网络功能不分（交通性、生活性不分）、快慢不分，以及道路功能与道路两侧用地的性质不协调所造成的； ④“重要节点交通拥堵”，除现状城市道路交通系统上对衔接和缓冲关系处理不当外，规划对重要节点的细部安排存在缺陷。

2018-033. 下列关于城市交通调查与分析的表述，不正确的是(　　)。

A. 居民出行调查对象应包括暂住人口和流动人口

B. 居民出行调查常采用随机调查方法进行

C. 货运调查的对象是工业企业、仓库、货运交通枢纽

D. 货运调查常采用深入单位访问的方法进行

【答案】B

【解析】居民出行 OD 调查的对象包括年满 6 岁以上的城市居民、暂住人口和流动人口，一般都采用抽样家庭访问的方法进行调查，为了保证调查质量，建议采用专业调查人

员家庭访问法。故 A 选项正确，B 选项错误。

货运调查常采用抽样发调查表或深入单位访问的方法，调查各工业企业、仓库、批发部、货运交通枢纽，专业运输单位的土地使用特征、产销储运情况、货物种类、运输方式、运输能力、吞吐情况、货运车种、出行时间、路线、空驶率以及发展趋势等情况，C、D 选项正确。

2014-040. 下列属于居民出行调查对象的是(　　)。

A. 所有的暂住人口　　B. 6 岁以上流动人口

C. 所有的城市居民　　D. 学龄前儿童

【答案】B

【解析】居民出行调查的主要对象应为年满 6 岁以上的城市居民、暂住人口和流动人口。

2013-042. 下列关于城市综合交通调查的表述，错误的是(　　)。

A. 交通出行 OD 调查可以得到现状城市交通的流动特性

B. 居民出行调查可以得到居民出行生成与土地使用特征之间的关系

C. 城市道路交通调查包括对机动车、非机动车、行人的流量、流向的调查

D. 查核线的选取应避开对交通起障碍作用的天然地形或人工障碍

【答案】D

【解析】查核线的选取原则：尽可能利用天然或人工屏障，如铁路线、河流等；分割区域和城市土地利用布局有一定的协调性；具备基本观测条件，便于观测人员采集数据。

2012-042. 下列关于城市交通调查与分析的表述，错误的是(　　)。

A. 城市交通调查的目的是摸清城市道路交通状况，城市交通的产生、分布和运行规律等

B. 通过对城市道路交通调查，可以分析交通量在道路上的空间分布和时间分布

C. 居民出行调查对象是户籍人口和暂住人口

D. 居民出行调查一般采用抽样调查的方法进行

【答案】C

【解析】居民出行 OD 调查的对象包括年满 6 岁以上的城市居民、暂住人口和流动人口。

2011-040. 关于城市综合交通规划中交通调查的表述，不准确的是(　　)。

A. 居民出行调查通常采用抽样调查

B. 车辆出行调查通常采用抽样调查

C. 吸引点调查通常采用抽样调查

D. 交通小区是研究分析居民、车辆出行及分布的空间最小单元

【答案】C

【解析】吸引点调查采用城市道路交通调查，调查方法为对吸引点进行人流、车流的计数以及到达人员出行情况的问卷调查。

2010-043. **下列哪项不属于居民出行调查的对象？（　　）**

A. 65 岁以上的城市居民和郊区居民

B. 18～65 岁的城市居民和郊区居民

C. 18～65 岁的流动人口和暂住人口

D. 6 岁以下的城市居民和郊区居民

【答案】D

【解析】 居民出行 OD 调查的对象包括 6 岁以上的城市居民、暂住人口和流动人口。

2008-040. **城市道路交通调查的目的是（　　）。**

A. 了解和分析城市道路的交通总量

B. 了解各类车辆保有量，分析其发展趋势

C. 了解和分析交通量在城市道路上的分布，分析城市交通存在问题的原因

D. 了解和分析城市道路交通结构

【答案】C

【解析】 由城市交通调查与分析可知。选项 C 是其目的。此题选 C。

四、城市综合交通发展战略与交通预测

相关真题：2013-043、2010-042

城市综合交通发展战略的研究框架　　表 5-7-4

内容	要　点
市域交通发展战略研究框架	研究中要处理好市域城镇发展和城镇内道路交通系统的关系。
城市交通发展战略研究框架	中心城市的城市交通发展战略研究要以城市经济社会发展、城市用地发展和现状分析为基础，注意把宏观城市布局和交通关系与中观城市用地布局及交通关系分开研究。

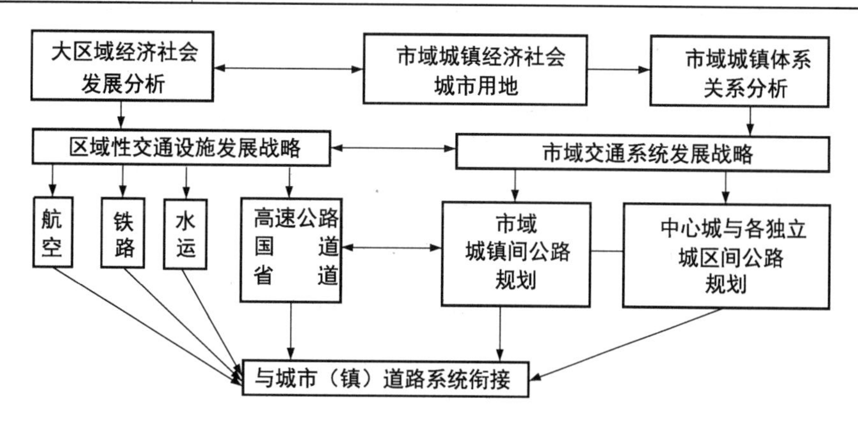

图 5-7-3　市域综合交通发展战略研究框架

（文国玮．城市交通与道路系统规划．新版．北京：清华大学生版社，2007：41.）

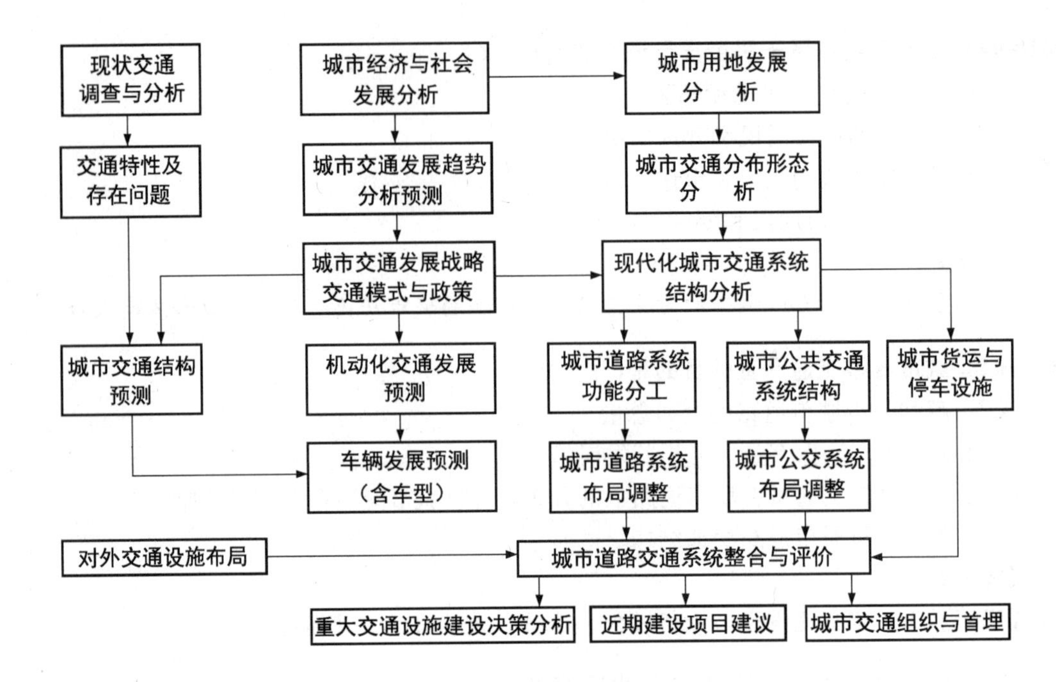

图 5-7-4　城市交通发展战略研究框架

（文国玮．城市交通与道路系统规划．新版．北京：清华大学生版社，2007：42.）

2013-043. 下列不属于城市交通发展战略研究内容的是(　　)。

A. 提出城市交通总体发展方向和目标

B. 提出城市交通发展政策和措施

C. 提出城市交通各子系统功能组织及布局原则

D. 提出城市交通资源分配利用原则和策略

【答案】C

【解析】 城市综合交通发展战略研究的基本内容包括：城市交通发展分析、城市交通发展战略分析、城市交通政策制定。

2010-042. 下列哪项不属于交通政策的范畴？(　　)

A. 优先发展公共交通　　B. 限制私人小汽车盲目膨胀

C. 开辟公共汽车专用道　　D. 建立渠化交通体系

【答案】B

【解析】 由城市综合交通发展战略研究的基本内容可知，选项 B 不属于其范畴。此题选 B。

相关真题：2008-041

城市综合交通发展战略研究的基本内容　　表 5-7-5

内容	要　点
城市交通发展分析	① 经济、社会与城市空间发展的趋势与规律分析。 ② 预估城市交通总体发展水平。弹性系数法；趋势外推法；千人拥有法。

续表

内容	要　点
城市交通发展战略分析	指导思想： ① 适应城市经济、社会和城市空间发展的需要，为其服务； ② 贯彻以人为本和可持续发展的思想，提倡节能、减排、经济、安全、可靠； ③ 不断完善城市交通系统，使其始终保持良好高效定性运作。
	发展模式： ① 以小汽车为主体的交通模式，如发达国家的分散型城市（洛杉矶）； ② 以轨道公交为主、小汽车和地面公交为辅的交通模式，如发达国家超级大城市（伦敦、纽约、东京、巴黎）； ③ 以小汽车为主、公交为辅的交通模式，如北美、欧洲多数城市； ④ 以公交为主、小汽车为主导（公交与小汽车并重）的交通模式，如香港、新加坡； ⑤ 以公交为主、小汽车为辅的交通模式，多为发展中国家。 一般对于中国特大城市，应该采用以轨道公交为主、小汽车和地面公交为辅的交通模式；大城市宜采用以公交为主、小汽车为主导的交通模式；其他中、小城市则应因地制宜采用不同的交通模式，如公共交通与自行车并重的交通模式等。
	发展目标：要形成一个优质、高效、整合的城市交通系统来适应不断增长的交通需求，提升城市的综合竞争力，促进城市经济、社会和城市建设的全面发展。
	发展策略： ① 制定适合城市交通发展的交通政策； ② 整合城市的交通设施； ③ 协调各类交通的运行，实现交通的综合科学管理； ④ 建立强有力的综合协调管理机构，全面协调城市土地使用规划管理、综合交通规划建设、交通运营与管理。
城市交通政策制定	城市交通政策的内容：城市交通政策，是由交通技术政策、经济政策和管理政策组成的多方面相关的政策体系。 ① 政策目标：说明该项政策所要解决的问题。 ② 政策背景：政策的确定所基于的某些特定背景的需要。 ③ 地域范围：政策所涵盖及施行的地区范围。 ④ 政策种类：政策依据的社会、经济及政治、文化环境，所需经费，所要达到的目标等。 ⑤ 政府执行机构：政策须列举各种规定事项的执行机构。
	三大城市交通政策： ① 城市交通方式引导政策：优先发展公共交通，合理使用私人小汽车和自行车等个体交通工具。 ② 城市交通地域差别化发展政策：如在城市核心地域依托公共交通的服务，限制小汽车的流量，在外围城区鼓励公共交通与小汽车的协调发展。 ③ 城市道路交通设施建设与城市交通协调发展政策：在加快城市道路、公交系统建设的同时，调控城市中的机动车流量和在城市中的分布。
	实施城市交通发展战略的相关政策： 为了有效实施城市交通发展战略，需要有相关的技术经济政策以保证城市交通发展目标的实现。为了发挥城市交通政策的引导、约束、协调功能，加强交通政策在调控城市交通发展中的作用，必须将大部分交通政策进一步向交通法规延伸，根据城市交通政策制定城市交通法规，以法律手段保证城市交通政策的实施。

2008-041. 下列关于城市交通政策的表述，正确的是(　　)。

A. 城市交通政策是交通执法的依据

B. 城市交通政策是关于交通技术、交通经济和交通管理的政策

C. 城市交通政策是制定交通法规的唯一依据

D. 城市交通政策应随城市交通状况变化而随时修订

【答案】B

【解析】城市交通政策，是由交通技术政策、经济政策和管理政策组成的多方面相关的政策体系。

城市交通机构与车辆发展的预测　　表 5-7-6

内容	要　点
城市交通机动化发展分析	随着我国国民经济的迅速发展和人民生活水平的迅速提高，城市交通"机动化"（包括公共交通和私人小汽车）的发展越来越快，城市交通机动化已成为我国城市交通发展的必然趋势，在相当一段时期必然呈迅速上升的趋势。
城市交通结构预测	城市交通结构的预测要根据城市的规模、城市形态、布局结构与空间关系、经济社会发展和居民生活水平、居民出行习惯，分析城市交通出行演变趋势，以及城市居民不同出行要求对出行方式的需求关系，从科学引导的角度，实事求是地对城市交通结构的发展做出判断。
车辆发展预测	城市各类车辆发展的预测常按规范的指导性建议指标，结合城市交通结构政策和经济、社会发展的需求进行。

城市交通预测　　表 5-7-7

内容	要　点
城市交通预测的基本思路	城市交通预测是基于城市用地布局和道路交通系统初步方案的工作，预测必须充分考虑城市用地布局关系及由此决定的人在用地空间上的分布和流动关系。
城市交通流量预测	城市交通流量的预测常采用如下方法进行：首先应将城市区域结合自然地理状况，按城市布局结构关系划分交通大区和交通小区，选择交通高峰作为预测的模型时段，确定预测的交通方式，然后按照出行生成、出行分布、出行方式划分、交通分配四个阶段进行交通流量预测。 ①"出行生成"就是预测各交通小区的出行发生和吸引的次数； ②"出行分布"就是分析和计算各个交通小区间相互出行的次数； ③"出行方式划分"就是将个小区间的出行量分解为各种交通方式的数量（转换为交通流量）； ④"交通分配"就是将各种交通方式的交通流量分配到城市的各个路段上。

五、城市对外交通规划

相关真题：2012-044

城市对外交通规划的内容　　表 5-7-8

内容	要　点
概念	以城市为基点、与城市外部进行联系的各类交通的总称。
类型	铁路、公路、水运和航空。
特点	城市对外交通运输是城市形成与发展的重要条件，如汉口、广州、重庆、扬州等。 城市对外交通线路和设施的布局直接影响城市的发展方向、城市布局、城市主干路的走向、城市环境以及城市景观等。

续表

内容	要　点
城市对外交通规划	城市的外部交通联系也是国家和区域的交通联系，应与国家和区域经济、社会发展的行业规划相适应，城市对外交通规划一方面要充分利用国家和区域交通设施规划建设条件来加强市域城镇间的交通联系，发展市域城镇体系；另一方面，也要根据市域城镇经济、社会发展的需要，进一步补充和进行局部调整，完善城市对外交通规划。 城市对外交通线路和设施的布局直接影响城市的发展方向、城市布局、城市干路的走向、城市环境以及城市的景观。

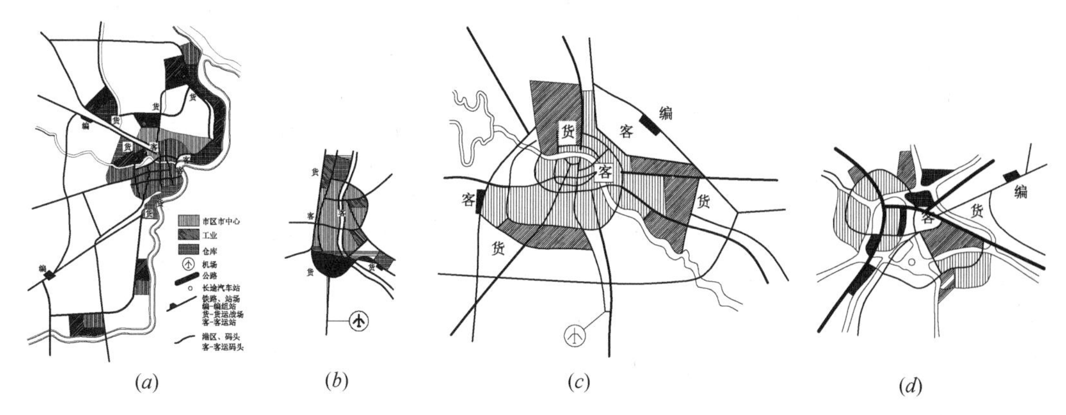

图 5-7-5　城市对外交通综合布局

（李德华．城市规划原理．3 版．北京：中国建筑工业出版社，2001.）

2012-044. 下列关于对外交通规划的表述，不准确的是(　　)。

A. 城市对外交通线路和设施的布局直接影响城市的发展方向、城市布局和城市干路的走向

B. 航空港的选址要满足保证飞机起降安全的自然和气象条件，要有良好的工程地质和水文条件

C. 铁路在城市的布局中，线路的走向起着主导作用，站场位置是根据线路走向的需要而确定的

D. 公路规划应结合城镇体系布局综合确定线路走向

【答案】C

【解析】城市对外交通线路和设施的布局直接影响城市的发展方向、城市布局、城市干路的走向、城市环境以及城市的景观，故 A 项正确。航空港的选址要满足保证飞机起降安全的自然地理和气象条件，要有良好的工程地质和水文条件，故 B 项正确。在城市铁路布局中，站场位置起着主导作用，线路的走向是根据站场与站场、站场与服务地区的联系需要而确定的，故 C 项不准确。公路是城市与其他城市及市域内乡镇联系的道路，规划时应结合城镇体系总体布局和区域规划合理地选定公路线路的走向及其站场的位置，故 D 项正确。

相关真题：2018-032、2017-044、2014-041、2013-044、2013-036、2012-036

铁路规划 **表 5-7-9**

内容	要　　点
分类、分级	铁路是城市主要的对外交通设施。城市范围内的铁路设施基本上可分为两类： ① 直接与城市生产、生活有密切关系的客、货运设施，如客运站、综合性货运站及货场等； ② 与城市生产、生活没有直接关系的铁路专用设施，如编组站、客车整备场、迂回线等。
铁路场站在城市中的布置	铁路设施应按照其对城市服务的性质和功能进行布置。 在城市铁路布局中，站场位置起着主导作用，线路的走向是根据站场与站场、站场与服务地区的联系需要而确定的。 ① 客运站：中、小城市客运站可以布置在城区边缘，大城市可能有多个客运站，应深入城市中心区边缘布置。客运站的布置方式有通过式、尽端式和混合式三种。中、小城市客运站常采用通过式的布局形式，可以提高客运站的通过能力；大城市、特大城市的客运站常采用尽端式或混式的布置，可减少干线铁路对城市的分割。 ② 编组站：是为货运列车服务的专业性车站，承担车辆解体、汇集、甩挂和改编的业务。编组站由到发场、出发场、编组场、驼峰、机务段和通过场组成，用地范围一般比较大，其布置要避免与城市的相互干扰，同时也要考虑职工的生活。 ③ 货运站：大城市、特大城市的货运站应按其性质分别设于其服务的地段。以到发为主的综合性货运站（特别是零担货物）一般应接近货源或结合货物流通中心布置；以某几种大宗货物为主的专业性货运站应接近其供应的工业区、仓库区等大宗货物集散点，一般应设在市区外围；不为本市服务的中转货物装卸站则应设在郊区，结合编组站或水陆联运码头设置；危险品（易爆、易燃、有毒）及有碍卫生（如牧畜货场）的货运站应设在市郊，要有一定的安全隔离地带。中小城市一般设置一个综合性货运站或货场，其位置既要满足货物运输的经济合理要求，也要尽量减少对城市的干扰。

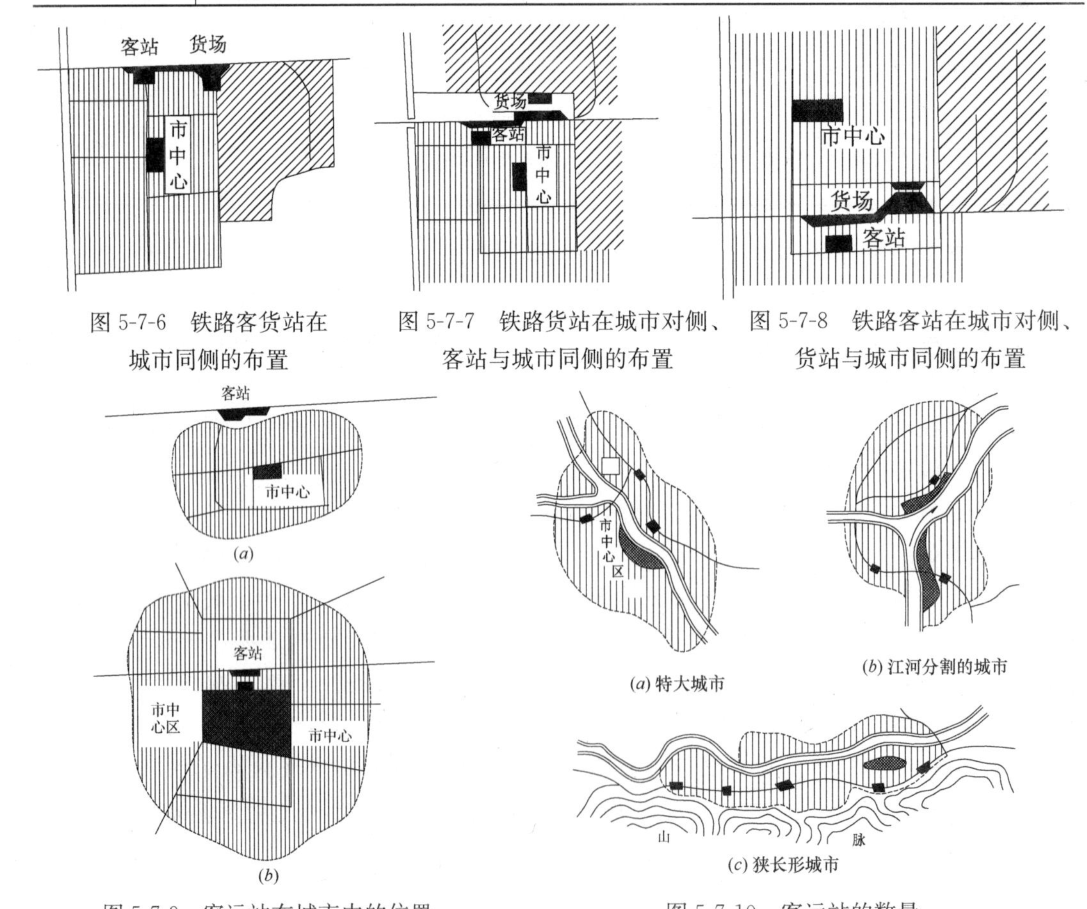

图 5-7-6　铁路客货站在城市同侧的布置

图 5-7-7　铁路货站在城市对侧、客站与城市同侧的布置

图 5-7-8　铁路客站在城市对侧、货站与城市同侧的布置

图 5-7-9　客运站在城市中的位置

图 5-7-10　客运站的数量

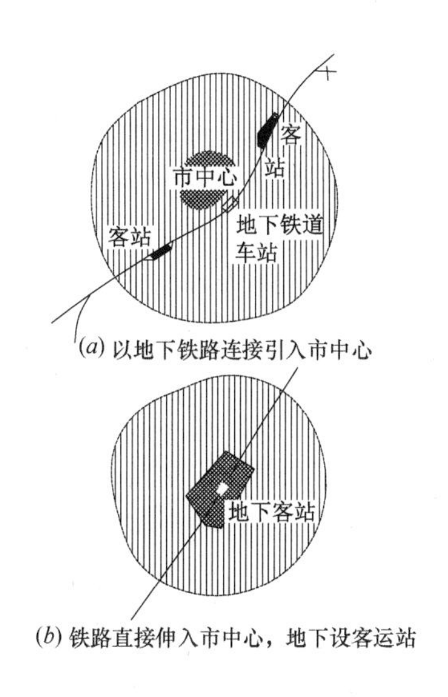

新
客 站
客站
(a) 通过式
跨线式客站
市区
市中心区
(b) 跨线式

图 5-7-11　客运站与城市中心联系

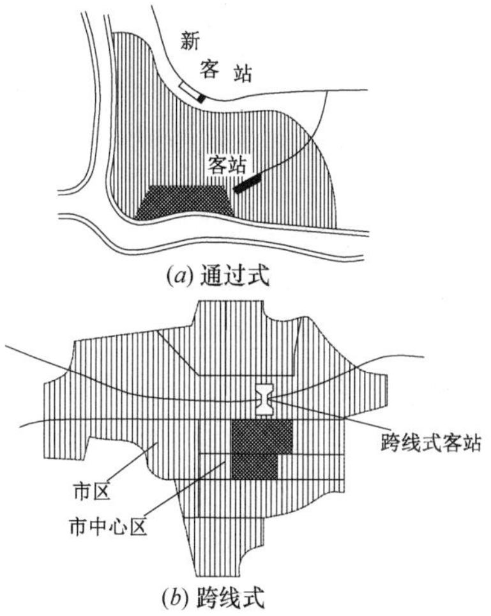

图 5-7-12　客运站布置示意图

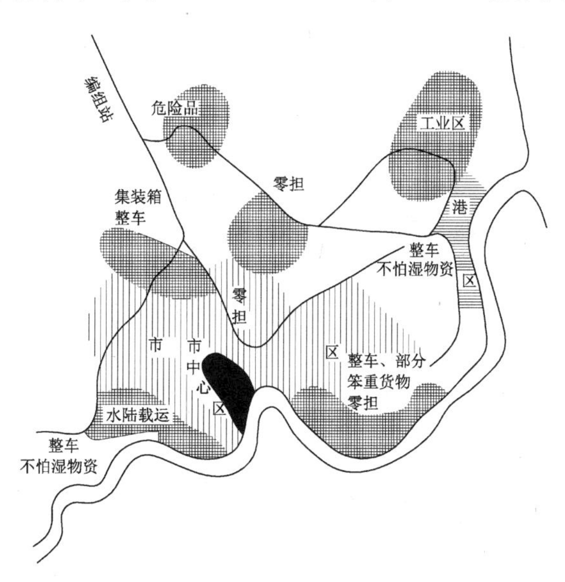

图 5-7-13　货站在城市的位置

（李德华．城市规划原理．3 版．北京：中国建筑工业出版社，2001.）

2018-032. 下列铁路客运站在城市中的布置方式，错误的是(　　)。

A. 通过式　　B. 尽端式　　C. 混合式　　D. 集中式

【答案】D

【解析】铁路客运站在城市的布置方式有：通过式、尽端式和混合式，没有集中式，所以 D 选项符合题意。

2017-044. 下列关于大城市铁路客运站选址的表述，正确的是(　　)。

A. 城市中心　　B. 城市中心区边缘

C. 市区边缘　　D. 市区高速公路入口处

【答案】B

【解析】铁路客运站应该靠近城市中心区布置，如果布置在城市外缘，即使有城市干路与城市中心相连，也容易造成城市结构过于松散，居民出行不便。

2014-041. 关于铁路客运站规划原则与要求的表述，不准确的是(　　)。

A. 应当和城市公共交通系统紧密结合

B. 特大城市可设置多个铁路客运站

C. 特大城市的铁路客运站应当深入城市中心区边缘

D. 中、小城市的铁路客运站应当深入城市中心区

【答案】D

【解析】客运站的位置既要方便旅客，又要提高铁路运输效能，并应与城市的布局有机结合。客运站的服务对象是旅客，为方便旅客，位置要适当。中小城市客运站可以布置在城区边缘，大城市可能有多个客运站，应深入城市中心区边缘布置。由于城市的发展，原有铁路客站和铁路线路被包围在城市中心区内，与城市交通矛盾加大，也影响了城市的现代化发展。规划中要结合铁路枢纽的发展与改造，研究客站设施和线路逐渐进行调整的必要性和调整的方案。

2013-044. 下列关于城市对外交通规划的表述，错误的是(　　)。

A. 在城市铁路布局中，线路走向起主导作用

B. 铁路客运站是对外交通与城市交通的衔接点之一

C. 大城市、特大城市通常设置多个公路长途客运站

D. 大城市、特大城市公路长途客运站通常设在城市中心区边缘

【答案】A

【解析】在城市铁路布局中，站场位置起着主导作用，线路的走向是根据站场与站场、站场与服务地区的联系需要而确定的。

2013-036、2012-036. 某城市规划人口35万，其新规划的铁路客运站应布置在(　　)。

A. 城市中心区　　B. 城区边缘

C. 远离中心城区　　D. 中心城区边缘

【答案】B

【解析】中、小城市客运站可以布置在城区边缘，大城市可能有多个客运站，应深入城市中心区边缘布置。

相关真题：2014-045、2011-044、2008-091

公路规划　　**表 5-7-10**

内容	要　点
概念	公路是城市与其他城市及市域内乡镇联系的道路，规划时应结合城镇体系总体布局和区域规划合理地选定公路线路的走向及其站场的位置。公路的站场用地属于城市建设用地之交通枢纽用地（S3），其线路与附属设施用地属于城乡用地之公路用地（H22）。

续表

内容	要　　点
分类、分级	① 公路分类：根据公路的性质和作用，及其在国家公路网中的位置对公路的分类，分为国道（国家级干线公路）、省道（省级干线公路）、县道（县级干线公路，联系各乡镇）和乡道。设市城市可设置市道，作为市区联系市属各县城的公路。 ② 公路分级：按公路的使用任务、功能和适应的交通量对公路的分级，可分为高速公路，一级、二级、三级、四级公路。高速公路为封闭的汽车专用路，是国家级和省级的干线公路；一、二级公路常用作联系高速公路和中等以上城市的干线公路；三级公路常用作联系县和城镇的集散公路；四级公路常用作沟通乡、村的地方公路。 大城市、特大城市可布置高速公路环线联系各条高速公路，并与城市快速路网相衔接。对于中、小城市，考虑城市未来的发展，高速公路应远离城市中心，采用互通式立体交叉以专用的入城道路（或一般等级公路）与城市联系。高速公路应与城市快速路相连，一般等级公路应与城市常速交通性干路相连。
公路在市域内的布置	① 有利于城市与市域内各乡、镇之间的联系，适应城镇体系发展的规划要求。 ② 干线公路要与城市道路网有合理的联系。过境公路应绕城（切线或环线）而过。 ③ 要逐步改变公路直接穿过小城镇的状况，并注意防止新的沿公路进行建设的现象发生。
公路汽车场站的布置	公路汽车站又称为长途汽车站，按其性质可分为客运站、货运站、技术站和混合站。按车站所处的地位又可分为起点站、终点站、中间站和区段站。应依据城市总体规划功能布局和城市道路交通系统规划，合理布置长途汽车站场的位置，既要方便使用，又不影响城市的生产和生活，并与铁路车站、水运码头有较好的联系，便于组织联运。 ① 客运站：大城市、特大城市和作为地区公路交通枢纽的城市，公路客货流量和交通量都很大，常为多个方向的长途客运设置多个客运站，并与货运站和技术站分开设置。设在城市中心区边缘，用城市交通性干路与公路相连。公路长途客运站应纳入城市客运交通枢纽规划，与城市公共交通换乘枢纽合站设置。中、小城市因规模不大，车辆数不多，可以布置在城区边缘，为便于管理和精减人员，一般可设一个长途客运站，或将客运站与货运站合并，也可与技术站组织在一起。铁路客运量和长途汽车客运量都不大时，将长途汽车站与铁路客运站、城市公交站结合布置。 ② 货运站、技术站：货运站场的位置选择与货主的位置和货物的性质有关。供应城市日常生活用品的货运站应布置在城市中心区边缘；以工业产品、原料和中转货物为主的货运站应布置在工业区、仓库区或货物较为集中的地区，亦可设在铁路货运站、货运码头附近。技术站主要担负清洗、检修（保养）汽车的工作，要求的用地面积较大，且对居民有一定的干扰。技术站一般设在市区外围靠近公路线附近，与客、货站都能有方便的联系，要注意避免对居住区的干扰。 ③ 公路过境车辆服务站：为了减少进入市区的过境交通量，可在对外公路交汇的地点或城市入口处设置公路过境车辆服务设施，可避免不必要的车辆和人流进入市区。这些设施也可与城市边缘的小城镇结合设置，亦有利于小城镇的发展。

2014-045. 关于公路规划的表述，错误的是(　　)。

A. 国道等主要过境公路应以切线或环线绕城而过

B. 经过小城镇的公路，应当尽量直接穿过小城镇

C. 大城市、特大城市可布置多个公路客运站

D. 中小城市可布置一个公路客运站

【答案】B

【解析】公路在市域内的布置规划中要注意的问题有：①要有利于城市与市域内各乡、镇之间的联系，适应城镇体系发展的规划要求；②干线公路要与城市道路网有合理的联系；③要逐步改变公路直接穿过小城镇的状况，并注意防止新的沿公路进行建设的现象发生。

2011-044. **关于公路客运站的布局原则，错误的是(　　)。**

A. 公路客运站一般布置在城市中心区边缘附近

B. 公路客运站的布置一般应远离铁路客运站

C. 公路客运站布置一般应与城市公共交通换乘枢纽相结合

D. 公路客运站应尽量与对外公路干线有便捷的联系

【答案】B

【解析】公路客运站一般布置在城市中心区边缘附近或靠近铁路客站、水运客站附近，并与城市公共交通枢纽及城市对外公路干线有方便的联系。

2008-091. **下列关于高速公路与城市关系的表述中，正确的是(　　)。**

A. 高速公路可与大城市主次干路相连

B. 高速公路可与小城市干路相连

C. 高速公路可与小城市对外公路相连

D. 高速公路可与城市快速路相连

E. 高速公路不应引入大城市

【答案】BCD

【解析】由公路规划可知，选项A、E表述不正确。此题选BCD。

相关真题：2014-029、2011-031

港口规划　　　　**表5-7-11**

内容	说　　明
分类	港口是水陆联运的枢纽，城市港口可分为客运港和货运港。 客运港：是城市对外客运交通设施。 货运港：是对外货运交通设施，海港与河港的陆域部分，包括码头作业区、辅助生产区等 。 混合港：小规模港口可合并设置。港口分为水域和陆域两大部分。 水域：供船舶航行、运转、锚泊和其他水上作业使用。 陆域：供旅客上下、货物装卸、存储的作业活动，要求有一定的岸线长度、纵深和高程。
港口选址与规划原则	① 港口选址应与城市总体规划布局相互协调：港口位置的选择既要满足港口技术上的要求，也要符合城市发展的整体利益。在城市总体规划中要合理协调港口与居住区、工业区等城市用地的相互关系，妥善处理相互影响和发展的矛盾，以有利于城市和港口的发展。 ② 港口建设应与区域交通综合考虑：在港口建设中，港口疏运系统的布置十分重要，应综合考虑港口内部疏运系统（港内铁路和港区道路）与港口外部疏运系统（区域性铁路、公路和城市道路）的有机联系和合理衔接。 ③ 港口建设与工业布置要紧密结合：货运量大而污染易于治理的工厂尽可能沿河、海有建港条件的岸线布置。特别是深水港的建设可以推动港口工业区的发展，港口与工业相结合的临港工业区的发展已成为港口城市工业发展的重要形式。 ④ 合理进行岸线分配与作业区布置：岸线分配应遵循“深水深用，浅水浅用，避免干扰，各得其所”的原则。

续表

内容	说　明
港口选址与规划原则	⑤ 加强水陆联运的组织。港口是水陆联运的枢纽，规划中要妥善安排水陆联运和水水联运，提高港口的疏运能力。在改造老港和建设新港时，要考虑与铁路、公路、管道和内河水运的密切配合，特别重视对运量大、成本低的内河运输的充分利用。因此，做好内河航道水系规划，加强铁路、公路的联运，提高港口的通过能力，并配置适当数量的仓库、堆场，以增加港口（包括城市）的货物储存能力。
客运港与旅游码头在城市中的布置	客运港是专门停泊客轮和转运快件货物的港口，又称客运码头。
	分级：按港口所在城市的地位、客运量的大小和航线特征分为三个等级，客运量不大的港口可以设置客货联合码头。
	位置： ① 客运港应选在与城市生活性用地相近、交通联系方便的位置，综合考虑港口作业、站房设施、站前广场、站前配套服务设施等的布置，以及与城市干路相衔接。 ② 需设置旅游码头的旅游城市，应根据旅游路线的组织、旅游道路的布置选定旅游码头的位置，要注意避免与高峰小时拥挤的地段和道路接近；旅游码头附近还应考虑配套服务设施的布置，客运港和旅游码头都应配套建设停车设施。

2014-029、2011-031. 关于城市用地布局的表述，不准确的是(　　)。

A. 仓储用地宜布置在地势较高、地形有一定坡度的地区

B. 港口的杂货作业区一般应设在离城市较远、具有深水的岸线段

C. 具有生产技术协作关系的企业应尽可能布置在同一工业区内

D. 不宜把有大量人流的公共服务设施布置在交通量大的交叉口附近

【答案】B

【解析】港口选址与规划应合理进行岸线分配与作业区布置。岸线分配应遵循“深水深用，浅水浅用，避免干扰，各得其所”的原则。水深 10m 的岸线可停万吨级船舶，应充分用作港口泊位；接近城市生活区的位置应留出一定长度的岸线为城市生活休憩使用。一个综合性城市的港口通常按客运、煤、粮、木材、石油、件杂货、集装箱以及水陆联运等作业要求布置成若干个作业区，故 B 项表述不准确。

相关真题：2018-035、2017-038、2010-044

航空港　　　表 5-7-12

内容	要　点
分类	① 民用航空港（机场）按其航线性质可分为国际航线机场和国内航线机场。 ② 民用机场又可按航线布局分为枢纽机场、干线机场和支线机场。
航空港布局规划	要从区域的角度考虑航空港的共用及其服务范围。在城市分布比较密集的区域，应在各城市使用都方便的位置设置若干城市共用的航空港，高速公路的发展有利于多座城市共用一个航空港。随着航空事业的进一步发展，一个特大城市周围可能布置有若干个机场，机场应适度集中，力戒分散建设，除非有特殊理由（如著名旅游胜地）。 航空港的选址要满足保证飞机起降安全的自然地理和气象条件，要有良好的工程地质和水文条件。

续表

内容	要　　点
航空港与城市的交通联系	① 城市规划要注意妥善处理航空港与城市的距离及交通联系问题。 ② 从机场自身及对城市的干扰、人防、安全等方面考虑，航空港与城区的距离远些为好；但从航空港为城市服务、更大地发挥高速的航空交通优越性来说，则要求航空港接近城区。 ③ 现代航空技术的发展，要达到机场选址的要求，国际航空港与城区的距离一般都应超过 10km。我国城市城区与航空港的距离一般为 20～30km，必须努力争取在满足机场选址要求的前提下，尽量缩短航空港与城区距离。 ④ 航空港与城市的地面交通联系的速度和效率已成为提高现代空运速度的主要问题。为了充分发挥航空运输的快速特点，加强城市与航空港之间的联系，有必要建设航空港与城市之间便捷的、高速的、通畅的道路交通系统。 ⑤ 常采用专用高速公路的方式，使航空港与城市间的时间距离保持在 30 分钟以内。有条件时亦可采用高速列车（包括悬挂单轨车）、专用铁路、地铁和直升飞机等方式实现航空港与城市的快捷联系。

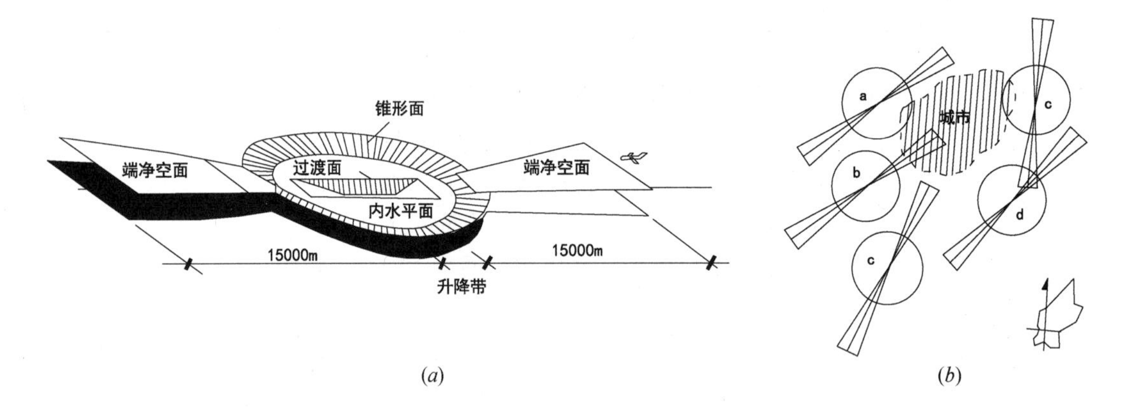

图 5-7-14　机场的净空障碍物限制要求

（全国城市规划执业制度管理委员会．城市规划原理．北京：中国计划出版社，2002：97.）

2018-035. 下列关于城市机场选址的表述，正确的是(　　)。

A. 跑道轴线方向尽可能避免穿过市区，且与城市主导风向垂直

B. 跑道轴线方向最好与城市侧面相切，且与城市主导风向垂直

C. 跑道轴线方向最好与城市侧面相切，且与城市主导风向一致

D. 跑道轴线方向尽可能穿过市区，且与城市主导风向一致

【答案】C

【解析】航空港的选址应尽可能使跑道轴线方向避免穿过市区，最好位于与城市侧面相切的位置，机场跑道中心与城区边缘的最小距离以 5～7km 为宜；为方便飞机的起飞，跑道应与城市主导风向一致。C 选项符合题意。

2017-038. 下列关于民用机场选址原则的表述，错误的是(　　)。

A. 一个特大城市可以布置多个机场

B. 高速公路的发展有利于多座城市共用一个机场

C. 机场与城区的距离应尽可能远

D. 机场跑道轴线方向尽量避免穿越城市区

【答案】C

【解析】航空港布局规划：①在城市分布比较密集的区域，应在各城市使用都方便的位置设置若干城市共用的航空港，高速公路的发展有利于多座城市共用一个航空港。②随着航空事业的进一步发展，一个特大城市周围可能布置若干个机场。③从净空限制的角度分析，航空港的选址应尽可能使跑道轴线方向避免穿越市区。城市规划要注意妥善处理航空港与城市的距离。必须努力争取在满足机场选址要求的前提下，尽量缩短航空港与城区距离。

2010-044. 在民用机场的选址中，下列哪项原则是错误的？（　　）

A. 在城市分布较密集的区域，应考虑设置各城市共用的机场

B. 在满足机场自身选址要求的前提下，应尽量缩短城市与机场的距离

C. 城市和机场之间应设置轨道交通

D. 机场跑道轴线方向尽量避免穿越城市区

【答案】C

【解析】航空港布局规划：①从区域的角度考虑航空港的共用及其服务范围，在城市分布较密集的区域，应在各城市都方便的位置设置若干城市共用的航空港，高速公路的发展有利于多座城市共用一个航空港。②航空港与城市的交通联系，争取在满足机场选址要求的前提下，尽量缩短航空港与城区距离，常采用高速公路的方式，使航空港与城市间的时间距离保持在30分钟以内。③有条件可采用高速列车、专用铁路、地铁、直升机等方式实现航空港与城市的快捷联系。④从净空限制的角度分析，航空港的选择应尽可能使跑道轴线方向避免穿过市区。

六、城市道路系统规划

相关真题：2017-043、2017-041、2013-033、2011-039、2010-046、2008-093

影响城市道路系统布局的因素和基本要求　　表 5-7-13

内容	要　点
影响城市道路系统布局的因素	① 城市在区域中的位置（城市外部交通联系和自然地理条件）； ② 城市用地布局结构与形态（城市骨架关系）； ③ 城市交通运输系统（市内交通联系）。
城市道路系统规划的基本要求	满足城市各部分用地布局形态的要求： ① 城市各级道路应成为划分城市各组团、各片区地段、各类城市用地的分界线； ② 城市各级道路应成为联系城市各组团、各片区地段、各类城市用地的通道； ③ 城市道路的选线应有利于组织城市的景观。 满足城市交通运输的要求： ① 道路的功能必须同毗邻道路的用地的性质相协调； ② 城市道路系统完整，交通均衡分布； ③ 要有适当的道路网密度和道路用地面积率；

续表

内容	要　　点
城市道路系规划的基本要求	④ 城市道路系统要有利于实现交通分流； ⑤ 城市道路系统要为交通组织和管理创造良好的条件； ⑥ 城市道路系统应与城市对外交通有方便的联系。
	满足各种工程管线布置的要求： 城市公共事业和市政工程管线、煤气管道及地上架空线杆等一般都沿道路敷设。
	满足城市环境的要求： ① 城市道路的布局应尽可能使建筑用地取得良好的朝向，道路的走向最好由东向北偏转一定的角度（一般不大于15°）。从交通安全角度，道路最好能避免正东西方向，因为日光耀眼易导致交通事故。 ② 城市道路又是城市的通风道，道路的走向要有利于通风，一般应平行于夏季主导风向，同时也要考虑抗御冬季寒风和台风等灾害性风的正面袭击。 ③ 为了减少车辆噪声的影响，应避免过境交通直穿市区，避免交通性道路穿越生活居住区。 ④ 旧城道路网的规划，应充分考虑旧城历史、地方特色和原有道路网形成发展的过程，切勿随意改变道路走向和空间环境，对有历史文化价值的街道与名胜古迹要加以保护。

2017-043. 下列关于城市道路系统规划基本要求的表述，不准确的是(　　)。

A. 城市道路应成为划分城市各组团的分界线

B. 城市道路的功能应当与毗邻道路的用地性质相协调

C. 城市道路系统要有适当的道路网密度

D. 城市道路系统应当有利于实现交通分流

【答案】A

【解析】由城市道路系统规划基本要求可知。选项A表述不准确。此题选A。

2017-041. 下列不属于城市道路系统布局的主要影响因素的是(　　)。

A. 城市交通规划　　B. 城市在区域中的位置

C. 城市用地布局结构与形态　　D. 城市交通运输系统

【答案】A

【解析】影响城市道路系统布局的主要影响因素主要有三个：城市在区域中的位置（城市外部交通联系和自然地理条件）；城市用地布局结构与形态（城市骨架关系）；城市交通运输系统（市内交通联系）。

2013-033. 下列关于城市布局的表述中，错误的是(　　)。

A. 在静风频率高的地区不宜布置排放有害废气的工业

B. 铁路编组站应安排在城市郊区，并避免被大型货场、工厂区包围

C. 城市道路布局时，道路走向应尽量平行于夏季主导风向

D. 各类专业市场设施应统一集聚配置，以发挥联运效应

【答案】C

【解析】道路系统的走向可与冬季盛行风向成一定角度，以减轻寒风对城市的侵袭。

2011-039. **下列表述中，错误的是(　　)。**

A. 道路功能应与毗邻用地性质相协调

B. 道路系统应完整通畅

C. 各级道路要有相同密度和不同的面积率

D. 城市道路系统应与对外交通系统有方便的联系

【答案】C

【解析】各级道路的密度和面积率显然是不相同的。

2010-046. **下列关于道路系统规划基本要求的表述，哪项是不准确的？(　　)**

A. 城市道路应成为划分城市各组团的分界线

B. 城市道路的功能应当与毗邻道路的用地性质相协调

C. 城市道路系统要有适当的道路网密度

D. 城市道路系统应当有利于实现交通分流

【答案】B

【解析】由城市道路系统规划可知，选项 B 表述不准确，“应当”为“必须”。此题选 B。

2008-093. **下列哪些选项是城市道路系统的基本功能？(　　)**

A. 组织城市各种功能的骨架作用

B. 联系城市各种功能用地的通道作用

C. 安排城市工程管线的空间作用

D. 组织城市景观的轴线作用

E. 游行、迎宾、军事、避难等作用

【答案】ABC

【解析】城市道路系统是组织城市各种功能用地的“骨架”，又是城市进行生产和生活活动的“动脉”。①满足组织城市用地布局的“骨架”要求：各级道路成为划分城市各分区、组团、各类用地的分界线；是联系城市各分区、组团、各类用地的通道；有利于组织城市景观（交通功能道路宜直，生活性道路宜自然）。②满足交通运输的要求：道路功能必须同毗邻用地性质相协调；道路系统完整；适当的道路网密度和道路用地面积率；要有利于交通分流；为交通组织和管理创造条件；与对外交通衔接得当。③满足环境和管线布置的要求：道路最好能避免正东西方向；应有利于夏季通风、冬季抗御寒风；避免过境交通穿越市区、交通性道路穿越生活居住区；道路规划为工程管线的敷设留有足够的空间。

相关真题：2018-089、2017-042、2014-043、2013-040、2012-040

城市道路分类　　表 5-7-14

内容	要　点
分类	《城市道路设计规范》中有关规定的分类： ① 快速路：快速路是大城市、特大城市交通运输的主要动脉，也是城市与高速公路的联系通道。快速路在城市是联系城市各组团，为中、长距离快速机动车交通服务的专用道路，属于全市性的机动交通主干线。不少于 4 车道，设有绿化分隔带，采用立交控制，布置城市组团绿化带。 ② 主干路：主干路是全市性的城市干路，城市中主要的常速交通道路，主要为城市组团间和组团内的主要交通流量、流向上的中、长距离交通服务，也是与城市对外交通枢纽联系的主要通道，在城市

续表

内容	要　点
分类	道路网中起骨架作用。大城市、特大城市的主干路大多以交通功能为主，也有少量的主干路可以成为城市主要的生活性景观大道。交叉口间距以 700～1200m 为宜。 ③ 次干路：是城市各组团内的主要道路，主要为组团内的中、短距离交通服务，在交通上其集散交通的作用兼有生活性服务功能。次干路联系各主干路，并与主干路组成城市干路网。交叉口间距以 350～500m 为宜。 ④ 支路：是城市地段内根据用地细部安排产生的交通需求而划定的道路，在交通上起汇集作用，直接为用地服务，以生活服务性功能为主。支路在城市的局部地段可能成网，而在城市组团和整个城区中不可能成网。交叉口间距以 150～250m 为宜。
	按道路的功能分类： ① 交通性道路：是以满足交通运输的要求为主要功能的道路，承担城市主要的交通流量及与对外交通的联系。其特点为车速大、车辆多、车行道宽，道路线型要符合快速行驶的要求，道路两旁要求避免布置吸引大量人流的公共建筑。根据车流的性质，交通性道路又可分为：货运为主的交通干路，主要分布在城市外围和工业区、对外货运交通枢纽附近；客运为主的交通干路。 ② 生活性道路：以满足城市生活性交通要求为主要功能的道路。生活性道路又可分为生活性干道和生活性支路。

2018-089. 下列关于道路系统规划的表述，正确的有(　　)。

A. 城市道路的走向应有利于通风，一般平行于夏季主导风向

B. 城市道路路线转折角较大时，转折点宜放在交叉口上

C. 城市道路应为管线的铺设留有足够的空间

D. 公路兼有为过境和出入城交通功能时，应与城市内部道路功能混合布置

E. 城市干路系统应有利于组织交叉口交通

【答案】ACE

【解析】本题考查的是城市道路系统规划。选项 B 错误，道路路线转折角大时，转折点宜放在路段上，不宜在交叉口上；选项 D 错误，公路兼有为过境和出入城交通服务的两种作用，不能和城市内部的道路系统相混淆。

2017-042. 下列属于城市道路的功能分类的是(　　)。

A. 机动车路　　B. 混合型路

C. 自行车路　　D. 交通性路

【答案】D

【解析】城市道路功能分类：交通性道路、生活性道路。城市道路的规划分类：快速路、主干路、次干路、支路。

2014-043. 关于城市快速路的表述，正确的是(　　)。

A. 主要为城市组团间的长距离服务

B. 应当优先设置常规公交线路

C. 两侧可以设置大量商业设施

D. 尽可能穿过城市中心区

【答案】B

【解析】快速路是大城市、特大城市交通运输的主要动脉，也是城市与高速公路的联系通道。快速路在城市是联系城市各组团，为中、长距离快速机动车交通服务的专用道路，属于全市性的机动交通主干线。

2013-040. 下列关于城市道路性质的表述，错误的是(　　)。

A. 快速路为快速机动车专用路网，可连接高速公路

B. 交通性主干路为全市性路网，是疏通城市交通的主要通道

C. 次干路为全市性或组团内路网，与主干路一起构成城市的基本骨架

D. 支路为地段内根据用地安排而划定的道路，在局部地段可以成网

【答案】C

【解析】城市次干路网为城市组团内的路网（组团内成网），与主干路一起构成城市的基本骨架。故选项 C 符合题意。

2012-040. 下列关于大城市用地布局与城市道路网功能关系的表述，错误的是(　　)。

A. 快速路网主要为城市组团间的中、长距离交通服务，宜布置在城市组团间

B. 城市主干路网主要为城市组团内和组团间的中、长距离交通服务，是疏通城市及与快速路相连接的主要通道

C. 城市次干路网是城市组团内的路网，主要为组团内的中、短距离服务，与城市主干路网一起构成城市道路的基本骨架

D. 城市支路是城市地段内根据用地细部安排产生的交通需求而划定的道路，在城市组团内应形成完整的网络

【答案】D

【解析】由城市道路分类可知，支路在局部地段可能成网，而在城市组团和整个城区中不可能成网，选项 D 表述错误。此题选 D。

相关真题：2018-036、2017-090、2012-045、2011-090、2010-040、2008-092

城市道路的空间布置　　　　表 5-7-15

内容	要　点
城市干道网类型	① 方格网式道路系统。方格网式，又称棋盘式，是最常见的道路网类型。适用于地形平坦的城市。优点是形状整齐，有利于建筑的布置，由于平行方向有多条道路，交通分散，灵活性大。 缺点是对角线方向的交通联系不便，非直线系数大，交通穿越中心区。 ② 环形放射式道路系统。环形放射式道路系统起源于欧洲以广场组织城市的规划手法，最初是几何构图的产物。适用于大城市。这种道路系统的优点是放射形干路有利于市中心同外围市区和郊区的联系，环形干路又有利于中心城区外的市区及郊区的相互联系。缺点是容易把外围的交通迅速引入市中心地区，引起交通在市中心地区过分集中，同时会出现许多不规则的街坊，交通灵活性不如方格网道路系统；环形干路又容易引起城市沿环路发展，促使城市呈同心圆式不断向外扩张。 ③ 自由式道路系统。能够适应地形起伏变化，较易形成活泼、丰富的景观效果。优点是因地制宜，不规则布局，变化很多，非直线系数较大。 ④ 混合式道路系统。“方格网＋环形放射式”的道路系统是大城市、特大城市发展后期形成的效果较好的一种道路网形式，如北京。 ⑤ 链式道路网：是由一、两条主要交通干路作为纽带（链），如同脊骨一样联系着各类较小范围的道路网而形成的。常见于组合型城市或带状发展的组团式城市，如兰州。

续表

内容	要　点
城市道路的分工	城市道路网可以分为快速道路网和常速道路网两大道路网。 对于大城市和特大城市，城市快速路网可以适应现代化城市交通对快速、畅通和交通分流的要求，不但能起到疏解城市交通的作用，而且可以成为高速公路与城市道路间的中介系统。城市常速路网包括一般机、非混行的道路网和步行、自行车专用系统。 城市道路网又可以大致分为交通性道路网和生活服务性道路网两个相对独立又有机联系（也可能部分重合为混合性道路）的网络。 ① 交通性道路网要求快速、畅通，避免行人频繁过街的干扰。 ② 生活服务性道路网要求的行车速度相对低一些，要求不受交通性车辆的干扰，同居民要有方便的联系，同时又要求有一定的景观要求。
城市各级道路的衔接	① 城市道路衔接原则：低速让高速；次要让主要；生活性让交通性；适当分离。 ② 城镇间道路与城市道路网的衔接关系。城镇间道路把城市对外联络的交通引出城市，又把大量入城交通引入城市。所以城镇间道路与城市道路网的连接应有利于把城市对外交通迅速引出城市，避免入城交通对城市道路，特别是城市中心地区道路上交通的过多冲击，还要有利于过境交通方便地绕过城市，而不应该把过境的穿越性交通引入城市和城市中心地区。 ③ 城市各级各类道路的衔接关系。城市各级各类道路的技术标准是适应各种交通网的交通秩序，实现不同性质、不同功能要求、不同通行规律的交通流在时空上的分流，使城市各级各类道路上的交通能够实现有序的流动，各种交通间的转换能够正常进行，同时保证与城市用地布局形成合理的配合关系。

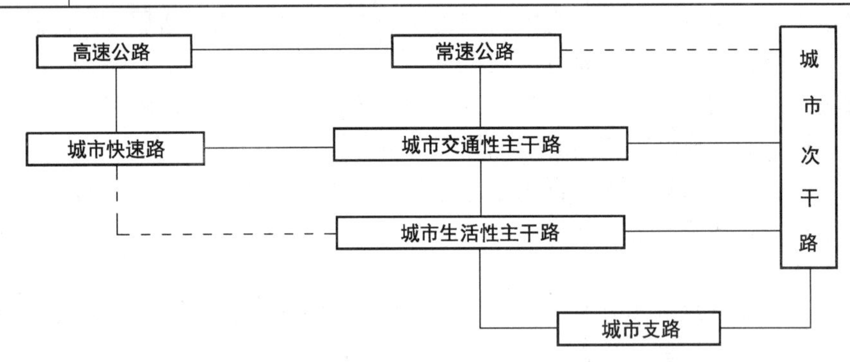

图 5-7-15　城市道路与公路的衔接关系

（文国玮．城市交通与道路系统规划．新版．北京：清华大学出版社，2007：104.）

2018-036. 下列关于城市道路系统的表述，错误的是(　　)。

A. 方格网式道路系统适用于地形平坦城市

B. 方格网式道路系统非直线系数小

C. 自由式道路系统适用于地形起伏变化较大的城市

D. 放射形干路容易把外围交通迅速引入市中

【答案】B

【解析】 方格网式道路系统非直线系数大，B选项符合题意。

2017-090、2011-090. 下列(　　)是城市道路与公路衔接的原则。

A. 有利于把城市对外交通迅速引出城市

B. 有利于把入城交通方便地引入城市中心

C. 有利于过境交通方便地绕过城市

D. 规划环城公路成为公路与城市道路的衔接路

E. 不同等级的公路与相应等级的城市道路衔接

【答案】AC

【解析】城镇间道路把城市对外联络的交通引出城市，又把大量入城交通引入城市。所以城镇间道路与城市道路网的连接应有利于把城市对外交通迅速引出城市，避免入城交通对城市道路，特别是城市中心地区道路上的交通的过多冲击，还要有利于过境交通方便地绕过城市，而不应该把过境的穿越性交通引入城市和城市中心地区。

2012-045. 下列关于城市道路网络规划的表述，错误的是(　　)。

A. 方格网式道路系统适用于平坦的城市，不利于对角线方向的交通，非直线系数较小

B. 环形放射式道路系统有利于市中心与外国城市或郊区的联系，但容易把外围的交通迅速引入市中

C. 自由式道路系统通常是道路结合自然地形不规则状布置而形成，没有一定的格式，非直线系数较

D. 混合式道路系统一般是由同一个城市同时存在的不同类型的道路网组合而成

【答案】A

【解析】方格网式，又称棋盘式，是最常见的道路网类型，适用于地形平坦的城市。用方格网道路划分的街坊形状整齐，有利于建筑的布置，由于平行方向有多条道路，交通分散，灵活性大，但对角线方向的交通联系不便，非直线系数大。故选项A符合题意。

2010-040. 关于用地布局与道路网形式的配合，下列哪项表述是错误的？(　　)

A. 城市用地集中布局的小城市，道路网大多为方格网状

B. 组团式用地布局的城市，组团内的道路网应当与组团的结构形态一致

C. 呈带状组团布局的城市，一般由联系组团间的道路与组团路网形成链式路网结构

D. 采用方格网道路网的中心城市不会在方格网基础上形成放射状道路网形态

【答案】D

【解析】城市用地布局形态与道路交通网络形式的配合关系：集中型城市较适应于规模较小的城市，其道路网形式大多为方格网状，故A项正确；规模较大的城市则应形成组团式用地布局，其道路网络形态应与组团结构形态相一致，简单地用一个方格路网套在组团布局的城市中是不合适的，故B项正确。沿河谷、山谷或交通走廊呈带状组团布局的城市，一般由联系组团间的道路与组团路网形成链式路网结构，故C项正确。中心城市具有辐射作用，城市道路网络在方格网基础上呈放射状的交通性路网形态。城市公交网络也能对城市用地的发展起作用，如哥本哈根的“指状发展”形态，故D项错误。

2008-092. 下列哪些选项是生活性路网的规划要求？(　　)

A. 与公路网联系方便　　B. 不受大流量交通的干扰

C. 与居住、公共建筑有密切联系　　D. 线形顺直

E. 创造城市景观

【答案】BC

【解析】生活性道路规划要求：为城市居民购物、社交、游憩等活动服务；以步行和自行车交通为主，机动交通较少；道路两旁多布置为生活服务的、人流较多的公共建筑及

居住建筑，要求有较好的公共交通服务条件。因此，选项 B、C 正确。

相关真题：2014-042、2010-062

城市道路系统的技术空间布置　　表 5-7-16

内容	要　点
交叉口间距	不同规模的城市有不同的交叉口间距要求，不同性质、不同等级的道路也有不同的交叉口间距要求。
道路网密度	可列入城市道路网密度计算的包括上述四级道路，街坊内部道路一般不列入计算。要从使用的功能结构上考虑，按照是否参加城市交通分配来决定是否应列入城市道路网密度的计算范围。 城市干路网密度： $\delta_{干}=\frac{城市干路总长度}{城市用地总面积}(km/km^2)$ 城市干路总长度包括城市快速路、城市主干路和次干路的总长度。规范规定大城市一般 $\delta_{干}=2.4\sim3km/km^2$，中等城市 $\delta_{干}=2.2\sim2.6km/km^2$。建议大城市选用 $\delta_{干}=4\sim6km/km^2$，中、小城市选用 $\delta_{干}=5\sim6km/km^2$。 城市道路网密度： $\delta_{路}=\frac{城市道路总长度}{城市用地总面积}(km/km^2)$ 城市道路总长度包括所有城市道路的总长度。单纯考虑机动车交通的可忽略步行、自行车专用道。规范规定大城市一般 $\delta_{路}=5\sim7km/km^2$，中等城市 $\delta_{路}=5\sim6km/km^2$。建议一般选用 $\delta_{路}=7\sim8km/km^2$。
道路红线宽度	概念：道路红线是道路用地和两侧建设用地的分界线，即道路横断面中各种用地总宽度的边界线，道路红线宽度又称为路幅宽度。一般情况下，道路红线就是建筑红线，即为建筑不可逾越线。 道路红线内的用地：车行道、步行道、绿化带、分隔带。 城市规划各阶段的道路红线划示要求： ① 城市总体规划阶段：通常根据交通规划、绿地规划和工程管线规划的要求确定道路红线的控制宽度要求，以满足交通、绿化、通风日照和建筑景观等的要求，并有足够的地下空间敷设地下管线。 ② 详细规划阶段：应该根据毗邻道路用地和交通的实际需要确定道路的红线宽度，有进有退。

城市各级道路交叉口间距

道路类型	快速路	主干路	次干路	支路
设计车速（km/h）	≥80	40～60	40	≤30
交叉口间距（m）	1500～2500	700～1200	350～500 *	150～250 *

注：* 小城市取低值。

不同等级道路的红线宽度

项目	快速路	主干路	次干路	支路
红线宽度（m）	60～100	40～70	30～50	20～30

注：当设计车速大于 50km/h 时，必须设置中央分隔带。

2014-042. 道路设计车速大于(　　)km/h，必须设置中央分隔带。

A. 40　　B. 50　　C. 60　　D. 70

【答案】B

【解析】 当道路设计车速 $v>50km/h$ 时，必须设置中央分隔带。

2010-062. 街角地块红线至少应满足下列哪项要求？(　　)

A. 人行道的宽度　　B. 视距三角形

C. 城市设计的需要　　　　　　　　　　D. 靠近路口的建筑出入口位置

【答案】B

【解析】由两车的停车视距和视线组成的交叉口视距空间和限界，称为视距三角形，常依此作为确定交叉口红线位置的条件之一。

相关真题：2014-044、2014-032、2013-045、2012-043、2011-043、2010-045、2008-043

城市道路横断面类型　　　　表 5-7-17

内容	要　点
道路横断面类型	一块板道路横断面：不用分隔带划分车行道的道路横断面称为一块板断面；一块板道路的车行道可以用作机动车专用道、自行车专用道以及大量作为机动车与非机动车混合行驶的次干路及支路。
	两块板道路横断面：用分隔带划分车行道为两个部分的道路横断面称为两块板断面；两块板道路用中央分隔带（可布置低矮绿化）将车行道分成两部分。中央分隔带的设置和两块板道路的交通组织有下列四种考虑： ① 解决对向机动车流相互干扰问题：规范规定，当道路设计车速 50km/h 时，必须设置中央分隔带； ② 有较高的景观、绿化要求； ③ 地形起伏变化较大的地段； ④ 机动车与非机动车分离，可在量大的一侧设辅路，满足非机动车通行。
	三块板道路横断面：用分隔带将车行道划分为三个部分的道路横断面称为三块板断面；三块板道路通常利用两条分隔带将机动车流和自行车（非机动车）流分开，机动车与非机动车分道行驶，可以提高机动车和自行车的行驶速度、保障交通安全。
	四块板道路横断面：用分隔带将车行道划分为四个部分的道路横断面称为四块板断面；四块板横断面就是在三块板的基础上，增加中央分隔带，解决对向机动车相互干扰的问题。四块板道路的占地和投资都很大，交叉口通行能力较低。
城市道路横断面选择与组合	城市各级道路的横断面组合应有利于引导交通流在道路断面上的合理分布。 城市道路横断面的选择与组合要综合考虑由两旁城市用地性质所决定的道路的功能、交通的性质与组合、交通流量、交通管理等多种因素。 如：城市快速路应该是封闭的汽车专用路，其横断面应采用分向通行的两块板形式。但在一些城市，快速路（环路）选用类似四块板的主辅路横断面形式，即将快速路与常速路组合在一个断面内，常速与快速、常速与常速的交通转换同在一个交叉口进行，即使采用立体交叉，也极易形成交通拥挤、阻塞，以及由于自行车、行人任意穿越道路而发生交通事故的问题，快速路应有的畅通性也受到了破坏。所以，城市快速路在必须穿越城市组团内中心地段时，可以采用高架方式与城市主干路立体组合，或选用四块板横断面，降低等级为城市交通性主干路。

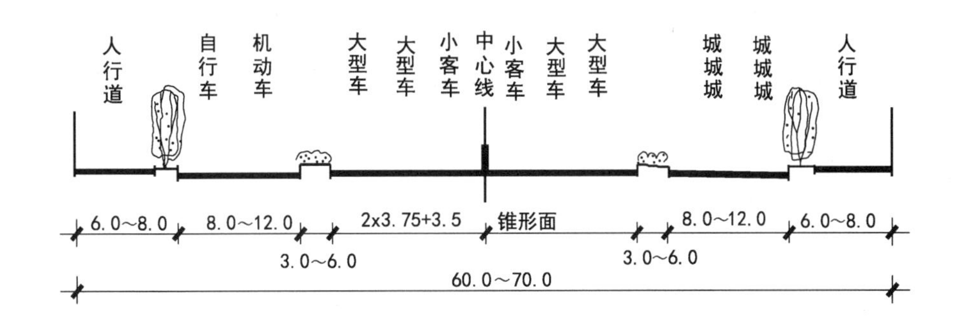

图 5-7-16　交通性主干路横断面示意图

（文国玮．城市交通与道路系统规划．新版．北京：清华大学出版社，2007：199.）

2014-044. **关于四块板道路横断面的表述，正确的是(   )。**

A. 增强了路口通行能力

B. 能解决对向机动车的相互干扰

C. 适合在高峰时间调节车道使用宽度

D. 适合机动车流量大，但自行车流量小的道路

【答案】B

【解析】四块板横断面就是在三块板的基础上，增加中央分隔带，解决对向机动车相互干扰的问题。

四块板道路的占地和投资都很大，交叉口通行能力较低。

2014-032、2012-043、2011-043. **关于城市道路横断面选择与组合的表述，不准确的是(   )。**

A. 交通性主干路宜布置为分向通行的二块板横断面

B. 机、非分行的三块板横断面常用于城市生活性主干路

C. 次干路宜布置为一块板横断面

D. 支路宜布置为一块板横断面

【答案】A

【解析】交通性主干道，应采用解决对向交通干扰的两块板或者采用机动车快车道和机、非混行慢车道组合的四块板，故A项错误。机、非分行的三块板，良好解决机动车有一定速度和非机动车比较多的矛盾，较适合生活型主干道，故B项正确。次干路可布置为一块板横断面，支路宜布置为一块板横断面，故C、D项正确。

2013-045. **下列不属于城市道路系统规划主要内容的是(   )。**

A. 提出城市各级道路红线宽度和标准横断面形式

B. 确定主要交叉口、广场的用地控制要求

C. 确定城市防灾减灾、应急救援、大型装备运输的道路网络方案

D. 提出交通需求管理的对策

【答案】D

【解析】城市道路系统规划主要内容包括：交叉口间距、道路网密度、道路红线宽度、道路横断面类型、城市道路横断面选择与组合。

2010-045. **下列哪项是城市快速路首选的道路横断面形式？(   )**

A. 一块板横断面　　　　B. 二块板横断面

C. 三块板横断面　　　　D. 四块板横断面

【答案】B

【解析】一块板横断面可以用作机动车专用道、自行车专用道以及大量作为机动车和非机动车混合行驶的次干路和支路；二块板横断面主要用于纯机动车行驶的车速高、交通量大的交通性干路，包括城市快速路和高速公路；三块板横断面适用于机动车交通量不十分大，而又有一定的车速和车流畅通要求，自行车交通量又较大的生活性道路或客运交通干路。

2008-043. 下列哪项是城市道路红践的正确定义？（　　）

A. 道路两侧建筑物之间的距离　　B. 道路用地与两侧其他用地的分界线

C. 车道与人行道宽度之和　　D. 快车道与慢车道宽度之和

【答案】B

【解析】 道路红线是道路用地和两侧建设用地的分界线，即道路横断面中各种用地总宽度的边界线，道路红线宽度又称为路幅宽度。一般情况下，道路红线就是建筑红线，即为建筑不可逾越线。

但许多城市在道路红线外侧另行划定建筑红线，增加绿化用地，并为将来道路红线向外扩展留有余地。

相关真题：2011-046

城市交通设施规划（含停车设施）　　**表 5-7-18**

内容	要　点
分类	交通枢纽设施；道路交通设施；停车设施
城市交通枢纽在城市中的布置	货运交通枢纽的布置： 货运交通枢纽包括城市仓库、铁路货站、公路运输货站、水运货运码头、市内汽车运输站场等，是市内和城市对外的货物储存、转运的枢纽，因而是城市主要货流的重要的出行端。在城市道路系统规划中，应注意使货运交通枢纽尽可能与交通性的货运干路有良好的联系，尽可能在城市中结合转运枢纽点布置若干个集中的货运交通枢纽。 客运交通枢纽的布置： 城市客运交通枢纽是指城市对外客运设施（铁路客站、公路客站、水运客站和航空港等）和城市公共交通枢纽。 ① 公路长途客运设施常布置在城市中心区边缘、铁路客站、水运客站附近。在布局中应注意结合城市对外客运设施布置，形成对外客运与市内公共交通相互转换的客运交通枢纽。 ② 客运交通枢纽必须与城市客运交通干路有方便的联系，又不能过多地冲击和影响客运交通干路的畅通。其位置的选择主要结合城市交通系统的布局，并与城市中心、生活居住区的布置综合考虑。 城市道路交通设施的布置： ① 设施性交通枢纽包括为避免人流、车流相互交叉的立体交叉（包括人行天桥和地道）和为解决车辆停驻而设置的停车场等。 ② 立体交叉的布置主要取决于城市道路系统的布局，是为快速交通之间的转换和快速交通与常速交通之间的转换或分离而设置的，主要应设置在快速干道的沿线上。在交通流量很大的疏通性交通干道上，也可设置立体交叉。 ③ 城市机动车公共停车场有三种类型： 城市各类中心附近的市内机动车公共停车场（包括停车楼和地下车库），停车量可以按社会拥有客运车辆的15%～20%规划停车场的用地； 城市主要出入口的大型机动车停车场，主要为外来车辆（货运车辆为主）服务，截阻不必要的穿城交通； 超级市场、大型城外游憩地的机动车停车场，应布置在设施的出入口附近，以客运车辆为主，也可以结合公共汽车站进行布置。 ④ 城市还应考虑自行车公共停车场地的布置要求。 ⑤ 城市公共停车场的用地总面积可以按城市人口每人0.8～1.0m^2安排。

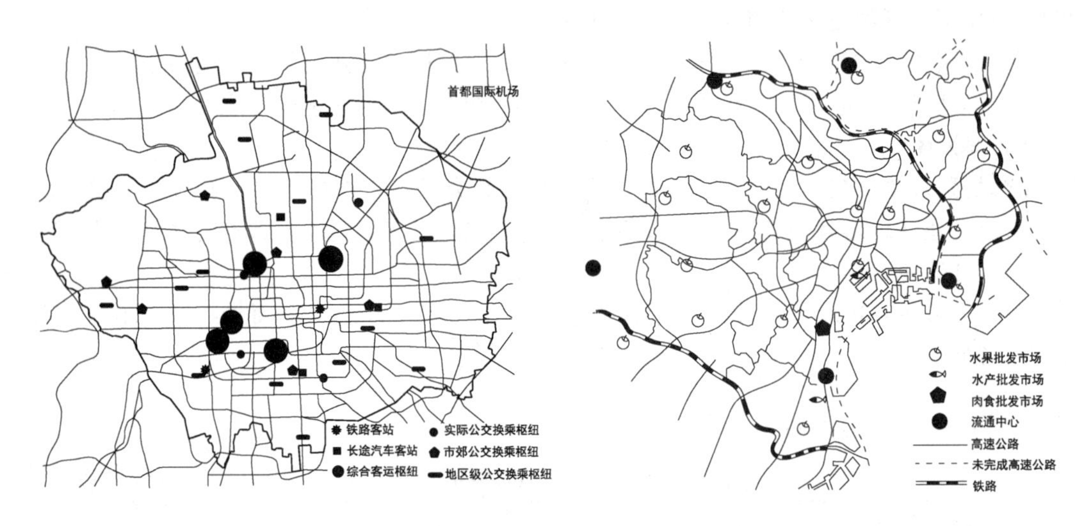

图 5-7-17　北京规划市区客运交通枢纽分布　　　　图 5-7-18　东京流通中心分布示意图

（文国玮．城市交通与道路系统规划．新版．北京：清华大学出版社，2007：113，111.）

2011-046. 关于交通枢纽在城市中的布局原则的表述，错误的是(　　)。

A. 对外交通枢纽的布置主要取决于城市对外交通设施在城市的布局

B. 城市公共交通换乘枢纽一般应结合大型人流集散点布置

C. 客运交通枢纽不能过多地冲击和影响城市交通性主干路的通畅

D. 货运交通枢纽应结合城市公共交通换乘枢纽布置

【答案】D

【解析】货运交通枢纽的布局应与产业布局、主要交通设施（港口、铁路、公路等）、城市土地使用等密切结合，尽量靠近发生、吸引源，以实现物流组织的最优化，减少城市道路的交通量。

相关真题：2018-037、2017-091、2013-035、2012-090、2011-091、2011-045、2010-090

城市停车设施的布置　　表 5-7-19

内容	要　点
规范规定指标	城市公共停车场（包括自行车公共停车场）的用地总面积可以按规划城市人口人均 0.8～1.0m^2安排。其中，机动车停车场的用地面积宜占 80%～90%，自行车停车场的用地面积宜占 10%～20%。市中心和组团中心的机动车停车位应占全部机动车停车位数的 50%～70%，城市对外道路主要出入口停车场的机动车停车位数占 5%～10%。
城市出入口停车设施	即外来机动车公共停车场，是为外来或过境货运机动车服务的停车设施。这类停车设施应设在城市外围的城市主要出入干路附近。
交通枢纽性停车设施	主要是为城市对外客运交通枢纽和城市客运交通换乘枢纽配备的停车设施，是为疏散交通枢纽的客流、完成客运转换而服务的。这类停车设施一般都结合交通枢纽布置。
生活居住区停车设施	目前主要为自行车停放设施。一些居住小区在住宅底层设置半地下的私家停车库，只可停放自行车，并可兼作杂物储藏室，如停放机动车将会导致噪声影响。

续表

内容	要　点
城市各级商业、文化娱乐中心附近的公共停车设施	根据城市商业、文化娱乐设施的布局安排规模适宜的以停放中、小型客车为主的社会公用停车设施。一般这类停车场地应布置在商业、文娱中心的外围，步行距离以不超过 100～150m 为宜。大型公共设施的停车首选地下停车库或专用停车楼，同时要考虑设置一定的地面（临近建筑）停车场。大型公共设施占用人行空间停车只能是临时过渡性的，不能固定化、永久化。
城市外围大型公共活动场所停车设施	包括体育场馆、大型超级商场、大型公园等设施配套的停车设施，这类停车设施的停车量大而且集中，高峰期明显，要求集散迅速，并使步行距离不超过 100～150m。
道路停车设施	是指道路用地内的路边停车带等临时停车设施。一般一处路边临时停车带的停放车位数以不超过 10 辆为宜，宜采用港湾式停车方式布置。

2018-037. 下列关于缓解城市中心区停车矛盾措施的表述，错误的是(　　)。

A. 设置独立的地下停车库

B. 结合公共交通枢纽设置停车设施

C. 利用城市中心区的小街巷划定自行车停车

D. 在商业中心的步行街或广场上设置机动车停车位

【答案】D

【解析】设置独立式停车库增加了停车位，可以减少停车矛盾，A 选项正确。结合公共交通枢纽设置停车位可以方便交通方式的周转，可以截流前去中心区的车辆，减少停车矛盾，B 选项正确。利用城市中心的小街巷划定自行车停车位，既能增加自行车的出行量，又能减少非机动车对机动车停车位的侵占，相对增加了机动车位，因此可以缓解城市中心区的停车矛盾，C 选项正确。商业中心区的步行街和广场上设置机动车停车位不但没有截流，反而会吸引更多的车辆驶入中心区，无法缓解停车矛盾，因此 D 选项错误，应选 D。

2017-091. 下列关于停车设施布置的表述，正确的有(　　)。

A. 城市商业中心的机动车公共停车场一般应布置在商业中心的外围

B. 城市商业中心的机动车公共停车场一般应布置在商业中心的核心

C. 城市主干路上可布置路边临时停车带

D. 城市次干路上可布置路边永久停车带

E. 在城市主要出入口附近应布置停车设施

【答案】AE

【解析】停车设施的类型中，城市出入口停车设施：即外来机动车公共停车场，是为外来或过境货运机动车服务的停车设施，故 E 项正确。城市各级商业、文化娱乐中心附近的公共停车设施：根据城市商业、文化娱乐设施的布局安排规模适宜的以停放中、小型客车为主的社会公用停车设施，一般这类停车场地应布置在商业、文娱中心的外围，步行距离以不超过100～150m为宜，并应避免对商业中心入口广场、影剧院等建筑正立面景观和空间的遮挡和破坏，故A项正确，B项错误。道路停车设施：城市总体规划应该明确城市主干路不允许路边临时停车，只能在适当位置设置路外停车场。城市次干路应尽可能设置路外停车场，也可以考虑设置少量的路边临时停车带，但需要设分隔带与车行道分离，故C、D项错误。

2013-090. 下列缓解城市中心区交通拥挤和停车矛盾的措施中，正确的有(　　)。

A. 设置独立的地下停车库

B. 结合公共交通枢纽设置停车设施

C. 利用城市中心区的小街巷划定自行车停车位

D. 在商业中心附近的道路上设置路边停车带

E. 在城市中心区边缘设置截留性停车设施

【答案】ABC

【解析】选项A、B、C项均能缓解城市中心区交通拥挤和停车矛盾。

2013-035. 下列关于停车场的表述，错误的是(　　)。

A. 大型建筑物和为其服务的停车场，可对面布置于城市干路的两侧

B. 人流、车流量大的公共活动广场宜按分区就近原则，适当分散安排停车场

C. 商业步行街可适当集中安排停车场

D. 外来机动车公共停车场应设置在城市的外环路和城市出入口道路附近

【答案】D

【解析】城市出入口停车设施：即外来机动车公共停车场，是为外来或过境货运机动车服务的停车设施。这类停车设施应设在城市外围的城市主要出入干路附近。

2012-090. 下列关于城市停车设施规划的表述，正确的是(　　)。

A. 城市出入口停车设施一般是为外来过境货运机动车服务的

B. 交通枢纽性停车设施一般是为疏解交通枢纽的客流，完成客运转换服务的

C. 生活居住区停车设施一般按照人车分流的原则布置在小区边缘或在地下建设

D. 城市商业步行区的停车设施一般应布置在商业中心的外围

E. 一般可在快速路上、主干路和次干路两侧布置停车带，方便对两侧用地的停车服务

【答案】ABCD

【解析】由城市停车场的布置可知，选项E表述不正确。此题选ABCD。

2011-091、2010-090. 关于停车设施布置的表述，下列哪些项是正确的？(　　)

A. 城市商业中心的机动车公共停车场一般应布置在商业中心的外围

B. 城市商业中心的机动车公共停车场一般应布置在商业中心的核心

C. 城市主干路上可布置路边临时停车带

D. 城市次干路上可布置路边永久停车带

E. 城市出入口停车设施一般布置在城市外围主要出入干路附近

【答案】AE

【解析】由城市停车场的布置可知。选项 A、E 表述正确。此题选 AE。

2011-045. 下列缓解城市中心区停车矛盾的措施中，错误的是（　　）。

A. 设置独立的地下停车库

B. 结合公共交通枢纽设置停车设施

C. 在城市中心布置自行车停车设施

D. 在商业中心附近的步行街或广场上设置机动车停车场

【答案】D

【解析】为了缓解城市中心地段的停车矛盾，对城市中心地段内的机动车交通管制是必要的，可在城市中心地段交通限制区边缘设置截流性的停车设施，并可以结合公共交通换乘枢纽，形成包括小汽车停车功能在内的小汽车与中心地段内部交通工具的换乘设施，这样，车辆在中心区边缘可以截留，改换乘公共交通。选项 A、B、C 均为有效措施，选项 D 项在商业中心附近的步行街或广场停车会降低公共空间品质，是错误的做法，此题选 D。

七、城市公共交通系统规划

相关真题：2017-040

城市客运交通系统的规划思想　　表 5-7-20

内容	要　点
政策	① 公共交通运输对城市发展的引导 《马丘比丘宪章》主张："将来的城区交通政策应使私人汽车从属于公共运输系统的发展"，即在城市中确立"优先发展公共交通"的原则。因此，在城市规划中，应注意发挥交通运输系统对城市布局结构的能动作用，通过交通运输系统的变革引导城市用地向合理的布局结构形态发展。 ② 城市道路系统对城市发展的引导 城市公共交通运输的形成与道路系统的建立关系密切，城市道路，尤其是交通性道路对城市的发展有着更为重要的引导作用。 ③"优先发展公共交通"的思想内涵 指导思想是在城市客运系统中把公共交通作为主体。其目的是为城市居民提供方便、快捷、优质的公共交通服务，以吸引更多的客流，使城市交通结构更为合理，运行更为畅通。 根据居民的出行需要来布置城市的公共交通线网，在城市主要道路上设置公交专用道，改革公交的票务制度。 公共交通出行的特点：公共交通出行由步行、候车、乘车、步行四个过程组成，因此，要求公共汽车站距短、车速低、发车频率大，步行距离短、候车时间短；地铁和轻轨的站距长，车速高，发车频率小，步行距离长，候车时间较长。 自行车作为重要的出行方式应纳入公共交通系统之中，解决公交末端出行的补充。因此，在城市重要的公共交通枢纽、大型公共设施以及居住社区应设置公共自行车租赁站点。 不同交通方式适宜的出行距离：适宜步行出行的范围为 400～1000 以内，适宜自行车出行的范围为 4～8km 以内，适宜公共交通出行的范围在 20km 以内，适宜小汽车出行的范围在 10～40km。
整体协调发展	城市客运系统除公共交通外，还包括步行、自行车、小汽车等交通以及其他各类形式的客运交通。在城市中要解决好客运、货运及其他交通对城市道路、用地和空间资源的使用与利用。 城市规划不但要满足发展公共交通的需要，也同样要满足步行交通、自行车交通、小汽车交通和货运交通的需要。随着城市和城市交通需求的发展，要逐渐促进城市客运系统的不断完善，根据城市居民对不同交通出行的需要和各种交通方式本身的功能要求，合理组织城市的各种交通，合理分配城市的道路、用地和空间资源，使城市交通处于高效率、高服务质量的良性循环状况，这即是"优先发展公共交通"原则所倡导的目标。

2017-040. 不属于交通政策范畴的是(　　)。

A. 优先发展公共交通　　B. 限制私人小汽车数量盲目膨胀

C. 开辟公共汽车专用道　　D. 建立渠化交通体系

【答案】B

【解析】 城市交通政策的内容之一是优先发展公共交通，合理使用私人小汽车和自行车等个体交通工具，创造良好的步行环境，实现客运交通系统多方式的协调发展。故B项错误。

城市公共交通的类型和特征　　表 5-7-21

内容	要点	
类型	公共汽车、无轨电车	① 公共汽车的设备较为简单，有车辆、车场以及沿线路设置的停靠站和首末站。新型快速公交线路，又称 BRT，即在城市道路中设置专用的公交车道、专用的停靠站台，运行专用的公共汽车车辆和交通信号灯。 ② 无轨电车的优点是噪声低、无废气排放、启动快、加速性能好、变速方便，特别适合在交通拥挤、启动频繁的市区道路上行驶，对道路起伏变化大、坡度陡的山城也较适宜。但线路分岔多、转弯半径小且弯道多的道路上不适宜使用。
	轨道公共交通	现代城市轨道公共交通可分为地铁、轻轨、城市铁路以及有轨电车等。 ① 地铁。地铁的概念不仅仅局限于地下运行，随着城市规模的扩大与延伸，地铁线路延伸到市郊时，为了降低工程造价，一般都引出地面，采用地面或高架。对于部分运行在地面的电动车辆封闭线路或高架线路，单向高峰小时运力在 3000 人次以上的都可采用地铁交通方式。 ② 轻轨。国际公共交通联合会关于轻轨的定义为轻轨车辆施加在轨道上的载荷重量相比铁路和地铁的载荷较轻。轻轨系统车辆轻，乘、降方便，车站设施简单，线路工程量小，造价低。轻轨通常宜建于 100 万人口以下的城市，对于更大的城市，大多布置在郊区或城市边缘区域。 ③ 城市铁路。城市铁路一般位于城市外围，是联系城市与郊区的轨道交通方式。一般与铁路合线、合站或平行布置，为城市服务的快速客运交通线路。 ④ 有轨电车。有轨电车具有运力大、客运成本低的优点，缺点是机动性差、造价高、速度低、运行时产生振动与噪声。我国目前在大连、长春、鞍山和香港等城市有早年间留下来的有轨电车。
特征	运量大；集约化经营；节省道路空间；污染小。	

相关真题：2013-091、2012-091、2010-047

公共交通常用专业术语　　表 5-7-22

术语	要点
客运周转量(年或日)	(年或日)公共交通乘车人次与乘车距离乘积的总量。
客运能力	公共交通工具在单位时间内所能运送的客位数。
运送速度	公共交通线路全程(首末站之间)行程时间除线路长度所得到的平均速度，是衡量公共交通服务质量的指标。
公共汽车拥有量指标	国家规定以车长 7～10m 的 640 型单节公共汽车作为城市公共汽车标准车，规划城市公共汽车拥有量指标，大城市为 800～1000 人/标准车，中、小城市为 1200～1500 人/标准车。

续表

术语	要　点
公共交通线网密度	每 1km² 城市用地面积上有公共交通线路经过的道路中心线长度；一般要求市中心区的规划公共交通线路网密度应达到 3～4km/km²，在城市边缘地区应达到 2～2.5km/km²。
公共交通线路重复系数	公共交通线路长度与线路网长度之比。
线路非直线系数	公共交通线路首末站之间实地距离与空间距离之比，不应大于 1.4。
公共交通线路平均长度	与城市的大小、形状和公交线路的布线形式有关。通常公共交通线路取中、小城市的直径或大城市的半径作为平均线路长度，或取乘客平均运距的 2～3 倍。城区公共汽、电车主要线路每条的长度宜 8～12km，特大城市不宜超过 20km，郊区线路的长度视实际情况而定。快速轨道交通的线路长度不宜大于 40 分钟的行程。
乘客平均换乘系数	为乘车出行人次与换乘人次之和除以乘车出行人次，即为城市居民平均一次出行换乘公共交通线路的次数，是衡量乘客直达程度的指标。大城市不应大于 1.5，中、小城市不应大于 1.3。

2013-091. **下列关于城市公共交通规划的表述中，正确的有(　　)。**

A. 规划应在客流预测的基础上，使公共交通的客运能力满足高峰客流需要

B. 快速公交线路应尽可能将城市中心和对外客运枢纽串接起来

C. 普通公交线路要体现为乘客服务的方便性，应布置在城市服务性道路上

D. “复合式公交走廊”是一种混合交通模式，有利于提高公共交通的服务水平

E. 公交线网的规划布局应使客流量尽可能集中到几条骨干线路上

【答案】ABC

【解析】从现代城市公共交通系统规划的基本理念可知，选项 A、B、C 表述正确。此题选 ABC。

2012-091. **下列关于城市公共交通规划的表达，正确的是(　　)。**

A. 城市公共交通系统模式要与城市用地布局模式相匹配，适应并能促进城市和用地布局的发展

B. 城市公交普通线路应与城市用地密切联系，应布置在城市服务性道路上

C. 城市快速公交线应尽可能与城市用地分离，与城市组团形成“藤与瓜”的关系

D. 城市公共交通系统的形式应根据不同的城市规模、布局和居民出行特征确定

E. 城市公共交通系统规划要提出出租汽车发展策略和出租汽车驻站规划市局原则

【答案】ABD

【解析】公共交通系统模式要与城市用地布局模式相匹配，适应并能促进城市和城市用地布局的发展，故 A 项正确；公交普通线路要体现为乘客服务的方便性，同服务性道路一样要与城市用地密切联系，应布置在城市服务性道路上，故 B 项正确；快速公交线路应尽可能将各城市中心和对外客运枢纽串接起来，与城市组团布局形成“串糖葫芦”的关系，故 C 项错误；公共交通线路系统的形式要根据不同城市的规模、布局和居民出行特征进行选定，故 D 项正确。

2010-047. 大城市公共交通系统中，乘客平均换乘系数不应大于（　　）。

A. 1　　　　B. 1.5

C. 2.5　　　　D. 3.5

【答案】B

【解析】根据《城市道路交通规划设计规范》（GB 50220—95）：大城市乘客平均换乘系数不应大于1.5；中、小城市不应大于1.3。

现代城市公共交通系统规划的基本理念　　表 5-7-23

内容	要　点
规划目标和原则	规划目标：根据城市发展规模、用地布局和道路网规划，在客流预测的基础上，确定公共交通的系统结构，配置公共交通的车辆、线路网、换乘枢纽和站场设施等，使公共交通的客运能力满足城市高峰客流的需求。 原则： ① 符合优先发展公共交通的政策，为城市居民出行提供多样、便捷、舒适的公交服务； ② 公共交通系统模式要与城市用地布局模式相匹配，适应并能促进城市和城市用地布局的发展； ③ 满足一定时期城市客运交通发展的需要，并留有余地； ④ 与城市其他客运方式协调配合； ⑤ 与城市道路系统相协调； ⑥ 通行快捷、使用方便，高效、节能、经济。
规划要求	① 依据城市的客流预测，确定公共交通方式、车辆数、线路网、换乘枢纽和站场等设施用地等，使公共交通的客运能力满足高峰客流的需要。 ② 大、中城市应优先发展公共交通，控制私人交通工具的发展，小城市应完善市区至郊区的公交线路。 ③ 城市公共交通规划应做到在客运高峰时使95%的居民乘用公共交通。 ④ 城市人口规模超过100万时，应规划设置快速轨道交通线网。
结构	①公交系统按高效运行的要求，将公交路线设置为主要线路和次要线路，中远距离为主要路线，以体现“大运量”和“快速”的交通服务特征，站距可较长；短距离为次要路线，站距应短一些，以体现“方便”的交通服务性。 ② 换乘枢纽形成层次结构。按城市的功能结构设置市级换乘枢纽和组团级换乘枢纽。 ③ 线路与枢纽之间形成合理对接。城市换乘枢纽之间，城市换乘枢纽与组团换乘枢纽之间、组团枢纽与组团枢纽之间，应设置主要线路，解决长距离快速运送；组团之中采用次要线路，形成短距离运输，解决方便乘降。 ④ 交通工具的合理选择。长距离适宜采用轨道交通或BRT等大运力的公交形式；短距离适宜采用小型车，在城市次干道和支路上运行。
公共交通线网布置与用地布局、道路的关系	① 公交普通线路要体现为乘客服务的方便性，同服务性道路一样要与城市用地密切联系，应布置在城市服务性道路上。 ② 快速公交线路要与客流集中的用地或节点衔接，以满足客流的需要。所以，快速公交线路应尽可能将各城市中心和对外客运枢纽串接起来，与城市组团布局形成“串糖葫芦”的关系。 ③ 在我国，城市快速轨道交通线路应该使用专用通道，与城市道路分离而不宜互相结合。准快速的公交快车线路则应主要布置在主干路上，设置公交专用道以保障其通行条件。

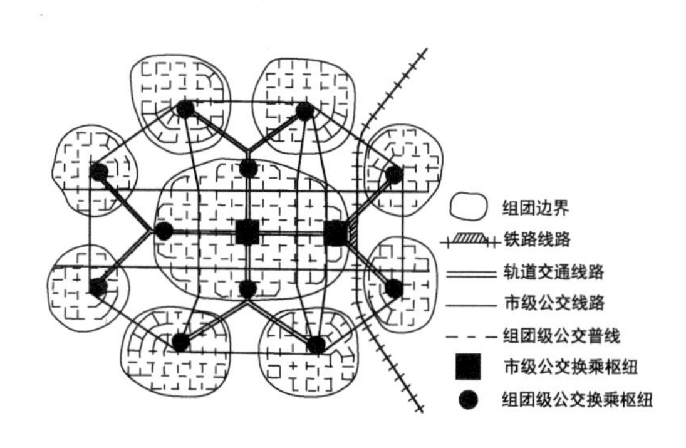

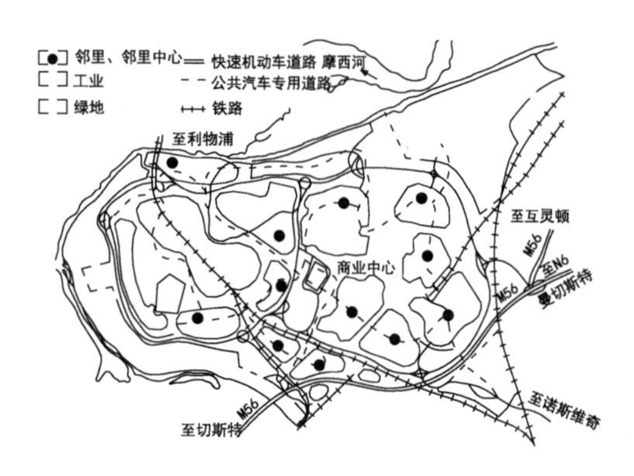

图 5-7-19　现代城市公共交通系统结构示意图　　　　图 5-7-20　朗科恩新城

（文国玮．城市交通与道路系统规划．新版．北京：清华大学出版社，2007：29，168.）

相关真题：2018-090

公共交通线网规划　　表 5-7-24

内容	要　　点
系统的确定	要根据不同的城市规模、布局和居民出行特征进行选定。 小城镇可以不设公共交通线路，或所设的公共交通线路只起联系城市中心、对外交通枢纽、工业中心、体育游憩设施和乡村的辅助作用。 中等城市应形成以公共汽车为主体的公共交通线路系统。 大城市和特大城市，应形成以快速大运量的轨道公共交通为骨干的方便的公共交通网。
	最理想的系统是：快速轨道交通承担组团间、组团与市中心以及联系市级大型人流集散点（如体育场、市级公园、市级商业服务中心等）的中远距离客运。
	公共汽车分为两类： ① 联系相邻组团及市级大型人流集散点的市级公共汽车网，解决快速轨道交通所不能解决的横向交通联系； ② 以组团中心的轨道交通站点为中心（形成客运换乘枢纽）联系次级（组团级）的人流集散点的地方公共汽车网。
	为了满足居民夜间活动的需要，一级城市需要设置三套公共交通线路网，即① 平时线路网；②平时线路网上增加高峰小时线路；③通宵公共交通线路网。
	一般城市公共交通线路网类型有五种：①棋盘型；②中心放射型；③环线型；④混合型；⑤主辅线型。
线路规划	规划依据： ① 城市土地使用规划确定的用地和主要人流集散点布局； ② 城市交通运输体系规划方案； ③ 城市交通调查和交通规划的出行形态、分布、分配、资料。
	规划原则： ① 首先满足城市居民上下班出行的乘车需要，其次还需满足生活出行、旅游等乘车需要； ② 合理地安排公交线路，提高公交覆盖面积，使客流量尽可能均匀并与运载能力相适应； ③ 尽可能在城市主要人流集散点（如对外交通枢纽、大型商业文体中心、大居住区中心等）之间开辟直线线路，线路走向必须与主要客流流向一致； ④ 综合考虑市区线、近郊线和远郊线的紧密衔接，在主要客流的集散点设置不同交通方式的换乘枢纽，方便乘客停车与换乘，尽可能减少居民乘车出行的换乘次数。

续表

内容	要　点
线路规划	基本步骤： ① 根据城市性质、规模、总体规划的用地布局结构，确定公共交通线路网的系统类型。 ② 分析城市主要活动中心的空间分布及相互之间的关系。 ③ 在城市居民出行调查和交通规划的客运交通分配的基础上，分析城市主要客流、吸引中心的客流、吸引希望线和吸引量。 ④ 综合各活动中心客流相互流动的空间分布要求，初步确定在主要客流流向上满足客流量要求，并把各居民出行的主要起终点联系起来的公共交通线路网方案。 ⑤ 根据城市总体客流量的要求及公共交通运营的要求进行线路网的优化设计，满足各项规划指标，确定规划的公共交通线路网。 ⑥ 随着城市的发展，逐步开辟公交线路，并不断根据客流的变化和需求进行调整。

2018-090. 下列关于城市公共交通规划的表述，正确的有(　　)。

A. 城市公共交通系统的形式要根据出行特征进行分析确定

B. 城市公共线路规划应首先考虑满足通勤出行的需要

C. 城市公共交通线路的走向应于主要客流流向一致

D. 城市公共交通线网规划应尽可能增加换乘次数

E. 城市公共汽（电）车线网规划应考虑与城市轨道交通线网之间的便捷换乘

【答案】ACE

【解析】本题考查的是城市公共交通系统规划。选项 D 错误，城市公共交通线网规划应尽可能减少换乘次数。选项 B 错误，城市公共交通线网规划首先满足城市居民上下班出行的乘车需要，其次还需满足生活出行、旅游等乘车需要。

相关真题：2018-038、2008-044

公交换乘枢纽与站场规划　　表 5-7-25

公交换乘枢纽与站场规划	公交换乘枢纽 ① 市级换乘枢纽：与城市对外客运交通枢纽（铁路客运、长途客运等）结合布置的公交换乘枢纽，设置在市级城市中心附近，具有与多条市级公交干线换乘的功能。 对外客运交通枢纽包含对外客运交通、市级公交线路（轨道交通线、公交快线）以及其他交通（小汽车、自行车、步行、小货车等）。 市级公交换乘枢纽包括轨道交通线、市级公交快线、组团级公交线以及其他交通（小汽车、自行车、步行等）。 ② 组团级换乘枢纽：设置在各个组团中心或主要客流集中地的市级公交干线与组团级普通线路衔接换乘的公交换乘枢纽。该枢纽包括市级公交快线、组团级公交线以及其他交通（小汽车、自行车、步行等）。 ③ 特定设施公交枢纽：包括城市中心交通限控区换乘设施、市区公共交通线路与郊区公共交通线路衔接换乘的枢纽和为大型公共设施（如体育中心、游览中心、购物中心等）服务的换乘枢纽。 公交站场规划 ① 公交车场。担负公共交通线路分区、分类运营管理、维修的功能。通常设置为综合性管理、车辆保养和停放的“中心车场”，也可以专为车辆大修设“大修厂”，专为车辆保养设“保养场”或专为车辆停放设“中心站”。

续表

公交换乘枢纽与站场规划	② 公交枢纽站。担负公共交通线路运营调度和换乘的功能。公交枢纽站可分为客运换乘枢纽站、首末站和到发站三类。客运换乘枢纽站位于多条公共交通线路汇合点，还有城市主要交叉口处的中途换乘枢纽站。 ③ 公交停靠站。公共交通站点服务面积以半径 300m 计算，不得小于城市用地面积的 50%，以半径 500m 计算，不得小于 90%。

北京市公交换乘枢纽规模

规模	线路（条）	高峰换乘量（人次/h）	配车数（辆）	占地（hm^2）	建筑面积（m^2）	高峰发车车次（车次/h）
大型	8	14000	200	2.0	>2000	>180
中型	5～8	12000	150～200	1.5	1200～2000	<150
小型	3～5	8000	80～150	1.0	800～1200	<100

资料来源：文国玮．城市交通与道路系统规划．新版．北京：清华大学出版社，2007：176.

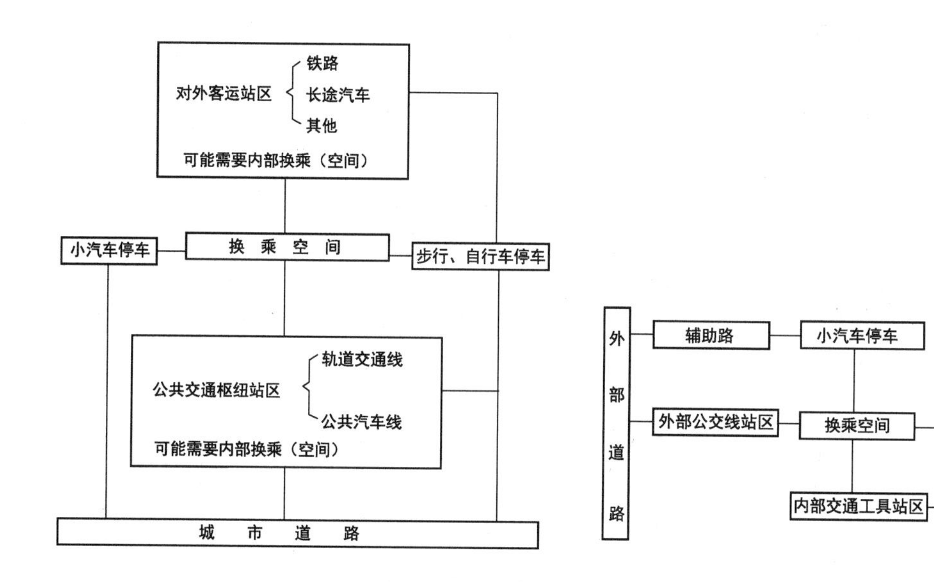

图 5-7-21　对外客运换乘枢纽基本框图　　图 5-7-22　交通限控区换乘设施基本框图

（文国玮．城市交通与道路系统规划．新版．北京：清华大学出版社，2007：170，171.）

2018-038. 下列关于城市公共交通系统的表述，错误的是(　　)。

A. 减少居民到公交站点的出行距离可以提高公交吸引力

B. 减少公交线网的密度可以提高公交便捷性

C. 公交换乘枢纽是城市公共交通系统的核心设施

D. 公共交通方式的客运能力应与客流需求相适应

【答案】B

【解析】“方便”就是要少走路、少换乘、少等候，城市主要活动中心住地均有车可乘，因此要求其交通要合理布线，提高公交线网覆盖率，缩短行车间隔，B选项错误，故选B。

2008-044. 公共交通车站服务面积，以300m半径计算，不得小于城市用地面积的(　　)。

A. 30%　　B. 50%

C. 70%　　D. 90%

【答案】B

【解析】公共交通站点服务面积，以半径300mm计算，不得小于城市用地面积的50%，以半径500m计算，不得小于90%。

第八节　城市历史文化遗产保护规划

一、历史文化遗产保护

相关真题：2017-045

历史文化遗产保护　　表5-8-1

内容	要　点
组成	历史文化遗产包括物质文化遗产和非物质文化遗产。 ① 物质文化遗产是具有历史、艺术和科学研究价值的文物，包括古遗址、古墓葬、古建筑、石窟寺、石刻、壁画、近现代重要史迹及代表性建筑等不可移动文物，历史上各时代的重要实物、艺术品、文献、手稿、图书资料等可移动文物，以及在建筑式样、分布均匀或与环境景色结合方面具有突出普遍价值的历史文化名城（街区、村镇）。 ② 非物质文化遗产是指各种以非物质形态存在的与群众生活密切相关、世代相承的传统文化表现形式，包括口头传统、传统表演艺术、民俗活动和礼仪节庆、有关自然界和宇宙的民间传统知识实践、传统手工艺技能等以及与上述传统文化表现形式相关的文化空间。
意义	① 城市是历史文化发展的载体，每个时代都在城市中留下自己的痕迹。保护历史的连续性，保存城市的记忆是人类现代生活发展的必然需要。 ② 文化遗产是全人类的财富，保护文化遗产不仅是每个国家的重要职责，也是整个国际社会的共同义务。
审定原则	① 不但要看城市的历史，还要着重看当前是否保存有较为丰富、完好的文物古迹和具有重大的历史、科学、艺术价值。 ② 历史文化名城和文物保护单位是有区别的。作为历史文化名城的现状格局和风貌应保留历史特色，并具有一定的代表城市传统风貌的街区。 ③ 文物古迹主要分布在城市市区或郊区，保护和合理使用这些历史文化遗产对该城市的性质、布局、建设方针有重要影响。

2017-045. 我国历史文化名城申报、批准、规划、保护的直接依据是(　　)。

A.《保护世界文化和自然遗产公约》　　B.《历史文化名城名镇名村保护条例》

C.《历史文化名城保护规划规范》　　D.《北京宪章》

【答案】B

【解析】《历史文化名城名镇名村保护条例》第二条规定，历史文化名城申报、批准、规划、保护，适用本条例。

二、历史文化名城保护规划

相关真题：2018-091、2018-046、2018-044、2018-040、2018-039、2014-048、2014-046、2013-049、2012-093、2012-047、2011-047、2010-094、2008-094、2008-046

历史文化名城的概念及类型 **表 5-8-2**

内容	要　点
概念	历史文化名城：《中华人民共和国文物保护法》中，把历史文化名城定义为："保护文物特别丰富，具有重大历史价值和革命意义的城市"。即历史文化名城是众多城市中具有特殊性质的城市。 历史文化街区、村镇：保存文物特别丰富并且具有重大历史价值或者革命纪念意义的城镇、街道、村庄，由省、自治区、直辖市人民政府核定公布为历史文化街区、村镇，并报国务院备案。
依据	《中华人民共和国城乡规划法》第四条规定，制定和实施城乡规划，应当保护历史文化遗产，保持地方特色、民族特色和传统风貌。 《中华人民共和国城乡规划法》明确要求，自然与历史文化遗产保护等内容，应当作为城市总体规划、镇总体规划的强制性内容。 历史文化名城和历史文化街区、村镇所在地的县级以上地方人民政府应当组织编制专门的历史文化名城和历史文化街区、村镇保护规划，并纳入城市总体规划（《中华人民共和国文物保护法》第14条）。
申报条件	① 保存文物特别丰富； ② 历史建筑集中成片； ③ 保留着传统格局和历史风貌； ④ 历史上曾经作为政治、经济、文化、交通中心或者军事要地，或者发生过重要历史事件，或者其传统产业、历史上建设的重大工程对本地区的发展产生过重要影响，或者能够集中反映本地区建筑的文化特色、民族特色。 申报历史文化名城的，在所申报的历史文化名城保护范围内还应当有两个以上的历史文化街区。
特征分类	① 古都型：以都城时代的历史遗存物、古都的风貌为特点的城市。 ② 传统风貌型：保留了某一时期及几个历史时期积淀下来的完整建筑群体的城市。 ③ 风景名胜型：自然环境往往对城市特色的形成起着决定性的作用，由于建筑与山水环境的叠加而显示出其鲜明的个性特征。 ④ 地方及民族特色型：位于民族地区的城镇由于地域差异、文化环境、历史变迁的影响，而显示出不同的地方特色或独自的个性特征，民族风情、地方文化、地域特色已构成城市风貌的主体。 ⑤ 近现代史迹型：以反映历史的某一事件或某个阶段的建筑物或建筑群为其显著特色的城市。 ⑥ 特殊职能型：城市中的某种职能在历史上有极突出的地位，并且在某种程度上成为城市的特征。 ⑦ 一般史迹型：以分散在全城各处的文物古迹作为历史传统体现的主要方式的城市。
保护现状分类	① 古城的格局风貌比较完整，有条件采取整体保护的政策。 ② 古城风貌犹存，或古城格局、空间关系等尚有值得保护之处。 ③ 古城的整体格局和风貌已不存在，但还保存有若干体现传统历史风貌的历史文化街区。 ④ 少数历史文化名城，目前已难以找到一处值得保护的历史文化街区。对它们来讲，重要的不是去再造一条仿古街道，而是要全力保护好文物古迹周围的环境，否则和其他一般城市就没什么区别了。

2018-091. 下列属于历史文化名城类型的有(　　)。

A. 古都型　　B. 传统风貌型

C. 风景名胜型　　D. 特殊史迹型

E. 一般史迹型

【答案】ABCE

【解析】本题考查的是历史文化名城保护规划。根据109座历史文化名城的形成历史、自然和人文地理以及它们的城市物质要素和功能结构等方面进行对比分析，归纳为七大类型，有古都型、传统风貌型、风景名胜型、地方及民族特色型、近现代史迹型、特殊职能型、一般史迹型。

2018-046. 2016年《中共中央国务院关于进一步加强城市规划建设管理工作的若干意见》提出，要用5年左右的时间，完成(　　)划定和历史建筑确定工作。

A. 国家历史文化名城
B. 国家历史文化名城、省级历史文化名城
C. 历史城镇
D. 历史文化街区

【答案】D

【解析】2016年《中共中央国务院关于进一步加强城市规划建设管理工作的若干意见》提出用5年左右时间，完成所有城市历史文化街区划定和历史建筑确定工作。

2018-044. 历史文化街区保护相关的内容的表述，错误的是(　　)。

A. 历史文化街区是指保存一定数量和规模的历史建筑、构筑物且传统风貌完整的生活地域
B. 编制城市规划时应当划定历史文化街区、文物古迹和历史建筑的紫线
C. 2002年修改颁布的《文物法》中提出了“历史文化街区”的法定概念
D. 单看历史文化街区内的每一栋建筑，其价值尚不足以作为文物加以保护，但它们加在一起形成的整体风貌却能反映出城镇历史风貌的特点

【答案】A

【解析】历史文化街区是指经省、自治区、直辖市人民政府核定公布的保存文物特别丰富、历史建筑集中成片、能够较完整和真实地体现传统格局和历史风貌，并具有一定规模的历史地段。2002年修改颁布的《文物法》采用了“历史文化街区”这一专有名词。需要经省级单位核定公布才能称为历史文化街区，故选项A符合题意。

2018-040. 符合历史文化名城条件而没有申报的城市，国务院建设主管部门会同国务院文物主管部门可以向(　　)提出申报建议。

A. 该城市所在地的城市人民政府
B. 该城市所在地的省、自治区人民政府
C. 该城市所在地的建设主管部门
D. 该城市所在地的省、自治区的建设主管部门

【答案】B

【解析】《历史文化名城名镇名村保护条例》第十条：对符合本条例第七条规定的条件而没有申报历史文化名城的城市，国务院建设主管部门会同国务院文物主管部门可以向该城市所在地的省、自治区人民政府提出申报建议；仍不申报的，可以直接向国务院提出确定该城市为历史文化名城的建议。B选项符合题意。

2018-039. 下列不属于历史文化名城、名镇、名村申报条件的是(　　)。

A. 保存文物特别丰富
B. 历史建筑集中成片
C. 城市风貌体现传统特色

D. 历史上建设的重大工程对本地区的发展产生过重要影响

【答案】C

【解析】《历史文化名城名镇名村保护条例》第七条，具备下列条件的城市、镇、村庄，可以申报历史文化名城、名镇、名村：（一）保存文物特别丰富；（二）历史建筑集中成片；（三）保留着传统格局和历史风貌；（四）历史上曾经作为政治、经济、文化、交通中心或者军事要地，或者发生过重要历史事件，或者其传统产业、历史上建设的重大工程对本地区的发展产生过重要影响，或者能够集中反映本地区建筑的文化特色、民族特色。申报历史文化名城的，在所申报的历史文化名城保护范围内还应当有2个以上的历史文化街区。C选项符合题意。

2014-048. 关于历史文化遗产保护的表述，不准确的是(　　)。

A. 物质文化遗产包括不可移动文物、可移动文物以及历史文化名城（街区、村镇）

B. 物质文化遗产保护要贯彻“保护为主、抢救第一、合理利用、传承发展”的方针

C. 实施保护工程必须确保文物的真实性，坚决禁止借保护文物之名行造假古董之实

D. 应把保护优秀的乡土建筑等文化遗产作为城镇化发展战略的重要内容，把历史文化名城（街区、村镇）保护纳入城乡规划

【答案】D

【解析】《文物保护法》第十四条规定，历史文化名城和历史文化街区、村镇所在地的县级以上地方人民政府应当组织编制专门的历史文化名城和历史文化街区、村镇保护规划，并纳入城市总体规划。

2014-046. (　　)不是申报历史文化名城的条件。

A. 历史建筑集中成片

B. 在所申报的历史文化名城保护范围内有两个以上的历史文化街区

C. 历史上曾经作为政治、经济、文化、交通中心或者军事要地

D. 保存有大量的省级以上文物保护单位

【答案】D

【解析】《历史文化名城名镇名村保护条例》第七条明确了历史文化名城、名镇、名村的申报条件是：① 保存文物特别丰富；②历史建筑集中成片；③保留着传统格局和历史风貌；④历史上曾经作为政治、经济、文化、交通中心或者军事要地，或者发生过重要历史事件，或者其传统产业、历史上建设的重大工程对本地区的发展产生过重要影响，或者能够集中反映本地区建筑的文化特色、民族特色。申报历史文化名城的，在所申报的历史文化名城保护范围内还应当有两个以上的历史文化街区。

2013-049. 某历史文化名城目前难以找到一处值得保护的历史文化街区，正确的做法是(　　)。

A. 整体恢复历史城区的传统风貌

B. 恢复1～2个历史全盛时期最具代表性的街区

C. 恢复1～2个代表不同历史时期风貌的街区

D. 保护现在文物古迹周围的环境

【答案】D

【解析】少数历史文化名城，目前已难以找到一处值得保护的历史文化街区。对它们来讲，重要的不是去再造一条仿古街道，而是要全力保护好文物古迹周围的环境，否则和其他一般城市就没什么区别了。

2012-093. 历史文化名城可根据其特征进行分类，包括的类型有(　　)。

A. 古都型
B. 风景名胜型
C. 殖民特色型
D. 传统风貌恢复型
E. 地方及民族待色型

【答案】ABE

【解析】历史文化名城可根据其特征进行分类，包括的类型有古都型、传统风貌型、风景名胜型、地方及民族特色型、近现代史迹型、特殊职能型、一般史迹型。

2012-047. 历史文化名城是(　　)。

A. 联合国教科文组织确定并公布的具有重大历史文化价值的城市
B. 由国务院核定并公布的保存文物特别丰富并且具有重大历史价值或者革命纪念意义的城市
C. 由历史文化街区、文物古迹和历史建筑共同组成的
D. 由城市总体规划根据城市经济社会发展目标所确定的

【答案】B

【解析】对于“保存文物特别丰富并且具有重大历史价值或者革命纪念意义的城市”，由国务院核定公布为“历史文化名城”。

2011-047. 下列不属于申报历史文化名城必要条件的是(　　)。

A. 历史上曾经作为政治、经济、文化、交通中心或军事要地
B. 保留着传统格局和历史风貌
C. 历史建筑集中成片
D. 在申报的历史文化名城范围内有两个以上的历史文化街区

【答案】A

【解析】具备下列条件的城市、镇、村庄，可以申报历史文化名城、名镇、名村：(一) 保存文物特别丰富；(二) 历史建筑集中成片；(三) 保留着传统格局和历史风貌；(四) 历史上曾经作为政治、经济、文化、交通中心或者军事要地，或者发生过重要历史事件，或者其传统产业、历史上建设的重大工程对本地区的发展产生过重要影响，或者能够集中反映本地区建筑的文化特色。

2010-094、2008-094. 编制历史文化名城保护规划的依据有(　　)。

A.《中华人民共和国城乡规划法》
B. 城市控制性详细规划
C.《中华人民共和国文物保护法》
D. 城市环境保护规划
E. 城市总体规划

【答案】ACE

【解析】由历史文化名城的概念及类型可知，选项A、C、E是其依据。此题选ACE。

2008-046. **下列关于历史文化名城保护规划的表述，不正确的是(　　)。**

A. 历史文化名城保护规划即是文物保护规划

B. 历史文化名城可在城市性质中表述

C. 历史文化名城保护规划对其他专业规划具有制约作用

D. 经批准的历史文化名城保护规划具有法律效力

【答案】A

【解析】 历史文化名城保护规划是以保护历史文化名城、协调保护与建设发展为目的，以确定保护的原则、内容和重点，划定保护范围，提出保护措施为主要内容的规划，是城市总体规划中的专项规划。历史文化名城保护规划不是文物保护规划，因此选项A说法错误。

相关真题：2017-092、2014-049、2014-047、2013-092、2013-046、2012-048、2012-046、2011-092、2010-048、2008-045

历史文化名城的层次和保护原则　　**表 5-8-3**

内容	要　点
历史文化名城保护的层次	历史文化名城；历史文化保护区；文物保护单位
保护的原则	① 对于“文物保护单位”，要遵循“不改变文物原状的原则”，保护历史的原貌和真迹； ② 对于代表城市传统风貌的典型地段，即历史文化保护区，要保存历史的真实性和完整性； ③ 对于历史文化名城，不仅要保护城市中的文物古迹和历史地段，还要保护和延伸古城的格局和历史风貌。

2017-092、2013-092、2011-092. **历史文化名城保护体系的层次主要包括(　　)。**

A. 历史文化名城

B. 历史文化街区

C. 文物保护单位

D. 历史建筑

E. 非物质文化遗产

【答案】ABC

【解析】 历史文化名城保护规划应建立历史文化名城、历史文化街区、文物保护单位三个层次的保护体系。

2014-049. **关于历史文化名城保护规划的表述，错误的是(　　)。**

A. 历史城区中不应新建污水处理厂

B. 历史城区中不宜设置取水构筑物

C. 历史城区中不宜设置大型市政基础设施

D. 历史城区应划定保护区和建设控制区，并根据实际需要划定环境协调区

【答案】D

【解析】 根据《历史文化名城保护规划规范》(GB 50357—2005) 第 3-5-2 条规定，历史城区内不宜设置大型市政基础设施，市政管线宜采取地下敷设方式。市政管线和设施的设置应符合下列要求：

① 历史城区内不应新建水厂、污水处理厂、枢纽变电站，不宜设置取水构筑物；

② 排水体制在与城市排水系统相衔接的基础上，可采用分流制或截流式合流制；

③ 历史城区内不得保留污水处理厂、固体废弃物处理厂；

④ 历史城区内不宜保留枢纽变电站，变电站、开闭所、配电所应采用户内型；

⑤ 历史城区内不应保留或新设置燃气输气输油管线和贮气贮油设施，不宜设置高压燃气管线和配气站；中低压燃气调压设施宜采用箱式等小体量调压装置。

2014-047. 关于历史文化名城保护规划的表述，错误的是(　　)。

A. 历史文化名城应当整体保护，保持传统格局、历史风貌和空间尺度

B. 历史文化名城保护不得改变与其相互依存的自然景观和环境

C. 在历史文化名城内禁止建设生产、储存易燃易爆物品的工厂、仓库等

D. 在历史文化名城保护范围内不得进行公共设施的新建、扩建活动

【答案】D

【解析】在历史文化名城保护范围内可以进行公共设施的新建、扩建活动，但应以保护历史文化名城为前提。

2013-046、2012-046. 下列哪项不是历史文化遗产保护的原则？(　　)

A. 保护历史真实载体的原则

B. 保护历史环境的原则

C. 合理利用、永续利用的原则

D. 修缮、保留与复建相结合的原则

【答案】D

【解析】历史文化名城保护规划的原则：①保护历史真实载体的原则；②保护历史环境的原则；③ 合理利用、永续利用的原则。

2012-048. 历史文化名城保护规划应建立(　　)。

A. 历史文化名城、历史文化街区与文物保护单位三个层次的保护体系

B. 历史文化名城、风景名胜区、历史文化街区与文物保护单位四个层次的保护体系

C. 历史文化街区、文物保护单位、历史建筑三个层次的保护体系

D. 历史文化名城历史文化街区、文物保护单位、历史建筑四个层次的保护体系

【答案】A

【解析】历史文化名城保护规划应建立历史文化名城、历史文化街区与文物保护单位三个层次的保护体系。

2010-048. 下列哪项属于历史文化名城、名镇、名村保护范围内禁止进行的活动？(　　)

A. 改变园林绿地、河源水系等自然状态的活动

B. 修建生产、储存腐蚀性物品的工厂、仓库等

C. 进行必要的基础设施和公共服务设施的新建、扩建活动

D. 在核心保护区范围内举办大型群众性活动

【答案】B

【解析】《历史文化名城名镇名村保护条例》第二十四条，在历史文化名城、名镇、名村保护范围内禁止进行下列活动：

（一）开山、采石、开矿等破坏传统格局和历史风貌的活动；

（二）占用保护规划确定保留的园林绿地、河湖水系、道路等；

（三）修建生产、储存爆炸性、易燃性、放射性、毒害性、腐蚀性物品的工厂、仓库等；

（四）在历史建筑上刻划、涂污。

2008-045. 根据我国有关法规确定保护的城市历史文化遗产的三个层次是(　　)。

A. 历史文化名城、历史文化街区、文物保护单位

B. 历史文化名城、历史文化保护区、历史建筑

C. 历史文化城市、历史文化名镇、历史文化村落

D. 历史文化遗产、国家文化遗产、地方文化遗产

【答案】A

【解析】对于“保存文物特别丰富并且具有重大历史价值或者革命纪念意义的城市”，由国务院核定公布为“历史文化名城”。保存文物特别丰富并且具有重大历史价值或者革命纪念意义的城镇、街道、村庄，由省、自治区、直辖市人民政府核定公布为“历史文化街区、村镇”，并报国务院备案（《中华人民共和国文物保护法》第14条）。历史文化名城保护规划应建立历史文化名城、历史文化街区与文物保护单位三个层次的保护体系。

相关真题：2018-042、2018-041、2017-093、2017-046、2014-088、2013-093、2012-049、2011-093、2011-048、2010-091、2010-049、2008-072、2008-048、2008-047

历史文化名城保护规划的主要内容　　**表5-8-4**

内容	要　点
表述	历史文化名城保护规划是以保护历史文化名城、协调保护与建设发展为目的，以确定保护的原则、内容和重点，划定保护范围，提出保护措施为主要内容的规划，是城市总体规划中的专项规划。
历史文化名城保护规划的主要内容	① 历史文化名城的格局和风貌；与历史文化密切相关的自然风貌、水系、风景名胜、古树名木；反映历史风貌的建筑群、街区、村镇；各级文物保护单位；民俗精华、传统工艺、传统文化等。
	② 历史文化名城保护规划必须分析城市的历史、社会、经济背景和现状，体现名城的历史价值、科学价值、艺术价值和文化内涵。
	③ 历史文化名城保护规划应建立历史文化名城、历史文化街区与文物保护单位三个层次的保护体系。
	④ 历史文化名城保护规划应确定名城保护目标和保护原则，确定名城保护内容和保护重点，提出名城保护措施。
	⑤ 历史文化名城保护规划应包括城市格局及传统风貌的保持与延续，历史地段和历史建筑群的维修改善与整治，文物古迹的确认。
	⑥ 历史文化名城保护规划应划定历史地段（历史文化街区）、历史建筑（群）、文物古迹和地下文物埋藏区的保护界线，并提出相应的规划控制和建设的要求。
	⑦ 历史文化名城保护规划应合理调整历史城区的职能，控制人口容量，疏解城区交通，改善市政设施，以及提出规划的分期实施及管理的建议。

续表

内容	要　点
制定保护规划的编制原则	《历史文化名城保护规划规范》规定，保护规划必须遵循保护历史真实载体的原则，保护历史环境的原则，合理利用、永续利用的原则。 ① 历史文化名城应该保护城市的文物古迹和历史地段，保护和延续古城的风貌特点，继承和发扬城市的传统文化，保护规划应根据城市的具体情况编制和落实。 ② 编制保护规划应当分析城市历史演变及性质、规模、相关特点，并根据历史文化遗存的性质、形态、分布等特点，因地制宜地确定保护原则和工作重点。 ③ 编制保护规划要从城市总体上采取规划措施，为保护城市历史文化遗存创造有利条件，同时又要注意满足城市经济、社会发展和改善人民生活和工作环境的需要，使保护与建设协调发展。 ④ 编制保护规划应当注意对城市传统文化内涵的发扬与继承，促进城市物质文明和精神文明的协调发展。 ⑤ 编制保护规划应当突出保护重点，即：保护文物古迹、风景名胜及其环境；对于具有传统风貌的商业、手工业、居住以及其他性质的街区，需要保护整体环境的文物古迹、革命纪念建筑集中连片的地区，或在城市发展史上有历史、科学、艺术价值的近代建筑群等，要划定为“历史文化保护区”予以重点保护。特别要注意对濒临破坏的历史实物遗存的抢救和保护。对已不存在的“文物古迹”一般不提倡重建。
收集保护规划的基础资料	城市历史演变、建制沿革、城址兴废变迁。
	城市现存地上地下文物古迹、历史文化街区、风景名胜、古树名木、革命纪念地、近代代表性建筑以及有历史价值的水系、地貌遗迹等。
	城市特有的传统、手工艺、传统产业及民俗精华等非物质文化遗产。
	现存历史文化遗产及其环境遭受破坏威胁的状况。

2018-042. 下列关于历史文化名城保护规划内容的表述，错误的是(　　)。

A. 必须分析城市的历史、社会、经济背景和现状

B. 应建立历史城区、历史文化街区与文物保护单位是哪个层次的保护体系

C. 提出继承和弘扬传统文化、保护非物质文化遗产的内容和措施

D. 应合理调整历史城区的职能，控制人口容量，疏解城区交通，改善市政设施

【答案】C

【解析】本题考查的是历史文化名城保护规划，选项C不属于历史文化名城保护规划的主要内容。

2018-041. 下列关于历史文化名城保护的表述，错误的是(　　)。

A. 对于格局和风貌完整的名城，要进行整体保护

B. 对于格局和风貌犹存的名城，除保护文物古迹、历史文化街区外，要对尚存的古城格局和风貌采取综合保护措施

C. 对于整体格局和风貌不存但是还保存有若干历史文化街区的名城，要用这些局部地段来反映城市文化延续和文化特色，用它来代表古城的传统风貌

D. 对于难以找到一处历史文化街区的少数名城，要结合文物古迹和历史建筑，在周

边复建一些古建筑，保持和延续历史地段的完整性和整体风貌

【答案】D

【解析】本题考查的是历史文化名城保护规划。少数历史文化名城，目前已难以找到一处值得保护的历史文化街区。对它们来讲，重要的不是去再造一条仿古街道，而是要全力保护好文物古迹周围的环境，否则和其他一般城市就没什么区别了。要整治周围环境，拆除些违章建筑，把保护文物古迹的历史环境提高到新水平，表现出这些文物建筑的历史功能和当时达到的艺术成就。

2017-093、2011-093. **历史文化名城保护规划的编制内容包括(　　)。**

A. 合理调整历史城区的职能

B. 控制历史城区内的建筑高度

C. 确定历史城区的保护界限

D. 保护或延续历史城区原有的道路格局

E. 保留必要的二、三类工业

【答案】ACD

【解析】由历史文化名城保护规划的基本内容可知，选项A、C、D属于其内容。此题选ACD。

2017-046. **历史文化名城保护规划的规划期限应(　　)。**

A. 不设置

B. 与城市总体规划的规划期限一致

C. 与城市近期规划的规划期限一致

D. 与旅游规划的规划期限一致

【答案】B

【解析】《历史文化名城名镇名村保护条例》第十五条规定，历史文化名城、名镇保护规划的规划期限应当与城市、镇总体规划的规划期限相一致；历史文化名村保护规划的规划期限应当与村庄规划的规划期限相一致。

2014-088. **根据《历史文化名城保护规划规范》，历史文化名城保护规划必须遵循的原则包括(　　)。**

A. 保护历史真实载体

B. 提高土地利用率

C. 合理利用、永续利用

D. 保护历史环境

E. 谁投资谁受益

【答案】ACD

【解析】《历史文化名城保护规划规范》规定保护规划必须遵循保护历史真实载体的原则，保护历史环境的原则，合理利用、永续利用的原则。

2013-093. **编制历史文化名城保护规划，评估的主要内容有(　　)。**

A. 传统格局和历史风貌

B. 文物保护单位和近年来恢复建设的传统风格建筑

C. 历史环境要素

D. 传统文化及非物质文化遗产

E. 基础设施、公共安全设施和公共服务设施现状

【答案】**ACDE**

【解析】根据《历史文化名城名镇名村保护规划编制要求》第十二条，评估主要包括以下内容：历史沿革；文物保护单位、历史建筑、其他文物古迹和传统风貌建筑等的详细信息；传统格局和历史风貌；具有传统风貌的街区、镇、村；历史环境要素；传统文化及非物质文化遗产；基础设施、公共安全设施和公共服务设施现状；保护工作现状。

2012-049. 对历史文化街区的历史建筑可以(　　)。

A. 仅保存外表，改变总结构、布局、设施、功能

B. 在空间尺度、建筑色彩符合历史见风貌的前提下新建

C. 对所有建筑构件进行拆解、分类与编号后异地重建

D. 维修性拆除后，在原地恢复其历史最佳时期的风貌

【答案】**D**

【解析】由《历史文化名城保护规划标准》5.0.4 可知，应科学评估历史建筑的历史价值、科学价值、艺术价值以及保存状况，提出历史建筑的场地环境、平面布局、立面形式、装饰细部等具体的修缮维护要求，所有修缮维护、设施添加或结构改变等行为均不得破坏历史建筑的历史特征、艺术特征、空间和风貌特色。选项 A 的仅保留外表、选项 B 的新建、选项 C 的异地重建都是错误的，因而选 D。

2011-048. 关于历史文化名城保护规划内容的表述，不准确的是(　　)。

A. 应包括城市格局及传统风貌与延续

B. 应保护与历史文化密切相关的自然地貌、水系、风景名胜、古树名木

C. 应划定历史地段（历史文化街区）、历史建筑（群）、文物古迹和地下文物埋藏区的保护界线

D. 应合理调整历史城区的职能，控制人口容量，限制市政设施的建设

【答案】**D**

【解析】历史文化名城保护规划应合理调整历史城区的职能，控制人口容量，疏解城区交通，改善市政设施，以及提出规划的分期实施及管理的建议。

2010-091. 下列哪些项是历史文化名城保护规划的主要内容？(　　)

A. 确定历史文化名城周边的保护范围和建设控制地带的界线

B. 建立历史文化名城、历史文化街区与文物保护单位三个层次的保护体系

C. 合理调整历史城区的职能，控制人口容量

D. 历史地段和历史建筑群的维修改善与整治，文物古迹的确认

E. 尽可能地重建和复原已不存在的文物古迹

【答案】**BCD**

【解析】由历史文化名城保护规划的基本内容可知，选项 B、C、D 属于其内容。此题选 BCD。

2010-049. 关于历史文化名城保护规划的表述中，下列哪项是不准确的？(　　)

A. 应划定历史文化街区、历史建筑、文物古迹和地下文物埋藏区的保护界限

B. 规划期限应当与城市总体规划的规划期限一致

C. 应当包括核心保护范围和建设控制地带

D. 历史文化名城应当整体保护，保持传统格局、历史风貌和空间尺度，不得改变与其相互依存的自然景观和环境

【答案】C

【解析】由历史文化名城保护规划的基本内容可知，选项 C 表述不准确。此题选 C。

2008-072. 历史文化名镇（名村）的评价体系内容分为价值特色和保护措施两部分，下列哪项不属于保护措施？（　　）

A. 核心保护区中原住居民比例

B. 对历史建筑、文物保护单位登记建档并挂牌保护的比例

C. 保护规划编制与实施

D. 保护机构及人员

【答案】A

【解析】历史文化名镇（名村）的评价体系中的保护措施主要有以下几点：

① 保护规划：保护规划编制与实施。

② 保护修复措施：对历史建筑、环境要素登记建档并挂牌保护的比例；建立保护规划及修复建设公示栏情况；对居民和游客建立警醒意义的保护标志数量。

③ 保障机制：保护管理办法的制定；保护机构及人员；每年用于保护维修资金占全年村镇建设资金。

2008-048. 下列有关历史文化街区保护规划的描述中不正确的是（　　）。

A. 历史文化街区的整治和更新是达到保护目标的必要手段

B. 应对历史文化街区内的所有建筑物实施保护，并尽可能重建少量在历史上十分重要的已被毁的建筑物

C. 将历史文化街区完全转变为博物馆式的游览景区是不可取的

D. 历史文化街区内建筑物的改造应以不破坏建筑外观的历史风貌特征和内部结构特征为原则

【答案】B

【解析】由历史文化名城保护规划的基本内容可知，选项 B 表述不正确。此题选 B。

2008-047. 下列有关历史文化名城保护规划的表述，不准确的是(　　)。

A. 在历史城区以外开辟新区或进行新的建设，是当前协调城市历史文化保护与城市发展的一种重要方式

B. 历史文化名城可采用新旧并存的城市发展战略，其前提是保持城市文脉的连续性

C. 尽量将历史城区内的人口迁移出去，减少对历史城区历史文化环境的直接破坏

D. 历史文化名城保护规划应从整个城市着眼，而不能单纯保护城市中的几个珍贵文物或几个历史文化街区

【答案】C

【解析】由历史文化名城保护规划的基本内容可知，选项 C 表述不准确。此题选 C。

保护规划的成果要求 **表 5-8-5**

内容	要　点
规划文本	① 城市历史文化价值概述； ② 历史文化名城保护原则和保护工作重点； ③ 城市整体层次上保护历史文化名城的措施，包括古城功能的改善、用地布局的选择或调整、古城空间形态或视廊的保护等； ④ 各级文物保护单位的保护范围、建设控制地带以及各类历史文化保护区的范围界线，保护和整治的措施要求； ⑤ 对重点历史文化遗存修整、利用和展示的规划意见； ⑥ 重点保护、整治地区的详细规划意向方案； ⑦ 规划实施管理措施。
规划图纸	① 文物古迹、传统街区、风景名胜分布图，比例尺为 1：5000～1：10000； ② 历史文化名城保护规划总图，比例尺为 11：5000～1：10000； ③ 重点保护区域界线图，比例尺为 1：5000～1：2000； ④ 重点保护、整治地区的详细规划意向方案图。
附件	包括规划说明书和基础资料汇编。

三、历史文化街区保护规划

相关真题：2018-045、2018-043、2017-048、2017-047、2011-049、2010-092

历史文化街区保护规划的内容和成果要求 **表 5-8-6**

内容	要　点
概念	保存有一定数量和规模的历史建筑、构筑物，并且传统风貌完整的生活地域。
基本特征	① 历史文化街区是有一定的规模，并具有较完整或可整治的景观风貌，没有严重的视觉环境干扰，能反映某历史时期某一民族及某个地方的鲜明特色，在这一地区的历史文化上占有重要地位。 ② 有一定比例的真实遗存，携带着真实的历史信息。 ③ 历史文化街区应在城镇生活中仍起着重要的作用，是生生不息的、具有活力的社区，这也就决定了历史文化街区不但记载了过去城市的大量的文化信息，而且还不断并继续记载着当今城市发展的大量信息。
划定原则	① 有比较完整的历史风貌； ② 构成历史风貌的历史建筑和历史环境要素基本上是历史存留的原物； ③ 历史文化街区占地面积不小于 $1hm^2$； ④ 历史文化街区内文物古迹和历史建筑的占地面积宜达到保护区内建筑总用地的 60%以上。
划分	绝对保护；建设控制地带；环境协调区。
现状调查的内容	① 历史沿革； ② 功能特点，历史风貌所反映的时代； ③ 居住人口； ④ 建筑物建造时代、历史价值、保存状况、房屋产权、现状用途； ⑤ 反映历史风貌的环境状况，指出其历史价值、保存完好程度； ⑥ 城市市政设施现状，包括供电、供水、排污、燃气的状况，居民厨、厕的现状。

续表

内容	要　点
保护规划的内容	① 保护区及外围建设控制地带的范围、界线； ② 保护的原则和目标； ③ 建筑物的保护、维修、整治方式； ④ 环境风貌的保护整治方式； ⑤ 基础设施的改造和建设； ⑥ 用地功能和建筑物使用的调整； ⑦ 分期实施计划、近期实施项目的设计和概算。

2018-045. 下列关于历史文化街区保护界限划定要求的表述，错误的是(　　)。

A. 要考虑文物古迹或历史建筑的现状用地边界

B. 要考虑构成历史风貌的自然景观边界

C. 历史文化街区内在街道、广场、河流等处视线所及范围内的建筑物用地边界或外界面可以划入保护界限

D. 历史文化街区的外围必须划定建设控制地带及环境协调区的边界

【答案】D

【解析】《历史文化名城保护规划规范》第3.2.1条规定，历史文化街区应划定保护区和建设控制地带的具体界线，也可根据实际需要划定环境协调区的界线，因此D选项符合题意。

2018-043. 关于历史文化街区应当具备的条件，下列说法错误的是(　　)。

A. 有比较完整的历史风貌

B. 构成历史风貌的历史建筑和历史环境要素基本是历史存留的原物

C. 历史文化街区用地面积不小于1hm^2

D. 历史文化街区内文物古迹和历史建筑的用地面积宜达到保护区内总用地面积的60%以上

【答案】D

【解析】《历史文化名城保护规划规范》第4.1.1条规定，历史文化街区应具备下列条件：(1) 应有比较完整的历史风貌；(2) 构成历史风貌的历史建筑和历史环境要素基本上是历史存留的原物；(3) 历史文化街区核心保护范围面积不应小于1hm^2；(4) 历史文化街区核心保护范围内的文物保护单位、历史建筑、传统风貌建筑的总用地面积不应小于核心保护范围内建筑总用地面积的60%。由上可知，选项D错误，应选D。

2017-048. 下列关于历史文化街区的表述，不准确的是(　　)。

A. 总用地面积一般不小于1hm^2

B. 历史建筑和历史环境要素可以是不同时代的

C. 需要保护的文物古迹和历史建筑的建筑用地面积占保护区用地总面积的比例应在70%以上

D. 一个城市可以有多处历史文化街区

【答案】C

【解析】由历史文化街区保护规划的内容和成果要求可知，选项C表述不准确。此题选C。

2017-047. 下列属于城市紫线的是（ ）。

A. 历史文化街区中文物保护单位的范围界限

B. 历史文化街区的保护范围界限

C. 历史文化街区建设控制地带的界限

D. 历史文化街区环境协调区的界限

【答案】B

【解析】《城市紫线管理办法》第二条规定，本法所称城市紫线，是指国家历史文化名城的历史文化街区和省、自治区、直辖市人民政府公布的历史文化街区的保护范围界线，以及历史文化街区外经县级以上人民政府公布保护的历史建筑的保护范围界线。

2011-049. 下列不属于划定历史文化街区原则的是（ ）。

A. 有比较完整的历史风貌

B. 构成历史风貌的历史建筑和历史环境要素基本上是历史存留的原物

C. 历史文化街区占地面积不小于1公顷

D. 街区内文物古迹和历史建筑的总建筑面积不少于保护区内建筑总量的60%

【答案】D

【解析】由历史文化街区保护规划的内容和成果要求可知选项D不属于其原则。此题选D。

2010-092. 下列哪些项属于历史文化街区保护规划的内容？（ ）

A. 划定保护区及建设控制地带的范围、界线

B. 明确建筑物的保护、维修、整治方式

C. 基础设施的改造和建设规划

D. 确定重点文物的保护范围和建设控制地带的具体界线

E. 建立历史文化街区、文物保护单位、外围建设控制地带三个层次的保护体系

【答案】ABC

【解析】保护规划包括七方面内容：①保护区及外围建设控制地带的范围、界线；②保护的原则和目标；③建筑物的保护、维修、整治方式；④环境风貌的保护整治方式；⑤基础设施的改造和建设；⑥用地功能和建筑物使用的调整；⑦分期实施计划、近期实施项目的设计和概算。

第九节 城市市政公用设施规划

一、城市市政公用设施规划的基本概念和主要任务

相关真题：2018-092、2017-050、2013-084

城市市政公用设施的概念和主要任务　表 5-9-1

内容	要　点
概念	市政公用设施，泛指由国家或各种公益部门建设管理，为社会生活和生产提供基本服务的行业和设施。城市市政公用设施是城市发展的基础，是保障城市可持续发展的关键性措施。
主要任务	① 城市总体规划阶段：根据确定的城市发展目标、规模和总体布局以及本系统上级主管部门的发展规划确立本系统的发展目标，提出保障城市可持续发展的水资源、能源利用与保护战略；合理布局本系统的重大关键性设施和网络系统，制定本系统主要的技术政策、规定和实施措施；综合协调并确定城市供水、排水、防洪、供电 、通信、燃气、供热、消防、环卫等设施的规模和布局。规划图中应标明水源保护区、河湖湿地水系蓝线、重要市政走廊等控制范围；标明水源、水厂、污水处理厂，热电站或集中锅炉房、气源、调压站，电厂、变电站、电信中心或邮电电台等设施位置，城市给水、排水、热力、燃气、电力、通信等干线系统走向。
	② 城市分区规划阶段：据城市总体规划，结合本分区的现状基础、自然条件等，从市政公用设施方面分析论证城市分区规划布局的可行性、合理性，提出调整、完善等意见和建议。落实城市总体规划中市政公用设施规划提出的资源利用与保护、河湖湿地水系控制蓝线、重要市政走廊等限制空间条件。确定市政公用设施在规划分区内的主要设施规模、布局和工程管网。 规划图中应标明工程干管的位置、走向、管径、服务范围及主要工程设施的位置和用地范围。
	③ 城市详细规划阶段：据城市总体规划和分区规划，结合详细规划范围内的各种现状情况，从市政公用设施方面对城市详细规划的布局提出相应的完善、调整意见。根据城市分区规划中市政公用设施规划和城市详细规划布局，具体布置规划范围内市政公用设施和工程管线，提出相应的工程建设技术和实施措施。

2018-092. 下列哪些层次的城市规划中，应明确城市基础设施的用地位置，并划定城市黄线？(　　)

A. 城镇体系规划　　B. 城市总体规划
C. 控制性详细规划　　D. 修建性详细规划
E. 历史文化名城保护规划

【答案】BCD

【解析】《城市黄线管理办法》第七条规定，编制城市总体规划，应当根据规划内容和深度要求，合理布置城市基础设施，确定城市基础设施的用地位置和范围，划定其用地控制界线故 B 项正确；第八条规定，控制性详细规划应当依据城市总体规划，落实城市总体规划确定的城市基础设施的用地位置和面积，划定城市基础设施用地界线，规定城市黄线范围内的控制指标和要求，并明确城市黄线的地理坐标，故 C 项正确；修建性详细规划应当依据控制性详细规划，按不同项目具体落实城市基础设施用地界线，提出城市基础设施用地配置原则或者方案，并标明城市黄线的地理坐标和相应的界址地形图，故 D 项正确。

2017-050. 下列不属于城乡规划中城市市政公用设施规划内容的是(　　)。

A. 水资源、给水、排水、再生水　　B. 能源、电力、燃气、供热
C. 通信　　D. 环卫、环保

【答案】D

【解析】市政公用设施主要指规划区范围内的水资源、给水、排水、再生水、能源、

电力、燃气、供热、通信、环卫设施等工程。

2013-084. **城市市政公用设施规划包括(　　)。**

A. 城市排水工程规划　　B. 城市环卫设施规划
C. 城市燃气工程规划　　D. 城市通信工程规划
E. 城市环境保护规划

【答案】ABCD

【解析】城市市政设施规划的主要内容包括：城市水资源规划、城市给水工程规划、城市再生水利用规划、城市排水工程规划、城市河湖水系规划、城市能源规划、城市电力工程规划、城市燃气工程规划、城市供热工程规划、城市通信工程规划、城市环境卫生设施规划。选项E属于其他专项规划，故此题选ABCD。

二、城市市政公用设施规划的主要内容

相关真题：2017-095、2012-094、2011-095、2010-093、2010-051、2008-052

城市水资源规划的主要任务和内容　　**表 5-9-2**

内容	要　　点
主要任务	根据城市和区域水资源的状况，最大限度地保护和合理利用水资源；按照可持续发展原则，科学合理预测城乡生态、生产、生活等需水量，充分利用再生水、雨洪水等非常规水资源，进行资源供需平衡分析；确定城市水资源利用与保护战略，提出水资源节约利用目标、对策，制定水资源的保护措施。
主要内容	① 水资源开发与利用现状分析：区域、城市的多年平均降水量、年均降水总量，地表水资源量、地下水资源量和水资源总量。 ② 供用水现状分析：从地表水、地下水、外调水量、再生水等几个方面分析供水现状及趋势，从生活用水、工业用水、农业用水及生态环境用水等几方面分析用水现状、用水效率水平及趋势。 ③ 供需水量预测及平衡分析：根据本地地表水、地下水、再生水及外调水等现状情况及发展趋势，预测规划可供水资源，提出水资源承载能力；根据城市经济社会发展规划，集合城市总体规划方案，预测城市需水量，进行水资源供需平衡分析。 ④ 水资源保障战略：根据城市经济社会发展目标和城市总体规划目标，结合水资源承载能力，按照节流、开源、水源保护并重的规划原则，提出城市水资源规划目标，制定水资源保护、节约用水、雨洪及再生水利用、开辟新水源、水资源合理配置及水资源应急管理等战略保障措施。

2017-095、2011-095. **城市水资源规划的主要内容包括(　　)。**

A. 水资源开发与利用现状分析　　B. 供用水现状分析
C. 供需水量预测及平衡分析　　D. 水资源保障战略
E. 给水分区平衡

【答案】ABCD

【解析】城市水资源规划的主要内容：①水资源开发与利用现状分析；②供用水现状分析；③供需水量预测及平衡分析；④水资源保障战略。

2012-094、2010-093. **下列哪些项属于城市水资源规划的内容？(　　)**

A. 合理预测城乡生产、生活需水量　　B. 划分河道流域范围
C. 分析城市水资源承载能力　　D. 制定雨水及再生水利用目标
E. 布置配水干管

【答案】ACD

【解析】由城市水资源规划的主要任务可知，选项 A、C、D 属于其内容。此题选 ACD。

2010-051. 下列哪项不属于城市水资源规划中的供、用水现状分析的主要内容？（　　）

A. 现状外调水量　　B. 年均降水总量

C. 城市生活用水总量　　D. 工业用水效率

【答案】B

【解析】由城市水资源规划的主要任务可知，选项 B 不属于其内容。此题选 B。

2008-052. 为满足城市经济发展的需要，需扩充城市水源，应该优先考虑的方式是(　　)。

A. 开采深层地下水　　B. 中水回用

C. 跨流域引水　　D. 在过境的河道上修筑截流坝

【答案】B

【解析】为建设节约型城市，要以水的供给能力为基本出发点，考虑城市产业发展和建设规模，落实各项节水措施，加快推进中水回用，提高水的利用效率。

相关真题：2018-047、2017-032、2012-050、2008-053

城市给水工程规划的主要任务和内容　　表 5-9-3

内容	要　点
主要任务	根据城市和区域水资源的状况，合理选择水源，科学合理确定用水量标准，预测城乡生产、生活等需水量，确定城市自来水厂等设施的规模和布局；布置给水设施和各级供水管网系统，满足用户对水质、水量、水压等要求。
主要内容	城市总体规划：确定用水量标准，预测城市总用水量；平衡供需水量，选择水源，确定取水方式和位置；确定给水系统的形式、水厂供水能力和厂址，选择处理工艺；布置输配水干管、输水管网和供水重要设施，估算干管管径。 城市分区规划：估算分区用水量；进一步确定供水设施规模，确定主要设施位置和用地范围；对总体规划中输配水管渠的走向、位置、线路，进行落实或修正补充，估算控制管径。 城市详细规划：计算用水量，提出对用水水质、水压的要求；布置给水设施和给水管网；计算输配水管渠管径，校核配水管网水量及水压。
构成	取水工程的功能：将原水取、送到城市净水工程，为城市提供足够的水量。 净水工程的功能：将原水净化处理成符合城市用水水质标准的净水，并加压输入城市供水管网。 输配水工程的功能：将净水按水质、水量、水压的要求输送至用户。

2018-047. 根据《城市黄线管理办法》，不纳入黄线管理的是(　　)。

A. 取水构筑物　　B. 取水点

C. 水厂　　D. 加压泵站

【答案】D

【解析】依据《城市黄线管理办法》第二条，城市黄线的划定和规划管理，适用本办法。本办法所称城市黄线，是指对城市发展全局有影响的、城市规划中确定的、必须控制的城市基础设施用地的控制界线。本办法所称城市基础设施包括：

（二）取水工程设施（取水点、取水构筑物及一级泵站）和水处理工程设施等城市供水设施。因而，D 选项符合题意。

2017-032. 下列关于水厂厂址选择的表述，不准确的是(　　)。

A. 应有较好的废水排除条件　　B. 应设在水源附近

C. 有远期发展的用地条件　　D. 便于设立防护绿带

【答案】B

【解析】《室外给水设计规范》(GB 50013—2006) 第 8-0-1 条规定，水厂厂址的选择，应符合城镇总体规划和相关专项规划，并根据下列要求综合确定：①给水系统布局合理；②不受洪水威胁；③ 有较好的废水排除条件；④有良好的工程地质条件；⑤有便于远期发展控制用地的条件；⑥ 有良好的卫生环境，并便于设立防护地带；⑦少拆迁，不占或少占农田；⑧施工、运行和维护方便。注：有沉沙特殊处理要求的水厂宜设在水源附近。

2012-050. 不属于总体规划阶段给水工程规划主要内容的是(　　)。

A. 确定用水量标准，预测城市总用水量

B. 提出对用水水质、水压的要求

C. 确定给水系统的形式、水厂供水能力和厂址

D. 布置输配水干管、输水管网和供水重要设施，估算干管管径

【答案】B

【解析】由城市给水工程规划的主要任务和内容可知，选项 B 不属于其内容。此题选 B。

2008-053. 城市用水一般可以分为(　　)。

A. 市政用水、企业自备水

B. 生产用水、生活用水、绿化用水

C. 生产用水、生活用水、市政用水、消防用水

D. 饮用水、循环水、冷却水、市政用水

【答案】C

【解析】城市用水为城市生产、生活、消防和市政管理等活动所需用水的统称，包括城市生活用水，城市居民住宅用水，公共建筑用水，市政、环境景观和娱乐用水，消防用水。

相关真题：2013-054、2010-053

城市再生水利用规划的主要任务和内容　　表 5-9-4

内容	要　　点
主要任务	根据城市水资源供应紧缺状况，结合城市污水处理厂规模、布局，在满足不同用水水质标准条件下考虑将城市污水处理再生后用于生态用水、市政杂用水、工业用水等，确定城市再生水厂等设施的规模、布局；布置再生水设施和各级再生水管网系统，满足用户对水质、水量、水压等要求。
主要内容	① 城市总体规划：确定再生水利用对象、用水量标准、水质标准，预测城市再生水需水量；结合城市污水处理厂规模、布局，合理布置再生水厂布局、规模和服务范围；布置再生水输配水干管、输水管网和供水重要设施。 ② 城市分区规划：估算分区再生水需水量；进一步确定再生水设施规模，确定主要设施位置和用地范围；对总体规划中再生水输配水干管的走向、位置、线路，进行落实或修正补充，估算控制管径。 ③ 城市详细规划：计算再生水需水量，提出对用水水压的要求；布置再生水设施和管网；计算输配水管渠管径，校核配水管网水量及水压。

2013-054. **下列关于再生水利用规划的表述，不准确的是(　　)。**

A. 城市再生水主要用于生态用水、市政杂用水和工业用水

B. 按照城市排水体制确定再生水厂的布局

C. 城市再生水利用规划需满足用户对水质、水量、水压等的要求

D. 城市详细规划阶段，需计算输配水管渠管径、校核配水管网水量及水压

【答案】B

【解析】 根据城市水资源供应紧缺状况，结合城市污水处理厂规模、布局，在满足不同用水水质标准条件下考虑将城市污水处理再生后用于生态用水、市政用水、工业用水等，确定城市再生水厂等设施的规模、布局；布置再生水设施和各级再生水管网系统，满足用户对水质、水量、水压等要求。

2010-053. **下列哪项不宜作为城市污水资源化的用途？(　　)**

A. 工业冷却用水　　B. 生活饮用水

C. 景观用水　　D. 生态用水

【答案】B

【解析】 目前，污水再利用主要集中在工业、市政杂用（包括洗车、浇洒道路、浇灌绿地）和景观方面，部分城市用于居民住宅和公共设施冲厕。

相关真题：2012-031

城市排水工程规划主要任务与内容　　表 5-9-5

内容	要　　点
主要任务	根据城市用水状况和自然环境条件，确定规划期内污水处理量、污水处理设施的规模与布局，布置各级污水管网系统；确定城市雨水排除与利用系统规划标准、雨水排除出路、雨水排放与利用设施的规模与布局。
主要内容	① 城市总体规划：确定排水制度；划分排水区域，估算雨水、污水总量，制定不同地区污水排放标准；进行排水管、渠系统规划布局，确定雨水、污水主要泵数量、位置，以及水闸位置；确定污水处理厂数量、分布、规模、处理等级以及用地范围；确定排水干管、渠的走向和出口位置；提出污水综合利用措施。 ② 城市分区规划：估算分区的雨水、污水排放量；按照确定的排水体制划分排水系统；确定排水干管的位置、走向、服务范围、控制管径以及主要工程设施的位置和用地范围。 ③ 城市详细规划：对污水排放量和雨水量进行具体的统计计算；对排水系统的布局、管线走向、管径进行计算复核，确定管线平面位置、主要控制点标高；对污水处理工艺提出初步方案。
构成	雨水排放工程的功能：及时收集与排放区域雨水等降水，抗御洪水和潮汛侵袭，避免和迅速排出城区积水。 污水处理与排水工程的功能：收集与处理城市各种生活污水、生产污水，综合利用，妥善排放处理后的污水，控制与治理城市污染，保护城市与区域的水环境。

2012-031. **下列关于小城市污水处理厂规划布局的表述，不正确的是(　　)。**

A. 应选择在地势较低处　　B. 应远离城市中心区

C. 应有良好的电力条件　　D. 应位于河流的下游

【答案】B

【解析】 根据本题的选项可知，污水处理厂的布置应该考虑到废水的收集以及再生水

的利用，所以污水的处理厂不能远离城市中心区，否则将造成地下管网的增加。

相关真题：2018-093、2014-051

城市河湖水系规划的主要任务与内容　　表 5-9-6

内容	要　点
主要任务	根据城市自然环境条件和城市规模等因素，确定城市防洪标准和主要河道治理标准；结合城市功能布局确定河道功能定位；划定河湖水系、湿地的蓝线，提出河道两侧绿化隔离带宽度；落实河道补水水源，布置河道截污设施。
主要内容	① 城市总体规划：确定城市防洪标准和河道治理标准；结合城市功能布局确定河湖水系布局和功能定位，确定城市河湖水系水环境质量标准；划分河道流域范围，估算河道洪水量，确定河道规划蓝线和两侧绿化隔离带宽度；确定湿地保护范围；落实景观河道补水水源，布置河道污水截流设施。 ② 城市详细规划：根据河道治理标准和流域范围计算河道洪水量，确定河道规划中心线和蓝线位置；协调河道与城市雨水管道高程衔接关系，计算河道洪水位，确定河道横断面形式、河道规划高程；确定补水水源方案和河道污水截流方案。

2018-093. 下列应划定蓝线的有(　　)。

A. 湿地　　B. 河湖

C. 水源地　　D. 水渠

E. 水库

【答案】ABDE

【解析】《城市蓝线管理办法》第二条规定：本办法所称城市蓝线，是指城市规划确定的江、河、湖、库、渠和湿地等城市地表水体保护和控制的地域界限。

2014-051. (　　)不属于城市河湖水系规划的基本内容。

A. 确定城市河湖水系水环境质量标准

B. 预测规划期内河湖可供水资源总量

C. 提出河道两侧绿化带宽度

D. 确定城市防洪标准

【答案】B

【解析】城市河湖水系总体（分区）规划的主要内容：①确定城市防洪标准和河道治理标准；②结合城市功能布局确定河湖水系布局和功能定位，确定城市河湖水系水环境质量标准；③划分河道流域范围，估算河道洪水量，确定河道规划蓝线和两侧绿化隔离带宽度；确定湿地保护范围；④落实景观河道补水水源，布置河道污水截流设施。

相关真题：2018-094、2018-048、2014-092、2012-095

城市能源规划的主要任务与内容　　表 5-9-7

内容	要　点
主要任务	通过制定城市能源发展战略，保证城市能源供应安全；优化能源结构，落实节能减排措施；实现能源的优化配置和合理利用，协调社会经济发展和能源资源的高效利用与生态环境保护的关系，促进和保障城市经济社会可持续发展。

续表

内容	要　点
主要内容	① 确定能源规划的基本原则和目标； ② 预测城市能源需求； ③ 平衡能源供需（包括能源总量和能源品种），并进一步优化能源结构； ④ 落实能源供应保障措施及空间布局规划； ⑤ 落实节能技术措施和节能工作； ⑥ 制定能源保障措施。

2018-094. 下列属于可再生能源的有(　　)。

A. 太阳能　　B. 天然气

C. 风能　　D. 水能

E. 核能

【答案】ACD

【解析】本题考查的是城市的可持续发展，可再生能源是指风能、太阳能、水能、生物质能、地热能、海洋能等非化石能源。

2018-048. 下列不属于能源规划内容的是(　　)。

A. 石油化工　　B. 电力

C. 煤炭　　D. 燃气

【答案】A

【解析】在城市规划中，石油化工不属于城市能源的供能品，因此不属于能源规划的内容，A选项符合题意。

2014-092. 城市能源规划应包括(　　)。

A. 预测城市能源需求　　B. 优化能源结构

C. 确定变电站数量　　D. 制定节能对策

E. 制定能源保障措施

【答案】ABE

【解析】城市能源规划的主要内容包括：①确定能源规划的基本原则和目标；②预测城市能源需求；③平衡能源供需（包括能源总量和能源品种），并进一步优化能源结构；④落实能源供应，保障措施及空间布局规划；⑤落实节能技术措施和节能工作；⑥制定能源保障措施。

2012-095. 城市能源规划的主要内容包括(　　)。

A. 预测城市能源需求　　B. 提出节能技术措施

C. 协调城市供电、燃气，供热规划　　D. 合理确定变电站数量

E. 确定燃气设施布局

【答案】AB

【解析】由城市能源规划的主要任务与内容可知，选项A、B属于其内容。此题选AB。

相关真题：2017-051、2014-093、2011-051、2010-052、2008-050、2008-049

城市电力工程规划的主要任务和内容　　表 5-9-8

内容	要　点
主要任务	根据城市和区域电力资源状况，合理确定规划期内的城市用电量、用电负荷，进行城市电源规划；确定城市输配电设施的规模、布局以及电压等级；布置变电所（站）等变电设施和输配电网络；制定各类供电设施和电力线路的保护措施。
主要内容	① 城市总体规划：预测城市供电负荷；选择城市供电电源；确定城市电网供电电压等级和层次；确定城市变电站容量和数量；布局城市高压送电网和高压走廊；提出城市高压配电网规划技术原则。 ② 城市分区规划：预测分区供电负荷；确定分区供电电源方位；选择分区变、配电站容量和数量；进行高压配电网规划布局。 ③ 城市详细规划：计算用电负荷；选择和布局规划范围内的变、配电站；规划设计 10kV 电网；规划设计低压电网。

2017-051、2011-051. 高压送电网和高压走廊的布局，属于下列(　　)阶段城市电力工程规划的主要任务?

A. 城市总体规划　　B. 城市分区规划

C. 控制性详细规划　　D. 修建性详细规划

【答案】A

【解析】由城市电力工程规划的主要任务和内容可知，选项 A 符合题意。此题选 A。

2014-093. 城市火电厂选址应该考虑的因素包括(　　)。

A. 接近负荷中心　　B. 水源条件

C. 毗邻城市干路　　D. 地质构造稳定

E. 地表有一定的坡度

【答案】ABD

【解析】城市火电厂选址应该考虑的因素包括：①电厂尽量至近负荷中心；②厂址靠近原料产地或有良好的原料运输条件；③厂址接近水源，水源要有充足的水量；④厂址有足够容量的储灰场或灰渣回收利用能力；⑤厂址有足够的出线走廊；⑥厂址与周边其他城市用地要有一定的防护距离；⑦地势高而平坦，工程地质条件良好；⑧有方便的交通运输条件。

2010-052. 下列哪项不属于城市电源工程的内容?(　　)

A. 城市电厂　　B. 超高压变电站

C. 区域变电站　　D. 城市变配电站

【答案】B

【解析】城市电源规划包括电源种类、电力平衡、电源布局三个内容。城市电源分为城市发电厂、区域变电所（站），发电厂有火力、水力、风力、太阳能、地热、原子能等发电厂。

2008-050. 规划一条高压输电线路走廊，下列哪项是正确的?(　　)

A. 在经过现状居住区时，相应加高架空线高度

B. 应该绕开规划中的城市中心区

C. 不应该与城市干路平行

D. 可以穿过郊区的垃圾填埋场

【答案】B

【解析】高压输电线路走廊即高压架空输电线路行经的专用通道，其下一定距离范围内不能进行城市建设，一般只能用作绿地，所以在经过现状居住区时，应绕开通过，故A项错误。并且利用城市干路开阔的用地范围，可以与城市干路平行，故C项错误。高压走廊下方一段距离只能用作绿地，所以也不能穿过垃圾填埋场，故D项错误。此题选B。

2008-049. 下列关于城市供电工程规划的表述中，不正确的是(　　)。

A. 城市电源工程主要有城市电厂和区域变电所（站）等电源设施

B. 我国城市电网供电采用统一的电压等级

C. 预测供电负荷是各阶段城市供电规划的重要任务之一

D. 预测供电负荷必须满足节能减排的要求

【答案】B

【解析】我国城市电网供电采用高压、中压、低压三个电压等级。

相关真题：2010-054、2008-051

城市燃气工程规划的主要任务和内容　　表5-9-9

内容	要　点
主要任务	根据城市和区域燃料资源状况，选择城市燃气气源，合理确定规划期内各种燃气的用量，进行城市燃气气源规划；确定各种供气设施的规模、布局；选择确定城市燃气管网系统；科学布置气源厂、气化站等产、供气设施和输配气管网；制定燃气设施和管道的保护措施。
主要内容	① 城市总体规划：预测城市燃气负荷；选择城市气源种类；确定城市气源厂和储配站的数量、位置与容量；选择城市燃气输配管网的压力级制；布局城市输气干管。 ② 城市分区规划：确定燃气输配设施的分布、容量和用地；确定燃气输配管网的级配等级，布局输配干线管网，估算分区燃气的用气量；确定规划范围内生命线系统的布局以及维护措施。 ③ 城市详细规划：计算燃气用量；规划布局燃气输配设施，确定其位置、容量和用地；规划布局燃气输配管网；计算燃气管网管径。
构成	气源、储气工程、输配气管网工程。气源具有为城市提供可靠的燃气气源的功能，城市燃气类型主要有：天然气、煤制气、油制气、液化气等。储气工程具有储存、调配，提高供气可靠性的功能；输配气工程具有间接、直接供给用户用气的功能。

2010-054. 下列哪项不属于城市燃气工程系统的主要内容？(　　)

A. 石油液化气储存站　　B. 水煤气厂

C. 输配气管　　D. 天然气分输站

【答案】B

【解析】水煤气有毒，工业上用作燃料，不能作为城市燃气气源，故此题选B。

2008-051. 下列哪项不属于详细规划阶段的燃气工程规划工作内容？(　　)

A. 计算燃气管网管径　　B. 规划布局燃气输配管网

C. 预测用户燃气用量　　D. 选择气源种类

【答案】D

【解析】由城市燃气工程规划的主要任务和内容可知，选项 D 不属于其内容。此题选 D。

相关真题：2018-049

城市供热工程规划的主要任务与内容　　表 5-9-10

内容	要　点
主要任务	根据当地气候条件，结合生活与生产需要，确定城市集中供热对象、供热标准、供热方式；确定城市供热量和负荷选择并进行城市热源规划，确定城市热电厂、热力站等供热设施的规模和布局；布置各种供热设施和供热管网；制定节能保温的对策与措施，以及供热设施的防护措施。
主要内容	① 城市总体规划：预测城市热负荷；选择城市热源和供热方式；确定热源的供热能力、数量和布局；布局城市供热重要设施和供热干线管网。 ② 城市分区规划：估算城市分区的热负荷；布局分区供热设施和供热干管；计算城市供热干管的管径。 ③ 城市详细规划：计算规划范围内热负荷；布局供热设施和供热管网；计算供热管道管径。
构成	热源、热力网。热源包含城市热电厂、区域锅炉房等。供热管网工程包括不同压力等级的蒸汽管道、热水管道及换热站等设施。

2018-049. 下列不属于城市总体规划阶段供热工程规划内容的是(　　)。

A. 预测城市热负荷　　B. 选择城市热源和供热方式
C. 确定人热源的供热能力、数量和布局　　D. 计算供热管道管径

【答案】D

【解析】由城市供热工程规划的主要任务与内容可知，选项 D 不属于其内容。此题选 D。

城市通信工程规划的主要任务与内容　　表 5-9-11

内容	要　点
主要任务	根据城市通信实况和发展趋势，确定规划期内城市通信发展目标，预测通信需求；确定邮政、电信、广播、电视等各种通信设施和通信线路；制定通信设施综合利用对策与措施，以及通信设施保护措施。
主要内容	① 城市总体规划：依据城市经济社会发展目标、城市性质与规模，以及通信有关基础资料，宏观预测城市近期和远期通信需求量，预测与确定城市近、远期电话普及率和装机容量，确定邮政、移动通信、广播、电视等发展目标和规模；提出城市通信规划的原则及其主要技术措施；研究和确定城市长途电话网近、远期规划；确定近、远邮政、电话局所的分区范围，局所规模和局所选址；研究和确定近、远期广播及电话台、站的规模和选址，拟定有线广播、有线电视网的主干路规划和管道规划；划分无线电收发信区，制定相应主要保护措施；研究和确定城市微波通道，制定相应的控制保护措施。 ② 城市分区规划：依据城市通信总体规划和城市分区规划，对分区内的近、远期电信、邮政作微观预测；确定分区长途电话规划；勘定新建邮政电话局所；明确在分区内近、远期广播、电视台站规模及预留用地面积；明确分区内无线电收发信区范围，控制保护措施；确定分区电话、有线广播、有线电视近、远期主干路和主要配线路，以及电信缆道的管孔数。 ③ 城市详细规划：计算规划范围内的通信需求量；确定邮政、电信局所、广电设施的具体位置、用地及规模；确定通信线路的位置、敷设方式、管孔数、管道埋深等；划定规划范围内电台、微波站、卫星通信设施控制保护界线。
构成	邮政、电信、广播、电视、网络

相关真题：2010-055

城市环境卫生设施规划的主要任务与内容 **表 5-9-12**

内容	要　点
主要任务	根据城市发展目标和城市布局，确定城市环境卫生设施配置标准和垃圾集运、处理方式；确定主要环境卫生设施的规模和布局；布置垃圾处理场等各种环境卫生设施，制定环境卫生设施的隔离与防护措施；提出垃圾回收利用的对策与措施。
主要内容	① 城市总体规划：测算城市固体废弃物产量，分析其组成和发展趋势，提出污染控制目标；确定城市固体废弃物的收运方案；选择城市固体废物处理和处置方法；布局各类环境卫生设施，确定服务范围、设置规模、设置标准、用地指标等；进行可能的技术经济方案比较。 ② 城市详细规划：估算规划范围内固体废物产量；提出规划区的环境卫生控制要求；确定垃圾收运方式；布局废物箱、垃圾箱、垃圾收集点、垃圾转运点、公厕、环卫管理机构等，确定其位置、服务半径、用地、防护隔离措施等。
构成	垃圾处理厂、垃圾填埋场、垃圾收集站、转运站、车辆清洗场、环卫车辆场、公共厕所及城市环境卫生管理设施

2010-055. 下列哪项不属于城市环境卫生设施规划的主要任务？(　　)

A. 测算城市固体废弃物产量　　B. 提出垃圾回收利用的对策

C. 确定垃圾转运站的位置　　D. 进行垃圾处理场总平面布置

【答案】D

【解析】由城市环境卫生设施规划的主要任务与内容可知，选项D不属于其内容。此题选D。

相关真题：2014-094、2010-056、2008-096

城市工程管线综合规划的基本知识 **表 5-9-13**

内容	要　点
种类	① 按工程管线性能和用途分类：给水管道、排水管道、电力线路、电信线路、热力管道、可燃或助燃气体管道、空气管道、灰渣、城市垃圾输送管道、液体燃料管道、工业生产专用管道。 ② 按工程管线输送方式分类：压力管道、重力自流管道。 ③ 按工程管线敷设方式分类：架空线、地铺管线、地埋管线。 ④ 按工程管线弯曲程度分类：可弯曲管线和不易弯曲管线。 通常进行综合的城市工程管线为：给水、排水、电力、电信、热力、燃气管线。
工程管线综合布置避让原则	① 压力管让自流管；②管径小的让管径大的；③易弯曲的让不易弯曲的；④临时性的让永久性的；⑤工程量小的让工程量大的；⑥新建的让现有的；⑦检修次数少的和方便的，让检修次数多的和不方便的。
管线共沟敷设原则	① 热力管不应与电力、通信电缆和压力管道共沟； ② 管道应布置在沟底，当沟内有腐蚀性介质管道时，排水管应位于其上面； ③ 腐蚀介质管道的标高应低于沟内其他管线； ④ 火灾危害性属于甲、乙、丙类的液体、液化石油气、可燃气体、毒性气体和液体以及腐蚀性介质管道，不应共沟敷设； ⑤ 凡有可能产生相互影响的管线，不应共沟敷设。

续表

内容	要　点
城市地下综合管廊工程规划编制指引	① 管廊工程规划应根据城市总体规划、地下管线综合规划、控制性详细规划编制，与地下空间规划、道路规划等保持衔接。 ② 管廊工程规划应合理确定管廊建设区域和时序，划定管线空间位置、配套设施用地等三维控制线，纳入城市黄线管理。 ③ 管廊建设区域内的所有管线应在管廊内规划布局。 ④ 敷设两类及以上管线的区域可划为管廊建设区域。高强度开发和管线密集地区应划为管廊建设区域。主要是城市中心区，商业中心，城市地下空间高强度成片集中开发区，重要广场，高铁，机场、港口等重大基础设施所在区域；交通流量大、地下管线密集的城市主要道路以及景观道路；配合轨道交通、地下道路、城市地下综合体等建设工程地段和其他不宜开挖路面的路段等。 ⑤ 根据城市功能分区、空间布局、土地使用、开发建设等，结合道路布局，确定管廊的系统布局和类型等。 ⑥ 根据管廊建设区域内有关道路、给水、排水、电力、通信、广电、燃气、供热等工程规划和新（改、扩）建计划，以及轨道交通、人防建设规划等，确定入廊管线，分析项目同步实施的可行性，确定管线入廊的时序。

2014-094. 关于城市工程管线综合规划的表述，错误的有(　　)。

A. 城市总体规划阶段管线综合规划应确定各种工程管线的干管走向

B. 城市详细规划阶段管线综合规划应确定规划范围内道路横断面下的管线排列位置

C. 热力管不应与电力和通信电缆、煤气管共沟布置

D. 当给水管与雨水管相矛盾时，雨水管应该避让给水管

E. 在管线共同沟里，排水管应始终布置在底部

【答案】DE

【解析】城市工程管线综合总体规划的主要内容（含分区规划）：①确定各种管线的干管走向、水平排列位置；②分析各种工程管线分布的合理性；③确定关键点的工程管线的位置；④ 提出对各种工程管线规划的修改意见。

城市工程管线综合详细规划的主要内容包括：①检查规划范围内各专业工程详细规划的矛盾；②确定各种工程管线的平面分布位置；③确定规划范围内道路横断面和管线排列位置；④初定道路交叉口等控制点工程管线的标高；⑤提出工程管线基本埋深和覆土要求；⑥提出对各专业工程详细规划的修正意见。

城市工程管线共沟敷设原则：①热力管不应与电力通信电缆和压力管道共沟；②排水管道应布置在沟底。当沟内有腐蚀介质管道时，排水管道应位于其上面；③腐蚀性介质管道的标高应低于其他管线；④火灾危险性属于甲、乙、丙类的液体、液化石油气、可燃气体毒性气体和液体以及腐蚀性介质管道，不应共沟敷设，并严禁与消防水管共沟敷设；⑤凡有可能产生相互影响的管线，不应共沟敷设。

2010-056. 综合管沟内，下列哪两类管线一起设置是不恰当的？(　　)

A. 高压输电线、燃气管线　　B. 给水管线、热力管线

C. 给水管线、燃气管线　　D. 热力管线、雨污水排水管线

【答案】B

【解析】由城市工程管线综合规划的基本知识可知，选项 B 符合题意。此题选 B。

2008-096. 综合管沟内，不能设置在一起的两种管线有(　　)。

A. 电信电缆管线、高压输电管线　　B. 高压输电管线、燃气管线

C. 给水管线、热力管线　　D. 热力管线、污水排水管线

E. 给水管线、燃气管线

【答案】CE

【解析】由城市工程管线综合规划的基本知识可知，选项 C、E 符合题意。此题选 CE。

相关真题：2018-051

海绵城市建设的有关内容　　表 5-9-14

内容	要　点
概念	海绵城市是指城市能够像海绵一样，在适应环境变化和应对自然灾害等方面具有良好的“弹性”，下雨时吸水、蓄水、渗水、净水，需要时将蓄存的水“释放”并加以利用。海绵城市建设应遵循生态优先等原则，将自然途径与人工措施相结合，在确保城市排水防涝安全的前提下，最大限度地实现雨水在城市区域的积存、渗透和净化，促进雨水资源的利用和生态环境的保护。在海绵城市建设过程中，应统筹自然降水、地表水和地下水的系统性，协调给水、排水等水循环利用各环节，并考虑其复杂性和长期性。
适用范围	适用于以下三个方面：一是指导海绵城市建设各层级规划编制过程中低影响开发内容的落实；二是指导新建、改建、扩建项目配套建设低影响开发设施的设计、实施与维护管理；三是指导城市规划、排水、道路交通、园林等有关部门指导和监督海绵城市建设有关工作。
基本原则	海绵城市建设——低影响开发雨水系统构建的基本原则是规划引领、生态优先、安全为重、因地制宜、统筹建设。
	规划引领：城市各层级、各相关专业规划以及后续的建设程序中，应落实海绵城市建设、低影响开发雨水系统构建的内容，先规划后建设，体现规划的科学性和权威性，发挥规划的控制和引领作用。
	生态优先：城市规划中应科学划定蓝线和绿线。城市开发建设应保护河流、湖泊、湿地、坑塘、沟渠等水生态敏感区，优先利用自然排水系统与低影响开发设施，实现雨水的自然积存，自然渗透、自然净化和可持续水循环，提高水生态系统的自然修复能力，维护城市良好的生态功能。
	安全为重：以保护人民生命财产安全和社会经济安全为出发点，综合采用工程和非工程措施提高低影响开发设施的建设质量和管理水平，消除安全隐患，增强防灾减灾能力，保障城市水安全。
	因地制宜：各地应根据本地自然地理条件、水文地质特点、水资源禀赋状况、降雨规律、水环境保护与内涝防治要求等，合理确定低影响开发控制目标与指标，科学规划布局和选用下沉式绿地、植草沟、用水湿地、透水铺装、多功能调蓄等低影响开发设施及其组合系统。
	统筹建设：地方政府应结合城市总体规划和建设，在各类建设项目中严格落实各层级相关规划中确定的低影响开发控制目标，指标和技术要求，统筹建设。低影响开发设施应与建设项目的主体工程同时规划设计、同时施工、同时投入使用。

2018-051. 下列与海绵城市相关的表述，不准确的是(　　)。

A. 通过加强城市规划建设管理，有效控制雨水径流，实现自然积存、自然渗透、自然精华的城市发展方式

B. 编制供水专项规划时，要将雨水年径流总量控制率作为其刚性控制指标

C. 全国各城市新区、各类园区、成片开发区要全面落实海绵城市建设要求

D. 在建设工程施工图审查、施工许可等环节，要将海绵城市相关措施作为重点审查内容

【答案】B

【解析】本题考查的是国办发〔2015〕75号《国务院办公厅关于推进海绵城市建设的指导意见》。编制城市总体规划、控制性详细规划以及道路、绿地水等相关专项规划时，要将雨水年径流总量控制率作为其刚性控制指标。

城市市政公用设施规划的强制性内容　　表 5-9-15

内容	要　点
饮用水水源保护区	一般划分为一级保护区和二级保护区，必要时可增设准保护区。各级保护区应有明确的地理界线。
河湖水系及湿地保护区	应划定湿地、河湖、水系等蓝线范围。
落实并控制城市重要市政基础设施	包括水源、水厂、污水处理厂、热电站或集中锅炉房、气源、调压站、电厂、变电站、电信中心或邮电局、电台等。

第十节　其他主要专项规划

一、城市绿地系统规划的任务

相关真题：2017-094、2011-094、2011-050

城市绿地系统规划的概念、作用与功能和分类　　表 5-10-1

内容	要　点
概念	城市绿地系统是指城市中具有一定数量和质量的各类绿化及其用地，相互联系并具有生态效益、社会效益和经济效益的有机整体。
作用与功能	① 改善小气候，调节气温和湿度； ② 改善城市卫生环境，改善城市空气质量； ③ 减少地表径流，减缓暴雨积水，涵养水源，蓄水防洪； ④ 减灾功能； ⑤ 显著改善城市景观； ⑥ 承载游憩活动； ⑦ 城市节能。

续表

内容	要　点
分类	① 公园绿地（G1）：向公众开放，以游憩为主要功能，兼具生态、景观、文教和应急避险等功能，有一定游憩和服务设施的绿地。 ② 防护绿地（G2）：用地独立，具有卫生、隔离、安全、生态防护功能，游人不宜进入的绿地。主要包括卫生隔离防护绿地、道路及铁路防护绿地、高压走廊防护绿地、公用设施防护绿地等指城市中具有卫生、隔离和安全防护功能的用地，包括城市卫生隔离带、道路防护绿地、城市高压走廊绿带、防风林、城市组团隔离带等。 ③ 广场用地（G3）：以游憩、纪念、集会和避险等功能为主的城市公共活动场地。 ④ 附属绿地（G4）：附属于各类城市建设用地（除“绿地与广场用地”）的绿化用地。包括居住用地、公共管理与公共服务设施用地、商业服务业设施用地、工业用地、物流仓储用地、道路与交通设施用地、公用设施用地等用地中的绿地指城市建设用地中除G1、G2、G3之外的各类用地中的附属绿化用地。包括：居住用地、公共设施用地、工业用地、仓储用地、对外交通用地、道路广场用地、市政设施用地和特殊用地中的绿地。 ⑤ 区域绿地（EG）：位于城市建设用地之外，具有城乡生态环境及自然资源和文化资源保护、游憩健身、安全防护隔离、物种保护、园林苗木生产等功能的绿地。指对城市生态环境质量、居民休闲生活、城市景观和生物多样性保护有直接影响的绿地。包括风景名胜区、水源保护区、郊野公园、森林公园、自然保护区、风景林地、城市绿化隔离带、野生动植物园、湿地、垃圾填埋场恢复绿地等。

2017-094、2011-094. 城市绿地系统的功能包括(　　)。

A. 改善空气质量　　B. 改善地形条件

C. 承载游憩活动　　D. 降低城市能耗

E. 减少地表径流

【答案】ACDE

【解析】城市绿地系统的功能：①改善小气候；②改善空气质量；③减少地表径流，减缓暴雨积水，涵养水源，蓄水防洪；④减灾功能；⑤改善城市景观；⑥对游憩活动的承载功能；⑦城市节能，降低采暖和制冷的能耗。

2011-050. 关于城市绿地系统规划与实施的表述，不准确的是(　　)。

A. 城市绿地系统规划的编制主体是城市规划行政主管部门，但需会同园林主管部门共同编制，并纳入城市总体规划

B. 城市绿化行政主管部门主管本行政区域内城市规划区的城市绿化工作

C. 城市规划区内的风景林地属于城市绿地系统的重要组成内容，但不属于城市建设用地

D. 城市公共绿地和居住区绿地的建设，应当以植物造景为主

【答案】C

【解析】城市绿地系统规划是城市总体规划的专项规划，城市绿地系统规划的编制主体是城市规划行政主管部门，但需会同园林主管部门共同编制，并纳入城市总体规划。城市规划区内的风景林地属于城市绿地系统的重要组成内容，属其绿地G5，属于城市建设用地。

相关真题：2010-050

城市绿地指标和城市绿地规划指标要求 **表 5-10-2**

内容	要　点
城市绿地指标	人均公园绿地面积（m^2/人） $$Ag1m=Ag1/Np$$ 式中：Ag1m——人均公园绿地面积（m^2/人）； Ag1——公园绿地面积（m^2）； Np——人口规模（人）。
	人均绿地面积（m^2/人） $$Agm=(Ag1+Ag2+Ag3'+A)/Np$$ 式中：Agm——人均绿地面积（m^2/人）； Ag1——公园绿地面积（m^2）； Ag2——防护绿地面积（m^2）； Ag3′——广场用地中的绿地面积（m^2）； Axg——附属绿地面积（m^2）； Np——人口规模（人），按常住人口进行统计。
	城乡绿地率（%） $$\lambda G=[(Ag1+Ag2+Ag3'+Axg+Aeg)/Ac]\times 100\%$$ 式中：λG——城乡绿地率（%）； Ag1——公园绿地面积（m^2）； Ag2——防护绿地面积（m^2）； Ag3′——广场用地中的绿地面积（m^2）； Axg——附属绿地面积（m^2）； Aeg——区域绿地面积（m^2）； Ac——城乡的用地面积（m^2），与上述绿地统计范围一致。

城市人均建设用地指标与人均公共绿地面积指标

人均建设用地面积（m^2）	人均公共绿地（m^2/人）		城市绿化覆盖率（%）		城市绿地率（%）	
	2000 年	2010 年	2000 年	2010 年	2000 年	2010 年
小于 75	>5	>6	>30	>35	>25	>30
75～105	>5	>7	>30	>35	>25	>30
大于 105	>7	>8	>30	>35	>25	>30

资料来源：《城市绿化规划建设指标的规定》（建城〔1993〕784 号）。

2010-050. **在城市总体规划中，下列哪项是绿地的主要控制指标？（　　）**

A. 城市绿地率　　　　　　B. 绿化覆盖率

C. 人均公园绿地面积　　　D. 人均公共绿地面积

【答案】C

【解析】城市绿地系统规划中主要控制的绿地指标为人均公园绿地面积、城市绿地率和绿化覆盖率。按《城市用地分类与规划建设用地标准》中的4.3.4规定：人均绿地与广场面积不应小于10.0m^2/人，其中人均公园绿地面积不应小于8.0m^2/人。为强制性条文，故选C。

相关真题：2017-049

城市绿地系统规划的任务和内容　　表5-10-3

内容	要　点
任务	城市绿地系统规划是对各种城市绿地进行定性、定位、定量的统筹安排，其任务是调查与评价城市发展的自然条件，参与研究城市的发展规模和布局结构，研究、协调城市绿地与其他各项建设用地的关系，确定和部署城市绿地，处理远期发展与近期建设的关系，指导城市绿地系统的合理发展。
内容	① 依据城市经济社会发展规划和城市总体规划的战略要求，确定城市绿地系统规划的指导思想和规划原则。 ② 调查、分析、评价城市绿化现状、发展条件及存在问题。 ③ 根据城市的自然条件、社会经济条件、城市性质、发展目标、总体布局等要求，确定城市绿化建设的发展目标和规划指标。 ④ 确定城市绿地系统的规划结构，合理确定各类城市绿地的总体关系。 ⑤ 统筹安排各类城市绿地，分别确定其位置、性质和发展指标；划定各种功能绿地的保护范围（绿线），确定城市各类绿地的控制原则。 ⑥ 提出城市生物多样性保护与建设的目标、任务和保护建设的措施。 ⑦ 对城市古树名木的保护进行统筹安排。 ⑧ 确定分期建设步骤和近期实施项目，提出城市绿地系统规划的实施措施。
原则	① 整体性原则：各种绿地互相连成网络，城市被绿地嵌入或外围以绿带环绕，可充分发挥绿地的生态环境功能。 ② 匀布原则：各级公园按各自的有效服务半径均匀分布；不同级别、类型的公园一般不互相代替。 ③ 自然原则：重视土地使用现状和地形、史迹等条件，规划尽量结合山脉、河湖、坡地、荒滩、林地、优美景观地带。 ④ 地方性原则：乡土物种和古树名木代表了自然选择或社会历史选择的结果，规划中要反映地方植物生长的特性。地方性原则能使物种及其生存环境之间迅速建立食物链、食物网关系，并能有效缓解病虫害。
布局	块状绿地布局；带状绿地布局；楔形绿地布局；混合式绿地布局。

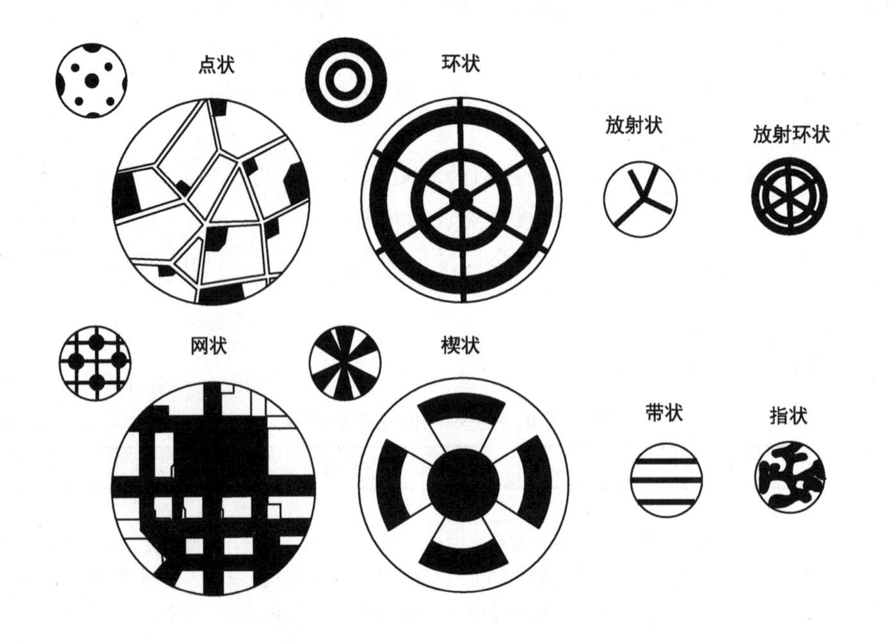

图 5-10-1 城市绿地系统布局的基本模式

（李铮生．城市园林绿地规划与设计．2 版．北京：中国建筑工业出版社，2006：68.）

2017-049. **城市绿地系统规划的任务不包括(　　)。**

A. 调查与评价城市发展的自然条件

B. 参与研究城市的发展规模和布局结构

C. 研究、协调城市绿地与其他各项建设用地的关系

D. 基于绿色生态职能确定城市禁止建设区范围

【答案】D

【解析】城市绿地系统规划的任务是调查与评价城市发展规模和城市发展的自然条件，参与研究城市的发展规模和布局结构，研究、协调城市绿地与其他各项建设用地的关系，确定和部署城市绿地，处理远期发展与近期建设的关系，指导城市绿地系统的合理发展。

二、城市综合防灾减灾规划

相关真题：2018-054、2017-052、2014-053、2013-056、2013-055、2012-053、2011-052

城市综合防灾减灾规划的主要任务、原则及主要内容　　表 5-10-4

内容	要　点
主要任务	根据城市自然环境、灾害区划和城市定位，确定城市各项防灾标准，合理确定各项防灾设施的布局、等级、规模；科学布局各项防灾措施：充分考虑防灾设施与城市常用设施的有机结合，制定防灾设施的统筹建设、综合利用、防护管理等对策与措施。
规划原则	城市综合防灾减灾规划必须按照有关法律规范和标准进行编制。
	城市综合防灾减灾规划应与各级城市规划及各专业规划相协调。
	城市综合防灾减灾规则应结合当地实际情况，确定城市和地区的设防标准、制定防灾对策、合理布置各项防灾设施，做到近、远期规划结合。
	城市综合防灾减灾规划应注重防灾工程设施的综合使用和有效管理。

续表

内容	要　点
主要内容	城市总体规划中的主要内容：确定城市消防、防洪、人防、抗震等设防标准；布局城市消防、防洪、人防等设施；制定防灾对策与措施；组织城市防灾生命线系统。 城市详细规划中的主要内容：确定规划范围内各种消防设施的布局及消防通道间距等；确定规划范围内地下防空建筑的规模、数量、配套内容、抗力等级、位置布局，以及平战结合的用途；确定规划范围内的防洪堤标高、排涝泵站位置等；确定规划范围内疏散通道、疏散场地布局。

2018-054. 下列不属于城市抗震防灾规划基本目标的是(　　)。

A. 当遭遇多遇地震时，城市一般功能正常

B. 抗震设防区城市的各项建设必须符合城市抗震防灾规划的要求

C. 当遭受相当于抗震设防烈度的地震时，城市一般功能及生命线工程基本正常，重要工矿企业能正常或者很快恢复生产

D. 当遭遇罕见地震时，城市功能不瘫痪，要害系统和生命线不遭受严重破坏，不发生严重的次生灾害

【答案】B

【解析】本题考查的是中华人民共和国建设部令第117号《城市抗震防灾规划管理规定》。根据《规定》第八条，城市抗震防灾规划编制应当达到下列基本目标：①当遭受多遇地震时，城市一般功能正常；②当遭受相当于抗震设防烈度的地震时，城市一般功能及生命系统基本正常，重要工矿企业能正常或者很快恢复生产；③当遭受罕遇地震时，城市功能不瘫痪，要害系统和生命线工程不遭受破坏，不发生严重的次生灾害。

2017-052、2011-052. 下列不属于城市综合防灾减灾规划主要任务的是(　　)。

A. 确定灾害区划

B. 确定城市各项防灾标准

C. 合理确定各项防灾设施的布局

D. 制定防灾设施的统筹建设、综合利用、防护管理等对策与措施

【答案】A

【解析】城市综合防灾减灾规划主要任务是：根据城市自然环境、灾害区划和城市定位，确定城市各项防灾标准，合理确定各项防灾设施的布局、等级、规模；充分考虑防灾设施与城市常用设施的有机结合；制定防灾设施的统筹建设、综合利用、防护管理等对策与措施。

2014-053. 关于城市防洪标准的表述，不准确的是(　　)。

A. 确定防洪标准是防洪规划的首要问题

B. 应根据城市的重要性确定防洪标准

C. 城市防洪标高应高于河道流域规划的总要求

D. 防洪堤顶标高应考虑江河水面的浪高

【答案】C

【解析】确定防洪标准是制订城市防洪规划的重要环节。城市防洪标准应高于全流域防洪的一般标准；市区的防洪标准应高于郊区的标准。城市防洪标准：①重要城镇、工业中心大城市应按 100 年一遇洪水位定标准，20 年一遇洪水特大值校核。一般城镇，按 20～50 年遇洪水频率考虑。②防洪标高服从河道流域规划总要求。③防洪堤顶标高考虑河水面的浪高。④推算山洪流量、流速，水位是筑堤依据。

2013-056. 下列不属于城市详细规划阶段城市综合防灾减灾规划主要内容的是(　　)。

A. 确定各种消防设施的布局及消防通道、间距等

B. 确定防洪堤标高、排涝泵站位置等

C. 组织防灾生命线系统

D. 确定疏散通道、疏散场地布局

【答案】C

【解析】城市详细规划阶段城市综合防灾减灾规划的主要内容：确定规划范围内各种消防设施的布局及消防通道、间距等；确定规划范围内地下防空建筑的规模、数量、配套内容、抗力等级、位置布局，以及平战结合的用途；确定规划范围内的防洪堤标高、排涝泵站位置等；确定规划范围内疏散通道、疏散场地布局。

2013-055. 下列关于城市抗震防灾规划相关内容的表述，不准确的是(　　)。

A. 抗震设防区，是指地震基本烈度 7 度及 7 度以上地区

B. 城市抗震防灾规划的基本方针是“预防为主，防、抗、避、救相结合”

C. 避震疏散场所是用作地震时受灾人员疏散的场地和建筑，划分为紧急避震疏散场所、固定避震疏散场所、中心避震疏散场所等类型

D. 地震次生灾害主要包括水灾、火灾、爆炸、放射性辐射、有毒物质扩散或者蔓延等

【答案】C

【解析】避震疏散场所分类按照《城市抗震防灾规划标准》，避震疏散场所分为四类：紧急避震疏散场所、固定避震疏散场所、防灾据点以及中心避震疏散场所。

2012-053. 不属于城市总体规划阶段防灾减灾规划主要内容的是(　　)。

A. 确定城市消防、防洪、人防、抗震等设防标准

B. 布局城市消防、防洪、人防等设施

C. 制定防灾预案与对策

D. 组织城市防灾生命线系统

【答案】C

【解析】城市总体规划阶段防灾减灾规划的主要内容：确定城市消防、防洪、人防、抗震等设防标准；布局城市消防、防洪、人防等设施；制定防灾对策与措施；组织城市防灾生命线系统。

相关真题：2018-055、2018-053、2017-053、2017-035、2012-054、2011-053、2010-095、2008-054、2008-042

城市防灾减灾专项规划的主要内容　　表 5-10-5

内容	要　点
消防工程	① 根据城市性质和发展规划，合理安排消防分区，全面考虑易燃易爆工厂、仓库和火灾危险性较大的建筑、仓库的布局及安全要求。
	② 提出大型公共建筑（如商场、剧场、车站、港口、机场等）消防工程设施规划。
	③ 提出城市广场，主要干路的消防工程设施规划。
	④ 提出火灾危险性较大的工厂、仓库、汽车加油站等保障安全的有效措施。
	⑤ 提出城市古建筑、重点文物单位安全保护措施。
	⑥ 提出燃气管道、液化气站安全保护措施。
	⑦ 制定城市旧区改造消防工程设施规划。
	⑧ 初步确定城市消防站、点的分布规划。
	⑨ 初步确定城市消防给水规划，消防水池设置规划。
	⑩ 初步确定消防瞭望、消防通信及调度指挥规划。
	⑪ 确定消防训练，消防车通路的规划。
防洪工程	① 对城市历史洪水特点进行分析，对现有堤防情况、抗洪能力的分析。
	② 被保护对象在城市总体规划和国民经济中的地位，以及洪灾可能影响的程度。选定城市防洪设计标准和计算现有河道的行洪能力。
	③ 确定规划目标和规划原则。
	④ 制定城市防洪规划方案，包括河道综合治理规划，蓄滞洪区规划、非工程措施规划等。
抗震工程	① 抗震防灾规划的指导思想，目标和措施，规划的主要内容和依据等。
	② 易损性分析和防灾能力评价，地震危险性分析，地震对城市的影响及危害程度估计，不同强度地震下的震害预测等。
	③ 城市抗震规划目标、抗震设防标准。
	④ 建设用地评价与要求。
	⑤ 抗震防灾措施。
	⑥ 防止次生灾害规划。主要包括水灾、火灾、爆炸、溢毒、疫病流行以及放射性辐射等次生灾害的危害程度、防灾对策和措施。
	⑦ 震前应急准备及震后抢险救灾规划。
	⑧ 抗震防灾人才培训等。
防空工程	① 城市总体防护。
	② 人防工程建设规划。
	③ 人防工程建设与城市地下空间开发利用相结合规划。
地质灾害	① 地质灾害致灾自然背景及发育现状调查。地质灾害主要有崩塌滑坡、泥石流、矿山采空塌陷、地面沉降、土地沙化、地裂缝、沙土液化以及活动断裂等。
	② 地质灾害易发区域。
	③ 地质灾害防灾减灾规划措施。
其他灾害	除以上灾害的种类外，各城市可根据需要的防、抗灾害具体情况，编制突发事件应急系统、气象灾害、森林防火、防危险化学品事故灾害等专项规划。

2018-055. **下列不属于地质灾害的是(　　)。**

A. 地震　　B. 泥石流

C. 砂土液化　　D. 活动断裂

【答案】A

【解析】 本题考查的是城市综合防灾减灾规划。城市地质灾害主要有崩塌滑坡、泥石流、矿山采空塌陷、地面沉降、土地沙化、地裂缝、砂土液化及活动断裂等。

2018-053. **下列不属于地震后易引发的次生灾害是(　　)。**

A. 水灾　　B. 火灾

C. 风灾　　D. 爆炸

【答案】C

【解析】 本题考查的是城市综合防灾减灾规划。次生灾害主要包括水灾、火灾、爆炸、溢毒、疫病流行及放射性辐射等。

2017-053、2011-053. **城市防洪规划一般不包括(　　)。**

A. 河道综合治理规划　　B. 城市景观水体规划

C. 蓄滞洪区规划　　D. 非工程的防洪措施

【答案】B

【解析】 城市防洪工程设施专项规划的主要内容：①对城市历史洪水特点进行分析，现有堤防情况、抗洪能力的分析。②被保护对象在城市总体规划和国民经济中的地位，以及洪灾可能影响的程度。选定城市防洪设计标准和计算现有河道的行洪能力。③确定规划目标和规划原则。④制定城市防洪规划方案。包括河道综合治理规划、蓄滞洪区规划、非工程措施规划等。

2017-035. **城市固定避震疏散场所一般不包括(　　)。**

A. 广场　　B. 大型人防工程

C. 绿化隔离带　　D. 高层建筑中的避难层

【答案】D

【解析】《城市抗震防灾规划标准》规定，固定避震疏散场所：供避震疏散人员较长时间避震和进行集中性救援的场所。通常可选择面积较大、人员容置较多的公园、广场、体育场地/馆、大型人防工程、停车场、空地、绿化隔离带以及抗震能力强的公共设施、防灾据点等。

2012-054. **不属于城市抗震防灾规划内容的是(　　)。**

A. 抗震设防标准和防御目标　　B. 城市用地抗震适宜性划分

C. 避震疏散场所及疏散通道的建设与改造　　D. 地质灾害防灾减灾措施

【答案】D

【解析】 选项D属于城市地质灾害规划的内容。

2010-095. **下列哪些项属于城市抗震防灾规划的内容？(　　)**

A. 确定抗震设防标准　　B. 用地选择

C. 地震烈度勘查　　D. 避震疏散场地设置

E. 建筑抗震结构设计

【答案】AD

【解析】由城市防灾减灾专项规划的主要内容可知。选项 A、D 符合题意。此题选 AD。

2008-054. 下列哪项不属于城市消防设施？（　　）

A. 消防通道　　B. 消防瞭望塔

C. 消防站　　D. 消防调度中心

【答案】A

【解析】消防设施：消防指挥调度中心、消防站、消火栓、消防水池以及消防瞭望塔等。其中，消防站和消火栓是城市必不可少的消防设施。

2008-042. 下列关于地震设防城市的道路规划设计表述，错误的是（　　）。

A. 城市主要道路与对外公路保持畅通

B. 干路两侧的高层建筑应由道路红线向后退 10～15m

C. 在立体交叉口与对外公路衔接的城市道路，宜采用上跨式

D. 宜采用柔性路面

【答案】C

【解析】在地震发生时，对外公路是很重要的补给和救援通道，采用上跨式时，容易发生坍塌。

三、城市环境保护规划

相关真题：2018-050、2017-055、2017-054、2014-095、2014-054、2014-033、2013-094、2013-057、2013-052、2013-038、2012-055、2012-052、2012-051、2011-055、2011-054、2008-055

城市环境保护规划的基本概念、任务及主要内容　　表 5-10-6

内容	要　点
概念	城市环境保护是对城市环境保护的未来行动进行规范化的系统筹划，是为有效地实现预期环境目标的一种综合性手段。
基本任务	一是生态环境保护；二是环境污染综合防治。城市环境保护规划既是城市规划的重要组成部分，又是环境规划的主要组成内容。
目的	保护和改善生活环境与生态环境；防治污染和其他危害；防御与减轻灾害影响。
主要内容	大气环境保护规划的主要内容：①大气环境质量规划；②大气污染控制规划。
	水环境保护规划的主要内容：①饮用水源保护规划的主要内容；②水污染控制规划的主要内容。
	噪声污染控制规划的主要内容：①噪声污染控制规划目标；②噪声污染控制方案。
	固体废物污染控制规划的主要内容： ① 固体废物污染控制规划目标。根据环境目标，按照资源化、减量化和无害化的原则确定各类固体废物的综合利用率与处理、处置指标体系并制定最终治理对策。 ② 规划指标。固体废物污染物防治规划指标主要包括：工业固体废物：处置率、综合利用率；生活垃圾：城镇生活垃圾分类收集率、无害化处理率、资源化利用率；危险废物：安全处置率；废旧电子电器：收集率、资源化利用率。 ③ 规划内容。固体废物污染控制规划包括生活垃圾污染控制规划、工业固体废物污染控制规划、危险废物污染控制规划、医疗废物安全处置规划等。

2018-050. 下列不属于城市生活垃圾无害化处理方式的是(　　)。

A. 卫生填埋　　B. 堆肥

C. 密闭运输　　D. 焚烧

【答案】C

【解析】 密闭运输只是运输，不属于处理方式。

2017-055、2011-055. 城市各类固体废物的综合利用与处理、处置的原则不包括(　　)。

A. 资源化　　B. 减量化

C. 生态化　　D. 无害化

【答案】C

【解析】 固体废物污染控制规划是根据环境目标，按照资源化、减量化和无害化的原则确定各类固体废物的综合利用率与处理、处置指标体系并制定最终治理对策。

2017-054、2011-054. 下列不属于城市环境保护专项规划主要组成内容的是(　　)。

A. 大气环境保护规划　　B. 水环境保护规划

C. 垃圾废弃物控制规划　　D. 噪声污染控制规划

【答案】C

【解析】 按环境要素划分，城市环境保护规划可分为大气环境保护规划、水环境保护规划、固体废物污染控制规划、噪声污染控制规划。

2014-095. 关于城市环境保护规划的表述，正确的有(　　)。

A. 环境保护规划的基本任务是保护生态环境和环境污染综合防治

B. 城市环境保护规划是城市规划和环境规划的重要组成部分

C. 按环境要素划分，城市环境保护规划可分为大气环境保护规划、水环境保护规划、土壤污染控制规划和噪声污染控制规划

D. 水环境保护规划主要内容包括饮用水源保护和水污染控制

E. 水污染控制包括主要污染物的浓度控制和总量控制

【答案】ABD

【解析】 环境保护的基本任务主要有两方面：一是生态环境保护；二是环境污染综合防治。故A项正确。城市环境保护规划既是城市规划的重要组成部分，又是环境规划的主要组成内容。故B项正确。按环境要素划分，城市环境保护规划可分为大气环境保护规划、水环境保护规划、固体废物污染控制规划、噪声污染控制规划。故C项错误。水环境规划总体上包括饮用水源规划和水污染控规划。故D项正确。

水污染控制的主要内容包含：对规划区域内的水环境现状进行调查、分析与评价，了解区域内存在的主要环境问题；根据水环境现状，结合水环境功能区划分的状况，计算水环境容量；确定水环境规划目标；对水污染负荷总量进行合理分配，制定水污染综合防治方案，提出水环境综合管理与防治的方法和措施。故E项错误。

2014-054. 关于固体废弃物与防治规划指标的对应关系，正确的是(　　)。

A. 工业固体废弃物——安全处置率　　B. 生活垃圾——资源化利用率

C. 危险废物——无害化处理率　　　　D. 废旧电子电器——综合利用率

【答案】B

【解析】固体废物污染物防治规划指标主要包括：①工业固体废物，处置率、综合利用率；②生活垃圾，城镇生活垃圾分类收集率、无害化处理率、资源化利用率；③危险废物，安全处置率；④废旧电子电器收集率、资源化利用率。

2014-033、2012-052. 根据《城市水系规划规范》（GB 50513—2009）关于水域控制线划定的相关规定，下列表述中错误的是(　　)。

A. 有堤防的水体，宜以堤顶不临水一侧边线为基准划定

B. 无堤防的水体，宜按防洪、排涝设计标准所对应的（高）水位划定

C. 对水位变化较大而形成较宽涨落带的水体，可按多年平均洪（高）水位划定

D. 规划的新建水体，其水域控制线应按规划的水域范围划定

【答案】A

【解析】《城市水系规划规范》（GB 50513—2009）规定：①有堤防的水体，宜以堤顶临水侧边线为基准划定；②无堤防的水体，宜按防洪、排涝设计标准所对应的洪（高）水位划定；③对水位变化较大而形成较宽涨落带的水体，可按多年平均洪（高）水位划定；④规划的新建水体，其水域控制线应按规划的水域范围线划定。

2013-094. 环境保护的基本目的包括(　　)。

A. 保护和改善生活环境与生态环境　　B. 防治污染和其他公害

C. 保障人体健康　　D. 防御与减轻灾害影响

E. 促进社会主义现代化的发展

【答案】ABCE

【解析】环境保护的基本目的：保护和改善生活环境与生态环境、防治污染和其他公害、防御与减轻灾害影响。

2013-057. 下列关于城市环境保护规划的表述，不准确的是(　　)。

A. 环境保护的基本任务主要是生态环境保护和环境污染综合防治

B. 城市环境保护规划包括大气环境保护规划、水环境保护规划和噪声污染控制规划

C. 大气环境保护规划总体上包括大气环境质量规划和大气污染控制规划

D. 水环境保护规划总体上包括饮用水源保护规划和水污染控制规划

【答案】B

【解析】城市环境保护规划可分为大气环境保护规划、水环境保护规划、固体废物污染控制规划、噪声污染控制规划。

2013-052. 根据《城市水系规划规范》，下列表述中错误的是(　　)。

A. 城市水体按功能类别分为水源地、生态水域、行洪通道、航运通道、雨洪调蓄水体、渔业养殖水体、景观游憩水体等

B. 城市水体按形态特征分为江河、湖泊、沟渠和湿地等

C. 城市水系岸线按功能分为生态性岸线、生活性岸线和生产性岸线等

D. 城市水系的保护应包括水域保护、水生态保护、水质保护和滨水空间控制等

【答案】B

【解析】根据《城市水系规划规范》水体按形态特征分为江河、湖泊和沟渠三大类。湖泊包括湖、水库、湿地、塘堰，沟渠包括溪、沟、渠。

2013-038. 下列环境卫生设施中，应设置在规划城市建设用地范围边缘的是(　　)。

A. 生活垃圾卫生填埋场　　B. 生活垃圾堆肥厂

C. 粪便处理厂　　D. 大型垃圾转运站

【答案】C

【解析】根据《城市环境卫生设施规划规范》4.4.2 条，粪便处理厂应设置在城市规划建成区边缘并靠近规划城市污水处理厂，其周边应设置宽度不小于 10m 的绿化隔离带，并与住宅、公共设施保持不小于 50m 的间距。

2012-055. 下列表述错误的是(　　)。

A. 环境保护的基本任务主要是生态环境保护和环境污染综合防治

B. 生态环境保护与建设目标应当作为城市总体规划的强制性内容

C. 城市环境保护规划是城市规划的重要组成部分，一般不作为专业环境规划主要组成内容

D. 城市环境保护规划可依环境要素划分为大气环境保护规划、水环境保护规划、固体废物污染控制规划、噪声污染控制规划

【答案】C

【解析】城市环境规划既是城市规划的重要组成部分，又是环境规划的主要组成内容。选项 C 错误。此题选 C。

2012-051. 下列关于城市水系规划的表述，错误的是 (　　)。

A. 城市水系规划的对象为城市规划区内构成城市水系的各类地表水体及其岸线和滨水地带

B. 城市水系规划期限宜与城市总体规划期限一致，对水系安全和永续利用等重要内容还应与城市远景规划期限一致

C. 城市岸线包括生态性岸线、生活性岸线和生产性岸线

D. 滨水建筑控制线是指滨水绿化控制线以外滨水建筑区域界限，是保证滨水城市环境景观的共享性与异质性的控制区域

【答案】B

【解析】根据《城市水系规划规范》，城市水系规划的对象主要为城市规划区内构成城市水系的各类地表水及其岸线和滨水地带，故 A 项正确。城市水系规划期限宜与城市总体规划期限一致，对水系安全和永续利用等重要内容还应有长远谋划，故 B 项错误。水系岸线按功能分类可分为生态性岸线、生产性岸线和生活性岸线，故 C 项正确。滨水建筑控制线是指滨水绿化控制线以外滨水建筑区域界限，是保证滨水城市环境景观的共享性与异质性的控制区域，故 D 项正确。

2008-055. 《京都议定书》的主要内容是关于(　　)。

A. 减少温室气体排放　　B. 历史街区保护

C. 加强世界遗产保护　　　　　　　　D. 促进区域合作

【答案】A

【解析】 1997年在日本京都召开的《气候框架公约》第三次缔约方大会上通过的国际性公约，为各国的二氧化碳排放量规定了标准，即：在2008年至2012年间，全球主要工业国家的工业二氧化碳排放量比1990年的排放量平均要低52%。

生态保护红线　　　　**表 5-10-7**

内容	要　点
概念	生态保护红线是指在生态空间范围内具有特殊重要生态功能、必须强制性严格保护的区域，是保障和维护国家生态安全的底线和生命线，通常包括具有重要水源涵养、生物多样性维护、水土保持、防风固沙、海岸生态稳定等功能的生态功能重要区域，以及水土流失、土地沙化、沙漠化、盐渍化等生态环境敏感脆弱区域。
基本特征	生态保护的关键区域：生态保护红线是维系国家和区域生态安全的底线，是支撑经济社会可持续发展的关键生态区域。
	空间不可替代性：生态保护红线具有显著的区域特定性，其保护对象和空间边界相对固定。
	经济社会支撑性：划定生态保护红线的最终目标是在保护重要自然生态空间的同时，实现对经济社会可持续发展的生态支撑作用。
	管理严格性：生态保护红线是一条不可逾越的空间保护线，应实施最严格的环境准入制度与管理措施。
	生态安全格局的基础框架：生态保护红线区是保障国家和地方生态安全的基本空间要素，是构建生态安全格局的关键部分。
管控要求	性质不转换：生态保护红线区内的自然生态用地不可转换为非生态用地，生态保护的主体对象保持相对稳定。
	功能不降低：生态保护红线区内的自然生态系统功能能够持续稳定发挥，退化生态系统功能得到不断改善。
	面积不减少：生态保护红线区边界保持相对固定，区域面积规模不可随意减少。
	责任不改变：生态保护红线区的林地、草地、湿地、荒漠等自然生态系统按照现行行政管理体制实行分类管理，各级地方政府和相关主管部门对红线区共同履行监管职责。

四、城市竖向规划的主要内容

相关真题：2017-056、2014-055、2012-056、2011-056、2010-057、2008-056

城市竖向规划的主要内容　　　　**表 5-10-8**

内容	要　点
目的	在城市规划工作中利用地形达到工程合理、造价经济、景观美好的重要途径。
内容	结合城市用地选择，分析研究自然地形，充分利用地形，对一些需要采用工程措施才能用于城市建设的地段提出工程措施方案。
	综合解决城市规划用地的各项标高问题，如防洪堤、排水干管出口、桥梁和道路交叉等。
	使城市道路的纵坡度既能配合地形又能满足交通上的要求。
	合理组织城市用地的地面排水。
	经济合理地组织好城市用地的土方工程，考虑填方和挖方的平衡。
	考虑配合地形，注意城市环境立体空间的美观要求。

续表

内容	要　点
总体规划阶段的竖向规划	城市用地组成及城市干路网。
	城市干路交叉点的控制控制标高，干路的控制纵坡度。
	城市其他一些主要控制点的控制标高，包括铁路与城市干路的交叉点、防洪堤、桥梁等标高。
	分析地面坡向、分水岭、汇水沟、地面排水走向，还应有文字说明及对土方平衡的初步估算。
详细规划阶段的竖向规划的方法	设计等高线法；高程箭头法；纵横断面法。

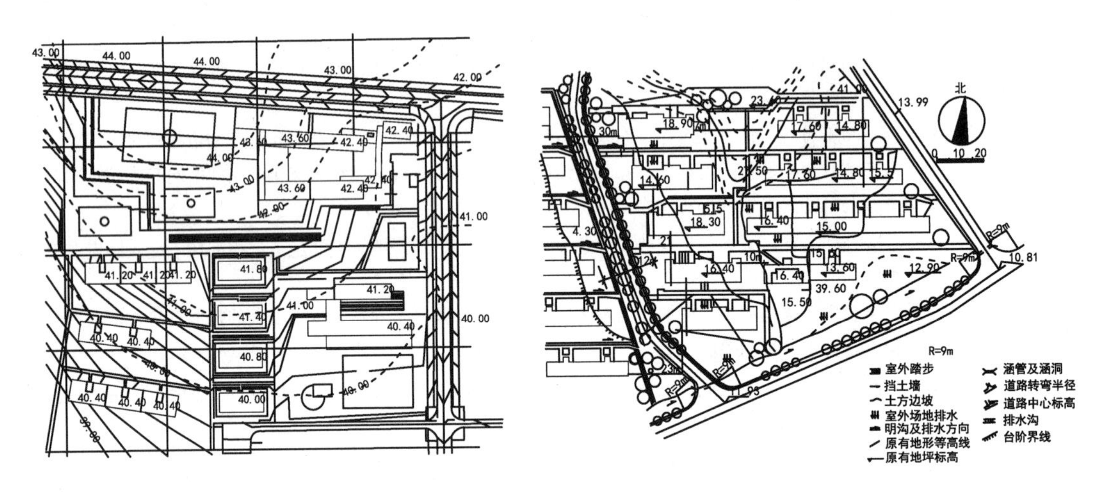

图 5-10-2　用设计等高线法进行竖向规划的示例　　　　图 5-10-3　用高程箭头进行竖向规划的示例

（全国城市规划执业制度管理委员会．城市规划原理．北京：中国计划出版社，2002：68，114.）

2017-056、2011-056. 城市用地竖向规划工作的基本内容不包括(　　)。

A. 综合解决城市规划用地的各项控制标高问题

B. 使城市道路的纵坡既能配合地形，又能满足交通上的要求

C. 结合机场、通信等控制高度要求，制定城市限高规划

D. 考虑配合地形，注意城市环境的立体空间的美观要求

【答案】C

【解析】城市用地竖向规划工作的基本内容：①结合城市用地选择，分析研究自然地形，充分利用地形，对一些需要采用工程措施后才能用于城市建设地段提出工程措施方案；②综合解决城市规划用地的各项控制标高问题，如防洪堤、排水干管出口、桥梁和道路交叉口等；③使城市道路的纵坡度既能配合地形又能满足交通上的要求；④合理组织城市用地的地面排水；⑤经济合理地组织好城市用地的土方工程，考虑填方和挖方的平衡；⑥考虑配合地形，注意城市环境立体空间的美观要求。

2014-055. 关于城市竖向规划的表述，不准确的是(　　)。

A. 竖向规划的重点是进行地形改造和土地平整

B. 铁路和城市干路交叉点的控制标高应在总体规划阶段确定

C. 详细规划阶段可采用高程箭头法、纵横断面法或设计等高线法

D. 大型集会广场应有平缓的坡度

【答案】A

【解析】竖向规划首先要配合利用地形，而不应把改造地形、土地平整看作是主要方式。故 A 项表述错误。

2012-056. 城市详细规划阶段竖向规划的方法一般不包括(　　)。

A. 设计等高线法　　B. 高程箭头法

C. 纵横断面法　　D. 方格网法

【答案】D

【解析】详细规划阶段的竖向规划的方法，一般有设计等高线法、高程箭头法、纵横断面法。

2010-057. 关于城市用地竖向规划基本工作内容的表述，下列哪项是不准确的？(　　)

A. 综合解决城市规划用地的控制标高

B. 组织城市用地的地面排水

C. 确定城市道路的纵坡度和横坡度

D. 配合地形考虑城市环境的空间美观要求

【答案】C

【解析】城市用地竖向规划工作包括六个基本内容：①分析研究自然地形，对一些需要采用工程措施后才能用于城市建设的地段提出工程措施方案；②综合解决城市规划用地的各项控制标高问题；③使城市道路的纵坡度既能配合地形又能满足交通上的要求；④合理组织城市用地的地面排水；⑤经济合理地组织好城市用地的土方工程，考虑填方和挖方的平衡；⑥考虑配合地形，注意城市环境的立体空间的美观要求。

2008-056. 下列哪项不是城市用地竖向规划的基本工作内容？(　　)

A. 确定城市干路的控制纵坡度

B. 确定城市建设用地的控制高程

C. 平整土地、改造地形

D. 分析地面坡向、分水岭、汇水沟、地面排水走向

【答案】C

【解析】城市用地竖向规划工作包括六个基本内容：①分析研究自然地形，对一些需要采用工程措施后才能用于城市建设的地段提出工程措施方案；②综合解决城市规划用地的各项控制标高问题；③使城市道路的纵坡度既能配合地形又能满足交通上的要求；④合理组织城市用地的地面排水；⑤经济合理地组织好城市用地的土方工程，考虑填方和挖方的平衡；⑥考虑配合地形，注意城市环境的立体空间的美观要求。

五、城市地下空间规划的主要内容

相关真题：2017-057、2013-058、2012-057、2011-057、2010-058、2008-057

城市地下空间规划的主要内容 表 5-10-9

内容	要　点
概念	① 地下空间。地表以下，为满足人类社会生产、生活、交通、环保、能源、安全、防灾减灾等需求而进行开发、建设与利用的空间。 ② 地下空间资源。一是依附于土地而存在的资源蕴藏量；二是依据一定的技术经济条件合理开发利用的资源总量；三是一定社会发展时期内有效开发利用的地下空间总量。 ③ 地下空间需求预测。根据城市的社会、经济、规模、交通、防灾与环境等发展需求，在城市总体规划基础上，对当前及未来城市地下空间资源开发利用的功能、规模、形态与发展趋势等方面作出科学预测。 ④ 城市地下空间资源开发利用的规划深度。 ⑤ 城市公共地下空间。一般包括下沉式广场、地下商业服务设施、轨道交通车站，以及城市公共的地下空间和开发地块中规划规定的公共活动性地下空间等，是城市公共活动系统的重要组成部分。
意义	地下空间是城市重要的、宝贵的空间资源，科学、有序的开发和利用，地下空间是节约土地资源、建设紧凑型城市、提高运行效率、增强城市防灾减灾能力的有效途径之一。
作用	应根据城市发展的需要编制城市地下空间规划，能规范城市地下空间的开发利用，指导城市地下空间的有序规划建设。
主要内容	总体规划：①城市地下空间开发利用的现状评价；②城市地下空间资源的评估；③城市地下空间开发利用的指导思想与发展战略；④城市地下空间开发利用的需求；⑤城市地下空间开发利用的总体布局；⑥地下空间开发利用的分层规划；⑦地下空间开发利用的各专项设施规划；⑧地下空间规划的实施；⑨地下空间近期建设规划。 控制性规划：①根据上层规划的要求，确定规划范围内各专项地下空间设施的总体规模、平面布局和竖向分层等关系；②对地块之间的地下空间连接作出指导性控制。 修建性规划：①根据上位规划的要求，进一步确定规划区地下空间资源综合开发利用的功能定位、开发规模以及地下空间各层的平面和竖向布局；②结合地区公共活动特点，合理组织规划区的公共性活动空间，进一步明确地下空间体系中的公共活动系统；③根据地区自然环境、历史文化和功能特征，进行地下空间的形态设计，优化地下空间的景观品质，提高地下空间的安全防灾性能；④根据地下空间控制性详细规划确定的指标和管理要求，进一步明确公共性地下空间的各层功能、与城市公共空间和周边地块的连通方式；明确地下各项设施的位置和出入交通组织；明确开发地块内必须开放或鼓励开放的公共性地下空间范围、功能和连通方式等控制要求。
规划编制	城市地下空间的规则编制应注意保护和改善城市的生态环境，科学预测城市发展的需要，坚持因地制宜，远近兼顾，全面规划，分步实施，使地下空间的开发利用同国家和地方的经济技术发展水平相适应。城市地下空间规划应实行竖向分层立体综合开发，横向相关空间互相连通，地面建筑与地下工程协调配合。

2017-057、2011-057 地下空间资源一般不包括(　　)。

A. 依附于土地而存在的资源蕴藏量

B. 依据一定的技术经济条件可合理开发利用的资源总量

C. 采用一定工程技术措施进行地形改造后可利用的地下、半地下空间资源

D. 一定的社会发展时期内有效开发利用的地下空间总量

【答案】C

【解析】 人类社会为开拓生存与发展空间，将地下空间作为一种宝贵的空间资源。一般包括三方面含义：一是依附于土地而存在的资源蕴藏量；二是依据一定的技术经济条件可合理开发利用的资源总量；三是一定的社会发展时期内有效开发利用的地下空间总量。

2013-058. 根据《城市地下空间开发利用管理规定》，城市地下空间规划的主要内容不包括(　　)。

A. 地下空间现状及发展预测

B. 地下空间开发战略

C. 开发层次、内容、期限、规模与布局

D. 地下空间开发实施措施与近期建设规划

【答案】D

【解析】 根据《城市地下空间开发利用管理规定》第六条，城市地下空间规划的主要内容包括：地下空间现状及发展预测，地下空间开发战略，开发层次、内容、期限，规模与布局，地下空间开发实施步骤，以及地下工程的具体位置，出入口位置，不同地段的高程、各设施之间的相互关系，与地面建筑的关系，及其配套工程的综合布置方案、经济技术指标等。

2012-057. 下列关于城市地下空间表述，错误的是(　　)。

A. 城市地下空间，是指城市中地表以下，为了满足人类社会生产、生活、交通、环保、能源、安全、防灾减灾等需求而进行开发、建设与利用的空间

B. 地下空间资源包括三方面的含义：依附于土地而存在的资源蕴藏；依据一定的技术经济条件可合理开发利用的资源总量；一定的社会发展时期内有效开发利用的地下空间总量

C. 城市公共地下空间是指用于城市公共活动的地下空间

D. 下沉式广场不属于城市公共地下空间

【答案】D

【解析】 城市公共地下空间。用于城市公共活动的地下空间。一般包括下沉式广场、地下商业服务设施中的公共部分、轨道交通车站，以及城市公共的地下空间和开发地块中规划规定的公共活动性地下空间等，是城市公共活动系统的重要组成部分。

2010-058. 关于城市地下空间规划的表述，下列哪项是准确的？(　　)

A. 随着地铁站、地下商业和公共步道等大规模建设，地下空间正成为重要的公共活动空间

B. 地下空间环境的人性化设计是地下空间建设成败的关键

C. 由于地下空间问题的复杂性和重要性，地下空间规划建设必须坚持政府主导的

方针

D. 地下空间建设规划由城市规划行政主管部门批准

【答案】A

【解析】地下空间规划的基本原则：①以科学发展观为指导，坚持以人为本，创造人性化和舒适性的地下空间环境；②坚持政府组织、专家领衔、部门合作、公众参与、科学决策的原则；③坚持地上、地下空间资源统筹规划、综合开发利用的原则。全市性地下空间总体规划应当纳入城市总体规划，各区（县）地下空间总体规划由市人民政府审批，重点规划建设地区地下空间详细规划由市人民政府审批，其他地区由市规划主管部门审批。

2008-057. 下列关于城市地下空间规划的选项中，不正确的是(　　)。

A. 城市地上与地下空间资源的开发利用必须统一规划

B. 编制地下空间规划应当以批准的城市规划为依据

C. 城市的中心区等重点地区应当编制地下空间详细规划

D. 地下空间规划应以开发利用人防地下设施为主要内容

【答案】D

【解析】城市地下空间总体规划的主要内容包括：城市地下空间开发利用的现状分析与评价；城市地下空间资源的评估；城市地下空间开发利用的指导思想与发展战略；城市地下空间开发利用的需求；城市地下空间开发利用的总体布局；城市地下空间开发利用的分层规划；城市地下空间开发利用各专项设施的规划；城市地下空间规划的实施；城市地下空间近期建设规划。

城市景观系统规划的主要内容及规划原则　　**表 5-10-10**

内容	要　点
概念	城市景观包括自然、人文、社会诸要素，它的通常含义是通过视觉所感知的城市物质形态和文化形态。在城市总体规划阶段，城市景观系统规划指对影响城市总体形象的关键因素及城市开放空间结构，所进行的统筹与总体安排。
主要内容	① 依据城市自然、历史文化特点和经济社会发展规划的战略要求，确定城市景观系统规划的指导思想和规划原则； ② 调查发掘与分析评价城市景观资源、发展条件及存在问题； ③ 研究确定城市景观的特色与目标； ④ 研究城市用地的结构布局与城市景观的结构布局，确定符合社会思想的城市景观结构； ⑤ 划定有关城市景观控制区，如城市背景、制高点、门户、景观轴线及重点视廊视域、特征地带等，并提出相关安排； ⑥ 划定需要保留、保护、利用和开发建设的城市户外活动空间，整体安排客流集散中心、闹市、广场、步行街、名胜古迹、亲水地带和开敞绿地的结构布局； ⑦ 确定分期建设步骤和近期实施项目； ⑧ 提出实施管理建议； ⑨ 编制城市景观系统规划的图纸和文件。
基本原则	① 舒适性原则；②城市审美原则；③生态环境原则；④因借原则；⑤历史文化保护原则；⑥ 整体性原则。

第十一节　城市总体规划成果

一、城市总体规划成果的文本要求

相关真题：2018-056、2017-089、2014-057、2011-089、2010-096

城市总体规划文本要求　　表 5-11-1

说　明	
城市总体规划文本是对规划的各项目标和内容提出规定性要求的文件，采用条文形式。文本格式和文字应规范、准确，利于具体操作。在规划文本中应当明确表述规划的强制性内容。	
总则	规划编制的背景、目的、基本依据、规划期限、城市规划区、适用范围以及执行主体。
城市发展目标	社会发展目标、经济发展目标、城市建设目标、环境保护目标。
市域城镇体系规划	市域城乡统筹发展战略；市域空间管制原则和措施；城镇发展战略及总体目标、城镇化水平；城镇职能分工、发展规模等级、空间布局；重点城镇发展定位及其建设用地控制范围；区域性交通设施、基础设施、环境保护、风景旅游区的总体布局。
城市性质与规模	城市职能；城市性质；城市人口规模；中心城区空间增长边界；城市建设用地规模。
城市总体布局	城市用地选择和空间发展方向；总体布局结构；禁建区、限建区、适建区和已建区范围及其空间管制措施；规划建设用地范围和面积，用地平衡表；土地使用强度管制区划及其控制指标。
综合交通规划	对外交通、城市道路系统、公共交通。
公共设施规划	各类公共管理与公共服务设施位置和范围；市级和区级公共中心的位置和规模；行政办公、商业金融、文化娱乐、体育、医疗卫生、教育科研、市场、宗教等主要公共服务设施位置和范围。
居住用地规划	住房政策；居住用地结构；居住用地分类、建设标准和布局（包括经济适用房、普通商品住房等满足中低收入人群住房需求的居住用地布局）、居住人口容量、配套公共服务设施位置和规模。
绿地系统规划	绿地系统发展目标，各种功能绿地的保护范围，河湖水面的保护、范围、绿地指标，市区级公共绿地及防护绿地，生产绿地布局，岸线使用原则。
历史文化保护	城市历史文化保护及地方传统特色保护的原则、内容和要求；历史文化街区、历史建筑保护范围（紫线）；各级文物保护单位的范围；重要地下文物埋藏区的保护范围；重要历史文化遗产的修整、利用；特色风貌保护重点区域范围及保护措施。
旧区改建与更新	旧区改建原则；用地结构调整及环境综合整治；重要历史地段保护。
中心城区村镇发展	村镇发展与控制的原则和措施；需要发展的村庄；限制发展的村庄；不再保留的村庄；村镇建设控制标准。
给水工程规划	用水量标准和总用水量，水源地选择及防护措施，取水方式，供水能力，净水方案；输水管网及配水干管布置，加压站位置和数量。
排水工程规划	排水体制；污水排放标准，雨水、污水排放总量，排水分区；排水管、渠系统规划布局，主要泵站及位置；污水处理厂布局、规模、处理等级以及综合利用的措施。
供电工程规划	用电量指标，总用电负荷，最大用电负荷、分区负荷密度；供电电源选择；变电站位置、变电等级、容量；输配电系统电压等级、敷设方式；高压走廊用地范围、防护要求。
电信工程规划	电话普及率、总容量；邮政设施标准、服务范围、发展目标，主要局所网点布置；通信设施布局和用地范围，收发讯区和微波通道的保护范围；通信线路布置、敷设方式。

续表

	说　明
燃气工程规划	燃气消耗水平，气源结构；燃气供应规模，供气方式；输配系统管网压力等级、管网系统；调压站、灌瓶站、贮存站等工程设施布置。
供热工程规划	采暖热指标、供热负荷、热源及供热方式；供热区域范围、热电厂位置和规模；热力网系统、敷设方式。
环境卫生设施规划	环境卫生设施布置标准；生活废弃物总量，垃圾收集方式、堆放及处理、消纳场所的规模及布局；公共厕所布局原则；垃圾处理厂位置和规模。
环境保护规划	生态环境保护与建设目标；有关污染物排放标准；环境功能分区；环境污染的防护、治理措施。
综合防灾规划	防洪：城市需设防地区（防江河洪水、防山洪、防海潮、防泥石流）范围，设防等级、防洪标准；设防方案，防洪堤坝走向，排洪设施位置和规模；排涝防灾的措施。抗震：城市设防标准；疏散场地通道规划；生命线系统保障规划。消防：消防标准；消防站及报警、通信指挥系统规划；机构、通道及供水保障规划。
地下空间利用及人防规划	人防工程建设的原则和重点；城市总体防护布局；人防工程规划布局；交通、基础设施的防空、防灾规划；贮备设施布局；地下空间开发利用（平战结合）规划。
近期建设规划	近期发展方向和建设重点；近期人口和用地规模；土地开发投放量；住宅建设、公共设施建设、基础设施建设。
规划实施	实施规划的措施和政策建议。
附则	说明文本的法律效力、规划的生效日期、修改的规定以及规划的解释权。

2018-056. 下列关于城市总体规划文本的表述，错误的是（　　）。

A. 具有法律性质的文件

B. 需要反映上版城市总体规划的实施评价

C. 应通过编制内容对下位规划的编制提出要求

D. 格式和文字应简洁、准确，利于具体操作

【答案】B

【解析】 城市总体规划文本是对规划的各项目标和内容提出规定性要求的文件，采用条文形式。文本格式和文字应规范、准确，利于具体操作。在规划文本中应当明确表述规划的强制性内容。文本附则中需说明文本的法律效力、规划的生效日期、修改的规定以及规划的解释权，因此A、D选项正确。强制性内容必须落实上级政府规划管理的约束性要求，因此C选项正确。城市总体规划文本是对规划的各项目标和内容提出规定性要求的文件，不涉及对上版规划的实施评价，B选项错误，故选B。

2017-089. 城市建设用地平衡表的主要作用包括（　　）。

A. 评价城市各项建设用地配置的合理水平

B. 衡量城市土地使用的经济性

C. 比较不同城市之间建设用地的情况

D. 规划管理部门审定城市建设用地规模的依据

E. 控制规划人均城市建设用地面积指标

【答案】ABE

【解析】城市建设用地平衡表罗列出各项用地在用地面积、占城市建设用地比例、人均城市建设用地方面的规划与现状的数值，用来分析城市各项用地的数量关系，用数量的概念来说明城市现状与规划方案中各项用地的内在联系，为合理分配城市用地提供必要的依据。

2014-057、2011-089. **城市总体规划文本是对各项规划目标和内容提出的(　　)。**

A. 详细说明　　B. 具体解释

C. 规定性要求　　D. 法律依据

【答案】C

【解析】规划文本是表述规划意图、目标和对规划有关内容提出的规定性要求。

2010-096. **下列城市总体规划成果中，哪些项具备法律效力？(　　)**

A. 规划文本　　B. 规划说明书

C. 专题研究报告　　D. 基础资料汇编

E. 规划图纸

【答案】AE

【解析】城市总体规划成果包括文本、图纸及附件，附件包括规划说明、专题研究报告、基础资料汇编。其中具备法律效力的是规划文本和规划图纸。

二、城市总体规划成果的图纸要求

相关真题：2017-058、2013-059、2011-058、2008-058

城市总体规划主要图纸内容　　表 5-11-2

要　点
市（县）域城镇分布现状图，比例 1∶50000～1∶200000
市（县）域城镇体系规划图，比例 1∶50000～1∶200000
市（县）域基础设施规划图，比例 1∶50000～1∶200000
市（县）域空间管制图，比例 1∶50000～1∶200000
城市现状图，比例为 1∶5000～1∶25000
城市用地工程地质评价图，比例为 1∶5000～1∶25000
中心城区四区划定图，比例为 1∶5000～1∶25000
中心城区土地使用规划图，比例为 1∶5000～1∶25000。标明建设用地、农业用地、生态用地和其他用地范围。
城市总体规划图，比例为 1∶5000～1∶25000。标明中心城区空间增长边界和规划建设用地范围，标明各类建设用地空间布局、规划主要干路、河湖水面、重要的对外交通设施、重大基础设施。
居住用地规划图，比例为 1∶5000～1∶25000
绿地系统规划图，比例为 1∶5000～1∶25000
综合交通规划图，比例为 1∶5000～1∶25000
历史文化保护规划图，比例为 1∶5000～1∶25000

续表

要点
旧城改造规划图，比例为 1∶5000～1∶25000
近期建设规划图，比例为 1∶5000～1∶25000
各项专业规划图，比例为 1∶5000～1∶25000。包括给水工程规划图、排水工程规划图、供电工程规划图、电信工程规划图、供热工程规划图、燃气工程规划图、环境卫生设施规划图、环境保护规划图、防灾规划图、地下空间利用规划图等。

2017-058、2011-058. **下列不属于城市总体规划成果图纸内容的是(　　)。**

A. 市域空间管制　　　　B. 居住小区级绿地布局

C. 主要城市道路横断面示意　　　　D. 近期主要改建项目的位置和范围

【答案】B

【解析】由城市总体规划主要图纸内容可知，选项 B 不属于其内容。此题选 B。

2013-059. **下列关于城市总体规划主要图纸内容要求的表述，错误的是(　　)。**

A. 市域城镇体系规划图需要标明行政区划

B. 市域空间管制图需要标明市域功能空间区划

C. 居住用地规划图需要标明居住人口容量

D. 综合交通规划图需要标明各级道路走向、红线宽度等

【答案】D

【解析】综合交通规划图：标明主次干路走向、红线宽度、道路横断面、重要交叉口形式；重要广场、停车场、公交停车场的位置和范围；铁路线路及站场、公路及货场、机场、港口、长途汽车站等对外交通设施的位置和用地范围。

2008-058. **下列图纸中不属于城市总体规划规定的正式图纸的是(　　)。**

A. 市域城镇体系规划图　　　　B. 地市用地工程地质评价图

C. 近期建设规划图　　　　D. 远景发展规划图

【答案】D

【解析】由城市总体规划主要图纸内容可知，选项 D 不属于其内容。此题选 D。

三、城市总体规划成果的附件要求

城市总体规划附件的内容　　表 5-11-3

内容	要点
规划说明	是对规划文本的具体解释，主要是分析现状，论证规划意图，解释规划文本。
相关专题研究报告	针对总体规划重点问题、重点专项进行必要的专题分析，提出解决问题的思路、方法和建议，并形成专题研究报告。
基础资料汇编	规划编制过程中所采用的基础资料的整理与汇总。

四、城市总体规划强制性内容

相关真题：2018-057、2018-052、2013-053、2013-051、2013-048、2012-092、2012-058、2008-059

城市总体规划强制性内容　　表 5-11-4

内容	要　点
城市规划区范围	风景名胜区，自然保护区，湿地、水源保护区和水系等生态敏感区以及基本农田，地下矿产资源分布地区等市域内必须严格控制的地域范围。
城市建设用地	规划期限内城市建设用地的发展规模，根据建设用地评价确定的土地使用限制性规定；城市各类绿地的具体布局。
城市基础设施和公共服务设施用地	城市主干路的走向、城市轨道交通的线路走向、大型停车场布局；取水口及其保护区范围、给水和排水主管网的布局；电厂与大型变电站位置、燃气储气罐站位置、垃圾和污水处理设施位置；文化、教育、卫生、体育和社会福利等主要公共服务设施的布局。
自然与历史文化遗产保护	历史文化名城保护规划确定的具体控制指标和规定；历史文化街区、各级文物保护单位、历史建筑群、重要地下文物埋藏区的保护范围和界线等。
城市防灾工程	城市防洪标准、防洪堤走向；城市抗震与消防疏散通道；城市人防设施布局；地质灾害防护；危险品生产储存设施布局等内容。

2018-057. 下列不属于城市总体规划的强制性内容的是(　　)。

A. 水域内水源保护区的地域范围　　B. 城市人口规模

C. 城市燃气储气罐站位置　　D. 重要地下文物埋藏区的保护范围和界限

【答案】B

【解析】由城市总体规划强制性内容可知，选项 B 应为规划期限内城市建设用地的发展规模。此题选 B。

2018-052. 下列属于城市总体规划强制性内容的是(　　)。

A. 用水量标准　　B. 城市防洪标准

C. 环境卫生设施布置标准　　D. 用气量标准

【答案】B

【解析】本题考查的是城市总体规划强制性内容。城市防洪标准是城市总体规划强制性内容中城市防灾减灾包括的内容。

2013-053. “确定排水体制”属于下列哪一项规划阶段的内容？(　　)

A. 城市总体规划　　B. 城市分区规划

C. 控制性详细规划　　D. 修建性详细规划

【答案】A

【解析】由城市总体规划强制性内容可知，选项 A 属于其内容。此题选 A。

2013-051. 下列属于城市总体规划的强制性内容的是(　　)。

A. 城市绿地系统的发展目标　　B. 城市各类绿地的具体布局

C. 城市绿地主要指标　　　　D. 河湖岸线的使用原则

【答案】B

【解析】由城市总体规划强制性内容可知，选项 B 属于其内容。此题选 B。

2013-048、2012-092. 在历史文化名城保护规划中应划定保护界限的有(　　)。

A. 历史城区　　　　B. 历史地段

C. 历史建筑群　　　　D. 文物古迹

E. 地下文物埋藏区

【答案】BCDE

【解析】根据《历史文化名城保护规划规范》(GB 50357—2005) 可知，历史文化名城保护规划应划定历史地段（历史文化街区）、历史建筑（群）、文物古迹和地下文物埋藏区的保护界线，并提出相应的规划控制和建设的要求。

2012-058. 城市总体规划强制性内容必须明确(　　)。

A. 落实上级政府规划管理的引导性要求　　B. 城市各类用地的具体布局

C. 各级各类学校的布局　　　　D. 大型社会停车场布局

【答案】D

【解析】由城市总体规划强制性内容可知，选项 D 符合题意。此题选 D。

2008-059. 根据《城市规划编制办法》，城市总体规划强制性内容中不包括(　　)。

A. 禁建区、限建区、适建区范围及空间管制措施

B. 规划期限内城市建设用地的发展规模

C. 城市地下空间开发布局

D. 城市人防设施布局

【答案】A

【解析】由城市总体规划强制性内容可知，选项 A 不属于其内容。此题选 A。

相关真题：2014-096

规划强制性内容的意义和原则　　**表 5-11-5**

内容	要　点
意义	省域城镇体系规划、城市规划和镇规划涉及政治、经济、文化和社会等各个领域，内容比较综合。为了加强规划的实施及其监督，《城乡规划法》把规划中涉及区域协调发展、资源利用、环境保护、风景名胜资源管理、自然与文化遗产保护、公众利益和公共安全等方面的内容规定为强制性内容。确定规划的强制性内容，是为了加强上下规划的衔接，确保规划内容得到有效落实，确保城乡建设发展能够做到节约资源，保护环境，和谐发展，促进城乡经济社会可持续发展，并且能够以此为依据对规划的实施进行监督检查。
特点	① 规划强制性内容具有法定的强制力，必须严格执行，任何个人和组织都不得违反。 ② 下位规划不得擅自违背和变更上位规划确定的强制性内容。 ③ 涉及规划强制性内容的调整，必须按照法定的程序进行。强制性内容是指省域城镇体系规划、城市总体规划、城市详细规划中涉及区域协调发展、资源利用、环境保护、风景名胜资源管理、自然与文化透产保护、公众利益和公共安全等方面的内容。城市规划强制性内容是对城市规划实施进行监督检查的基本依据。

续表

内容	要　点
原则	① 强制性内容必须落实上级政府规划管理的约束性要求。 ② 强制性内容应当根据各地具体情况和实际需要，实事求是地加以确定。既要避免遗漏有关内容，又要避免将无关的内容确定为强制性内容。 ③ 强制性内容的表述必须明确、规范，符合国家有关标准。

2014-096. 关于城市总体规划强制性内容的表述，正确的有(　　)。

A. 城市性质属于城市总体规划强制性内容

B. 城市总体规划强制性内容必须落实上位规划的强制性要求

C. 城市总体规划中的强制性内容和指导性内容，可以根据实际需要进行必要的互换和取舍

D. 调整城市总体规划强制性内容，必须提出专题报告，报原规划审批机关审查批准

E. 城市总体规划强制性内容可作为规划行政主管部门审查建设项目的参考

【答案】BD

【解析】由规划强制性内容的意义和原则可知，选项B、D表述正确。此题选BD。

第六章　城市近期建设规划

大纲要求 **表 6-0-1**

内容	要点	说明
城市近期建设规划	城市近期建设规划的作用与任务	掌握城市近期建设规划的作用
		掌握城市近期建设规划的任务
	城市近期建设规划的编制	掌握城市近期建设规划的内容
		掌握城市近期建设规划的成果要求

第一节　城市近期建设规划的作用与任务

一、城市近期建设规划的作用

相关真题：2014-058、2013-061、2008-061、2008-060

城市近期建设规划的作用与意义　　表 6-1-1

内容	要　点
背景	城市总体规划是城市在一定年限内各个组成部分和各项建设的全面安排。总体规划期限一般较长，要充分估计相当长时期内的发展需要，才能使城市健康地成长、顺利地建设，城市近期建设规划就是近期内或是当年的各项建设总的规划布置。1991 年版的《城市规划编制办法》(1991 年建设部令第 14 号）明确提出城市总体规划的内容应当包括“编制近期建设规划，确定近期建设目标、内容和实施部署”。由此可见，城市近期建设规划是城市总体规划的重要组成部分。
作用	城市近期建设规划是城市总体规划的分阶段实施安排和行动计划，是落实城市总体规划的重要步骤，只有通过近期建设规划，才有可能实事求是地安排具体的建设时序和重要的建设项目，保证城市总体规划的有效落实。 近期建设规划是近期土地出让和开发建设的重要依据，土地储备、分年度计划的空间落实、各类近期建设项目的布局和建设时序，都必须符合近期建设规划，保证城镇发展和建设的健康有序进行。
编制城市近期建设规划的意义	① 完善城市规划体系的需要 总体规划从结构和战略的层面，更加宏观与原则，而近期建设规划则根据总体规划的目标制定实施总体规划的具体的近期安排，并对总体规划的实施效果做出跟踪、分析和判断，更加及时有效地指导城市建设。滚动编制近期建设规划有利于将建设单位的建设意图与政府发展方向、发展重点相结合，协调多方利益达成共识，并通过对近期建设项目及土地供应的控制，有力地引导城市建设的发展方向，变被动管理为积极主动的引导。近期建设规划在规划管理过程中既坚持了总体规划提出的长远目标、整体构思，确保了实施的严肃性，同时又充分考虑了现实条件，兼顾各方利益，并根据实施情况及时反馈修正，确保了规划的灵活性，使规划编制与规划管理紧密结合。 ② 发挥规划宏观调控作用的需要 近期建设规划有利于发挥市场经济条件下城市规划对社会经济发展宏观调控的作用。近期建设规划在国民经济和社会发展五年规划总体目标的指引下，根据现有财力和环境条件，进一步明确城市发展重点，并以解决城市发展面临的实际问题为出发点，确定近期城市建设目标、重点发展区域，主要做好城市基础设施等公益性用地和建设项目的安排，对城市发展方向、空间结构、重大基础设施的建设起到积极的引导和控制作用。在当前投融资渠道不断拓宽的情况下，在明确了新一轮城市发展方向和重点并取得社会广泛认同后，政府的有限投资往往起着关键的引导与示范作用。在近期建设规划中通过对重大基础设施建设项目的明确，将有力地引导城市建设资金的投入，通过基础设施的建设带动周边区域的发展，从而实现土地资源的优化配置和合理的城市发展方向。 ③ 加强城市监督管理的需要 近期建设规划可以理解为政府和社会对于城市建设工作的共同行动计划，是对“近期开发边界”科学合理的制定，是对即将开展项目的统筹安排。规划一旦制定，对政府的工作就形成了一种约束，用以指导城市建设有计划有步骤地实施，增强城市规划的连续性。 近期建设规划是加强城乡规划监督管理的重要环节，是实施城市总体规划目标的重要手段，对近期建设项目的引导和控制，是对城市建设和发展进行自始至终的指导和调控。

2014-058. **关于近期建设规划的表述，正确的是(　　)。**

A. 城市增长稳定后不需要继续编制近期建设规划

B. 近期建设规划应与土地利用总体规划相协调

C. 近期内出现计划外重大建设项目，应在下轮近期建设规划中落实

D. 近期建设规划应发挥其调控作用，使城市在总体规划期限内均匀增长

【答案】B

【解析】城市近期建设规划是城市总体规划的分阶段实施安排和行动计划，是落实城市总体规划的重要步骤，只有通过近期建设规划，才有可能实事求是地安排具体的建设时序和重要的建设项目，保证城市总体规划的有效落实。城市近期建设规划应与土地利用总体规划相协调。

2013-061. **下列关于近期建设规划的表述，错误的是(　　)。**

A. 近期建设规划是城市总体规划的有机组成部分

B. 编制近期建设规划，一般以城市总体规划所确定的建设项目为依据

C. 编制近期建设规划，需要反映计划与市场变化的动态衔接和合理弹性，提高计划的可实施性

D. 年度实施计划是近期建设规划顺利开展的重要途径

【答案】D

【解析】由城市近期建设规划的作用与意义可知，选项A、B、C属于其内容，选项D错误。

此题选D。

2008-061. **下列关于近期建设规划的表述，准确的是(　　)。**

A. 近期建设规划是总体规划分期实施中第一期的内容和范围

B. 近期建设规划应与城市人民政府的任期一致

C. 近期建设规划具有宏观调控作用

D. 近期建设规划的重大问题要通过城市空间战略规划来解决

【答案】C

【解析】近期建设规划有利于发挥市场经济条件下城市规划对社会经济发展宏观调控的作用。

2008-060. **下列关于近期建设规划的基本概念的表述，正确的是(　　)。**

A. 近期建设规划是我国城乡规划编制体系中的一个组成部分

B. 近期建设规划是我国城乡规划实施的内容之一

C. 近期建设规划是规划行政主管部门的工作计划

D. 近期建设规划是规范城市实体开发的技术文件

【答案】B

【解析】1991年版的《城市规划编制办法》(1991年建设部令第14号）明确提出城市总体规划的内容应当包括“编制近期建设规划，确定近期建设目标、内容和实施部署”。由此可见，城市近期建设规划是城市总体规划的重要组成部分。

二、城市近期建设规划的任务

相关真题：2012-59、2010-59

城市近期建设规划的任务　　表 6-1-2

内容	要　点
城市近期建设规划的基本任务	根据城市总体规划、土地利用总体规划和年度计划、国民经济和社会发展规划以及城镇的资源条件、自然环境、历史情况、现状特点明确城镇建设的时序、发展方向和空间布局，自然资源、生态环境与历史文化遗产的保护目标。 提出城镇近期内重要基础设施、公共服务设施的建设时序和选址，廉租住房和经济适用住房的布局和用地，城镇生态环境建设安排等。
城市近期建设规划与国民经济和社会发展规划的关系	同步：近期建设规划与国民经济和社会发展规划应在编制时限上保持一致，同步编制、互相协调，将计划确定的重大建设项目在城市空间中进行合理的安排和布局。 侧重点：在调整对象、内容、编制审批程序、效力等方面互有侧重。国民经济和社会发展五年规划主要在目标、总量、产业结构及产业政策等方面对城市的发展做出总体性和战略性的指引，侧重于时间序列上的安排；近期建设规划则主要在土地使用、空间布局、基础设施支撑等方面为城市发展提供基础性的框架，侧重于空间布局上的安排。 统筹：在空间资源短缺条件下，通过增加近期建设规划年度实施计划，以空间发展目标为核心，侧重于空间与用地安排，与现行的国民经济与社会发展五年规划、国民经济与社会发展年度计划、年度政府投资项目计划、年度政府财政预算（草案）相配合。

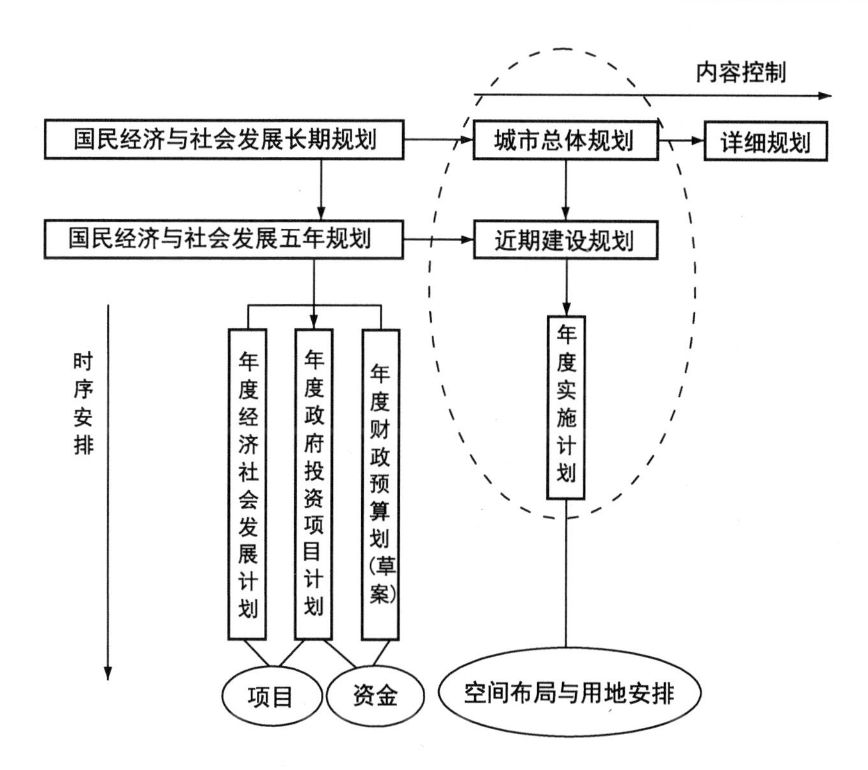

图 6-1-1　城市规划与政府操作体系的关系

（邹兵，钱征寒．近期建设规划与“十一五”规划协同编制设想．城市规划，2005（11）.）

2012-059. 近期建设规划的基本任务不包括(　　)。

A. 明确近期内实施城市总体规划的发展重点和建设时序

B. 确定城市近期发展方向、规模和空间布局

C. 确定自然遗产与历史文化遗产的位置、范围和保护要求

D. 城镇生态环境建设安排

【答案】C

【解析】 城市近期建设规划的基本任务是：根据城市总体规划、土地利用总体规划和年度计划、国民经济和社会发展规划以及城镇的资源条件、自然环境、历史情况、现状特点，明确城镇建设的时序、发展方向和空间布局，自然资源、生态环境与历史文化遗产的保护目标，提出城镇近期内重要基础设施、公共服务设施的建设时序和选址，廉租住房和经济适用住房的布局和用地，城镇生态环境建设安排等。

2010-059. 下列哪类规划与国民经济和社会发展规划关系最为紧密？(　　)

A. 城市总体规划中的远景规划　　B. 市域城镇体系规划

C. 城市近期建设规划　　D. 控制性详细规划

【答案】C

【解析】 城市近期建设规划应当根据城市总体规划、镇总体规划、土地利用总体规划和年度计划以及国民经济和社会发展规划制定。城市总体规划、镇总体规划以及乡规划和村庄规划的编制，应当依据国民经济和社会发展规划，并与土地利用总体规划相衔接。

第二节　城市近期建设规划的编制

一、城市近期建设规划编制的内容

相关真题：2017-060、2013-060、2011-060、2010-060、2008-062

城市近期建设规划编制的内容　　表 6-2-1

内容	要　点
原则	① 处理好近期建设与长远发展，经济发展与资源环境条件的关系，注重生态环境与历史文化遗产的保护，实施可持续发展战略。 ② 与城市国民经济和社会发展规划相协调，符合资源、环境、财力的实际条件，并能适应市场经济发展的要求。 ③ 坚持为最广大人民群众服务，维护公共利益，完善城市综合服务功能，改善人居环境。 ④ 严格依据城市总体规划，不得违背总体规划的强制性内容。
依据	① 法定程序批准的总体规划。 ② 国民经济和社会发展五年规划。 ③ 土地利用总体规划以及国家的有关方针政策等。
重点内容	重要基础设施，公共服务设施，中低收入居民住房建设以及生态环境保护。
基本内容	① 确定近期人口和建设用地规模，确定近期建设用地范围和布局。 ② 确定近期交通发展策略，确定主要对外交通设施和主要道路交通设施布局。 ③ 确定各项基础设施、公共服务和公益设施的建设规模和选址。

续表

内容	要　点
基本内容	④ 确定近期居住用地安排和布局。 ⑤ 确定历史文化名城、历史文化街区、风景名胜区等的保护措施，城市河湖水系、绿化、环境等保护、整治和建设措施。 ⑥ 确定控制和引导城市近期发展的原则和措施。 ⑦ 城市人民政府可以根据本地区的实际，决定增加近期建设规划中的指导性内容。
强制性内容	① 确定城市近期建设重点和发展规模。 ② 依据城市近期建设重点和发展规模，确定城市近期发展区域。对规划年限内的城市建设用地总量、空间分布和实施时序等进行具体安排，并制定控制和引导城市发展的规定。 ③ 根据城市近期建设重点，提出对历史文化名城、历史文化保护区、风景名胜区、生态环境保护等相应的保护措施。

2017-060. 城市规划编制办法中，不属于近期建设规划内容的是(　　)。

A. 确定空间发展时序，提出规划实施步骤

B. 确定近期交通发展策略

C. 确定近期居住用地安排和布局

D. 确定历史文化名城、历史文化街区的保护措施

【答案】A

【解析】 由城市近期建设规划编制的基本内容可知，选项 B、C、D 属于其编制范围，不包括选项 A，因而选 A。

2013-060. 近期建设规划的内容不包括(　　)。

A. 确定近期建设用地范围和布局

B. 确定近期主要对外交通设施和主要道路交通设施布局

C. 确定近期主要基础设施的位置、控制范围和工程干管的线路位置

D. 确定近期居住用地安排和布局

【答案】C

【解析】 由城市近期建设规划编制的基本内容可知，选项 A、B、D 属于其编制范围，不包括选项 C，因而选 C。

2011-060. 城市规划编制办法中，不属于近期建设规划内容的是(　　)。

A. 确定空间发展时序，提出规划实施步骤

B. 确定近期交通发展策略

C. 确定近期居住用地安排和布局

D. 确定历史文化名城、历史文化街区的保护措施

【答案】A

【解析】 由城市近期建设规划编制的基本内容可知，选项 B、C、D 属于其编制范围，不包括选项 A，因而选 A。

2010-060. 下列哪项不属于近期建设规划的内容？（　　）

A. 确定禁建区、限建区、适建区和已建区范围

B. 确定主要对外交通设施和主要道路交通设施布局

C. 确定各项基础设施、公共服务和公益设施的建设规模和选址

D. 确定历史文化名城、历史文化街区、风景名胜区等的保护措施

【答案】A

【解析】 由城市近期建设规划编制的基本内容可知，选项B、C、D属于其编制范围，不包括选项A，因而选A。

2008-062. 下列表述正确的是（　　）。

A. 近期建设规划的工作对象是近期的城市开发项目

B. 控制性详细规划的编制不得超过近期发展区域

C. 在近期建设规划中应明确新增建设用地和利用存量土地的数量

D. 乡与村庄规划也应编制近期建设规划

【答案】C

【解析】 由城市近期建设规划编制的基本内容可知，选项C符合题意。此题选C。

二、城市近期建设规划的编制方法

相关知识：2017-096、2017-059、2014-059、2011-096、2011-059

城市近期建设规划的编制方法　　表 6-2-2

内容	要　　点
全面检讨总体规划及上一轮近期建设规划的实施情况	对总体规划及上一轮近期建设规划实施情况进行全面客观的检讨与评价是至关重要的。一方面，应对总体规划实施绩效进行评价，特别是找出实施中存在的问题；另一方面，寻找这些问题的原因，为后续的工作打好基础。具体的内容包括：对政府决策的作用、实施绩效及评价、总规实施中偏差出现的原因、在下一个近期规划中需要改进和加强的方面等。
立足现状，切实解决当前城市发展面临的突出问题	近期规划必须从城市现状做起，改变从远期倒推的方法。因此要对现状进行充分的了解与认识，不仅要调查通常理解的城市建设现状，还要了解形成现状的条件和原因。因为现实情况是在现状的许多条件共同作用下形成的，如果不在条件的可能改变方面下工夫，所谓的规划理想便不可能成立；同时要改变以往仅凭简单事实就归纳城市发展若干结论的草率判断法，而要从事物的多重关联性出发，对城市问题进行审慎的判断。这样才能较为正确地找出城市发展中的现实问题所在，从而有针对性地提出解决的办法。
重点研究近期城市发展策略，对原有规划进行必要的调整和修正	在我国城镇化加速发展的背景下，五年对于一个城市的发展并不是一个很短的周期。总体规划实施五年后，城市发展的环境可能有较大变化。因此，编制第二个近期规划，必须对城市面临的许多重大问题重新进行思考和分析研究，对五年前确立的城市发展目标和策略进行必要的调整，而不仅仅是局部的微调或细节的深化。面对急剧变动中的内外部发展环境与机遇、自身发展趋势与制约等因素，从产业布局、城市空间拓展与重构、推进城镇化、生态保护、区域合作等方面深入研究，对城市的发展方向与策略有一个总体把握，从而确定未来五年的建设策略，并借此明确五年的建设目标，指导具体的用地布局与项目安排。

续表

内容	要　点
确定近期建设用地范围和布局	城市建设与发展离不开土地，城市土地既是形成城市空间格局的地域要素，又是人类活动及其影响的载体，它的配置与利用方式成为城市综合发展规划的核心内容，适度有序地开发与合理供应土地资源无疑是发挥政府宏观调控职能的关键环节。我国实行土地的社会主义公有制，在市场经济条件下，对土地资源的配置是政府宏观调控城市发展最主要的手段。 依据近期建设规划的目标和土地供应年度计划，遵循优化用地结构与城市布局，促进经济发展的原则，确定近期建设用地范围和布局。制订城市近期建设用地总量，明确新增建设用地和利用存量土地的数量；确定城市近期建设中用地的空间分布，重点安排公益性用地，并确定经营性房地产用地的区位和空间布局；提出城市近期建设用地的实施时序，制订实施城市近期建设用地计划的相关政策。
确定重点发展地区，策划和安排重大建设项目	要使政府公共投资真正能够形成合力，发挥乘数效应，拉动经济增长，必须从城市经营角度出发，确定近期城市发展的重点地区；与此同时，要对那些对于城市长远发展具有重大影响的建设项目进行策划和安排。确定重点发展地区是近期建设规划的工作重点，同时也是体现总体规划效用的重要方面。分散无序的投资方式既形不成规模，又造成同类设施重复建设，经济效益低下。城市近期建设规划的一个重要功能就是要确定城市总体规划实施的先后次序，要保证新建一片，就要建成一片，收益一片。政府投资的重大建设项目，是城市政府通过财政和实体开发建设的手段影响城市开发和城市布局结构的重要方法，城市规划实际上是通过一个个项目的建设逐步实施的。因此，近期建设规划的工作重点，应当是在确定城市建设用地布局的基础上，提出城市近期用地项目和建设项目，明确这些项目的规模、建设方式、投资估算、筹资方式、实施时序等方面的要求。对于那些对城市发展可能造成重大影响的项目，还必须对其开发运作过程、经营方式进行周密的策划和仔细安排，才能避免政府投资失败。
研究规划实施的条件，提出相应的政策建议	近期建设规划本身的性质就应当是城市政策的总体纲要，是关于城市近期发展的政策陈述；近期建设规划的编制，也并非仅仅是城市规划部门的工作，而是政府部门的实际操作，是政府行政和政策的依据，提出规划实施政策应是近期建设规划工作的一项内容。保障规划实施的政策体系，应由人口政策、产业政策、土地政策、交通政策、住房政策、环境政策、城市建设投融资政策和税收政策等组成；另外，根据城市发展中出现的突出问题，还应当制定具体的政策。在规划成果形式上，要以政策陈述为主要内容，所完成的文本应当是城市未来发展过程中所建议的政策框架，图、表等只是这些政策文本的说明。
建立近期建设规划的工作体系	① 将规划成果转化为指导性和操作性很强的政府文件。 ② 建立城市建设的项目库并完善规划跟踪机制。 ③ 建立建设项目审批的协调机制。 ④ 建立规划执行的责任追究机制。 ⑤ 组织编制城市建设的年度计划或规划年度报告。

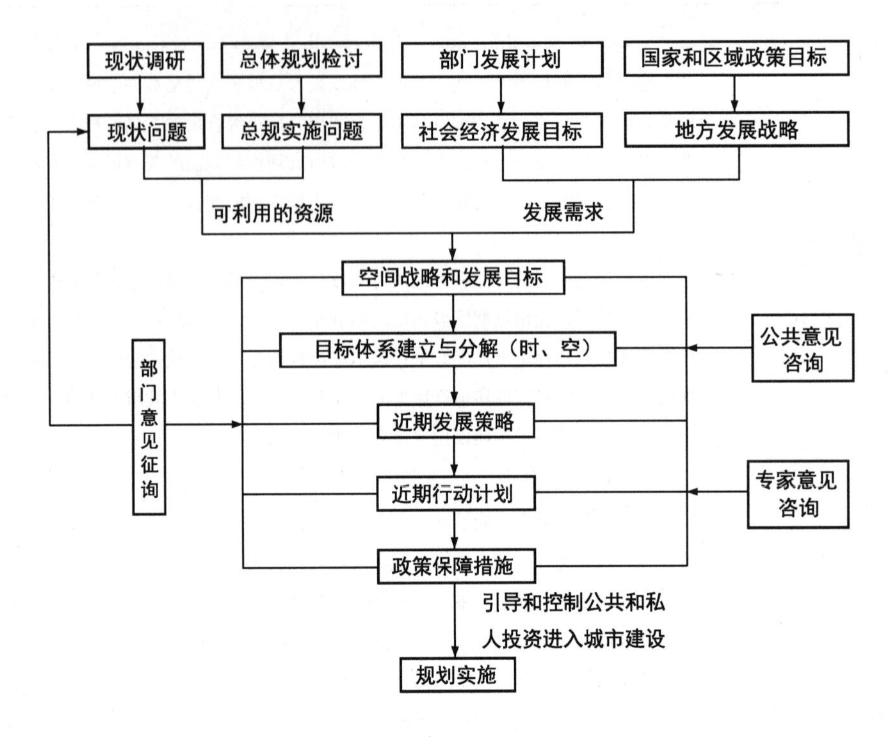

图 6-2-1　近期建设规划工作框图

（王富海，陈宏军，邹兵，等．近期建设规划：从“配菜”变成“正餐”——《深圳市城市总体规划检讨与政策》编制工作体会．城市规划，2002（12）．）

2017-059、2011-059. 下列关于城市近期建设规划编制的表述，错误的是(　　)。

A. 编制近期建设规划应对总体规划实施绩效进行全面检讨与评价

B. 编制近期建设规划不仅要调查城市建设现状，还要了解形成现状的条件和原因

C. 编制总体规划实施后的第二个近期建设规划，不需调整城市发展目标，仅需进行局部的微调和细化

D. 要处理好近期建设与长远发展、经济发展与资源环境条件的关系

【答案】C

【解析】编制第二个近期规划，必须对城市面临的许多重大问题重新进行思考和分析研究，对五年前确立的城市发展目标和策略进行必要的调整，而不仅仅是局部的微调或细节的深化。故C项错误。

2017-096、2011-096. 近期建设规划发挥对城市建设活动的综合协调功能体现在(　　)。

A. 将规划成果转化为法定性的政府文件

B. 建立城市建设的项目库并完善规划跟踪机制

C. 项目审批的协调机制

D. 建立规划执行的监督检查机制

E. 组织编制城市建设的年度计划或规划年度报告

【答案】BCE

【解析】由城市近期建设规划的编制方法可知，选项 B、C、E 符合题意。此题选 BCE。

2014-059. 近期建设规划现状用地规模的统计，应采用(　　)。

A. 该城市总体规划的基准年用地数据

B. 近期建设规划期限起始年的前一年用地数据

C. 上一个近期规划的规划建设用地数据

D. 上一个近期规划实施期间城市新增建设用地数据

【答案】B

【解析】《近期建设规划工作暂行办法》规定：近期建设规划现状用地规模的统计，应采用近期建设规划期限起始年的前一年用地数据。

三、城市近期建设规划的成果

城市近期建设规划的成果　　表 6-2-3

内容	要　点
作为总体规划组成部分的近期建设规划成果	作为总体规划组成部分的近期建设规划成果相对简单，一般是明确提出近期实施城市总体规划的发展重点和建设时序。
独立编制的近期建设规划成果	独立编制的近期建设规划成果包括规划文本、图纸和说明。 1. 文本内容 ① 总则：制定规划的目的、依据、原则，规划范围、规划年限等。 ② 目标与策略：对建设用地规模与结构、建设标准、产业发展、公共设施、交通、市政设施以及生态环境等方面提出具体的目标与对策。 ③ 行动与计划：确定近期重点发展方向与区域，提出具体的土地与设施的规划建设计划。 ④ 政策与措施：制定保障近期建设实施的相关政策与措施。 ⑤ 附则。 2. 说明和图纸 ① 规划说明是对规划文本的具体解释。 ② 规划图纸包括市域城镇布局现状图、城市现状图、市域城镇体系规划图、近期建设规划图、近期道路交通规划图、近期各项专业规划图。图纸比例为：大、中城市为 1∶10000～1∶25000，小城市为 1∶5000～1∶10000；市（县）域城镇体系规划图的比例由编制部门根据实际需要确定。

第七章　城市详细规划

大纲要求 表 7-0-1

内容	要点	说明
城市详细规划	控制性详细规划	掌握控制性详细规划的作用
		掌握控制性详细规划的内容
		掌握控制性详细规划的编制方法
		掌握控制性详细规划的成果要求
	修建性详细规划	熟悉修建性详细规划的作用
		熟悉修建性详细规划的基本内容
		熟悉修建性详细规划的编制方法
		熟悉修建性详细规划的成果要求

第一节 控制性详细规划编制

一、控制性详细规划基础理论

相关真题：2018-058、2017-064、2017-063、2014-085、2013-063、2011-064、2011-063、2008-080、2008-063

控制性详细规划概念 表 7-1-1

内容	要 点
概念	控制性详细规划是以总体规划（或分区规划）为依据，以规划的综合性研究为基础，以数据控制和图纸控制为手段，以规划设计与管理相结合的法规为形式，对城市用地建设和设施建设实施控制性的管理，把规划研究、规划设计与规划管理结合在一起的规划方法。
基本特点	地域性：规划的内容和深度应适应规划地段的特点（不同城市和城市不同地段的规划内容、控制要求和深度不同），保证规划地段及其周围地段的整体协调性。 法制化管理：控制性详细规划是规划与管理的结合，是由技术管理向法治管理的转变，编制要保持一定的简洁性，编制要有一定的程序性和易查性。

2018-058. 下列关于详细规划的表述，错误的是(　　)。

A. 法定的详细规划分为控制性详细规划和修建性详细规划

B. 详细规划的规划年限与城市总体规划保持一致

C. 控制性详细规划是 1990 年代初才正式采用的详细规划类型

D. 修建性详细规划属于开发建设蓝图型详细规划

【答案】B

【解析】相对于城市总体规划，详细规划一般没有设定明确的目标年限，故选 B。

2017-064、2011-064. 下列关于控制性详细规划的表述，正确的是(　　)。

A. 控制性详细规划为修建性详细规划提供了准确的规划依据

B. 控制性详细规划的基本特点是“地域性”和“数据化管理”

C. 控制性详细规划提出控制性的城市设计和建筑环境的空间设计法定要求

D. 控制性详细规划通过量化指标对所有建设行为严格控制

【答案】A

【解析】控制性详细规划为修建性详细规划和各项专业规划设计提供准确的规划依据。控制性详细规划的基本特点：一是“地域性”，二是“法制化管理”。控制性详细规划从城市整体环境设计的要求上，提出意象性的城市设计和建筑环境的空间设计准则和控制要求，也为下一步修建性详细规划提供依据。控制性详细规划是在对用地进行细分的基础上，规定用地的性质、建筑量及有关环境、交通、绿化、空间、建筑形体等的控制要求，通过立法实现对用地建设的规划控制，并为土地有偿使用提供依据。

2017-063、2011-063. 下列关于控制性详细规划编制的表述，不准确的是(　　)。

A. 编制控制性详细规划要以总体规划为依据

B. 编制控制性详细规划要以规划的综合性研究为基础

C. 编制控制性详细规划要以数据控制和图纸控制为手段

D. 编制控制性详细规划要以规划设计与空间形象相结合的方案为形式

【答案】D

【解析】由控制性详细规划概念可知，选项D不符合题意。此题选D。

2014-085. 关于城市建设项目规划管理的表述，正确的有(　　)。

A. 以划拨方式取得国有土地使用权的建设项目，规划行政主管部门应依据城市总体规划核定建设用地的位置、面积和允许建设的范围

B. 在国有土地使用权出让前，规划行政主管部门依据控制性详细规划，提出出让地块的规划条件，作为国有土地使用权出让合同的组成部分

C. 规划行政主管部门不得在建设用地规划许可证中，擅自改变作为国有土地使用权出让合同组成部分的规划条件

D. 建设单位申请办理建设工程许可证，应当提交使用土地的有关证明文件、修建性详细规划以及建设工程设计方案等材料

E. 建设单位申请变更规划条件，变更内容不符合控制性详细规划的，规划行政主管部门不得批准

【答案】BCDE

【解析】规划行政主管部门应依据控制性详细规划核定建设用地的位置、面积、允许建设的范围，A项表述错误。

2013-063. 下列关于控制性详细规划编制的表述，不准确的是(　　)。

A. 控制性详细规划的编制需要公众参与

B. 控制性详细规划的编制需要公平、效率并重

C. 控制性详细规划的编制需要动态维护，保证其实施的有效性

D. 控制性详细规划编制必须在城市规划区建设用地范围内实现“全覆盖”

【答案】D

【解析】控制性详细规划的基本特点之一是“地域性”，规划的内容和深度应适应规划地段的特点（不同城市和城市不同地段的规划内容、控制要求和深度不同），保证规划地段及其周围地段的整体协调性。选项D表述错误。此题选D。

2008-080. 下列表述不准确的是(　　)。

A. 编制近期建设规划是城市规划实施的重要手段

B. 城市总体规划确定的建设用地范围以外，不得设立城市新区

C. 城市建设用地的规划条件和规划许可必须按照控制性详细规划作出

D. 在各类城市规划中必须安排城市中低收入居民住房的建设

【答案】D

【解析】近期建设依据城市总体规划，结合国民经济和社会发展规划以及土地利用总体规划和年度计划，以及重要基础设施、公共服务和中低收入居民住房建设以及生态环境保护为重点内容，明确近期建设的时序。只有D选项的说法错误，在各类城市规划中并没有强制性规定必须安排城市中低收入居民住房的建设。

2008-063. 根据《城乡规划法》，在城市、镇规划区内，核发建设用地规划许可证的依据是(　　)。

A. 总体规划　　B. 近期建设规划

C. 控制性详细规划　　D. 修建性详细规划

【答案】C

【解析】建设项目经有关部门批准、核准、备案后，建设单位需要向城市、县人民政府城乡规划主管部门提出建设用地规划许可申请，由城市、县人民政府城乡规划主管部门依据控制性详细规划核定建设用地的位置、面积、允许建设的范围，核发建设用地规划许可证。

相关真题：2012-096

控制性详细规划的内容　　表 7-1-2

内容	要　点
发展历程	① 从产生到规范。 ② 不断的变革与探索。主要有两个方面： 一是对控制性规划的法制化的努力； 二是对控制性详细规划在城市设计方面的控制，试图通过城市设计的引导和调控手段弥补控制性详细规划不足。 ③ 新时期的发展趋势。主要有三个方面： 一是对控制性详细规划的分区划定与用地编码进行规范； 二是在《城市规划编制办法》的基础上，进一步详细明确编制内容与编制方式，提供主要控制指标的赋值参考标准； 三是规范控制性详细规划成果的统一格式、制图规范和数据标准。
地位	城市总体规划与建设实施之间（包括修建性详细规划和具体建筑设计）从战略性控制到实施性控制的编制层次。 实现总体规划意图，并对建设实施起到具体指导的作用，同时成为城市规划主管部门依法行政的依据。
作用	① 规划与管理、规划与实施之间衔接的重要环节。 ② 是宏观与微观、整体与局部有机衔接的关键层次。 ③ 城市设计控制与管理的重要手段。 ④ 协调各利益主体的公共政策平台。
基本特征	① 通过数据控制落实规划意图。 ② 具有法律效应和立法空间。法律效应是其基本特征，城市总体规划宏观法律效应向微观法律效应的拓展。 ③ 横向综合性的规划控制汇总。 ④ 刚性与弹性相结合的控制方式。刚性与弹性相结合的控制方式适应我国开发申请的审批方式为通则式与判例式相结合的特点。

2012-096. 下列关于控制性详细规划的表述，正确的是(　　)。

A. 通过数据控制落实规划意图　　B. 具有多元化的编制主体

C. 横向综合性的规划控制汇总　　D. 刚性与弹性相结合的控制方式

E. 通过形象的方式表达空间与环境

【答案】ACD

【解析】控制性详细规划的基本特征为：①通过数据控制落实规划意图；②具有法律效应和立法空间；③横向综合性的规划控制汇总；④刚性与弹性相结合的控制方式。

二、控制性详细规划编制内容

相关真题：2018-095、2014-064、2012-061、2010-065、2010-064

控制性详细规划编制内容　　表 7-1-3

内容	要　点
编制内容	① 确定规划范围内不同性质用地的界线，确定各类用地内适建、不适建或者有条件允许建设的建筑类型。 ② 确定各地块建筑高度、建筑密度、容积率、绿地率等控制指标；确定公共设施配套要求、交通出入口方位、停车泊位、建筑后退红线距离等要求。 ③ 提出各地块的建筑体量、体型、色彩等城市设计指导原则。 ④ 根据交通需求分析，确定地块出入口位置、停车泊位、公共交通场站用地范围和站点位置、步行交通以及其他交通设施。规定各级道路的红线、断面、交叉口形式及渠化措施、控制点坐标和标高。 ⑤ 根据规划建设容量，确定市政工程管线位置、管径和工程设施的用地界线，进行管线综合。确定地下空间开发利用具体要求。 ⑥ 制定相应的土地使用与建筑管理规定。

2018-095. **控制性详细规划编制内容一般包括(　　)。**

A. 土地使用控制　　B. 城市设计引导

C. 建筑建造控制　　D. 市政设施配套

E. 造价与投资控制

【答案】ABCD

【解析】本题考查的是控制性详细规划编制。根据规划编制办法、规划管理需要和现行的规划控制实践，控制指标体系由土地使用、建筑建造、配套设施控制、行为活动、其他控制要求等五方面的内容组成。其中市政设施配套、城市设计引导属于建筑建造。

2014-064. **不属于控制性详细规划编制内容的是(　　)。**

A. 划定禁建区、限建区、适建区

B. 规定各级道路的红线、断面、交叉口形式及渠化措施，控制点坐标和标高

C. 确定地下空间开发利用具体要求

D. 提出各地块的建筑体量、体型、色彩等城市设计指导原则

【答案】A

【解析】由控制性详细规划编制内容可知，选项 A 不符合题意。此题选 A。

2012-061. **下列关于控制性详细规划编制内容的表述，错误的是(　　)。**

A. 明确规划范围内不同性质用地的界限、确定各类用地内适建、不适建或者有条件允许建设的建筑类型

B. 确定各地块建筑高度、建筑密度、容积率，绿地率等指标

C. 确定交通出入口方位、停车泊位等要求

D. 根据规划建设容量，合理布局城市系统的重大关键性市政基础设施

【答案】D

【解析】由控制性详细规划编制内容可知，选项A、B、C、符合题意，选项C表述错误。此题选D。

2010-065. 在编制控制性详细规划的过程中，下列哪项与划定地块规模关系最小？（　　）

A. 路网密度　　B. 用地性质

C. 容积率　　D. 用地权属

【答案】C

【解析】在规划方案的基础上进行用地细分，一般细分到地块，成为控制性详细规划实施具体控制的基本单位。地块划分考虑用地现状、产权划分和土地使用调整意向、专业规划要求（如城市"五线"，红线、绿线、紫线、蓝线、黄线）、开发模式、土地价值区位级差、自然或人为边界、行政管辖界限、用地功能性质、用地产权或使用权边界的区别等。

2010-064. 下列哪项不属于控制性详细规划各地块规划图必须标绘的内容？（　　）

A. 规划各地块的界线，标注主要指标

B. 各项建筑物现状

C. 交通出入口方位

D. 规划道路走向、线型、主要控制点坐标和标高

【答案】B

【解析】根据《城市规划编制办法》第四十一条，控制性详细规划的内容可知，选项B正确。

三、控制性详细规划的编制方法与要求

相关真题：2018-059、2017-086、2017-062、2017-061、2013-065、2011-062、2011-061

控制性详细规划的编制方法与要求　　表 7-1-4

内容	要　点
现状调研与前期研究	① 基础资料搜集的基本内容 已经批准的城市总体规划、分区规划的技术文件及相关规划成果； 地方法规、规划范围已经编制完成的各类详细规划及专项规划的技术文件； 准确反映近期现状的地形图（1∶1000～1∶2000）； 规划范围现状人口详细资料，包括人口密度、人口分布、人口构成等； 土地使用现状资料（1∶1000～1∶2000），规划范围及周边用地情况，土地产权与地籍资料，包括城市中划拨用地、已批在建用地等资料，现有重要公共设施、城市基础设施、重要企事业单位、历史保护、风景名胜等资料； 道路交通（道路定线、交通设施、交通流量调查、公共交通、步行交通等）现状资料及相关规划资料； 市政工程管线（市政源点、现状管网、路由等）现状资料及相关规划资料； 公共安全及地下空间利用现状资料； 建筑现状（各类建筑类型与分布、建筑面积、密度、质量、层数、性质、体量以及建筑特色等）资料； 土地经济（土地级差、地价等级、开发方式、房地产指数）等现状资料； 其他相关（城市环境、自然条件、历史人文、地质灾害等）现状资料。

续表

内容	要　点
现状调研与前期研究	② 分析研究的基本要求 在详尽的现状调研基础上，梳理地区现状特征和规划建设情况，发现存在问题并分析其成因，提出解决问题的思路和相关规划建议。从内因、外因两方面分析地区发展的优势条件与制约因素，分析可能存在的威胁与机遇。对现有重要城市公共设施、基础设施、重要企事业单位等用地进行分析论证，提出可能的规划调整动因、机会和方式。
规划方案与用地划分	通过深化研究和综合，对编制范围的功能布局、规划结构、公共设施、道路交通、历史文化环境、建筑空间体型环境、绿地景观系统、城市设计以及市政工程等方面，依据规划原理和相关专业设计要求做出统筹安排，形成规划方案。 在规划方案的基础上进行用地细分，一般细分到地块，成为控制性详细规划实施具体控制的基本单位。 用地细分应适应市场经济的需要，适应单元开发和成片建设等形式，可进行弹性合并。用地细分应与规划控制指标刚性连接，具有相当的针对性，应提出控制指标做相应调整的要求，以适应用地细分发生合并或改变时的弹性管理需要。
指标体系与指标确定	综合控制指标体系是控制性详细规划编制的核心内容之一。综合控制指标体系中必须包括编制办法中规定的强制性内容。 测算法——由研究计算得出； 标准法——根据规范和经验确定； 类比法——借鉴同类型城市和地段的相似案例比较总结； 反算法——通过试做修建规划和形体设想方案估算。
成果编制	按照编制办法的相关规定编制规划图纸、分图控制图则、文本和管理技术规定，形成规划成果。

2018-059. **下列关于控制性详细规划用地细分的表述。不准确的是(　　)。**

A. 用地细分一般细分到地块，地块是控制性详细规划实施具体控制的基本单位

B. 各类用地细分应采用一致的标准

C. 细分后的地块可进行弹性合并

D. 细分后的地块不允许无限细分

【答案】B

【解析】本题考查的是控制性详细规划的编制方法与要求。在规划方案的基础上进行用地细分，一般细分到地块，成为控制性详细规划实施具体控制的基本单位。用地细分应根据地块区位条件，综合考虑地方实际开发运作方式，对不同性质与权属的用地提出细分标准，原则上细分后的用地应作为城市开发建设的基本控制地块，不允许无限细分。用地细分应适应市场经济的需要，适应单元开发和成片建设等形式，可进行弹性合并。

2017-086. **下列(　　)不宜单独作为城市人口规模预测方法，但可以用来校核。**

A. 综合平衡法

B. 环境容量法

C. 比例分配

D. 类比法

E. 职工带眷系数法

【答案】BCD

【解析】城市总体规划采用的城市人口规模预测方法主要有综合平衡法、时间序列法、相关分析法（间接推算法）、区位法和职工带眷系数法。某些人口规模预测方法不宜单独作为预测城市人口规模的方法，但可以作为校核方法使用，例如环境容量法（门槛约束法）、比例分配法、类比法。

2017-062、2011-062. **下列关于控制性详细规划指标确定的表述，正确的是(　　)。**

A. 按照规划编制办法，选取综合指标体系，并根据上位规划分别赋值

B. 综合指标体系必须包括编制办法中规定的强制性内容

C. 指标确定必须采用经济容积率的计算方法进行确定

D. 指标的确定必须采用多种方法相互印证

【答案】B

【解析】由控制性详细规划的编制方法与要求可知，选项 B 符合题意。此题选 B。

2017-061、2011-061. **下列关于控制性详细规划中地块的表述，错误的是(　　)。**

A. 在规划方案的基础上进行用地细分，细分到地块

B. 经过细分后的地块是控制性详细规划具体控制的基本单位

C. 地块划分需要考虑用地现状、产权、开发模式、土地价值级差、行政管辖界限等因素

D. 细分后的用地作为城市开发建设的控制地块，不得再次细分

【答案】D

【解析】在规划方案的基础上进行用地细分，一般细分到地块，成为控制性详细规划实施具体控制的基本单位。地块划分应考虑用地现状、产权划分和土地使用调整意向、专业规划要求（如城市“五线”，红线、绿线、紫线、蓝线、黄线）、开发模式、土地价值区位级差、自然或人为边界、行政管辖界线、用地功能性质、用地产权或使用权边界的区别等。用地细分应根据地块区位条件，综合考虑地方实际开发运作方式，对不同性质与权属的用地提出细分标准，原则上细分后的用地应作为城市开发建设的基本控制地块，不允许无限细分。

2013-065. **下列关于控制性详细规划的表述，错误的是(　　)。**

A. 我国控制性详细规划借鉴了美国区划的经验

B. 编制控制性详细规划应含有城市设计的内容

C. 控制性详细规划的成果要求在向表现多元、格式多变、制图多样和数据多种的方向发展

D. 控制性详细规划是规划实施管理的依据

【答案】C

【解析】控制性详细规划借鉴了国外的区划技术，通过一系列指标、图表、图则等表达方式将城市总体规划的宏观、平面、定性的内容具体为微观、立体、定量的内容。该内容是一种设计控制和开发建设指导，为具体的设计与实施提供深化、细化的个性空间，而非取代具体的个性设计内容。

相关真题：2012-062

控制性详细规划的控制方式　　表 7-1-5

内容	要　点
指标量化	指通过一系列控制指标对用地的开发建设进行定量控制，如容积率、建筑密度、建筑高度、绿地率等。这种方法适用于城市一般建设用地的规划控制。
条文规定	通过对控制要素和实施要求的阐述，对建设用地实行的定性或定量控制，这种方法适用于规划用地的使用说明，开发建设的系统性控制要求以及规划地段的特殊要求。
图则标定	在规划图纸上通过一系列的控制线和控制点对用地、设施和建设要求进行的定位控制。这种方法适用于对规划建设提出具体的定位的控制。
城市设计引导	通过一系列指导性的综合设计要求和建议，甚至具体的形体空间设计示意，为开发控制提供管理准则和设计框架。这种方法宜于在城市重要的景观地带和历史保护地带，为获得高质量的城市空间环境和保护城市特色时采用。
规定性与指导性	规定性是在实施规划控制和管理时必须遵守执行的，体现为一定的“刚性”原则，如用地界线、用地性质、建筑密度、建筑限高、容积率、绿地率、配建设施等。
	指导性内容是在实施规划控制和管理时需要参照执行的内容，这部分内容多为引导性和建议性，体现为一定的弹性和灵活性，如人口容量、城市设计引导等内容。

2012-062. 控制性详细规划的控制方式不包括(　　)。

A. 指标量化　　B. 条文规定

C. 城市设计　　D. 图则标定

【答案】C

【解析】控制性详细规划的控制方式包括指标量化、条文规定、图则标定、城市设计引导、规定性与指导性。选项C不属于其内容。此题选C。

四、控制性详细规划的控制体系与要素

相关真题：2018-061、2013-096、2010-066、2008-097、2008-066、2008-064

控制性详细规划的控制体系与要素　　表 7-1-6

内容	要　点
土地使用控制	用地性质：对地块主要使用功能和属性的控制。
	土地使用兼容：是确定地块主导用地属性，在其中规定可以兼容、有条件兼容、不允许兼容的设施类型。一般通过用地与建筑兼容表实施控制。
	用地边界：指用地红线，是对地块界限的控制，具有单一用地性质，应充分考虑产权界限的关系。
	用地面积：居住用地细分可根据实际情况以街坊、组团或小区为基本单位，一般在城市中心地段宜以街坊、组团为单位，在城市周边区域宜以居住小区为单位。工业用地细分应适应不同的产业发展需要，适应工业建筑布局特点，便于合并与拆分。

续表

内容	要　点
使用强度控制	容积率：是控制地块开发强度的一项重要指标，也称楼板面积率或建筑面积密度，是指地块内建筑总面积与地块用地面积的比值，英文缩写FAR。 地块容积率一般采取上限控制的方式，保证地块的合理使用和良好的环境品质。必要时可以采取下限控制，以保证土地集约使用的要求。
	建筑密度：是控制地块建设容量与环境质量的重要指标，是指地块内所有建筑基底面积与地块用地面积的百分比。 地块建筑密度一般采取上限控制的方式，必要时可采用下限控制方式，以保证土地集约使用的要求。
	人口密度：是单位居住用地上容纳的人口数，是指总居住人口数与地块面积的比率，单位为人/hm^2。也常采用人口总量的控制方法。街坊或地块的人口容量控制要求一般采用上限控制方式，必要情况下可采用上、下限同时控制的方式。
	绿地率：衡量地块环境质量的重要指标，是指地块内各类绿地面积总和与地块用地面积的百分比。绿地率的确定应综合考虑地块区位、用地性质、建筑密度、建筑容量与人口容量、环境品质要求、城市设计要求以及景观风貌要求等因素。绿地率的确定应满足国家与地方的相关规范与标准。绿地率一般采用下限指标的控制方式。

2018-061. **下列关于绿地率指标的表述，不准确的是(　　)。**

A. 绿化覆盖率大于绿地率

B. 绿地率与建筑密度之和不大于1

C. 绿地率是衡量地块环境质量的重要指标

D. 绿地率是地块内各类绿地面积占地块面积的百分比

【答案】A

【解析】绿化覆盖率大于或等于绿地率，故选A。

2013-096. **控制性详细规划的控制体系包括(　　)。**

A. 土地使用控制　　B. 建筑建造控制

C. 市政设施配套　　D. 交通活动控制

E. 开发成本控制

【答案】ABCD

【解析】控制性详细规划的核心内容就是控制指标体系的确定，包括控制内容和控制方法两个层面。根据规划编制办法、规划管理需要和现行的规划控制实践，控制指标体系由土地使用、建筑建造、配套设施控制、行为活动、其他控制要求等五方面的内容构成。

2010-066. **在一般情况下，下列哪项控制性详细规划指标以控制下限为主？(　　)**

A. 建筑密度　　B. 容积率

C. 绿地率　　D. 建筑高度

【答案】C

【解析】由控制性详细规划的控制体系与要素可知，绿地率一般采用下限指标的控制方式。因而此题选 C。

2008-097. 在控制性详细规划的编制中，确定绿地率控制指标时应(　　)。

A. 保证绿地率不得小于 30%　　B. 考虑用地的性质
C. 考虑用地的规模　　D. 考虑用地周边的绿化现状
E. 保证绿地率不得大于 35%

【答案】BCD

【解析】控制性详细规划的绿地率的确定应综合考虑地块区位、用地性质、建筑密度、建筑容量与人口容量、环境品质要求、城市设计要求。

2008-066. 在华北地区某大城市的控制性详细规划中，下列哪个地块的指标比较合理？(　　)

	用地性质	用地面积	容积率	建筑密度	绿地率	建筑高度
A	R21	83200m^2	2.1	36%	30%	45m
B	R11	37400m^2	1.1	25%	40%	10m
C	C2	15000m^2	4.0	45%	25%	100m
D	R/C	54900m^2	6.0	40%	30%	45m

【答案】A

【解析】容积率，指项目用地范围内总建筑面积与项目总用地面积的比值。建筑密度是指建筑物的覆盖率，具体指项目用地范围内所有建筑的基底总面积与规划建设用地面积之比（%），它可以反映出一定用地范围内的空地率和建筑密集程度。绿地率描述的是居住区用地范围内各类绿地的总和与居住区用地的比率（%）。通过相关计算和查表可知，A 选项的各项指标比较合理。

2008-064. 下列哪项指标更能综合反映土地的使用强度？(　　)

A. 建筑密度　　B. 容积率
C. 建筑高度　　D. 绿地率

【答案】B

【解析】使用强度控制是为了保证良好的城市环境质量，对建设用地能够容纳的建设量和人口聚集量做出的规定。其控制指标一般包括容积率、建筑密度、人口密度、绿地率等。容积率是控制地块开发强度的一项重要指标，也称楼板面积率或建筑面积密度，是指地块内建筑总面积与地块用地面积的比值，英文缩写 FAR。多个地块或一定区域内的建筑面积密度指该范围内的平均容积率。因此相比较而言，其更能反映土地使用的强度，故 B 项正确，此题选 B。

相关真题：2018-060、2014-097

建筑建造　　表 7-1-7

内容	要　　点
建筑建造控制	建筑高度：建筑高度指地块内建筑地面上的最大高度限制，也称建筑限高，单位为 m。
	建筑后退：建筑后退指建筑控制线与规划地块边界之间的距离，单位为 m。 城市设计中的街道景观与街道尺度控制要求、日照、防灾、建筑设计规范的相关要求一般为确定建筑后退指标的直接依据。
	建筑间距：建筑间距是指地块内建（构）筑物之间以及与周边建（构）筑物之间的水平距离要求，单位为 m。 日照标准、防火间距、历史文化保护要求、建筑设计相关规范等一般应作为建筑间距确定的直接依据。
城市设计引导	建筑体量：建筑在空间上的体积，包括建筑的横向尺度、竖向尺度和建筑形体控制等方面，一般采取建筑面宽、平面与立面对角线尺寸、建筑体形比例等提出相应的控制要求和控制指标。
	建筑形式：对建筑风格和外在形象的控制。
	建筑色彩：对建（构）筑物色彩提出的相关控制要求。一般是从色调、明度与彩度、基调与主色、墙面与屋顶颜色等方面进行控制与引导。除非有特殊的要求，建筑色彩不宜控制得过于具体，应具有相当的灵活性和发挥空间。
	空间组合：对建筑群体环境做出的控制与引导，即对由建筑实体围合成的城市空间环境及周边其他环境要求提出的控制引导原则。该控制要求应以城市设计研究作为基础，根据必要性与可操作性提出相应的控制要求，并强调其引导性，保持相当的弹性空间。除非有特殊要求，一般建筑空间组合方式不作为主要的控制指标。
	建筑小品：建筑小品指对建设用地中建筑绿化小品、广告、标识、街道家具等提出的控制引导要求。但在规划编制时应以引导为主、控制适度为原则，体现设计控制内容而非具体的环境设计。

2018-060. 下列关于控制性详细规划建筑后退指标的表述，不准确的是(　　)。

A. 指建筑控制线与规划地块边界之间的距离

B. 应综合考虑不同道路等级的后退红线要求

C. 日照、防灾、建筑设计规范的相关要求一般为建筑后退的直接依据

D. 与美国区划中的建筑后退（setback）含义一致

【答案】D

【解析】本题考查的是控制性详细规划的控制体系与要素。建筑后退指建筑控制线与规划地块边界之间的距离，建筑控制线指建筑主体不应超越的控制线。其内涵应与国家相关建筑规范一致。

2014-097. 在控制性详细规划的各项指标中，不用百分比表示的有(　　)。

A. 绿地率　　B. 容积率

C. 建筑密度　　D. 停车位

E. 建筑体量

【答案】BDE

【解析】建筑体量指建筑在空间上的体积；配建停车位是对地块配建停车车位数量的控制，配建停车位的控制一般根据地块的用地性质、建筑容量确定，一般不用百分比表示。

设施配套　　表 7-1-8

内容	要　　点
公共设施配套	城市中各类公共服务设施配建要求，主要包括需要政府提供配套建设的公益性设施。公共配套设施一般包括文化、教育、体育、公共卫生等公用设施和商业、服务业等生活服务设施。
市政设施配套	市政设施一般都为公益性设施，包括给水、污水、雨水、电力、电信、供热、燃气、环保、环卫、防灾等多项内容。

行为活动　　表 7-1-9

内容	要　　点
车行交通组织	车行交通组织是对街坊或地块提出的车行交通组织要求。车行交通组织一般应根据区位条件、城市道路系统、街坊或地块的建筑容量与人口容量等条件提出控制与组织要求。
步行交通组织	步行交通组织是对街坊或地块提出的步行交通组织要求。步行交通组织应根据城市交通组织、城市设计与环境控制、城市公共空间控制等提出相应的控制要求。
公共交通组织	公共交通组织是对街坊或地块提出的公共交通组织要求。公共交通组织应根据城市道路系统、公共交通与轨道交通系统、步行交通组织提出相应的公共交通控制要求。一般应包括公交场站位置、公交站点布局与公交渠化等内容。
配建停车位	配建停车位是对地块配建停车车位数量的控制。配建停车位的控制一般根据地块的用地性质、建筑容量确定。配建停车位一般采取下限控制方式，在深入研究地方交通政策的基础上，针对特殊地段可采用上、下限同时控制的方式，同时应根据地方实际需要提出非机动车停车的配建要求。
环境保护	环境保护控制是通过限定污染物的排放标准，防治在生产建设或其他活动中产生的废气、废水、废渣、粉尘、有毒（害）气体、放射性物质，以及噪声、震动、电磁辐射等对环境的污染和侵害，达到环境保护的目的。

其他控制要求　　表 7-1-10

内容	要　　点
其他控制要求	历史保护、五线控制、竖向设计、地下空间利用、奖励与补偿

五、控制性详细规划的成果要求

相关真题：2014-063、2014-062、2012-063、2010-063、2008-065

控制性详细规划的成果要求　　表 7-1-11

内容	要　　点
规划成果内容	规划文本、图件（图纸和图则）和附件（规划说明、基础资料和研究报告）
深度要求	深化和细化城市总体规划，将规划意图与规划指标分解落实到街坊地块的控制引导之中，保证城市规划系统控制的要求。
	控制性详细规划在进行项目开发建设行为的控制引导时，将控制条件、控制指标以及具体的控制引导要求落实到相应的开发地块上，作为土地出让条件。
	所规定的控制指标和各项控制要求可以为具体项目的修建性详细规划、具体的建筑设计或景观设计等个案建设提供规划设计条件。

续表

内容	要　点
规划文本内容与深度要求	总则：阐明制定规划的依据、原则、适用范围、主管部门与管理权限等土地使用和建筑规划管理通则：用地分类标准、原则与说明；用地细分标准、原则与说明；控制指标系统说明；各类用地的一般控制要求；道路交通系统的一般控制规定；配套设施的一般控制规定；其他通用性规定。 城市设计引导：城市设计系统控制，具体控制与引导要求关于规划调整的相关规定，包括调整范畴、调整程序、调整的技术规范奖励与补偿的相关措施与规定。 附则：规划成果组成与使用方式、规划生效与解释权、相关名词解释。 附表：《用地分类一览表》《现状与规划用地汇总表》《土地使用兼容控制表》《地块控制指标一览表》《公共服务设施规划控制表》《市政公用设施规划控制表》《各类用地与设施规划建筑面积汇总表》以及其他控制与引导内容或执行标准的控制表。
规划图纸内容与深度要求	规划图纸（1∶5000～1∶2000）：位置图（比例不限）、现状图、用地规划图、道路交通规划图、绿地景观规划图、各项工程管线规划图、其他相关规划图纸。 规划图则：用地编码图（标明各片区、单元、街区、街坊、地块的划分界限，并编制统一的可以与周边地段衔接的用地编码系统），总图则（包括地块控制总图则、“五线”控制总图则、设施控制总图则、总图则应重点体现控制性详细规划的强制性内容），分图图则（1∶500～1∶2000；规划范围内针对街坊或地块分别绘制的规划控制图则，应全面系统地反映规划控制内容，并明确区分强制性内容）。
附件的内容与深度要求	① 规划说明书； ② 相关专题研究报告； ③ 相关分析图纸； ④ 基础资料汇编。
控制性详细规划强制性内容	控制性详细规划确定的各地块的主要用途、容积率、建筑高度、建筑密度、绿地率、基础设施和公共服务设施配套规定等应当作为强制性内容。

2014-063. 控制性详细规划的成果可以不包括(　　)。

A. 位置图　　B. 用地现状图

C. 建筑总平面图　　D. 工程管线规划图

【答案】C

【解析】由控制性详细规划的成果要求可知，选项C不属于其内容。此题选C。

2014-062. 某城市总体规划中确定了一个燃气储气罐站的位置，在控制性详细规划的编制中予以落实并获得批准，但是在实施中需要对其进行调整，下列做法中正确的是(　　)。

A. 调整到附近的地块中，保证其各项控制指标不变即可

B. 根据需要进行调整，但是必须进行专题论证

C. 根据需要进行调整，但是必须进行专题论证，并征求相关利害人意见

D. 修改城市总体规划后，再对控制性详细规划进行调整

【答案】D

【解析】《城市规划强制性内容暂行规定》第十条、第十一条规定，调整城市总体规划强制性内容的，城市人民政府必须组织论证，就调整的必要性向原规划审批机关提出专题报告，经审查批准后方可进行调整。调整详细规划强制性内容的，城乡规划行政主管部门必须就调整的必要性组织论证，其中直接涉及公众权益的，应当进行公示。调整后的详细规划必须依法重新审批后方可执行。

2012-063. **控制性详细规定的强制性内容不包括(　　)。**

A. 土地用途　　B. 出入口位置

C. 公共服务配套设施服务　　D. 绿地率

【答案】B

【解析】由控制性详细规划的成果要求可知，选项B不属于其内容。此题选B。

2010-063. **关于控制性详细规划的表述，下列哪项是不准确的？(　　)**

A. 属于法定性规划

B. 各项指标是强制性内容

C. 对房地产开发具有重要的指导作用

D. 图纸一般采取1∶1000～1∶2000的比例尺

【答案】D

【解析】《城乡规划法》、《城市规划编制办法》明确规定，控制性详细规划是法定规划。按照规划编制办法，选取符合规划要求和规划意图的若干规划控制指标组成综合指标体系，综合指标体系是控制性详细规划的核心内容之一，分为规定性指标和引导性指标，但必须包括编制办法中规定的强制性内容。规划图纸比例尺一般采用1∶2000～1∶5000，分图图则一般采用1∶500～1∶2000。

2008-065. **根据《城市规划编制办法》，下列哪项不是控制性详细规划的强制性内容？(　　)**

A. 建筑密度　　B. 建筑高度

C. 公共服务设施配套规定　　D. 建筑后退红线距离

【答案】D

【解析】2006年4月1日颁布实施的《城市规划编制办法》第四十二条明确规定，控制性详细规划确定的规划地段地块的土地用途、容积率、建筑高度、建筑密度、绿地率、基础设施和公共服务设施配套规定等应当作为强制性内容。

第二节　修建性详细规划

一、修建性详细规划的地位、作用和基本特点

相关真题：2018-096、2014-065、2012-064、2010-067

修建性详细规划的内容　　表 7-2-1

内容	要　点
任务	依据已批准的控制性详细规划及城乡规划主管部门提出的规划条件，对所在地块的建设提出具体的安排和设计，用以指导建筑设计和各项工程施工设计。
地位与作用	地位：不可替代。 作用：按照城市总体规划、分区规划以及控制性详细规划的指导、控制和要求，以城市中准备实施开发建设的待建地区为对象，对其中的各项物质要素进行统一的空间布局。
基本特点	① 以具体、详细的建项目为对象，实施性较强。 ② 通过形象的方式表达城市空间与环境。 ③ 多元化的编制主体。修建性详细规划的编制主体不仅限于城市政府，而根据开发建设项目主体的不同而异，也可以是开发商或者是拥有土地使用权的业主。

2018-096. 下列关于修建性详细规划的表述，正确的有（　　）。

A. 修建性详细规划属于法定规划

B. 修建性详细规划是一种城市设计类型

C. 修建性详细规划的任务是对所在地块的建设提出具体的安排和设计

D. 修建性详细规划用以指导建筑设计和各项工程施工图设计

E. 修建性详细规划侧重对土地出让的管理和控制

【答案】AC

【解析】选项 D 应为修建性详细规划用以指导建筑设计和各项工程施工设计；选项 E 应为控制性详细规划侧重对土地出让的管理和控制。

2014-065. 在修建性详细规划中，对建筑、道路和绿地等进行空间布局和景观规划设计的主要目的是（　　）。

A. 对所在地块的建设提出具体的安排和设计，指导建筑设计和各项工程施工设计

B. 校核控制性详细规划中的各项指标是否合理

C. 确定合理的建筑设计方案，指导各项室外工程施工设计

D. 制作效果图与模型，有利于招商引资

【答案】A

【解析】根据《城市规划编制办法》的要求，修建性详细规划的任务是依据已批准的控制性详细规划及城乡规划主管部门提出的规划条件，对所在地块的建设提出具体的安排和设计，用以指导建筑设计和各项工程施工设计。

2012-064. 修建性详细规划的任务不包括（　　）。

A. 落实控制性详细规划的要求及规划主管部门提出的规划条件

B. 对规划范围内的土地使用设定用途和容量控制

C. 对所在地块的建设提出具体的安排和设计

D. 指导建筑设计和各项工程施工设计

【答案】B

【解析】由修建性详细规划的内容可知，选项B不属于其内容。此题选B。

2010-067. **下列哪项是修建性详细规划针对的地区？（　　）**

A. 城市规划建成区　　B. 近期将要进行出让的土地

C. 当前或近期拟开发建设地段　　D. 需要进行建设控制的地区

【答案】C

【解析】修建性详细规划的作用是按照城市总体规划、分区规划以及控制性详细规划的指导、控制和要求，以城市中准备实施开发建设的待建地区为对象，对其中的各项物质要素进行统一的空间布局。

二、修建性详细规划的编制内容与要求

相关真题：2018-062、2017-066、2013-067、2013-066、2012-065、2011-066、2010-069、2008-068、2008-067

修建性详细规划的编制内容与要求　　表 7-2-2

内容	要　点
基本原则	① 贯彻我国城市建设中一直坚持的“实用、经济、在可能条件下注意美观”的方针。 ② 坚持以人为本、因地制宜的原则。 ③ 协调的原则，包括人与自然环境之间的协调，新建项目与城市历史文脉的协调，建设场地与周边环境的协调等。
要求	应当依据已经依法批准的控制性详细规划，对所在地块的建设提出具体的安排和设计。组织编制城市详细规划，应当充分听取政府有关部门的意见，保证有关专业规划的空间落实。在城市详细规划的编制中，应当采取公示、征询等方式，充分听取规划涉及的单位、公众的意见。对有关意见采纳结果应当公布。城市详细规划调整，应当取得规划批准机关的同意。规划调整方案，应当向社会公开，听取有关单位和公众的意见，并将有关意见的采纳结果公示。
内容	根据《城市规划编制办法》第四十三条的规定，修建性详细规划编制应该包括以下内容： ① 建设条件分析及综合技术经济论证。 ② 建筑、道路和绿地等的空间布局和景观规划设计，布置总平面图。 ③ 对住宅、医院、学校和托幼等建筑进行日照分析。 ④ 根据交通影响分析，提出交通组织方案和设计。 ⑤ 市政工程管线规划设计和管线综合。 ⑥ 竖向规划设计。 ⑦ 估算工程量、拆迁量和总造价，分析投资效益。 ⑧ 绿地系统规划设计。 ⑨ 主要经济技术指标：总用地面积、总建筑面积、住宅建筑总面积、平均层数、容积率、建筑密度、住宅建筑容积率、建筑密度、绿地率。

续表

内容	要　点
用地建设条件分析	① 城市发展研究：对城市经济社会发展水平、影响规划场地开发的城市建设因素、市民生活习惯及行为意愿等进行调研。 ② 区位条件分析：规划场地的区位和功能、交通条件、公共设施配套状况、市政设施服务水平、周边环境景观要素等。 ③ 地形条件分析：对场地的高度、坡度、坡向进行分析，选择可建设用地、研究地形变化对用地布局、道路选线、景观设计的影响。 ④ 地貌分析：分析可保留的自然、人工及人文要素、重要景观点、界面及视线要素。 ⑤ 场地现状建筑情况分析：调查建筑建设年代、建筑质量、建筑高度、建筑风格，提出建筑保留、整治、改造、拆除的建议。
建筑布局与规划设计	建筑布局、建筑高度及体量设计、建筑立面及风格设计。
室外空间与环境设计	① 绿地平面设计，根据功能布局、规范要求、空间环境组织及景观设计的需要，确定绿地系统，并规划设计相应规模的绿地； ② 绿化设计，通过对乔木、灌木、草坪等绿化元素的合理设计，达到改善环境、美化空间景观形象的作用； ③ 植物配置，提出植物配置建议并应具有地方特色； ④ 室外活动场地平面设计，规划组织广场空间，包括休息场地、步行道等人流活动空间，确定建筑小品位置等； ⑤ 城市硬质景观设计：对室外铺地、座椅、路灯等室外家具、室外广告等进行设计； ⑥ 夜景及灯光设计：对夜景色彩、照度进行整体设计。
道路交通规划	提出交通组织和设计方案，合理解决规划场地内部机动车及非机动车交通；基地内各级道路的平面及断面设计；根据有关规定合理配置地面和地下的停车空间；进行无障碍通道的规划安排，满足残障人士出行要求。
场地竖向设计	竖向设计应本着充分结合原有地形地貌，尽量减少土方工程量的原则；道路竖向设计应满足行车、行人、排水及工程管线的设计要求；场地竖向设计应考虑雨水的自然排放，考虑规划场地及周边景观环境的要求。
建筑日照影响分析	—
投资效益分析和综合技术经济论证	土地成本估算、工程成本估算、相关税费估算、总造价估算、综合技术经济论证。
市政工程管线规划设计和管线综合	—

2018-062. 修建性详细规划经济技术论证的内容不包括(　　)。

A. 土地成本估算与工程成本估算　　B. 相关税费估算

C. 投资方式与资金峰值　　D. 总造价估算

【答案】C

【解析】投资效益分析和综合技术经济论证包括：(1) 土地成本估算；(2) 工程成本估算；(3) 相关税费估算；(4) 总造价估计；(5) 综合技术经济论证。从以上分析可知，不涉及投资方式和资金峰值估算，C 选项符合题意。

2017-066、2011-066. 下列关于修建性详细规划中室外空间和环境设计的表述，错误的是(　　)。

A. 绿化设计需要通过对乔、灌、草等绿化元素的合理设计，达到改善环境、美化空间景观形象的作用

B. 植物配置要提出植物配置建议并应具有地方特色

C. 室外活动场地平面设计需要规划组织广场空间，包括休息场地、步行道等人流活动空间

D. 夜景及灯光设计需要对照明灯具进行选择

【答案】D

【解析】室外空间和环境设计：①绿地平面设计，根据功能布局、规范要求、空间环境组织及景观设计的需要，确定绿地系统，并规划设计相应规模的绿地；②绿化设计，通过对乔木、灌木、草坪等绿化元素的合理设计，达到改善环境、美化空间景观形象的作用；③植物配置，提出植物配置建议并应具有地方特色；④室外活动场地平面设计，规划组织广场空间，包括休息场地、步行道等人流活动空间，确定建筑小品位置等；⑤城市硬质景观设计：对室外铺地、座椅、路灯等室外家具、室外广告等进行设计；⑥夜景及灯光设计：对夜景色彩、照度进行整体设计。

2013-067. 根据《城市规划编制办法》，下列关于修建性详细规划的表述，错误的是(　　)。

A. 修建性详细规划需要进行管线综合

B. 修建性详细规划需要对建筑室外空间和环境进行设计

C. 修建性详细规划需要确定建筑设计方案

D. 修建性详细规划需要进行项目的投资效益分析和综合技术经济论证

【答案】C

【解析】由修建性详细规划的编制内容与要求可知，选项C表述错误。此题选C。

2013-066. 修建性详细规划中建设条件分析不包括(　　)。

A. 分析区域人口分布，对市民生活习惯及行为意愿等进行调研

B. 分析场地的区位和功能、交通条件、设施配套情况

C. 分析场地的高度、坡度、坡向

D. 分析自然环境要素、人文要素和景观要素

【答案】A

【解析】用地建设条件分析包括城市发展研究、区位条件分析、地形条件分析、地貌分析以及场地现状建筑情况分析。B项属于区位条件分析，C项属于地形条件分析，D项属于地貌分析。

2012-065. 下列关于修建性详细规划的表述，错误的是(　　)。

A. 需要对用地的建设条件进行分析

B. 需要对建筑室外空间和环境进行设计

C. 需要设计建筑首层平面图

D. 需要进行项目的投资效益分析和综合技术经济论证

【答案】C

【解析】由修建性详细规划的编制内容与要求可知，选项C不属于其内容。此题选C。

2010-069. 下列哪项是城市修建性详细规划的审批机构？（　　）

A. 城市人民代表大会常务委员会

B. 城市人民政府或其城市规划行政主管部门

C. 上一级城市规划行政主管部门

D. 上一级城市人民政府

【答案】B

【解析】组织编制城市详细规划，应当充分听取政府有关部门的意见，保证有关专业规划的空间落实。在城市详细规划的编制中，应当采取公示、征询等方式，充分听取规划涉及的单位、公众的意见。对有关意见采纳结果应当公布。城市详细规划调整，应当取得规划批准机关的同意。规划调整方案，应当向社会公开，听取有关单位和公众的意见，并将有关意见的采纳结果公示。

2008-068. 根据《城市规划编制办法》，下列哪项不是修建性详细规划的编制内容？（　　）

A. 建设条件分析

B. 综合技术经济论证

C. 确定建筑高度、建筑密度、容积率、绿地率等指标

D. 竖向规划设计

【答案】C

【解析】根据原建设部《城市规划编制办法》第四十三条的规定，修建性详细规划编制应该包括以下内容：①建设条件分析及综合技术经济论证；②建筑、道路和绿地等的空间布局和景观规划设计，布置总平面图；③对住宅、医院、学校和托幼等建筑进行日照分析；④根据交通影响分析，提出交通组织方案和设计；⑤市政工程管线规划设计和管线综合；⑥竖向规划设计；⑦估算工程量、拆迁量和总造价，分析投资效益。

2008-067. 下列关于修建性详细规划和建筑设计区别的表述，准确的是（　　）。

A. 总平面图的比例尺不同，修建性详细规划是1∶1000～1∶2000，建筑设计是1∶500

B. 修建性详细规划是政府委托的，建筑设计是建设方委托的

C. 修建性详细规划需要由具有城市规划编制资质的单位完成，建筑设计需要由具有建筑设计资质的单位完成

D. 修建性详细规划总平面图可以包括多栋建筑，建筑设计总平面只能包括一栋建筑

【答案】C

【解析】修建性详细规划的总平面图的比例尺为（1∶500～1∶2000）。修建性详细规划的编制主体不仅限于城市政府，根据开发建设项目主体的不同而异，也可以是开发商或者是拥有土地使用权的业主。修建性详细规划总平面图可以包括多栋建筑，建筑设计总平面也可以包括多栋建筑。

三、修建性详细规划的成果要求

相关真题：2018-063、2017-065、2011-065、2008-069

修建性详细规划的成果要求　　表 7-2-3

内容	要　点
成果的内容与深度	修建性详细规划成果应当包括规划说明书、图纸。成果的技术深度应该能够指导建设项目的总平面设计、建筑设计和工程施工图设计，满足委托方的规划设计要求和国家现行的相关标准、规范的技术规定。
成果的表达要求	① 修建性详细规划说明书的基本内容：规划背景、现状分析、规划设计原则与日照分析说明指导思想、规划设计构思、规划设计方案、日照分析说明、场地竖向设计、规划实施、主要技术经济指标。 ② 修建性详细规划应当具备的基本图纸（1∶500～1∶2000）：位置图、现状图、场地分析图、规划总平面图、道路交通规划设计图、竖向规划图、效果表达。

2018-063. 修建性详细规划基本图纸的比例是(　　)。

A. 1∶3000～1∶5000　　B. 1∶2000～1∶3000

C. 1∶500～1∶2000　　D. 1∶100～1∶500

【答案】C

【解析】 修建性详细规划基本图纸比例为 1∶500～1∶2000。

2017-065、2011-065. 下列关于修建性详细规划的表述，正确的是(　　)。

A. 修建性详细规划的成果应当包括规划说明书、文本和图纸

B. 修建性详细规划的成果不能直接指导建设项目的方案设计

C. 修建性详细规划中的日照分析是针对住宅进行的

D. 修建性详细规划的成果必须包括效果图

【答案】B

【解析】 修建性详细规划成果应当包括规划说明书、图纸。基本图纸包括位置图、现状图、场地分析图、规划总平面图、道路交通规划设计图、竖向规划图、效果表达（局部透视图、鸟瞰图、规划模型、多媒体演练等）。成果的技术深度应该能够指导建设项目的总平面设计、建筑设计和工程施工图设计，满足委托方的规划设计要求和国家现行的相关标准、规范的技术规定。修建性详细规划中的日照分析是对住宅、医院、学校和托幼等建筑进行日照分析情况的说明。

2008-069. 下列哪项不是修建性详细规划的图纸内容？(　　)

A. 现状分析图　　B. 规划总平面图

C. 交通规划设计图　　D. 分图图则

【答案】D

【解析】 修建性详细规划应当具备的基本图纸包括：位置图、现状图、场地分析图、规划总平面图、道路交通规划设计图、竖向规划图、效果表达。

第八章　镇、乡和村庄规划

大纲要求 **表 8-0-1**

内容	要求	说明
镇、乡和村庄规划	镇、乡和村庄规划的工作范畴及任务	熟悉镇、乡和村庄规划的工作范畴
		熟悉镇、乡和村庄规划的任务
	镇规划的编制	熟悉镇规划的内容
		熟悉镇规划编制的方法
		熟悉镇规划的成果要求
	乡和村庄规划的编制	熟悉乡和村庄规划的内容
		熟悉乡和村庄规划编制的方法
		熟悉乡和村庄规划的成果要求
	名镇和名村保护规划	熟悉名镇和名村保护规划的内容
		熟悉名镇和名村保护规划的成果要求

第一节　镇、乡和村庄规划的工作范畴及任务

一、城镇与乡村的一般关系

相关真题：2014-068、2013-097、2012-097、2010-097、2008-098、2008-070

我国的城乡划分　　表 8-1-1

内容	要　点
城市和乡村的一般关系	人类社会劳动的两次大分工形成了农村聚落和城市聚落。一般来讲，把人口规模较大的聚落称为城市，把人口数量较少、与农村还保持着直接联系的聚落称为镇。镇在我国是一级行政单元，镇以上是城市，镇以下是乡村。
我国的城乡行政体系	① 城镇是指我国市镇建制和行政区划的基础区域，城镇包括城区和镇区； ② 乡村是指城镇以外的其他区域。
城乡的行政建制构成	① 设市城市：我国的城市为人口数量达到一定规模，人口和劳动力结构、产业结构达到一定要求，基础设施达到一定水平，或有军事、经济、民族、文化等特殊要求，并经国务院批准设置的具有一定行政级别的行政单元。 ② 建制镇：除了建制市以外的城市聚落都称之为镇。其中具有一定人口规模，人口和劳动力结构、产业结构达到一定要求，基础设施达到一定水平，并被省（自治区、直辖市）人民政府批准设置的镇为建制镇。 ③ 县城关镇：它的中心是县政府所在地镇，具有城市的属性。县下面辖有镇和乡。 ④ 集镇（乡）：其余为集镇。而集镇不是一级行政单元，镇和乡一般是同级行政单元。而镇则有更多的含义。第一，在镇的建制中存在的镇区，总体上被认为是“小城镇”；第二，镇与农村有千丝万缕的联系，是农村的中心社区；第三，镇偏重于乡村间的商业中心，在经济上是有助于乡村的。可以认为镇是城乡的中间地带，是城乡的桥梁和纽带，具有为农村服务的功能，也是农村地区城镇化的前沿。
我国城乡建制的设置特点	① 广义的市是指其行政辖区，既包括中心城区，还包括中心城区之外的城镇和农村地区（郊区），规划上一般称市域。 ② 镇属于城市聚落，镇也含有其所辖的其他集镇和农村区域，规划上一般称镇域。 ③ 市的社会经济活动是以“城”为中心，而镇的社会经济活动是以“乡村”为服务对象。 ④ 乡的设置是针对其农村地区的属性，乡中心也不具备镇区的聚集条件，通常乡驻地职能是行政管理和服务。

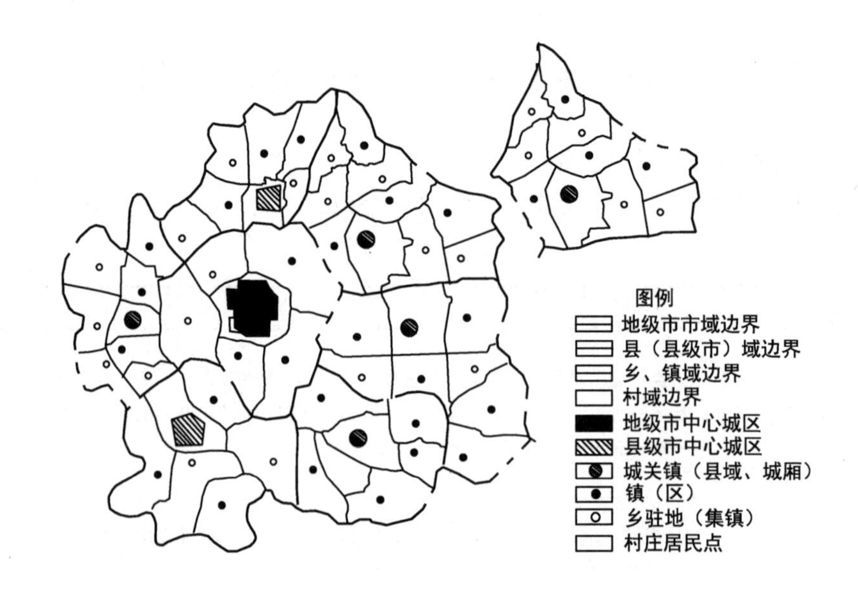

图 8-1-1　我国行政地域市、县、镇、村关系示意图

（全国城市规划执业制度管理委员会．城市规划原理．2011 版．北京：中国计划出版社，2011.）

2014-068. 关于“城镇”和“乡村”概念的表述，准确的是(　　)。

A. 非农业人口工作和生活的地域即为“城镇”，农业人口工作和生活的地域即为“乡村”

B. 在国有土地上建设的区域为“城镇”，在集体所有土地上建设的地区和集体所有土地上的非建设区为“乡村”

C. “城镇”是指我国市镇建制和行政区域的基础区域，包括城区和镇区。“乡村”是指城镇以外的其他区域

D. 从事二、三产业的地域即为“城镇”，从事第一产业的地域即为“乡村”

【答案】C

【解析】一般来讲，把人口规模较大的聚落称为城市，把人口数量较少、与农村还保持着直接联系的聚落称为镇。镇在我国是一级行政单元，镇以上是城市，镇以下是乡村。

2013-097. 下列表述中，正确的有(　　)。

A. 乡与镇一般为同级行政单元

B. 集镇是乡的经济、文化和生活服务中心

C. 集镇一般是乡人民政府所在地

D. 集镇通常是一种城镇型聚落

E. 乡是集镇的行政管辖区

【答案】AD

【解析】由我国的城乡划分可知，选项 A、D、符合题意。此题选 AD。

2012-097. 下列关于镇的表述，不准确的是(　　)。

A. 集镇是镇的商业中心

B. 镇是一种聚落形式

C. 镇是连接城乡的纽带和桥梁

D. 镇域内的居民点通常由镇区和村庄组成

E. 大城市外围的镇是该城市的卫星城

【答案】**ADE**

【解析】由我国的城乡划分可知，选项A、D、E表述不准确。此题选ADE。

2010-097. **下列关于集镇的表述，正确的是(　　)。**

A. 镇和乡的政府驻地都是集镇

B. 集镇也是一级行政建制

C. 集镇是乡政府驻地

D. 在农村地区，有集市的地方就是集镇

E. 集镇多是由大村庄发展而成

【答案】**CE**

【解析】除了建制市以外的城市聚落都称之为镇，除建制镇外其余都为集镇；县城关镇是县人民政府所在地点镇，其他镇是县级建制以下的一级行政单元，而集镇不是一级行政单元。县下面辖有镇和乡，乡政府驻地一般是乡域内的中心村或集镇。

2008-098. **下列选项中，哪些是按行政关系排列的？(　　)**

A. 县、中心镇、一般镇、行政村

B. 县、建制镇、集镇、行政村

C. 县、建制镇、行政村

D. 县、重点镇、一般镇、行政村

E. 县、建制镇和乡、行政村

【答案】**CE**

【解析】以一个地级城市举例来看，它的市域由中心城市和由其所辖的县级市和县组成，中心城市是地级市的行政、经济、文化中心（一般下设区级建制，又称设区城市），它包括中心城区和所辖的乡、镇行政区。县级市由其城区和所辖的镇和乡组成。县和县级市平级，其区域经济和服务对象更侧重农村，它的中心是县政府所在地镇，也称县城关镇或城乡，具有城市的属性。县下面辖有镇和乡。镇和乡一般是同级行政单元。镇和乡的下级单位是行政村，行政村可以是一个村落，也可以包括多个村落或自然聚落。行政村是我国最小的一级农村地区的基层组织。

2008-070. **下列关于镇的概念不准确的是(　　)。**

A. 镇是一种城市聚落

B. 镇在我国是一级行政单元

C. 在城镇体系规划中，镇可分为中心镇和一般镇

D. 设镇的标准由住房和城乡建设部制定

【答案】**D**

【解析】由我国的城乡划分和镇规划的工作范围可知，选项D表述不准确。此题选D。

我国设镇的标准及小城镇概念　　**表8-1-2**

内容	要　点
我国设镇的标准	1984年，随着经济体制改革的深入，调整了建镇标准，民政部《关于调整建制镇标准的报告》中规定，“总人口在20000人以下的乡，乡政府驻地非农业人口超过2000人的，或总人口在20000人以上的乡，乡政府驻地非农业人口占全乡人口10%以上的，可以设建制镇”，“少数民族地区、人口稀少的边远地区、山区和小型工矿区、小港口、风景旅游、边境口岸等地，非农业人口不足2000人，如确有必要，也可以设置镇的建制”。

续表

内容	要　点
小城镇	它不是一个行政建制的概念，却具有一定的政策属性。总体而言，“小城镇”是建制镇和集镇的总称。“小”字是相对于城市而言，人口规模、地域范围、经济总量、影响能力等较小而已，所以，有时候除了建制镇和集镇，县城关镇，甚至小的城市都可以纳入“小城镇”的范畴。

二、镇、乡和村庄规划的工作范畴

镇、乡和村庄规划的法律地位　　**表 8-1-3**

内容	要　点
概念	《城乡规划法》把镇规划与乡和村庄规划作为法定规划，含在同一规划体系内，纳入同一法律管辖范畴，明确了镇政府和乡政府的规划责任。同时，《城乡规划法》将镇规划单独列出，顺应了我国城镇化建设的需求，有助于促进城乡协调发展。
分类	镇规划的法律地位 《城乡规划法》顺应体制改革的需要和部分小城镇迅猛发展的现实，赋予一些小城镇拥有部分规划行政许可的权利。对于镇规划建设重点，法律提出了有别于城市和村庄的要求，这是考虑到镇自身特点提出的，是统筹城乡发展的重要制度安排。 乡和村庄规划的法律地位 明确了乡规划和村庄规划的编制组织、编制内容等，将城镇体系规划、城市规划、镇规划、乡规划和村庄规划统一纳入一个法律管理，确立了乡和村庄规划的法律地位。

相关真题：2014-098、2010-070

镇规划的工作范围　　**表 8-1-4**

内容	要　点
镇的现状等级层次——行政体系	镇的现状等级层次一般分为：县城关镇（县人民政府所在地镇）、县城关镇以外的建制镇（一般建制镇）、集镇（农村地区）。 县城关镇对所辖乡镇进行管理，是县域内的政治、经济、文化中心，镇内的行政机构设置和文化设施比较齐全。 县城以外建制镇也是一级行政单元，是县域内的次级小城镇，是农村一定区域内政治、经济、文化和生活服务中心。 集镇不属于镇的规划范畴。
镇的规划等级层次——规划体系	镇的规划等级层次在县域城镇体系中一般分为中心镇和一般镇。县城关镇多为县域范围内的中心城市。 中心镇指县域城镇体系中，在经济、社会和空间发展中发挥中心作用，且对周边农村具有一定社会经济带动作用的建制镇，是带动一定区域发展的增长极核，在区域内的分布相对均衡。 一般镇指县城关镇、中心镇以外的建制镇，其经济和社会影响范围仅限于本镇范围内，多是农村的行政中心和集贸中心，镇区规模普遍较小，基础设施水平也相对较低，第三产业规模和层次较低。

续表

内容	要　点
县城关镇规划的工作范畴	县人民政府所在地镇与其他镇虽同为镇建制，但两者从其管辖的地域规模、性质职能、机构设置和发展前景来看却截然不同，两者并不处在同一层次上。县人民政府所在地镇的规划参照城市的规划标准编制。
一般建制镇规划的工作范畴	它的规划介于城市和乡村之间，服务农村，有其特定的侧重面，既是有着经济和人口聚集作用的城镇，又是服务镇域广大农村地区的城镇。这些镇的规划有别于城市和乡村，它的存在是为农村第一产业服务，又有第二、三产业的发展特征。一般建制镇编制规划时，应编制镇域镇村体系规划，镇域镇村体系是镇人民政府行政地域内，在经济、社会和空间发展中有机联系的镇区和村庄群体。

2014-098. 根据《镇规划标准》，我国的镇村体系包括(　　)。

A. 小城镇　　B. 中心镇

C. 一般镇　　D. 中心村

E. 基层村

【答案】BCDE

【解析】综合各地有关镇域镇村体系层次的划分情况，自上而下依次可分为中心镇、一般镇、中心村和基层村等四个层次。

2010-070. 下列哪项属于县城总体规划的工作范畴(　　)。

A. 划定必须制定规划的乡和村庄的区域　　B. 编制城镇群规划

C. 确定村庄层次与分级　　D. 编制镇域规划

【答案】A

【解析】县城总体规划包括县域城镇体系规划和县城关镇区总体规划。县域城镇体系规划包括划定必须制定规划的乡和村庄的区域，确定村庄布局基本原则和分类管理策略。

乡和村庄规划的工作范畴　　表 8-1-5

内容	要　点
乡规划的工作范畴	这是由于镇与乡同为我国基层政权机构，且都实行以镇（乡）管村的行政体制，随着我国乡村城镇化的进展、体制的改革，使编制的规划得以延续，避免因行政建制的变更而重新进行规划，因此，乡规划也属于镇规划的工作范畴。在考虑乡规划的变化时，乡规划可以与镇规划采用同一标准，是指乡域总体规划，包括乡域村庄体系规划，采用与镇总体规划相同的工作方法。在乡域村庄体系中，一般分为中心村和基层村。乡政府所在地的村或集镇为乡中心区。
村庄规划的工作范畴	村庄，是指农村村民居住和从事各种生产活动的聚居点。其规划区，是指村庄建成区和因村庄建设及发展需要实行规划控制的区域。村庄规划的对象是农村地区，是最基层的行政单位所辖范围和居民点。

把握规划任务的属性　表 8-1-6

内容	要　点
把握规划任务的属性	① 确定不同乡镇的规划范畴； ② 经济发达的镇、乡和村庄规划范畴采用更高层次； ③ 现状基础差又不具备发展条件的镇，其规划可考虑纳入乡规划的范畴。

三、镇、乡和村庄规划的主要任务

镇规划的主要任务　表 8-1-7

内容	要　点
镇规划的作用	镇规划是管制空间资源开发，保护生态环境和历史文化遗产，创造良好生活生产环境的重要手段，是指导与调控镇发展建设的重要公共政策之一，是一定时期内镇的发展、建设和管理必须遵守的基本依据。 镇规划在指导镇的科学建设、有序发展、充分发挥规划协调和社会服务等方面具有先导作用。
镇规划的任务	镇规划的任务是对一定时期内城镇的经济和社会发展、土地使用、空间布局以及各项建设的综合部署与安排。 ① 镇总体规划的主要任务是：落实市（县）社会经济发展战略及城镇体系规划提出的要求，综合研究和确定城镇性质、规模和空间发展形态，统筹安排城镇各项建设用地，合理配置城镇各项基础设施，处理好远期发展和近期建设的关系，指导城镇合理发展。 ② 镇区控制性详细规划的任务是：以镇区总体规划为依据，控制建设用地性质、使用强度和空间环境。制定用地的各项控制指标和其他管理要求。控制性详细规划是镇区规划管理的依据，并指导修建性详细规划的编制。 ③ 镇区修建性详细规划的任务是：对镇区近期需要进行建设的重要地区做出具体的安排和规划设计。
镇规划的特点	① 镇规划的对象特点。 我国镇的数量多、分布广、差异大，具有很强的地域性；镇的产业结构相对单一，经济具有较强的可变性和灵活性；镇的社会关系、生活方式、价值观念处于转型期，具有不确定性和可塑性；镇的基础设施相对滞后，需要较大的投入；镇的环境质量有待提高，生态建设有待改善，综合防灾减灾能力亟待加强；在地域发展中，镇的依赖性较强，需要在区域内寻求互补与协作；镇的形成和发展一般多沿交通走廊和经济轴线发展，对外联系密切，交通联系可达性强。 ② 镇规划的技术特点。 我国镇规划技术层次较少，成果内容不同于城市规划；规划内容和重点应因地制宜，解决问题具有目的性；规划技术指标体系地域性较强，具有特殊性；规划资料收集及调查对象相对集中，但因基数小，数据资料具有较大变动性；原有规划技术水平和管理技术水平相对较低，更需正确引导以达到规划的科学性和合理性；规划更注重近期建设规划，强调可操作性。 ③ 镇规划的实施特点。 目前政策、法规和配套标准不够完善，支撑体系较弱，更需要具体实施指导性；规划管理人员缺乏，需要更多技术支持和政策倾斜性；不同地区、不同等级与层次、不同规模、不同发展阶段的镇差异性较大，规划实施强调因地制宜；镇的建设应强调根据自身特点，采用适宜技术和形成特色；我国的镇量大面广，规划实施强调示范性和带动性；镇的建设要强调节约土地、保护生态环境；镇的发展变化较快，规划实施动态性强。

乡和村庄规划的主要任务　　表 8-1-8

内容		要点
乡和村庄规划的作用		乡规划和村庄规划具有以下作用：①做好农村地区各项建设工作的先导和基础；②各项建设管理工作的基本依据；③对改变农村落后面貌，加强农村地区生产生活服务设施、公益事业等各项建设，推进社会主义新农村建设，统筹城乡发展，构建社会主义和谐社会具有重大意义。
乡和村庄规划的任务		第一，从农村实际出发，尊重农民意愿，科学引导，体现地方和农村特色。第二，坚持以促进生产发展、服务农业为出发点，处理好社会主义新农村建设与工业化、城镇化快速发展之间的关系，加快农业产业化发展，改善农民生活质量与水平。第三，贯彻“节水、节地、节能、节材”的建设要保护耕地与自然资源，科学、有效、集约利用资源，促进广大乡村地区的可持续发展，保障构建和谐社会总体目标的实现。第四，加强农村基础设施、生产生活服务设施建设以及公益事业建设的引导与管理，促进农村精神文明建设。
乡和村庄规划的主要任务	乡和村庄的总体规划	是乡级行政区域内村庄和集镇布点规划及相应的各项建设的整体部署。包括乡级行政区域的村庄、集镇布点，村庄和集镇的位置、性质、规模和发展方向，村庄和集镇的交通、供水、供电、商业、绿化等生产和生活服务设施的配置。
	乡和村庄的建设规划	应当在总体规划指导下，具体安排村庄和集镇的各项建设。包括住宅、乡村企业、乡村公共设施、公益事业等各项建设的用地布局、用地规划，有关的技术经济指标，近期建设工程以及重点地段建设具体安排。

第二节　镇 规 划 编 制

一、镇规划概述

相关真题：2013-070

镇规划概述　　表 8-2-1

内容	要点
依据	① 法律法规依据：《中华人民共和国城乡规划法》、《中华人民共和国土地管理法》、《中华人民共和国环境保护法》、《城镇体系规划编制审批办法》、《村庄和集镇规划建设管理条例》以及各省（自治区、直辖市）、市（地区、自治州）、县（市、旗）有关村镇规划的规定和管理方法。 ② 规划技术依据：镇规划技术依据为相关标准规范以及上位规划和相关的专项规划，主要包括《镇规划标准》和《村镇规划卫生标准》，城镇体系规划、城市总体规划、相关区域性专项规划、镇域土地利用总体规划等。 ③ 政策依据：国家小城镇战略及社会经济发展对小城镇规划建设的宏观指导和相关要求；国家和地方对小城镇建设发展制定的相关文件；各省（自治区）、地（市、自治州）、县（市、旗）对本地区小城镇的发展战略要求；地方政府国民经济和社会发展规划等。

续表

内容	要　点
原则	①人本主义原则；②可持续发展原则；③区域协同、城乡协调发展原则；④因地制宜原则；⑤市场与政府调控相结合原则。
阶段和层次划分	① 镇规划分为总体规划和详细规划，详细规划分为控制性详细规划和修建性详细规划。总体规划之前可增加总体规划纲要阶段。 ② 县人民政府所在地镇的总体规划包括县域城镇体系规划和县城区规划，其他镇的总体规划包括镇域规划（含镇村体系规划）和镇区（镇中心区）规划两个层次。 ③ 镇可以在总体规划指导下编制控制性详细规划以指导修建性详细规划，也可根据实际需要在总体规划指导下，直接编制修建性详细规划。
期限	镇的规划期限应与所在地域城镇体系规划期限一致，并且应编制分期建设规划，合理安排建设程序，使开发建设程序与国家和地方的经济技术发展水平相适应。 镇总体规划期限为20年，同时可对远景发展做出轮廓性的规划安排。

2013-070. 县人民政府所在地镇的总体规划由(　　)组织编制。

A. 县人民政府　　B. 镇人民政府

C. 县和镇人民政府共同　　D. 县城乡规划行政主管部门

【答案】A

【解析】县人民政府所在地镇的总体规划由县人民政府组织编制，报上一级人民政府审批；其他镇的总体规划由镇人民政府组织编制，报上一级人民政府审批。

二、镇规划编制内容

相关真题：2018-064

镇规划编制内容　　**表 8-2-2**

内容	要　点
镇总体规划纲要	对于规模较大的镇，发展方向、空间布局、重大基础设施等不太确定，在总体规划之前可增加总体规划纲要阶段。总体规划纲要须论证城镇经济、社会发展条件，原则确定规划期内发展目标；原则确定镇域镇村体系的结构与布局；原则确定城镇性质、规模和总体布局，选择城镇发展用地，提出规划区范围的初步意见。
县人民政府所在地镇规划编制的内容	县人民政府所在地镇对全县经济、社会以及各项事业的建设发展起到统领作用，其性质职能、机构设置和发展前景都与其他镇不同，为充分发挥其对促进县域经济发展，统筹城乡建设，加快区域城镇化进程的突出作用，县人民政府所在地镇的总体规划应按照省（自治区、直辖市）域城镇体系规划以及所在市的城市总体规划提出的要求，对县域镇、乡和所辖村庄的合理发展与空间布局、基础设施和社会公共服务设施的配置等内容提出引导和调控措施。

续表

内容	要　点
县人民政府所在地镇规划编制的内容	县域城镇体系规划主要内容： 综合评价县域发展条件；制定县域城乡统筹发展战略，确定县域产业发展空间布局；预测县域人口规模，确定城镇化战略；划定县域空间管制分区，确定空间管制策略；确定县域城镇体系布局，明确重点发展的中心镇；制定重点城镇与重点区域的发展策略；划定必须制定规划的乡和村庄的区域，确定村庄布局基本原则和分类管理策略；统筹配置区域基础设施和社会公共服务设施，制定专项规划。 专项规划应当包括：交通、给水、排水、电力、邮政通信、教科文卫、历史文化资源保护、环境保护、防灾减灾、防疫等规划；制定近期发展规划，确定分阶段实施规划的目标及重点；提出实施规划的措施和有关建议。
	县城关镇区总体规划主要内容： 分析确定县城性质、职能和发展目标，预测县城人口规模；划定规划区，确定县城建设用地的规模；划定禁止建设区，限制建设区和适宜建设区，制定空间管制措施；确定各类用地空间布局；确定绿地系统、河湖水系、历史文化、地方传统特色等的保护内容、要求，划定各类保护范围，提出保护措施；确定交通、给水、排水、供电、邮政、通信、燃气、供热等基础设施和公共服务设施的建设目标和总体布局；确定综合防灾和公共安全保障体系的规划原则、建设方针和措施；确定空间发展时序，提出规划实施步骤、措施和政策建议。
一般建制镇规划编制的内容	一般建制镇规划，应首先依据经过法定程序批准的所在地的城市总体规划、县域城镇体系规划，结合本镇的经济社会发展水平，对镇内的各项建设做出统筹布局与安排。
	镇域镇村体系规划（镇域规划）主要内容： 调查镇区和村庄的现状，分析其资源和环境等发展条件，提出镇的发展战略和发展目标，确定镇域产业发展空间布局；划定镇域空间管制分区，确定空间管制要求；确定镇区性质、职能及规模和规划区范围；划定镇区用地规划发展的控制范围；根据产业发展和生活提高的要求，确定中心村和基层村，结合村民意愿，提出村庄的建设调整设想；确定镇域内主要道路交通，公用工程设施、公共服务设施以及生态环境、历史文化保护、防灾减灾防疫系统；提出实施规划的措施和有关建议。
	镇区总体规划主要内容： 确定镇区各类用地布局；确定道路网络，对基础设施和公共服务设施进行规划安排；建立环境卫生系统和综合防灾减灾防疫系统；确定生态环境保护与优化目标，提出污染控制与治理措施；划定江、河、湖、库、渠和湿地等地表水体保护和控制范围；确定历史文化保护及地方传统特色保护的内容及要求。
镇规划的强制性内容	规划区范围、规划区建设用地规模、基础设施和公共服务设施用地、水源地和水系、基本农田和绿化用地、环境保护、自然与历史文化遗产保护、防灾减灾等。
镇区详细规划编制的内容	① 镇区控制性详细规划主要内容。确定规划范围内不同性质用地的界线；确定各地块主要建设指标的控制要求与城市设计指导原则；确定地块内的各类道路交通设施布局与设置要求；确定各项公用工程设施建设的工程要求；制定相应的土地使用与建筑管理规定。
	② 镇区修建性详细规划主要内容。建设条件分析及综合技术经济论证；建筑、道路和绿化等的空间布局和景观规划设计；提出交通组织方案和设计；进行竖向规划设计以及公用工程管线规划设计和管线综合；估算工程造价，分析投资效益。

2018-064. 下列不属于镇规划强制性内容的是(　　)。

A. 确定镇规划区的范围

B. 明确规划区建设用地规模

C. 确定自然与历史文化遗产保护、防灾减灾等内容

D. 预测一、二、三产业的发展前景以及劳动力与人口流动趋势

【答案】D

【解析】 镇规划的强制性内容：规划区范围、规划区建设用地规模、基础设施和公共服务设施用地、水源地和水系、基本农田和绿化用地、环境保护、自然与历史文化遗产保护、防灾减灾等。D选项符合题意。

三、镇规划编制的方法

相关真题：2018-065、2013-069、2013-068、2008-071

镇规划编制方法　　表 8-2-3

内容	要　点
规划基础资料搜集	① 基础资料包括：地质、测量、气象、水文、历史、经济与社会发展、人口、镇域自然资源、土地利用、工矿企事业单位的现状及规划、交通运输、各类仓储、经济和社会事业、建筑物现状、工程设施、园林、绿地、风景区、文物古迹、古民居保护、人防设施及其他地下建筑物、构筑物、环境等资料。 ② 其他相关资料包括：年度政府工作报告、近五年统计年鉴、五年经济发展计划、地方志等。 ③ 详细规划的基础资料还包括：规划建设用地地形图、地质勘察报告、建设用地及周边用地状况、市政工程管线分布状况及容量、城镇建筑主要风貌特征分析等。
现状调研的技术要点	① 现状调研要与相关上位规划要求保持一致，尤其在地区性道路系统、市政廊道和站点、生态安全系统等方面应符合有关专项规划的要求。调查生态环境保护、工程地质、地震、安全防护、绿化林地等方面的限建要求。 ② 加强村庄整合规划研究，促进新农村建设，对涉及大规模村庄搬迁改造的规划项目应充分征求当地群众的意见，确保村庄改造搬迁先期实施，避免规划编制批复后项目难以实施或实施中断遗留各种问题。 ③ 对现状用地应增加用地权属的调查，对国有划拨用地、已出让国有用地使用权用地、农村集体土地进行全面分析，公平合理地统筹制订用地规划，避免因调查不清引起的规划纠纷。对现状土地使用情况进行调查统计，明确现状保留用地、可改造用地和新增用地，在规划时优先考虑存量土地的利用。 ④ 现状调查不仅应调查已经建成的项目，还应注意对已批未建项目（搁浅或暂停项目）、未批已建项目（手续不全或违法违章建设）认真地逐一调查分析，在注重法律证据（是否有政府正式批复）的前提下与当地政府、建设单位和有关主管部门进行充分沟通，分析研究后再提出规划解决方案。
镇的性质的确定	在镇规划编制过程中，镇的性质与规模是属于优先要确定的战略性工作。合理正确地拟定镇的性质与规模，对于明确其发展方向，调整优化用地布局，获取较好的社会经济效益都具有重要的意义。科学拟定镇的性质是搞好镇规划建设，引导镇社会经济健康发展的基本前提，也有利于充分发挥优势，扬长避短，促进镇经济的持续发展和经济结构的日趋合理。

续表

内容	要　点
镇的性质的确定	确定性质的依据有：区域地理条件、自然资源、社会资源、经济资源、区域经济水平、区域内城镇间的职能分工、国民经济和社会发展规划、镇的发展历史与现状。
	确定性质的方法有定性分析和定量分析。 ① 定性分析通过分析镇在一定区域内政治经济文化生活中的地位作用、发展优势、资源条件、经济基础、产业特征、区域经济联系和社会分工等，确定镇的主导产业和发展方向。 ② 定量分析在定性分析的基础上对城市的职能，特别是经济职能采用以数量表达的技术经济指标，来确定主导作用的生产部门；分析主要生产部门在其所在地区的地位和作用；分析主要生产部门在经济结构中的比重；通常采用同一经济技术指标（如职工数、产值、产量等），从数量上去分析，以其超过部门结构整体的20%～30%为主导因素；分析主要生产部门在镇用地结构中的比重，以用地所占比重的大小来表示。
	镇性质的表述方法：区域地位作用＋产业发展方向＋城镇特色或类型
镇的人口规模预测	人口规模包括两个方面的内容：一是规划期末镇域总人口，应为其行政地域内户籍、寄住人口数之和，即镇域常住人口。二是规划期末镇区人口，即居住在镇区的非农业人口、农业人口和居住一年以上的暂住人口之和。人口规模应以县域城镇体系规划预测的数量为依据，结合具体情况进行核定。
人口规模预测方法	综合分析法：将自然增长和机械增长两部分叠加，是镇规划时普遍采用的一种比较符合实际的方法。
	经济发展平衡法：依据“按一定比例分配社会劳动”的基本原则，根据国民经济与社会发展计划的相关指标和合理的劳动构成，以某一类关键人口的需求总量乘以相应系数得出小城镇镇区人口总数。
	劳动平衡法：劳动平衡法建立在“按一定比例分配社会劳动”的基本原理上，以社会经济发展计划确定的基本人口数和劳动构成比例的平衡关系来估算城镇人口规模。
	区域分配法：以区域国民经济发展为依据，对镇域总人口增长采用综合平衡法进行分析预测，然后根据区域经济发展水平预测城镇化水平，将镇域人口根据区域生产力布局和镇村体系规划分配给各个城镇和基层居民点。
	环境容量法：根据小城镇周边区域自然资源的最大、经济及合理供给能力和基础设施的最大、经济及合理支持能力计算小城镇的极限人口容量。
	线性回归分析法：线性回归分析法是根据多年人口统计资料所建立的人口发展规模与其他相关因素之间的相互关系，运用数理分析的方法建立数学预测模型。

2018-065. 镇规划中用于计算人均建设用地指标的人口口径，正确的是(　　)。

A. 户籍人口　　B. 户籍人口和暂住人口之和

C. 户籍人口和通勤人口之和　　D. 户籍人口和流动人口之和

【答案】B

【解析】《镇规划标准》第3.2.1条规定，镇域总人口应为其行政地域内常住人口，常住人口应为户籍、寄住人口数之和。因此B选项正确。

2013-069. 根据《镇规划标准》，计算镇区人均建设用地指标的人口数应为(　　)。

A. 镇区常住人口　　B. 镇区户籍人口

C. 镇区非农人口　　D. 镇域所有城镇建设用地内居住的人口

【答案】A

【解析】根据《镇规划标准》5.1.3条，人均建设用地指标应为规划范围内的建设用地面积除以常住人口数量的平均数值。人口统计应与用地统计的范围相一致。

2013-068. 下列表述正确的是(　　)。

A. 镇区人口规模应以城市空间发展战略规划为依据

B. 镇区人口规模应以县域城镇体系规划为依据

C. 镇域城镇化水平应与国家城镇化率目标一致

D. 镇区人口占镇域人口的比例应不低于该地区城镇化水平

【答案】B

【解析】根据《镇规划标准》3.2.2条，镇区人口规模应以县域城镇体系规划预测的数量为依据，结合镇区具体情况进行核定；村庄人口规模应在镇域镇村体系规划中进行预测。

2008-071. 下列哪项表述是正确的(　　)。

A. 县人民政府所在地镇总体规划包括镇域规划和镇区规划

B. 各类镇的规划应符合《镇规划标准》(GB 50188—2007)

C. 由镇人民政府确定应当制定村庄规划的区域

D. 镇区的规划人口规模依据上位规划

【答案】D

【解析】由镇规划编制方法可知，选项D符合题意。此题选D。

相关真题：2018-067

镇区建设用地标准　　**表 8-2-4**

内容	要　　点
镇区的用地规模	镇用地规模是规划期末镇建设用地的面积。镇用地规模计算需在镇人口规模预测的基础上，按照国家标准确定的人均镇建设用地指标计算。人均建设用地指标应为规划范围内的建设用地面积除以常住人口数量的平均数值，其中人口统计应与用地统计的范围相一致。 由于镇的差异性比较大，通常镇的人均建设用地指标应在每人 120m² 以内，也可根据现状人均建设用地指标设定规划调整幅度，《镇规划标准》中考虑调整因素后，人均建设用地指标为每人 75～140m²。特殊情况如地多人少的边远地区的镇区，可根据所在省、自治区人民政府规定的建设用地指标确定。
建设用地比例	根据《镇规划标准》，建设用地应包括用地分类中的居住用地、公共设施用地、生产设施用地、仓储用地、对外交通用地、道路广场用地、工程设施用地和绿地八大类。建设用地比例是人均建设用地标准的辅助指标，是反映规划用地内部各项用地数量的比例是否合理的重要标志。镇区规划中的居住、公共设施、道路广场以及绿地中的公共绿地四类用地占建设用地的比例，宜符合表 8-1 规定。表 8-1 中四类用地所占比例具有一定的规律性，其幅度基本可以达到用地结构的合理要求，而其他类用地比例，由于不同类型的镇区的生产设施、对外交通等用地的情况相差极为悬殊，其建设条件差异较大，应按具体情况因地制宜来确定。

续表

内容	要　　点
建设用地选择	建设用地宜选在生产作业区附近，并充分利用原有用地调整挖潜，同土地利用总体规划相协调。需扩大用地规模时，宜选择荒地、薄地，不占或少占耕地、林地和牧草地；建设用地宜选在水源充足，水质良好，便于排水、通风和地质条件适宜的地段；建设用地应避开河洪、海潮、山洪、泥石流、滑坡、风灾、地震断裂等灾害影响和生态敏感地段；应避开水源保护区、文物保护区、自然保护区和风景名胜区，位于或邻近各类保护区的镇区，应通过规划减少对保护区的干扰；应避开有开采价值的地下资源和地下采空区、一级文物埋藏区；应避免被铁路、重要公路、高压输电线路、输油输气管线等穿越。在不良地质地带严禁布置居住、教育、医疗及其他公众密集活动的建设项目。

表 8-1　镇区规划建设用地比例

类别代号	类别名称	占建设用地比例（%）	
		中心镇镇区	一般镇镇区
R	居住用地	28～38	33～43
C	公共设施用地	12～20	10～18
S	道路广场用地	11～19	10～17
G1	公共绿地	8～12	6～10
四类用地之和		64～84	65～85

2018-067. **下列关于一般镇镇区规划各类用地比例的表述，不准确的是(　　)。**

A. 居住用地比例为 28%～38%　　B. 公共服务设施用地比例为 10%～18%

C. 道路广场用地比例为 10%～17%　　D. 公共绿地比例为 6%～10%

【答案】A

【解析】依据《镇规划标准》5.3.1 条，一般镇镇区规划建设用地比例为：居住用地比为 33%～43%；公共服务设施用地比例为 10%～18%；道路广场用地比例为 10%～17%；公共绿地比例为 6%～10%。因此 A 选项符合题意。

镇区用地规划布局　　**表 8-2-5**

内容	要　　点
镇规划总体布局的影响因素及原则	城镇总体布局是对城镇各类用地进行功能组织。 在进行总体布局时，应在研究各类用地的特点要求及其相互之间的内在联系的基础上，对镇内各组成部分进行统一安排和统筹布局，合理组织全镇的生产、生活，使它们各得其所并保持有机的联系。镇的总体布局要求科学合理，做到经济、高效，既满足近期建设的需要，又为长远发展留有余地。 镇总体布局的影响因素包括： ①现状布局；②建设条件；③资源环境条件；④对外交通条件；⑤城镇性质；⑥发展机制。 镇布局原则有： ①旧区改造原则；②优化环境原则；③用地经济原则；④因地制宜原则；⑤弹性原则；⑥实事求是原则。

续表

内容	要　点
镇规划空间形态及布局结构	镇布局空间形态模式可分为集中布局和分散布局两大类。 集中布局的空间形态模式可分为块状式、带状式、双城式、集中组团式四类。 分散布局的空间形态模式可分为分散组团式布局和多点分散式布局。
居住用地规划布局	居住区选址原则： ① 居住用地的选址应符合小城镇用地布局的要求，有利于生产、方便生活，具有适宜的卫生条件和建设条件； ② 应具有适合建设的工程地质与水文地质条件； ③ 还应考虑在非常情况时居民安全的需要，如战时的人民防空、雨季的防汛防洪、地震时的疏散躲避等需要； ④ 应综合考虑相邻用地的功能、道路交通等因素； ⑤ 应根据不同住户的需求，选定不同的类型，相对集中地进行布置； ⑥ 应减少相互干扰，节约用地。
	新建居住用地应优先选用靠近原有居住建筑用地的地段形成一定规模的居住区，便于生活服务设施的配套安排，避免居住建筑用地过于分散。 旧区居住街巷的改建规划，应因地制宜体现传统特色和控制住户总量，并应改善道路交通，完善公用工程和服务设施，搞好环境绿地。
	居住区规划原则： ① 详细规划中居住组群的规划应遵循方便居民使用、住宅类型多样、优化居住环境、体现地方特色的原则，应综合考虑空间组织、组群绿地、服务设施、道路系统、停车场地、管线敷设等的要求，区别不同的建设用地进行规划。 ② 居住建筑的布置应根据气候、用地条件和使用要求来确定居住建筑的类型、朝向、层数、间距和组合方式；居住建筑的平面类型应满足通风要求；建筑的间距和通道的设置应符合镇的防灾要求。 ③ 居民住宅用地的规模应根据所在省、自治区、直辖市政府规定的用地面积指标进行确定。 居住建筑的布置应满足日照标准。
公共设施用地规划布局	公共设施按其使用性质分为： 行政管理、教育机构、文体科技、医疗保健、商业金融和集贸市场六类。
	公共设施规划原则： ① 公共设施布置应考虑本身的特点及周围的环境，其本身不仅作为一个环境形成因素，而且它们的分布对周围的环境有所要求； ② 公共设施布置应考虑小城镇景观组织的要求； ③ 可通过不同的公共设施和其他建筑协调处理与布置，利用地形等其他条件组织街景，创造具有地方特色的城镇景观。
	城镇公共中心的布置方式有： 布置在镇区中心地段；结合原中心及现有建筑；结合主要干道；结合景观特色地段；采用围绕中心广场，形成步行区或一条街等形式。 教育和医疗保健机构： 必须独立选址，其他公共设施宜相对集中布置，形成公共活动中心。 商业金融机构和集贸： 设施宜设在小城镇入口附近或交通方便的地段。

续表

内容	要　点
公共设施用地规划布局	学校、幼儿园、托儿所的用地： 应设在阳光充足、环境安静、远离污染和不危及学生、儿童安全的地段，距离铁路干线应大于300m，主要入口不应开向公路。 医院、卫生院、防疫站的选址： 应方便使用和避开人流及车流量大的地段，并应满足突发灾害事件的应急要求。 集贸市场用地： ① 应综合考虑交通、环境与节约用地等因素进行布置； ② 用地的选址应有利于人流和商品的集散，并不得占用公路、主要干路、车站、码头、桥头等交通量大的地段； ③ 不应布置在文体、教育、医疗机构等人员密集场所的出入口附近和妨碍消防车辆通行的地段； ④ 影响镇容环境和易燃易爆的商品市场，应设在集镇的边缘，并应符合卫生、安全防护的要求； ⑤ 集贸市场用地的面积应按平集规模确定，并应安排好大集时临时占用的场地，休集时应考虑设施和用地的综合利用。
生产设施和仓储用地规划布局	工业生产用地应根据其生产经营的需要和对生活环境的影响程度进行选址和布置，一类工业用地可布置在居住用地或公共设施用地附近；二、三类工业用地应布置在常年最小风向频率的上风侧及河流的下游，并应符合现行国家标准《村镇规划卫生标准》（GB 18055—2000）的有关规定；新建工业项目应集中建设在规划的工业用地中；对已造成污染的二类、三类工业项目必须迁建或调整转产。 镇区工业用地的规划布局中，用地应选择在靠近电源、水源和对外交通方便的地段；同类型的工业用地应集中分类布置，协作密切的生产项目应邻近布置，相互干扰的生产项目应予以分隔；应紧凑布置建筑，宜建设多层厂房；应有可靠的能源、供水和排水条件，以及便利的交通和通信设施；公用工程设施和科技信息等项目宜共建共享；应设置防护绿地和绿化厂区；应为后续发展留有余地。 农业生产及其服务设施用地的选址和布置时，农机站、农产品加工厂等的选址应方便作业、运输和管理；养殖类的生产厂（场）等的选址应满足卫生和防疫要求，布置在镇区和村庄常年盛行风向的侧风位和通风、排水条件良好的地段，并应符合现行国家标准的有关规定；兽医站应布置在镇区的边缘。 仓库及堆场用地的选址和布置，应按存储物品的性质和主要服务对象进行选址；宜设在镇区边缘交通方便的地段；性质相同的仓库宜合并布置，共建服务设施；粮、棉、油类、木材、农药等易燃易爆和危险品仓库严禁布置在镇区人口密集区，与生产建筑、公共建筑、居住建筑的距离应符合环保和安全的要求。
公共绿地布局	公共绿地分为公园和街头绿地。公共绿地应均衡分布，形成完整的园林绿地系统。 公园的选址： ① 公园在城镇中的位置，应结合河湖山川、道路系统及生活居住用地的布局综合考虑； ② 方便居民能到达和使用； ③ 应充分利用不宜于工程建设及农业生产的用地及起伏变化较大的用地； ④ 可选择在河湖沿岸，充分发挥水面的作用，有利于改善城镇小气候； ⑤ 可选择林木较多和有古树的地段；可选择名胜古迹及革命历史文物所在地； ⑥ 公园用地应考虑将来有发展的余地； ⑦ 街头绿地的选址应方便居民使用； ⑧ 带状绿地以配置树木为主，适当布置步道及座椅等设施。

四、镇规划成果要求

镇规划成果要求　　表 8-2-6

内容	要　点
规划文本内容	① 总则：规划位置及范围、规划依据及原则、发展重要条件分析、规划重点、规划期限； ② 发展目标与策略：城镇性质、发展目标； ③ 产业发展与布局引导； ④ 镇村体系规划：镇村等级划分和功能定位； ⑤ 城乡统筹发展与新农村建设：镇中心区与周边地区产业、公共服务设施、交通市政基础设施、生态环境建设等方面的统筹发展、新农村建设； ⑥ 规模、结构与布局：人口、用地规模，镇域空间结构与用地总体布局； ⑦ 社会事业及公共设施规划：教育、医疗、邮政、文化、福利、体育等公共设施规划； ⑧ 生态环境建设与保护：建设限制性分区，河湖水系与湿地，绿化，环境污染防治； ⑨ 资源节约、保护与利用：土地、水、能源的节约保护与利用； ⑩ 交通规划：外部交通联系、公共交通系统、道路系统； ⑪ 公用工程设施：供水、雨水、污水、电力、燃气、供热、信息、环卫等； ⑫ 防灾减灾规划：防洪、防震、地质灾害防治、消防、人防、气象灾害预防、综合救灾； ⑬ 城镇特色与村庄风貌； ⑭ 近、远期发展与实施政策：近远期发展与建设、村庄搬迁整治计划、实施政策与机制。
主要规划图纸	位置及周围关系图、现状图、镇域限制性要素分析图、镇域用地功能布局规划图、镇村体系规划图、镇区现状用地综合评价图、镇区土地使用规划图、公共设施规划图、绿地规划图、交通规划图、市政设施规划图、分期建设规划图等。

第三节　乡和村庄规划的编制

一、乡与村庄规划概述

相关真题：2017-067、2014-069、2014-067、2012-067、2011-067

乡与村庄规划概述　　表 8-3-1

内容	要　点
指导思想和原则	乡与村庄规划的指导思想： 要充分考虑农民的生产方式、生活方式和居住方式对规划的要求，应当以科学发展观为指导，合理确定乡和村庄的发展目标与实施措施，节约和集约利用资源，保护生态环境，促进城乡可持续发展。制定和实施乡和村庄规划，应当以服务农业、农村和农民为基本目标，坚持因地制宜、循序渐进、统筹兼顾、协调发展的指导思想。 《村庄和集镇规划建设管理条例》中明确，村庄、集镇规划的编制，应当遵循如下原则： ① 根据国民经济和社会发展计划，结合当地经济发展的现状和要求，以及自然环境、资源条件和历史情况等，统筹兼顾，综合部署村庄和集镇的各项建设； ② 处理好近期建设与远期发展、改造与新建的关系，使村庄、集镇的性质和建设的规模、速度和标准，同经济发展和农民生活水平相适应； ③ 合理用地，节约用地，各项建设应当相对集中，充分利用原有建设用地，新建、扩建工程及住宅应当尽量不占用耕地和林地； ④ 有利生产，方便生活，合理安排住宅、乡（镇）村企业、乡（镇）村公共设施和公益事业等的建设布局，促进农村各项事业协调发展，并适当留有发展余地； ⑤ 保护和改善生态环境，防治污染和其他公害，加强绿化和村容镇貌、环境卫生建设。

续表

内容	要　　点
规划的阶段和层次划分	根据《村庄和集镇规划建设管理条例》，村庄、集镇规划一般分为总体规划和建设规划两个阶段。 乡总体规划包括乡域规划和乡驻地规划。 村庄、集镇规划的编制，应当以县域规划、农业区划、土地利用总体规划为依据，并同有关部门的专业规划相协调。
规划的期限	乡的规划期限与镇的规划期限类似，应与所在地域城镇体系规划期限一致，并且应编制分期建设规划，合理安排建设程序，使建设程序与国家和地方的经济技术发展水平相适应。 一般来讲，乡总体规划期限为20年，乡总体规划同时可对远景发展做出轮廓性的规划安排。村庄规划期限比较灵活，一般整治规划考虑近期为3～5年。

2017-067、2014-067、2011-067. 下列表述中不准确的是(　　)。

A. 县以上地方人民政府确定应当制定乡规划、村规划的区域

B. 在应当制定乡、村规划的区域外也可以制定和实施乡规划的村庄规划

C. 非农人口很少的乡不需要制定和实施乡规划

D. 历史文化名村应制定村庄规划

【答案】C

【解析】《城乡规划法》第三条规定，县级以上地方人民政府根据本地农村经济社会发展水平，按照因地制宜、切实可行的原则，确定应当制定乡规划、村庄规划的区域。县级以上地方人民政府鼓励、指导前款规定以外的区域的乡、村庄制定和实施乡规划、村庄规划，故A、B项正确；历史文化名村保护规划的规划期限应当与村庄规划的规划期限相一致。历史文化名村应制定村庄规划。故D项正确；

在城乡规划体系中，制定镇规划、乡规划和村规划是不同的组成部分，并自成系统，但绝不是非农人口很少的乡就不需要制定和实施乡规划。C项属于根本性的认知错误。

2014-069. (　　)不能作为村庄规划的上位规划。

A. 镇域规划　　B. 乡域规划

C. 村域规划　　D. 县域总体规划

【答案】C

【解析】上位规划体现了上级政府的发展战略和发展要求。按照一级政府、一级事权的政府层级管理体制，上位规划代表了上一级政府对空间资源配置和管理的要求。因此，下位规划不得违背这些原则和要求，并要将上位规划确定的规划指导思想、城镇发展方针和空间政策贯彻落实到本层次规划的具体内容中。本题中，只有C项不是村庄规划的上位规划。

2012-067. 下列表述不准确的是(　　)。

A. 城乡之间存在政策差异　　B. 城市规划与乡村规划的基本原理不同

C. 城市与乡村的规划标准不同　　D. 城市与乡村的空间特征不同

【答案】B

【解析】城市规划与乡村规划的基本原理是相同的。

二、乡与村庄规划编制的内容

相关真题：2017-069、2014-070、2012-068、2011-069、2010-071

乡与村庄规划编制的内容　　表 8-3-2

内容	要点
乡规划编制的内容	乡域规划的主要内容： ① 提出乡产业发展目标以及促进农业生产发展的措施建议，落实相关生产设施、生活服务设施以及公益事业等各项建设的空间布局。 ② 确定规划期内各阶段人口规模与人口分布。 ③ 确定乡的职能及规模，明确乡政府驻地的规划建设用地标准与规划区范围。 ④ 确定中心村、基层村的层次与等级，提出村庄集约建设的分阶段目标及实施方案。 ⑤ 统筹配置各项公共设施、道路和各项公用工程设施，制定各专项规划，并提出自然和历史文化保护、防灾减灾、防疫等要求。 ⑥ 提出实施规划的措施和有关建议，明确规划强制性内容。 根据《村庄和集镇规划建设管理条例》，村庄、集镇总体规划，是乡级行政区域内村庄和集镇布点规划及相应的各项建设的整体部署。村庄、集镇总体规划的主要内容包括： ① 乡级行政区域的村庄； ② 集镇布点； ③ 村庄和集镇的位置、性质、规模和发展方向； ④ 村庄和集镇的交通、供水、供电、商业、绿化等生产和生活服务设施的配置。 乡驻地规划的主要内容： 确定各类用地布局，提出道路网络建设与控制要求。 ① 对工程建设进行规划安排； ② 建立环境卫生系统和综合防灾减灾防疫系统； ③ 确定规划区内生态环境保护与优化目标，划定主要水体保护和控制范围； ④ 确定历史文化保护及地方传统特色保护的内容及要求； ⑤ 划定历史文化街区、历史建筑保护范围，确定各级文物保护单位、特色风貌保护重点区域范围及保护措施； ⑥ 规划建设容量，确定公用工程管线位置、管径和工程设施的用地界线，进行管线综合。 乡的建设规划主要内容： ① 确定规划区内不同性质用地的界线； ② 确定各地块的建筑高度、建筑密度、容积率等控制指标； ③ 确定公共设施配套要求以及建筑后退红线距离等要求； ④ 提出各地块的建筑体量、体型、色彩等城市设计指导原则； ⑤ 根据规划建设容量，确定公用工程管线位置、管径和工程设施的用地界线，进行管线综合； ⑥ 对重点建设地块进行建筑、道路和绿地等的空间布局和景观规划设计，布置总平面图，并进行必要的竖向规划设计； ⑦ 估算工程量、拆迁量和总造价。 根据《村庄和集镇规划建设管理条例》，村庄、集镇建设规划，应当在村庄、集镇总体规划指导下，具体安排村庄、集镇的各项建设。 集镇建设规划的主要内容包括： 住宅、乡（镇）村企业、乡（镇）村公共设施，公益事业等各项建设的用地布局，用地规划，有关的技术经济指标，近期建设工程以及重点地段建设具体安排。 村庄建设规划的主要内容： 根据本地区经济发展水平，参照集镇建设规划的编制内容，主要对住宅和供水、供电、道路、绿化、环境卫生以及生产配套设施做出具体安排。

续表

内容	要　点
村庄规划编制的内容	村庄规划要依据经过法定程序批准的镇总体规划或乡总体规划，对村庄的各项建设做出具体的安排。其编制内容如下： ① 安排村域范围内的农业生产用地布局及为其配套服务的各项设施； ② 确定村庄居住、公共设施、道路、工程设施等用地布局； ③ 确定村庄内的给水、排水、供电等工程设施及其管线走向、敷设方式； ④ 确定垃圾分类及转运方式，明确垃圾收集点、公厕等环境卫生设施的分布、规模； ⑤ 确定防灾减灾、防疫设施分布和规模； ⑥ 对村口、主要水体、特色建筑、街景、道路以及其他重点地区的景观提出规划设计； ⑦ 对村庄分期建设时序进行安排，提出三至五年内近期建设项目的具体安排，并对近期建设的工程量、总造价、投资效益等进行估算和分析； ⑧ 提出保障规划实施的措施和建议。
新农村建设的内容和相关政策	《中共中央国务院关于进一步加强农村工作提高农业综合生产能力若干政策的意见》 要求牢固树立科学发展观，按照统筹城乡经济社会发展的要求，坚持“多予、少取、放活”的方针，调整农业结构，扩大农民就业，加快科技进步，深化农村改革，增加农业投入，强化对农业支持保护，切实加强农业综合生产能力建设，继续调整农业和农村经济结构，进一步深化农村改革，努力实现粮食稳定增产，力争实现农民收入较快增长，尽快扭转城乡居民收入差距不断扩大的趋势，促进农村经济社会全面发展。 《中共中央国务院关于推进社会主义新农村建设的若干意见》 提出按照“生产发展、生活宽裕、乡风文明、村容整洁、管理民主”的要求，协调推进农村经济建设、政治建设、文化建设、社会建设和党的建设。 ① 要加强村庄规划和人居环境治理。 ② 随着生活水平提高和全面建设小康社会的推进，农民迫切要求改善农村生活环境和村容村貌。 ③ 各级政府要切实加强村庄规划工作，安排资金支持编制村庄规划和开展村庄治理试点。 ④ 可从各地实际出发，制定村庄建设和人居环境治理的指导性目录，重点解决农民在饮水、行路、用电和燃料等方面的困难。 ⑤ 加强宅基地规划和管理，大力节约村庄建设用地，向农民免费提供经济安全适用、节地节能节材的住宅设计图样。 ⑥ 引导和帮助农民切实解决住宅与畜禽圈舍混杂问题，搞好农村污水、垃圾治理，改善农村环境卫生。 ⑦ 注重村庄安全建设，防止山洪、泥石流等灾害对村庄的危害，加强农村的消防工作。 ⑧ 村庄治理要突出乡村特色、地方特色和民族特色，保护有历史文化价值的古村落和古民宅。 ⑨ 要本着节约原则，充分立足现有基础进行房屋和设施改造，防止大拆大建，防止加重农民负担，扎实稳步地推进村庄治理。

2017-069、2011-069. 下列表述正确的是(　　)。

A. 村庄规划确定村庄供、排水设施的用地布局

B. 乡规划确定乡域农田水利设施用地

C. 县（市）城市总体规划确定县城小流域综合治理方案

D. 镇规划确定镇区防洪标准

【答案】A

【解析】由乡与村庄规划编制的内容可知，选项 A 符合题意。此题选 A。

2014-070. **关于乡规划的表述，不准确的是(　　)。**

A. 乡驻地规划主要针对其现有和将转为国有土地的部分

B. 乡规划区在乡规划中划定

C. 可按《镇规划标准》执行

D. 不是所有乡都必须编制乡规划

【答案】A

【解析】由乡与村庄规划编制的内容可知，选项A表述不准确。此题选A。

2012-068. **下列不属于村庄规划范畴的是(　　)。**

A. 环境整治

B. 农村居民点布局

C. 基本公共服务设施配置

D. 土地流转

【答案】D

【解析】由乡与村庄规划编制的内容可知，选项D不属于村庄规划范畴。此题选D。

2010-071. **下列哪项不属于乡驻地规划必需的内容(　　)。**

A. 提出城镇化目标

B. 建立综合防灾减灾系统

C. 进行管线综合

D. 确定规划区内各类用地布局

【答案】A

【解析】由乡与村庄规划编制的内容可知，选项A不属于其内容。此题选A。

三、乡和村庄规划编制的方法

相关真题：2018-068、2010-072

乡和村庄规划编制的方法　　　**表8-3-3**

内容	要　点
《镇规划标准》	由于镇与乡同为我国基层政权机构，且都实行以镇（乡）管村的行政体制，随着我国乡村城镇化的进展、体制的改革，使编制的规划得以延续，避免因行政建制的变更而重新进行规划，因此，乡规划的编制方法也采用《镇规划标准》。
村庄规划编制的重点	① 村庄用地功能布局； ② 产业发展与空间布局； ③ 人口变化分析； ④ 公共设施和基础设施； ⑤ 发展时序； ⑥ 防灾减灾。
村庄规划的现状调研和分析	现状调查与分析是村庄规划基础工作和重要环节，该阶段的工作直接影响到最后的规划成果质量。

续表

内容	要　点
村庄规划的现状调研和分析	现状调查与分析工作的重点： ① 现场调查：对村庄的基本情况如人口、经济、产业、用地布局、配套设施、历史文化等进行充分调查了解，调查的内容和深度与村庄规划的内容相结合。 ② 分析问题：对存在的问题进行总结、分析和归纳，找出当地社会经济发展、村庄规划建设、配套服务设施等方面的问题和原因，分析问题注意结合当地的经济社会现实情况，分析问题的成因不仅有普遍意义，也要能反映当地的特点，并对后面的村庄规划有指导和借鉴作用。 ③ 规划构想：在现状调查与分析之后，应对现状村庄建设的主要问题有大致的了解，对村庄规划主要解决的问题有大致的想法，并与当地村干部和群众充分交换意见，针对现状问题分析和规划构想等进行探讨交流，听取村里的近远期建设想法。
	现状调查与分析的具体内容： ① 村庄背景情况：周围关系，自然条件，地质条件，历史沿革等。 ② 社会经济发展：产业发展，人均年收入，村集体企业，出租土地厂房，村民福利（儿童、老人、五保户等）。 ③ 人口劳动力：人口数量，劳动力，就业安置，教育，人口变化情况等。 ④ 用地及房屋：村域用地现状（包括村庄建设用地和各种农用地），村庄建设用地现状，建筑质量（建筑年代），建筑高度，空置房屋等。 ⑤ 道路市政：现状道路情况，机动车、农用车普及情况，停车管理，饮用水达标，黑水（厕所冲水）、灰水（洗漱污水）和雨水的收集处理，供电，电信，网络，有线电视，采暖方式，燃料来源，垃圾收集处理。 ⑥ 公共配套：商业设施，文化站，阅览室，医疗室，中小学、托幼，敬老院，公共活动场所，公园，健身场地，公共厕所，公共浴室等。 ⑦ 其他：历史文化和地方特色（古庙、传说等），村民住房形式和施工方式，室内装修，家电设备，建设成本，村风民俗，民主管理公共事务，村民合作组织等。 ⑧ 现状照片：照片可作为规划调研的说明和参考。除可拍摄上述场地、建筑、设施的照片外，还可拍摄村民活动、民风民俗、座谈访谈会、入户调查（需征得住家同意）、现场工作场景等。 ⑨ 相关规划：乡（镇）域规划，村庄体系规划，村庄发展规划设想，有关的专项规划，历史上进行过的村庄改造项目等。
村庄规划编制的技术要点和应注意的问题	村庄规划编制的技术要点： 村庄规划应主要以行政村为单位编制，范围包括整个村域，如果是需要合村并点的多村规划，其规划范围也应包括合并后的全部村域。 ① 村庄规划应在乡（镇）域规划、土地利用规划等有关规划的指导下，对村庄的产业发展、用地布局、道路市政设施、公共配套服务等进行综合规划，规划编制要因地制宜，有利生产，方便生活，合理安排，改善村庄的生产、生活环境，要兼顾长远与近期，考虑当地的经济水平。 ② 统筹用地布局，积极推动用地整合。村庄规划人口规模的增加应以自然增长为主，机械增长不能作为规划依据。用地布局应以节约和集约发展为指导思想，村庄建设用地应尽量利用现状建设用地、弃置地、坑洼地等，规划农村人均综合建设用地要控制规定的标准以内。 ③ 村庄规划应重点考虑公共服务设施、道路交通、市政基础设施、环境卫生设施规划等内容。 ④ 合理保护和利用当地资源，尊重当地文化和传统，充分体现“四节”原则，大力推广新技术。

续表

内容	要　点
村庄规划编制的技术要点和应注意的问题	村庄规划中应注意的问题： ① 要重视安全问题，如河流防洪、塌方、泥石流防治等； ② 教育设施的规划应分析当地具体情况，不一定要硬套人口规模指标； ③ 村庄产业如何发展，用地不一定全都在村里解决，可以在乡、镇域规划中统筹考虑； ④ 消防规划要注重农村的消防通道的规划，可结合村庄道路规划； ⑤ 市政、交通等公用设施的规划应充分结合当地条件，因地制宜； ⑥ 配套公共服务设施的配置不宜缺项（服务全覆盖），但是用地和建筑可以适当集中合并； ⑦ 新农村建设不应以房地产开发带村庄改造，应避免大拆大建，力求有地方特色。

2018-068. 下列关于村庄规划用地分类的表述，不正确的是(　　)。

A. 有小卖部、小超市、农家乐功能的村民住宅用地仍然属于村民住宅用地

B. 长期闲置不用的宅基地属于村庄其他建设用地

C. 村庄公共服务设施用地包括兽医站、农机站等农业生产服务设施用地

D. 田间道路（含机耕道）、林道等农用道路不属于村庄建设用地

【答案】B

【解析】《村庄规划用地分类指南》规定：兼具小卖部、小超市、农家乐等功能的村民住宅用地属于村民住宅用地，A 选项正确。公共管理、文体、教育、医疗卫生、社会福利、宗教、文物古迹等设施用地以及兽医站、农机站等农业生产服务设施用地，考虑到多数村庄公共服务设施通常集中设置，为了强调其综合性，将其统一归为“村庄公共服务设施用地”，C 选项正确。田间道路（含机耕道）、林道等属于非建设用地中的农用道路，D 选项正确。长期闲置的宅基地，既然用地功能明确为宅基地，那么就属于村庄建设用地，B 选项错误。

2010-072. 关于村庄规划的表述，下列哪项是正确的？(　　)

A. 应以行政村为单位

B. 应向村民公示

C. 方案由县级城乡规划行政主管部门组织专家和相关部门进行技术审查

D. 成果由村委会报县级人民政府审批

【答案】A

【解析】村庄规划应主要以行政村为单位编制，范围包括整个村域，如果是需要合村并点的多村规划，其规划范围也应包括合并后的全部村域。

《城乡规划法》第二十二条规定，乡、镇人民政府组织编制乡规划、村庄规划，报上一级人民政府审批。村庄规划在报送审批前，应当经村民会议或者村民代表会议讨论同意。

第二十六条规定，城乡规划报送审批前，组织编制机关应当依法将城乡规划草案予以公告，并采取论证会、听证会或者其他方式征求专家和公众的意见。公告的时间不得少于三十日。

相关真题：2017-068

村庄规划的具体内容和分类 表 8-3-4

内容	说 明
村庄规划的具体内容	村庄规划的主要内容： ① 人口规模预测：建设用地规模，适合地方特点的宜农产业发展规划，劳动力安置计划。 ② 用地布局规划：村域范围的用地规划、产业发展空间布局和自然生态环境保护；村庄范围的建设用地规划，居住区、产业区、公共服务设施用地布置，合理布局，避免不利因素，宅基地紧凑布置，保证公共设施用地规模和合理位置。 ③ 绿化景观规划：村庄景观、经典规划，满足公共绿地指标，对绿化布置的建议等。 ④ 道路交通规划：村庄道路网，村庄道路等级、宽度，道路建设的调整和优化，停车设施考虑，公交车站布置等。 ⑤ 市政规划：供电、电信、给水、排水（雨水管沟，小型污水处理设施）、厕所、燃气解决方案、供暖节能方案等。 ⑥ 公共服务设施规划：行政管理、教育设施、医疗卫生、文化娱乐、商业服务、集贸市场。村庄公共服务设施的规划应体现政府公共管理保障和市场自主调节两方面，综合考虑村庄经济水平和分布特点，可采取分散于共享相结合的布局方式，体现服务覆盖的思路。 ⑦ 防灾及安全：现状有自然险情（泥石流、塌方等）、市政防护要求（如高压线、垃圾填埋场等）的村庄，应着力调查研究，规划提出可行的安全措施；农村消防（消防通道）规划建设。 村庄规划中其他参考规划内容有： ① 农村住宅设计：应紧密结合当地特点，针对不同地区特点设计有地方特色的农村住宅。结合当地农民的经济状况和生产、生活习惯，综合考虑院落和房屋的有机联系；建筑材料应考虑尽量利用当地材料，建筑风格宜采用当地形式；施工做法应考虑投资成本和工艺上的可行性，在建筑安全、节能保温、配套设施方面适当提高标准。 ② 公共活动中心：充分利用当地景观资源、历史文化资源，结合布置文化设施、医疗卫生、行政管理、教育设施、商业服务等，创造富有活力的村庄公共活动中心。 ③ 适合农村的市政设施的设计：例如简易污水处理设施、雨水收集利用设施、污水渗坑过滤层、沼气利用技术、秸杆综合利用方法等。
村庄分类的影响因素	在镇村体系规划和一定区域的村庄体系规划中，需要对现有的村庄进行分类，在各种限制性要素的基础上，结合村庄现状发展情况，明确村庄的发展动力，确定在体系规划中的级别划定。 村庄分类的影响因素包括：风险性生态要素、资源性生态要素、村庄规模和管理体制、历史文化资源保护等。 风险性生态要素： 是指那些直接影响村庄居住安全和居民生存的生态要素，对于这类地区应采取相应的防护措施，以保证村庄和居民的生存安全。 受这些要素影响的地区包括： ① 地质灾害危险与水土流失严重地区，如活动断裂带，危害严重的泥石流沟谷，滑坡危险区，塌陷危险区，地裂缝所在地区，砂土液化地区，25°以上陡坡地区，水土保持、生态脆弱的地区； ② 地下水严重超采区； ③ 洪涝调蓄地区； ④ 基础设施防护地区，如现状及规划高压走廊防护区、大型广播电视发射设施保护区、污染源。

续表

内容	说明
村庄分类的影响因素	资源性生态要素： 是指那些直接影响资源保护、生态环境以及保障城市职能要求的生态要素，对于这类地区应采取相应的防护和限建措施，以保证城乡资源环境的可持续发展和城市功能的实现。 受这些要素影响的地区包括：①水环境与水源保护区；②绿化保护地区；③文物保护地区。
	村庄规模和管理体制： 村庄规模过小造成配套设施建设成本大、效益低，尤其位于偏远山区的超小型农村居民点，公共设施配套更加困难，农民生活很不方便。因此，应根据农民意愿和经济发展情况适当迁并一些超小型农村居民点，减少自然村数量，促进农村居民点的合理布局。
	历史文化资源保护： 对于传统风貌特色明显的村落，要积极予以保留、保护并加以延续，合理利用对城市建设地区涉及的有保护价值的历史村落，要将村落保护和城市建设有机结合，使传统文化与现代生活和谐共存。 ① 村庄发展要因地制宜，加强自然资源的保护和利用； ② 要传承历史，加强传统风貌的保护和延续； ③ 要加强人文精神的保护和发扬。
村庄的分类	综合农村居民点的区域功能、管理体制、调整方式、村庄自身规模等因素，按照有利于政府职能发挥，便于规划实施、设施配置、安全保障、产业发展的原则，对村庄进行综合分类。 村庄可分为城镇化整理、迁建、保留发展三种类型，在此基础上制定区域分类指导的居民点布局调整策略。
	城镇化整理型村庄是位于规划城市（镇）建设区内的村庄。 这类村庄所在地区的特点是： ① 城镇功能集中，建设密度高，土地使用高度集约。 ② 城镇化整理型村庄在发展策略上应实现城乡联动发展，将农民纳入城市社会服务体系，将农村社区管理纳入城市管理体制，避免新的“城中村”问题的出现。 ③ 将村庄改造费用计入城市建设成本，着力解决好农村集体经济财产权和为转型农民提供职业技术培训和就业服务问题。 ④ 城镇化整理型村庄应与城镇发展同时进行城镇化改造，统筹安排失地农民的居住、就业、社会保障等问题，制定具体的政策和措施。
	迁建型村庄是与生态限建要素有矛盾需要搬迁的村庄。 这类村庄多位于受地质灾害、蓄滞洪区、基础设施防护以及水源保护、自然保护区、文物保护等特殊功能区影响的地区，村庄建设受到一定限制。 根据限建要素对村庄限制程度的不同，可将迁建村庄分为近期迁建、逐步迁建、引导迁建三种类型。 近、迁建型村庄包括位于危害严重的泥石流沟谷、滑坡危险区、塌陷危险区、地裂缝外侧500m以内范围、现状及规划高压走廊防护区内、大型广播电视发射设施保护区、地下水源核心区内的村庄。 逐步迁建型村庄包括位于超标洪水分洪口门、地表水源一级保护区、自然保护区核心区、风景名胜区核心景区、规划绿地、地质遗迹一级保护区、污水处理厂、垃圾填埋场、垃圾焚烧场、堆肥场、粪便处理场防护区内的村庄。 引导迁建村庄包括位于紧邻城镇规划建设区周边的村庄和村庄建设用地规模特别小的行政村。

续表

内容	说　明
村庄的分类	保留发展型村庄包括位于限建区内可以保留但需要控制规模的村庄和发展条件好可以保留并发展的村庄。 可分为三种类型：保留控制发展型、保留适度发展型、保留重点发展型村庄。 保留发展型村庄是新农村建设的主体，是未来乡村人口的主要聚集区。 对于保留发展型村庄，政府应加大投入，充分尊重农民意愿，大力发展宜农产业，加强基础设施建设，完善公共服务配套，保护好生态环境，促进村庄全面、协调、可持续发展。 要严格保护耕地，集约利用土地，大力推广节能新技术。 村庄建设要突出乡村特色、地方特色和民族特色，保护有历史文化价值的古村落和古民宅。 本着节约原则，充分立足现有基础进行房屋和设施改造，重点改善村容村貌、环境卫生，制定防灾减灾的措施，防止大拆大建，防止加重农民负担，循序渐进，量力而行，扎实稳步地推进。

2017-068. 下列属于村庄规划内容的是(　　)。

A. 制定村庄发展战略　　B. 确定基本农田保护区

C. 村庄的地质灾害评估　　D. 村民住宅的布局

【答案】D

【解析】《城乡规划法》第十八条规定，乡规划、村庄规划应当从农村实际出发，尊重村民意愿，体现地方和农村特色。乡规划、村庄规划的内容应当包括：规划区范围，住宅、道路、供水、排水、供电、垃圾收集、畜牧养殖场所等农村生产、生活服务设施、公益事业等各项建设的用地布局、建设要求，以及对耕地等自然资源和历史文化遗产保护、防灾减灾等的具体安排。乡规划还应当包括本行政区域内的村庄发展布局。

村庄整治规划和成果要求　　表 8-3-5

内容		要　求
村庄整治规划	重点	村庄整治工作的重点应以近期工作为主，重点解决当前农村地区的基本条件较差、人居环境亟待改善等问题，兼顾长远。
	原则	① 明确农村居民的实施主体和受益主体地位，尊重农民意愿，保护农民利益。必须充分利用已有的条件和设施，以现有设施的改造、维护作为主要工作内容。严禁盲目拆建、强行推进，必须防止借村庄整治活动侵占农民权益、影响农村社会稳定的各类行为。 ② 尊重农村建设实际，坚持因地制宜、分类指导的原则。应避免超越当地农村发展阶段，大拆大建、急于求成、盲目套用城镇标准和建设方式等行为，防止“负债搞建设”、大搞“新村建设”等情况的发生。各类设施整治应做到经济合理、管理方便，避免铺张浪费。 ③ 村庄整治的选点是非常主要的，应避免盲目铺开。应首先根据村庄规模大小及长期发展趋势，由县级以上人民政府确定分期分批整治的村庄选点。村庄选点宜以中型村、大型村及特大型村为主，不宜选择城乡规划中计划迁并的村庄。 ④ 村庄工程设施整治应综合考虑国家政策、相关专项规划的总体要求，在有条件的地区坚持“联建共享”的基本原则，以实现提高设施的使用效率、提高设施服务水平、节约建设维护成本的目的。当村庄安全防灾，垃圾、粪便处理，给水排水等工程设施采取区域联建共享方式进行整治时，应统筹安排，协调布局，避免重复建设，浪费投资。

续表

内容			要　求
村庄整治规划	原则		⑤ 村庄整治应综合考虑急需性、公益性和经济可承受性，量力而行地选择整治项目，分别实施；确定整治时序，分步实施。应根据村庄经济情况，结合本村实际和村民生产生活需要，按照轻重缓急程度，合理选择具体的整治项目。优先解决当地农民最急迫、最关心的实际问题，逐步改善村庄生产生活条件。 ⑥ 贯彻资源保护和节约利用原则，贯彻执行资源优化配置与调剂利用，切实执行节地、节能、节水、节材的方针，提倡自力更生、就地取材、厉行节约、多办实事。村庄发展所需的空间和物质条件，必须立足于土地集约利用和能源高效利用，积极开发和推广资源节约、替代和循环利用技术，根据当地实际，采用与村庄整治相适应的成熟的技术、工艺、设备和材料。 ⑦ 严格保护村庄的自然生态环境和文化遗产，延续传统景观特征和地方特色，保持原有村落格局，展现民俗风情，弘扬传统文化，倡导乡风文明。村庄的自然生态环境具有不可再生性和不可替代性的基本特征，村庄整治过程中要注意保护性的利用。具有历史文化遗产和传统的村庄，是历史见证的实物形态，具有不可替代的历史价值、艺术价值和科学价值，整治过程中应重视保护和利用的关系，在保护的前提下发展，以发展促保护。严禁毁林开山、占用农田、破坏历史文化遗产等盲目建设行为。 ⑧ 应根据各类整治设施的不同特点，建立和完善运行维护管理制度，保障整治成果，保证各项设施整治后正常有效使用，保证相应公共品和公共服务的持续稳定的供给，发挥公共设施投资的长期效益。
	主要项目	基本整治项目	与农村居民生命安全、必要生产生活条件密切联系的村庄整治规划的主要项目。 ① 安全与防灾； ② 给水工程设施； ③ 垃圾处理； ④ 粪便处理； ⑤ 排水工程设施； ⑥ 道路交通安全设施。
		其他整治项目	① 公共环境； ② 坑塘河道； ③ 文化遗产保护； ④ 生活用能。
		整治要求	① 村庄整治应首先满足各项基本整治项目的相关要求，保证农村居民的基本生产生活条件。在此基础上，可根据当地农民意愿，结合本村实际开展其他项目的整治工作。 ② 村庄整治以政府帮扶与农民自主参与相结合的形式，重点整治农村公共服务设施项目，对于农宅等非公有设施的整治应根据农民意愿逐步进行，规划中不应硬性规定。
成果要求			村庄规划的成果应当包括规划图纸与必要的说明。 规划的基本图纸包括：①村庄位置图；②用地现状图；③用地规划图；④道路交通规划图；⑤市政设施系统规划图等。

第四节　名镇和名村保护规划

一、历史文化名镇和名村

相关真题：2014-071

历史文化名镇和名村　　表 8-4-1

内容	要　点
价值	历史文化名镇、名村是我国历史文化遗产的重要组成部分，它反映了不同时期、不同地域、不同民族、不同经济社会发展阶段聚落形成和演变的历史过程，真实记录了传统建筑风貌、优秀建筑艺术、传统民俗民风和原始空间形态，具有很高的研究和利用价值。
依据	我国文物法规定："保存文物特别丰富并且具有重大历史价值或者革命纪念意义的城镇、街道、村庄，由省、自治区、直辖市人民政府核定公布为历史文化街区、村镇，并报国务院备案"。
条件	从 2003 年起，建设部、国家文物局分期分批公布中国历史文化名镇和中国历史文化名村，并制定了《中国历史文化名镇（村）评选办法》。规定条件如下。 ① 历史价值和风貌特色：建筑遗产、文物古迹比较集中，能较完整地反映某一历史时期的传统风貌和地方特色、民族风情，具有较高的历史、文化、艺术和科学价值，辖区内存有清末以前或有重大影响的历史传统建筑群。 ② 原状保存程度：原貌基本保存完好，或已按原貌整修恢复，或骨架尚存、可以整体修复原貌。 ③ 具有一定规模：镇现存历史传统建筑总面积 $5000m^2$ 以上，或村现存历史传统建筑总面积 $2500m^2$ 以上。

2014-071.（　　）不是申报国家历史文化名镇、名村必须具备的条件。

A. 历史传统建筑原貌基本保存完好

B. 存有清末以前或有重大影响的历史传统建筑群

C. 历史传统建筑集中成片

D. 历史传统建筑总面积在 5000 平方米以上（镇）或 2500 平方米以上（村）

【答案】C

【解析】由历史文化名镇和名村可知，选项 C 不属于具体条件。此题选 C。

二、名镇和名村保护规划的内容

相关真题：2018-098、2017-071、2017-070、2013-071、2013-047、2012-070、2012-069、2011-071、2011-070

名镇和名村保护规划的内容　　表 8-4-2

要　点
《历史文化名城名镇名村保护条例》第十四条规定，保护规划应当包括下列内容： ① 保护原则、保护内容和保护范围； ② 保护措施、开发强度和建设控制要求； ③ 传统格局和历史风貌保护要求； ④ 历史文化街区、名镇、名村的核心保护范围和建设控制地带； ⑤ 保护规划分期实施方案。

2018-098. 历史文化名镇、名村保护条例应当包括的内容有(　　)。

A. 传统格局和历史风貌的保护要求

B. 名镇、名村的发展定位

C. 核心保护区内重要文物保护单位及历史建筑的修缮设计方案

D. 保护措施、开发强度和建设控制要求

E. 保护规划分期实施方案

【答案】ADE

【解析】由名镇和名村保护规划的内容可知，选项ADE正确。

2017-071、2011-071. 当历史文化名镇因保护需要，无法按照标准和规范设置消防设施和消防通道时，应采用的措施是(　　)。

A. 由城市、县人民政府公安机关消防机构会同同级城乡规划主管部门制定相应的防火安全保障方案

B. 对已经或可能对消防安全造成威胁的历史建筑提出搬迁或改造措施

C. 适当拓宽街道，使其宽度和转弯半径满足消防车通行的基本要求

D. 将木结构或砖木结构的建筑逐步更新为耐火等级较高的建筑

【答案】A

【解析】《历史文化名城名镇名村保护条例》第三十一条规定，历史文化街区、名镇、名村核心保护范围内的消防设施、消防通道，应当按照有关消防技术标准和规范设置。确因历史文化街区、名镇、名村的保护需要，无法按照标准和规范设置的，由城市、县人民政府公安机关消防机构会同同级城乡规划主管部门制定相应的防火安全保障方案。

2017-070、2011-070. 在历史文化名镇中，下列(　　)行为不需要由城市、县人民政府城乡规划行政主管部门会同同级文物主管部门批准。

A. 对历史建筑实施原址保护的措施

B. 对历史建筑进行外部修缮装饰、添加设施

C. 改变历史建筑的结构或者使用性质

D. 在核心保护范围内，新建、扩建必要的基础设施和公共服务设施

【答案】D

【解析】《历史文化名城名镇名村保护条例》第三十四条规定，对历史建筑实施原址保护的，建设单位应当事先确定保护措施，报城市、县人民政府城乡规划主管部门会同同级文物主管部门批准。

第三十五条规定，对历史建筑进行外部修缮装饰、添加设施以及改变历史建筑的结构或者使用性质的，应当经城市、县人民政府城乡规划主管部门会同同级文物主管部门批准，并依照有关法律、法规的规定办理相关手续。故A、B、C项不可选。D项的关键点在"必要"二字。第二十八条规定，在历史文化街区、名镇、名村核心保护范围内，新建、扩建必要的基础设施和公共服务设施的，城市、县人民政府城乡规划主管部门核发建设工程规划许可证、乡村建设规划许可证前，应当征求同级文物主管部门的意见。

2013-071. **历史文化名镇名村的保护范围包括(　　)。**

A. 核心保护范围和建设控制地带

B. 核心保护范围和风貌协调区

C. 核心风貌区和环境协调区

D. 核心风貌区和建设控制地带

【答案】A

【解析】由名镇和名村保护规划的内容可知，选项A符合题意。此题选A。

2013-047. **历史文化名镇名村保护规划的近期规划措施不包括(　　)。**

A. 抢救已处于濒危状态的所有建筑物、构筑物和环境要素

B. 对已经或可能对历史文化名镇名村保护造成威胁的各种自然、人为因素提出规划治理措施

C. 提出改善基础设施和生产、生活环境的近期建设项目

D. 提出近期投资估算

【答案】A

【解析】根据《历史文化名城名镇名村保护规划编制要求》第四十五条，历史文化名镇名村保护规划的近期规划措施，应当包括以下内容：①抢救已处于濒危状态的文物保护单位、历史建筑、重要历史环境要素；②对已经或可能对历史文化名镇名村保护造成威胁的各种自然、人为因素提出规划治理措施；③提出改善基础设施和生产、生活环境的近期建设项目；④提出近期投资估算。

2012-070. **不属于历史文化名村保护规划必要内容的是(　　)。**

A. 开发强度和建设控制要求

B. 传统格局与历史风貌保护要求

C. 核心保护范围和建设控制地带

D. 非物质文化遗产的保护措施

【答案】D

【解析】由名镇和名村保护规划的内容可知，选项D不属于其内容。此题选D。

2012-069. **在历史文化名镇、名村保护范围内严格禁止的活动是(　　)。**

A. 在核心保护范围内进行影视拍摄

B. 整体作为旅游景点对外开放

C. 占用保护规划确定保留的河湖水系

D. 新建、扩建必要的基础设施和公共设施

【答案】C

【解析】此题可以通过排除法得出正确答案，因为历史文化名镇名村的批准条件规定原貌基本保存完好，或已按原貌整修恢复，或骨架尚存、可以整体修复原貌。所以选项C的行为破坏了保护范围的完整性，应该禁止。

三、名镇和名村保护规划的成果要求

相关真题：2014-072、2010-073

名镇和名村保护规划的成果要求　　表 8-4-3

内容	要　点
规划文本	表述规划意图、目标和对规划有关内容提出的规定性要求，它一般包括以下内容： ① 村镇历史文化价值概述； ② 保护原则和保护工作重点； ③ 整体层次上保护历史文化名村、名镇的措施，包括功能的改善、用地布局的选择或调整、空间形态和视廊的保护、村镇周围自然历史环境的保护等； ④ 各级文物保护单位的保护范围、建设控制地带以及各类历史文化街区的范围界线，保护和整治的措施要求； ⑤ 对重要历史文化遗存修整、利用和展示的规划意见； ⑥ 重点保护、整治地区的详细规划意向方案，规划实施管理措施等。
规划图纸	① 用图像表达现状和规划内容，包括文物古迹、历史文化街区、风景名胜分布图； ② 历史文化名镇、名村保护规划总图； ③ 重点保护区域界线图，在绘有现状建筑和地形地物的底图上，逐个、分张画出重点文物的保护范围和建设控制地带的具体界线； ④ 逐片、分线画出历史文化街区、风景名胜保护的具体范围； ⑤ 重点保护、整治地区的详细规划意向方案图。
附件	包括规划说明和基础资料汇编。规则说明书的内容是分析现状、论证规划意图、解释规划文本等。

2014-072. 历史文化名镇名村保护规划文本一般不包括(　　)。

A. 城镇历史文化价值概述

B. 各级文物保护单位范围

C. 重点整治地区的城市设计意图

D. 重要历史文化遗存修整的规划意见

【答案】C

【解析】由名镇和名村保护规划的成果要求可知，选项 C 不属于其内容。此题选 C。

2010-073. 历史文化名镇名村核心保护范围内的历史建筑，下列哪项可以改变？(　　)

A. 高度　　B. 外观形象

C. 色彩　　D. 所有权

【答案】D

【解析】由名镇和名村保护规划的成果要求可知，选项 A、B、C 不可以改变。此题选 D。

第九章　其他主要规划类型

大纲要求 **表 9-0-1**

<table>
<tr><th>内容</th><th>要求</th><th>说明</th></tr>
<tr><td rowspan="6">其他主要规划类型</td><td rowspan="2">居住区规划</td><td>掌握居住区规划的目的与作用</td></tr>
<tr><td>掌握居住区规划的内容与方法</td></tr>
<tr><td rowspan="2">风景名胜区规划</td><td>了解风景名胜区规划的任务</td></tr>
<tr><td>了解风景名胜区规划的基本内容</td></tr>
<tr><td rowspan="2">城市设计</td><td>熟悉城市设计在城市规划中的地位与作用</td></tr>
<tr><td>熟悉城市设计的基本理论和方法</td></tr>
</table>

第一节 居住区规划

一、居住区规划的实践及理论发展

相关真题：2018-069、2017-072、2013-072、2012-071、2012-008、2011-072

邻里单位的理论与实践 **表 9-1-1**

内容	要点
邻里单位	理论：1929年美国社会学家克莱伦斯·佩里，首先提出了“邻里单位”的理论（图9-1-1），他提出了邻里单位的六条原则： ① 邻里单位周边为城市道路所包围，城市交通不穿越邻里单位内部； ② 邻里单位内部道路系统应限制外部车辆穿越，一般应采用尽端式道路，以保持内部的安全和安静； ③ 以小学的合理规模为基础控制邻里单位的人口规模，使小学生不必穿过城市道路，一般邻里单位的规模是5000人左右，规模小的邻里单位3000～4000人； ④ 邻里单位的中心是小学，与其他服务设施一起布置在中心广场或绿地中； ⑤ 邻里单位占地约160英亩（约合65hm^2），每英亩10户，保证儿童上学距离不超过半英里（0.8km）； ⑥ 邻里单位内小学周边设有商店、教堂、图书馆和公共活动中心。 实践：1933年C·斯坦和H·莱特完成了美国新泽西州雷德邦规划方案，规划表现出的特点有：更大的居住空间单元、防止机动车交通穿越、人车分流、街道按功能加以区分、住宅面向花园、绿化带形成网络并连接公共设施等。
居住小区	在邻里单位被广泛采用的同时，伦敦警察Tripp为解决伦敦交通拥挤问题而提出“划区”的理论，即在城市中开辟城市干路用以疏通交通，并把城市划分为大街坊的做法。在此基础上，苏联提出了扩大街坊的居住区规划原则，与邻里单位十分相似，只是在住宅的布局上更强调周边式布置。 居住小区的基本特征为： ① 以城市道路或自然界限（如河流）划分，不为城市交通干路所穿越的完整地段； ② 小区内有一套完善的居民日常使用的配套设施，包括服务设施、绿地、道路等； ③ 小区规模与配套设施相对应，一般以小学的最小规模对应的小区人口规模的下限，以公共服务设施的最大服务半径作为控制用地规模上限的依据。 随着住宅建设的规模越来越大，小区的概念也随之发展，继而出现了居住区的概念。在居住区规划和建设实践中进一步总结，逐步形成了居住区—小区—组团的城市居住区组织形式。
居住综合体、居住综合区	居住综合体是指将居住建筑与配套服务设施组成一体的综合大楼或建筑组合体。这种居住综合主体早在20世纪40年代末法国建筑师勒·柯布西埃设计的马赛公寓中得到体现。 居住综合区是指居住和工作布置在一起的一种居住区组织形式，可以由住宅与商业、文化、办公以及无污染工业等相结合。

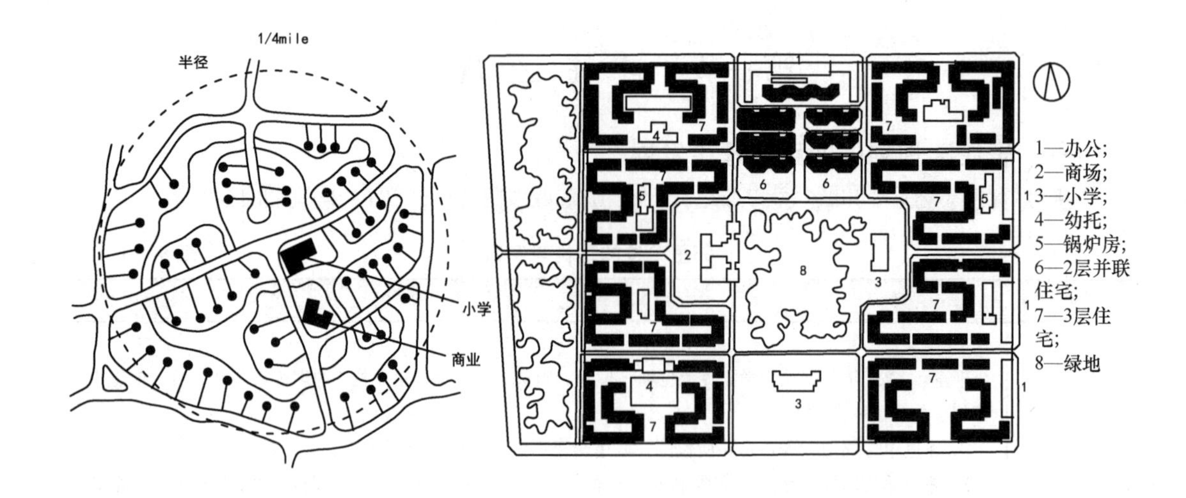

图 9-1-1　邻里单位示意图（文图玮．城市交通与道路系统规划．新版．北京：清华大学出版社，2007.）

图 9-1-2　百万庄住宅区总平面（白德懋．居住区规划与环境设计．北京：中国建筑工业出版社，1992.）

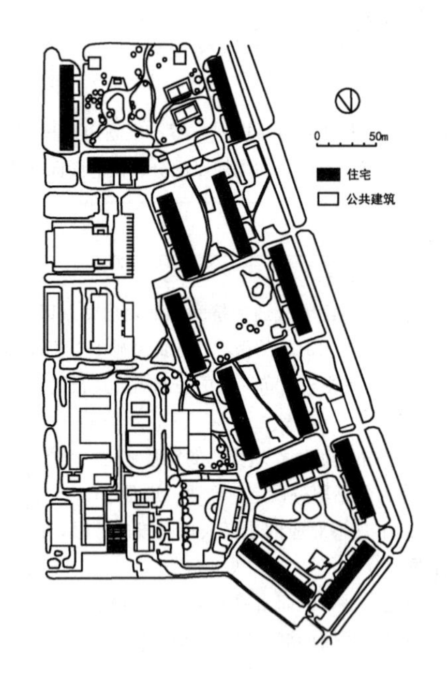

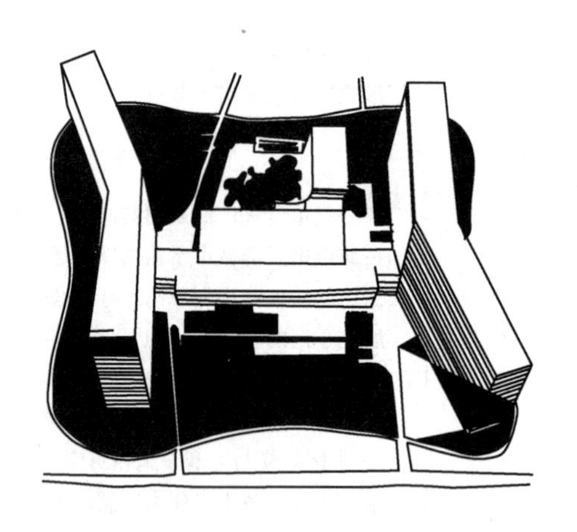

图 9-1-3　莫斯科齐廖摩什卡区 9 号街坊总平面　　图 9-1-4　莫斯科齐廖摩什卡新生活大楼

（胡纹．居住区规划原理与设计方法，中国建筑工业出版社，2007.）

2018-069. 佩里提出的"邻里单位"用地规模约为 65 公顷，主要目的是(　　)。

A. 为了降低建筑密度，保证良好的居住环境

B. 为了社区更加多样性

C. 为了保证上小学不穿越城市道路

D. 可以形成规模示意的社区

【答案】C

【解析】邻里单位的六条原则：邻里单位周边为城市道路所包围，城市道路不穿越邻里单位内部；邻里单位内部道路系统应限制外来车辆穿越，一般应采用尽端式道路，以保持内部的安全和安静；以小学的合理规划为基础控制邻里单位的人口规模，使小学生不必穿过城市道路，一般邻里单位的规模是5000人左右，规模小的邻里单位3000～4000人；邻里单位的中心是小学，与其他服务设施一起布置在中心广场或绿地中心；邻里单位占地约160英亩（约合65公顷）。

2017-072、2013-072、2011-072. 下列关于邻里单位理论的表述，错误的是(　　)。

A. 外部交通不穿越邻里单位内部

B. 以小学的合理规模为基础控制邻里单位的人口规模

C. 邻里单位的中心是小学，并与其他机构的服务设施一起布置

D. 邻里单位占地约25公顷

【答案】D

【解析】由邻里单位六原则可知选项A、B、C、正确，选项D错误，因而选D。

2012-071. 邻里单位理论提出人口规模建议值的主要原因是(　　)。

A. 为了降低居住密度，保证良好的居住环境

B. 为了适应城市管理的要求

C. 为了保证良好的居民交往

D. 为了适应配套设施规模

【答案】D

【解析】邻里单位理论是以小学的合理规模为基础控制邻里单位的人口规模，使小学生不必穿过城市道路，一般邻里单位的规模是5000人左右。邻里单位的中心是小学，与其他服务设施一起布置在中心广场或绿地中。

2012-008. 下列关于邻里单位理论的表述，错误的是(　　)。

A. 邻里单位的规模应满足一所小学的服务人口规模

B. 邻里单位的道路设计应避免外部汽车的穿越

C. 为邻里单位内居民服务的商业设施应布置在邻里的中心

D. 邻里单位中应有满足居民使用需要的小型公园等开放空间

【答案】C

【解析】①邻里单位周边为城市道路所包围，城市交通不穿越邻里单位内部。

②邻里单位内部道路系统应限制外部车辆穿越，一般应采用尽端式通路，以保持内部的安全和安静，故B项正确。

③从小学的合理规模为基础控制邻里单位的人口规模，故A项正确。

④邻里单位的中心是小学，与其他服务设施一起布置在中心广场或绿地中，故C项错误，D项正确。

此题选C。

我国的居住区规划实践　　表 9-1-2

内容	要　点
我国的居住区规划实践	① 计划经济时期：1949～1978 年我国在计划经济条件下，居住区按照街坊、小区等模式统一规划、统一建设，但建设量并不大，有代表性的小区有北京夕照寺小区、上海番瓜弄、广州滨江新村等。 ② 转型时期：1980 年代到 1990 年代末，住房建设由国家“统代建”的模式逐步转向房地产市场开发，建设量大增，在 1980 年代开展了小区试点等工作，居住区理论得到大量实践，对居住区规划建设质量的提高产生了巨大的推动作用，典型小区如：常州红梅小区、天津川府新村、深圳园岭小区等。 ③ 市场主导时期：1998 年以后，个人成为商品住房的消费主体，需求多元化、投资市场化以及政府职能调整等因素促使居住区建设由政府主导转向市场主导，呈现更加多样性的局面，居住区规划要解决的问题也变得越加复杂。

二、居住区规划的基本概念

居住区规划的基本概念　　表 9-1-3

内容	要　点
目的和概念	居住区规划的目的是按照居住区理论和原则，以人为核心，建设安全、卫生、舒适、方便、优美的居住环境。 居住区是一个由住宅、公共服务设施、道路、绿地等四类基本要素构成的、具有内在联系和内部用地平衡关系的、有层次特征的城市基本居住单元。
居住区的组织形式与空间布局形式	① 居住区的组织形式是居住区规模与配套的关系。 ② 空间布局形式：是住宅、道路、绿地和配套服务设施等的具体空间布局形态。
在不同规划阶段的居住区规划内容	① 在总体规划层面，居住区规划的重点是住房类型及空间布局、居住区用地规模、公共服务设施布局、交通及基础设施服务、就业、环境质量保障等内容，从宏观的角度统筹把握居住区规模、环境及公共服务等问题，为下一步的控制性详细规划提供条件和依据。 ② 在控制性详细规划中，重点落实上位规划的要求，并且结合居住需求，以及开发、管理的特点，通过合理的用地布局与空间环境控制，构造居住区体系、合理布局配套设施、设定开发地块、控制公共空间、保证基础设施建设，并将居住区的有关要求转换为地块控制指标，作为居住区修建性详细规划设计条件的依据。 ③ 居住区修建性详细规划往往是针对居住用地地块的详细规划，其任务是落实控制性详细规划所确定的规划设计条件，并根据区位分析、地块条件、市场需求等，具体布局各类建筑、设施等，创造良好的居住环境。

三、居住区规划的基本要求

居住区规划的基本要求　　表 9-1-4

内容	要　点
基本要求	① 安全、卫生的要求； ② 物质舒适性要求； ③ 精神享受性的要求； ④ 与城市相协调的要求； ⑤ 可持续性的要求； ⑥ 产业化的要求。

四、居住区规划的主要内容和方法

居住区分级及用地组成　　表 9-1-5

内容	说　明
居住区分级控制规模	2.0.2　十五分钟生活圈居住区：以居民步行十五分钟可满足其物质与生活文化需求为原则划分的居住区范围；一般由城市干路或用地边界线所围合、居住人口规模为 50000 人～100000 人（17000 套～32000 套住宅），配套设施完善的地区。 2.0.3　十分钟生活圈居住区：以居民步行十分钟可满足其基本物质与生活文化需求为原则划分的居住区范围；一般由城市干路、支路或用地边界线所围合、居住人口规模为 15000 人～25000 人（5000 套～8000 套住宅），配套设施齐全的地区。 2.0.4　五分钟生活圈居住区：以居民步行五分钟可满足其基本生活需求为原则划分的居住区范围；一般由支路及以上级城市道路或用地边界线所围合，居住人口规模为 5000 人～12000 人（1500 套～4000 套住宅），配建社区服务设施的地区。 2.0.5　居住街坊：由支路等城市道路或用地边界线围合的住宅用地，是住宅建筑组合形成的居住基本单元；居住人口规模在 1000 人～3000 人（300 套～1000 套住宅，用地面积 $2hm^2$～$4hm^2$），并配建有便民服务设施。
用地、建筑与规划布局	2.0.6　居住区用地：城市居住区的住宅用地、配套设施用地、公共绿地以及城市道路用地的总称。

注：此表相关条文源自《城市居住区规划设计标准》（GB 50180—2018）。

住宅及公共服务设施　　表 9-1-6

内容	要　点
住宅	4.0.9　住宅建筑的间距应符合相应的规定；对特定情况，还应符合下列规定： ① 老年人居住建筑日照标准不应低于冬至日日照时数 2h； ② 在原设计建筑外增加任何设施不应使相邻住宅原有日照标准降低，既有住宅建筑进行无障碍改造加装电梯除外； ③ 旧区改建项目内新建住宅建筑日照标准不应低于大寒日日照时数 1h。
公共服务设施	5.0.1　配套设施应遵循配套建设、方便使用，统筹开放、兼顾发展的原则进行配置，其布局应遵循集中和分散兼顾、独立和混合使用并重的原则，并应符合下列规定： ① 十五分钟和十分钟生活圈居住区配套设施，应依照其服务半径相对居中布局。 ② 十五分钟生活圈居住区配套设施中，文化活动中心、社区服务中心（街道级）、街道办事处等服务设施宜联合建设并形成街道综合服务中心，其用地面积不宜小于 $1hm^2$。 ③ 五分钟生活圈居住区配套设施中，社区服务站、文化活动站（含青少年、老年活动站）、老年人日间照料中心（托老所）、社区卫生服务站、社区商业网点等服务设施，宜集中布局、联合建设，并形成社区综合服务中心，其用地面积不宜小于 $0.3hm^2$。 ④ 旧区改建项目应根据所在居住区各级配套设施的承载能力合理确定居住人口规模与住宅建筑容量；当不匹配时，应增补相应的配套设施或对应控制住宅建筑增量。

道路系统 **表 9-1-7**

<table>
<tr><th>内容</th><th>要　点</th></tr>
<tr><td>道路</td><td>
6.0.2　居住区的路网系统应与城市道路交通系统有机衔接，并应符合下列规定：
① 居住区应采取“小街区、密路网”的交通组织方式，路网密度不应小于 8km/km²；城市道路间距不应超过 300m，宜为 150m～250m，并应与居住街坊的布局相结合；
② 居住区内的步行系统应连续、安全、符合无障碍要求，并应便捷连接公共交通站点；
③ 在适宜自行车骑行的地区，应构建连续的非机动车道；
④ 旧区改建，应保留和利用有历史文化价值的街道、延续原有的城市肌理。

6.0.3　居住区内各级城市道路应突出居住使用功能特征与要求，并应符合下列规定：
① 两侧集中布局了配套设施的道路，应形成尺度宜人的生活性街道；道路两侧建筑退线距离，应与街道尺度相协调；
② 支路的红线宽度，宜为 14～20m；
③ 道路断面形式应满足适宜步行及自行车骑行的要求，人行道宽度不应小于 2.5m；
④ 支路应采取交通稳静化措施，适当控制机动车行驶速度。

6.0.4　居住街坊内附属道路的规划设计应满足消防、救护、搬家等车辆的通达要求，并应符合下列规定：
① 主要附属道路至少应有两个车行出入口连接城市道路，其路面宽度不应小于 4.0m；其他附属道路的路面宽度不宜小于 2.5m；
② 人行出口间距不宜超过 200m；
③ 最小纵坡不应小于 0.3%，最大纵坡应符合表 6.0.4 的规定；机动车与非机动车混行的道路，其纵坡宜按照或分段按照非机动车道要求进行设计。
表 6.0.4　附属道路最大纵坡控制指标（%）
<table>
<tr><th>道路类别及其控制内容</th><th>一般地区</th><th>积雪或冰冻地区</th></tr>
<tr><td>机动车道</td><td>8.0</td><td>6.0</td></tr>
<tr><td>非机动车道</td><td>3.0</td><td>2.0</td></tr>
<tr><td>步行道</td><td>8.0</td><td>4.0</td></tr>
</table>
</td></tr>
</table>

相关真题：2018-073、2013-075、2008-073

道路系统 **表 9-1-8**

居住区道路网形式	居住区道路网形式有规则式、自由式、混合式等。 ① 规则式道路网有格网状、环状、S状、风车状等，一般用于地形较平坦的居住区； ② 自由式道路网的形式多种多样，一般用于地形较复杂的居住区，根据地形特点、建筑布局等确定； ③ 混合式道路网是将规则式、自由式路网混合使用。 居住区道路网形式在交通组织上分为人车混行、人车分流两种形式。

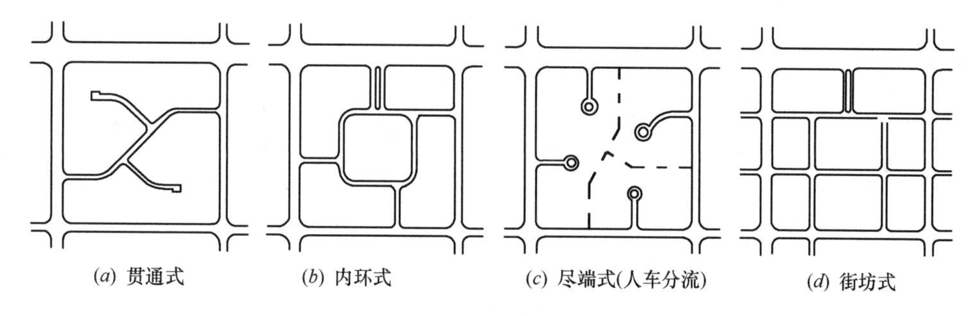

图 9-1-5 小区路网基本形式
（全国城市规划执业制度管理委员会．城市规划原理．2011 版．北京：中国计划出版社，2011.）

2018-073. 下列关于居住区道路的表述，错误的是(　　)。

A. 居住区级道路可以是城市支路

B. 小区级道路是划分居住区组团的道路

C. 宅间路要满足消防、救护、搬家、垃圾清运等汽车的通行

D. 小区步行路必须满足消防车通行的要求

【答案】B

【解析】当采用人车分流模式时，相应级别的道路还可分为车行路和人行路。居住区道路一般是城市的次干道或城市支路，既有组织居住区交通的作用，也具有城市交通的作用；小区级道路具有连接小区内外、组织居住组团的功能，也称为小区主路，一般不允许城市交通和公共交通进入；组团道路主要用于沟通组团的内外联系，通行组团内部机动车、自行车、行人的交通，也称为小区次路；住宅兼小路是进去庭院及住宅的通道，主要通行自行车及行人，但也要满足消防、救护、搬家、垃圾清运等汽车的通行。

2013-075. 关于居住区道路规划的表述，错误的是(　　)。

A. 居住小区应在不同方向设置至少两个出入口

B. 出入口与城市道路交叉口距离应大于 70m

C. 组团级道路红线宽度应满足管线敷设要求

D. 道路边缘与建筑应保持一定距离以保证行人安全

【答案】C

【解析】道路宽度应满足人流、车流的交通以及管线敷设的要求。一般居住区道路红线宽度不宜小于 20m；小区路面宽 6～9m，建筑控制线之间的宽度，需敷设供热管线的不宜小于 14m；无供热管线的不宜小于 10m，组团路路面宽 3～5m；建筑控制线之间的宽度，需敷设供热管线的不宜小于 10m；无供热管线的不宜小于 8m；宅间小路路面宽不宜小于 25m。当人流较大时，可设置自行车和人行道，自行车道单车道 15m，两车道 25m，人行道最小宽度 15m。

2008-073. 在计算居住小区内的道路用地时，不应包括的是(　　)。

A. 尽端路的回车场　　　　　　　　B. 独立停车楼的占地

C. 车道边的人行便道　　　　　　　　D. 道路中的绿化带

【答案】B

【解析】道路红线是道路用地和两侧建设用地的分界线，道路红线内的用地包括车行道、步行道、绿化带、分隔带等四个部分，独立停车楼属于建筑用地。

相关真题：2018-072、2017-076、2014-066、2013-074、2012-098、2012-075、2011-076、2011-074、2008-075

住宅布置　　　　表 9-1-9

内容	要　点
住宅建筑的形式与布局形式	住宅形式：可按照高度分为低层（1～3层）、多层（4～6层）和高层住宅，按照户型组合可以分为板式和塔式住宅。 "行列式"、"周边式"、"点群式"是住宅群体空间的三种基本形式。 ① 行列式是板式住宅按一定间距和朝向重复排列，可以保证所有住宅的物理性能，但是空间较呆板，领域感和识别性都较差； ② 周边式是住宅四面围合的布局形式，其特点是内部空间安静、领域感强，并且容易形成较好的街景，但也存在东西向住宅的日照条件不佳和局部的视线干扰等问题； ③ 点群式是低层独立式住宅或多层、高层塔式住宅成组成行的布局形式，日照通风条件好，对地形的适应性强，但也存在外墙多、不利于保温、视线干扰大的问题，有的还会出现较多东西向和不通透的住宅套型。
住宅布置中的日照和通风	在布局中注意朝向和建筑间距，保证有良好的日照，应充分利用太阳高度角和方位角，通过住宅错位、塔板结合等方式达到国家建筑日照标准。 住宅的通风条件依赖于住宅朝向和地方主导风向的关系、建筑间距、建筑形式、建筑群体组合形式等。
住宅布置中的噪声问题	① 对居住区外部噪声的防治主要采用隔离法； ② 对住区内部的交通噪声的防治，可以采用车辆不进入小区内部，而将车行道设在地块边缘的方法； ③ 采用尽端路，减小交通噪声的影响范围； ④ 采取减速措施，降低车速等。

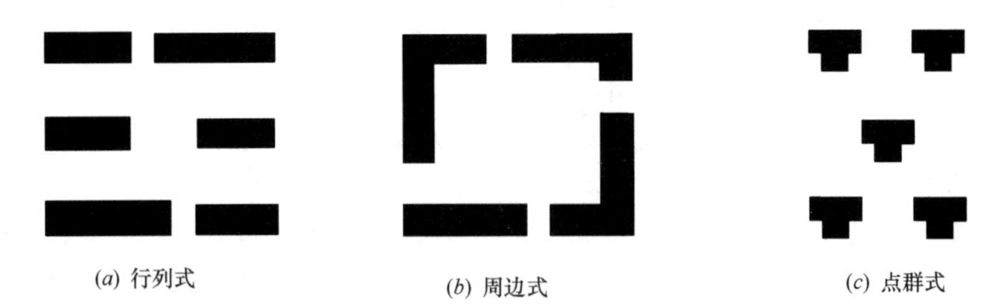

图 9-1-6　住宅群体空间的三种基本形式
（全国城市规划执业制度管理委员会．城市规划原理．2011 版．
北京：中国计划出版社，2011.）

2018-072. **我国早期小区的周边式布局没有继续采用的主要原因不包括（　　）。**

A. 存在日照通风死角　　　　　　　　B. 受交通噪声影响的沿街住宅数量较多

C. 难以解决停车问题　　D. 难以适应地形变化

【答案】B

【解析】周边式布局由于过于形式化，存在日照通风死角及不利于利用地形等问题，在之后的居住区规划中没有继续采用。周边式布局内部空间安静、领域性强，容易形成较好的街景，属于住宅四面围合的布局形式，但同时也存在局部的视线干扰及东西向住宅的日照条件不佳等问题。

2017-076、2011-076. 下列关于住宅布局的表述，错误的是(　　)。

A. 我国东部地区城市的住宅日照标准是冬至日 1 小时

B. 室外风环境包括夏季通风、冬季防风

C. 行列式可以保证所有住宅的物理功能，但是空间较呆板

D. 周边式布置领域感强，但存在局部日照不佳和视线干扰等问题

【答案】A

【解析】室外环境包括夏季通风、冬季防风，在多数城市通过建筑布局的“南敞北闭”可以提高居住区内部的风环境舒适度，此外高层住宅增多后，楼间风应通过建筑立面设置导流板或通过建筑小品、地形、绿化等方式加以解决。故 B 项正确。行列式是板式住宅按照一定间距和朝向重复排列，可以保证所有住宅的物理性能，但是空间较呆板，领域感和识别性都较差。故 C 项正确。周边式其特点是：内部空间安静、领域感强，并且容易形成较好的街景，但也存在东西向住宅的日照条件不佳和局部的视线干扰等问题。故 D 项正确。

2014-066. 编制某居住小区的修建性详细规划，其容积率控制指标为 3.5，为妥善处理其较大的容积率和住宅日照要求的关系，正确的技术方法应为(　　)。

A. 根据间距系数确定建筑间距

B. 通过日照分析合理布局

C. 局部提高控制性详细规划确定的建筑高度

D. 提高控制性详细规划确定的建筑密度

【答案】B

【解析】建筑日照影响分析是对场地内的住宅、医院、学校和托幼等建筑进行日照分析，以满足国家标准和地方标准要求；对周边受修建性详细规划建筑物日照影响的住宅、医院、学校和托幼等建筑进行日照分析，满足国家标准和地方标准要求。容积率指项目用地范围内总建筑面积与项目总用地面积的比值。通过日照分析合理布局来处理其较大的容积率和住宅日照要求的关系。

2013-074. 下列关于住宅布局的表述，错误的是(　　)。

A. 多层住宅的建筑密度通常高于高层住宅

B. 周边式布局的住宅采光面较大，日照效果更好

C. 冬季获得日照、夏季遮阳是我国大部分地区住宅布局需要考虑的重要因素

D. 在山地居住区中适合采用点式布局

【答案】B

【解析】周边式是住宅四面围合的布局形式，其特点是内部空间安静、领域感强，并且容易形成较好的街景，但也存在东西向住宅的日照条件不佳和局部的视线干扰等问题。故 B 项错误。

2012-098. 20 世纪 50 年代我国城市居住区采用过周边式布局模式，之后不再采用的主要原因是(　　)。

A. 不符合居住小区的规模要求

B. 容积率过低

C. 日照通风条件不好

D. 造价偏高

E. 难以适应地形变化

【答案】CE

【解析】周边式布局由于过于形式化，存在日照通风死角及不利于利用地形等问题，在之后的居住区规划中没有继续采用。周边式布局内部空间安静、领域性强，容易形成较好的街景，属于住宅四面围合的布局形式，但同时也存在局部的视线干扰及东西向住宅的日照条件不佳等问题。

2012-075. 下列关于住宅日照分析的表述，正确的是(　　)。

A. 板式多层住宅的日照主要取决于太阳方位角

B. 塔式高层住宅的日照主要取决于太阳高度角

C. 围合布局的多层住宅，方位为南偏东（西）时，间距可折减计算

D. 平行布局的多层住宅，方位为南偏东（西）时，间距可折减计算

【答案】D

【解析】平行布置时：

① 南北向或南偏东（西）15 度（含 15 度）范围内的平行布置住宅，且南侧建筑高度在 18 米以下的（含 18 米），其建筑间距应不小于南侧建筑高度；超过 18 米，其建筑间距应不小于南侧建筑高度的 1.26 倍（旧区改建的项目内新建住宅为 1.23 倍）。

② 南北向的南偏东（西）15 度至 45 度（含 45 度）范围的平行布置住宅，其建筑间距可按第一款规定进行方位间距折减，折减系数为 0.9。

2011-074. 在确定住宅间距时，不需要考虑的因素是(　　)。

A. 管线埋设　　B. 防火

C. 人防　　D. 视线干扰

【答案】C

【解析】《住宅建筑规范》（GB 50368—2005）第 4-1-1 条规定，住宅间距应当以满足日照要求为基础，综合考虑采光、通风、消防、防灾、管线埋设、视觉卫生等要求确定。

2008-075. 我国华东地区小城市的住宅日照标准是(　　)。

A. 冬至日 1 小时　　B. 大寒日 1 小时

C. 大寒日 2 小时　　D. 大寒日 3 小时

【答案】D

【解析】根据城市居住区规划设计规范，我国华东地区住宅建筑日照标准为大寒日日照小时数大于等于3。

绿地与居住环境 **表 9-1-10**

内容	说　明
绿地	4.0.4　新建各级生活圈居住区应配套规划建设公共绿地，并应集中设置具有一定规模，且能开展休闲、体育活动的居住区公园；公共绿地控制指标应符合人均公共绿地面积：十五分钟生活圈居住区不少于2.0m²/人，十分钟生活圈居住区不少于1.0m²/人，五分钟生活圈居住区不少于1.0m²/人。 居住区公园中应设置10%～15%的体育活动场地。
	4.0.5　当旧区改建确实无法满足规定时，可采取多点分布以及立体绿化等方式改善居住环境，但人均公共绿地面积不应低于相应控制指标的70%。
	4.0.6　居住街坊内的绿地应结合住宅建筑布局设置集中绿地和宅旁绿地；绿地的计算方法应符合本标准附录A第A.0.2条的规定。
	4.0.7　居住街坊内集中绿地的规划建设，应符合下列规定： ① 新区建设不应低于0.5m²/人，旧区改建不应低于0.35m²/人； ② 宽度不应小于8m； ③ 在标准的建筑日照阴影线范围之外的绿地面积不应少于1/3，其中应设置老年人、儿童活动场地。

市政工程 **表 9-1-11**

内容		要　点
市政工程		居住区的市政工程由居住区给水、排水、供电、燃气、供热、通信、环卫、防灾等工程组成，它们有各自的功能，保障居住区的正常使用。
居住区工程管线分类	按照性能与用途分类	给水管道；排水管道；中水管道；燃气管道；热力管道；电力线路；电信线路
	按敷设方式分类	可以分为架空线路和地下埋设线路，地下埋设线路又可分为直埋管线和沟埋管线。居住区内的管线应尽量采用地下埋设的方式。
	按埋设深度分类	可以分为深埋管线和浅埋管线，一般以管线覆土深度1.5m作为划分深埋管线和浅埋管线的分界线。在北方寒冷地区，有冻线较深需要防冻的管线需要采用深埋敷设。
	按管线弯曲程度分类	分为可弯曲管线和不易弯曲管线两种类型。可弯曲管线是通过加工将其弯曲的工程管线，包括电力电缆、电信电缆和自来水管，其他管线在加工过程中容易受到破坏，属于不易弯曲管线。
	按管道工作压力分类	压力管和重力管两种，常见的压力管有给水、热力和燃气管道；雨水、污水管属于重力管，重力管对竖向坡度有比较严格的要求。
居住区市政工程规划内容		城市居住区市政工程规划首先要对规划范围内的现状工程设施、管线进行调查、核实，再依据各专业总体工程规划和分区工程规划确定的技术标准、工程设施和管线布局，计算居住区内的各项工程设施的负荷（需求量），布置工程设施和工程管线，提出有关设施、管线布局、敷设方式以及防护规定。在基本确定工程设施和工程管线的布置后，进行规划范围内工程管线综合规划，检验和协调各工程管线的布置，若发现矛盾，应及时反馈各专业工程规划和居住区详细规划，提出调整和协调建议，以便完善居住区规划布局。

相关真题：2017-098、2013-095、2011-098

竖向规划设计 **表 9-1-12**

内容	要　点
竖向规划设计的主要内容	分析规划用地的地形坡度，为各项建设用地提供参考；制定自然地形的改造和利用方案，合理利用地形； 确定道路控制点的坐标和高程，以及道路的坡度、曲线半径等；确定建筑用地的室外地面标高和建筑室内正负零标高； 结合建筑布局、道路交通规划和工程管线规划，确定其他用地的标高和坡度； 确定挡土墙、护坡等室外防护工程的类型、位置、规模； 估算土（石）方及护坡工程量，进行土（石）方平衡。
竖向规划设计的原则	竖向规划应与用地划分及建筑布局同时进行，使各项规划内容统一协调；应有利于建筑布局及空间环境的规划设计；应满足各项建设用地及工程管线敷设的高程要求，满足道路布置、车辆通行和人行交通的技术要求，满足地面排水及防洪、排涝的要求；在满足各项用地功能要求的前提下，应避免高填、深挖，减少土（石）方、建（构）筑物及挡土墙、护坡工程量。
竖向规划的技术规定	按照有关技术标准的规定，道路的最小坡度一般不低于 0.2%，最大坡度一般不大于 8%，并对不同坡度的坡长有限制，对居住区内部通行小汽车为主的入户道路最大坡度可适当放宽，当平原地区道路纵坡小于 0.2%时，应采用锯齿形街沟；非机动车道纵坡宜小于 2.5%，超过时应按规定限制坡长，机动车与非机动车混行道路应按非机动车道坡度要求控制；车道和人行道的横坡应为 1.0%～2.0%；道路交叉口范围内的纵坡应小于或等于 3.0%；广场坡度应为 0.3%～3.0%；停车场和运动场坡度成为 0.2%～0.5%；为保证雨水的排除，居住区场地内的排水坡度应大于 0.2%，且场地高程应比周边道路的最低路段高出 0.2m 以上。 根据居住区的规模与结构，结合自然地形，一般将地面设计为平坡、台阶、混合三种形式。当用地的平均坡度小于 5%时，地面常设计为平坡，当用地的平均坡度大于 8%时，地面被雨水冲刷严重，同时人的步行不舒适，或者当建筑垂直等高线布置、高差大于 1.5m 时，宜采用台阶式，或台阶与平坡结合的混合式。划分台地应适应建筑物的布置、功能联系、日照通风和土地节约等要求，台地之间应用挡土墙或护坡连接。护坡分为草皮土质护坡和砌筑型护坡两种。草皮土质护坡的坡比值应小于 1∶0.5，砌筑型护坡的坡比值为 1∶0.5～1∶1.0。对用地条件受限制或地质不良地段，可采用挡土墙，挡土墙适宜的经济高度为 1.5～3.0m，一般不超过 6m，超过 6m 时宜作退台处理，退台宽度不应小于 1m，条件许可时，挡土墙宜以 1.5m 左右的高度退台。高度大于 2m 的挡土墙上缘与建筑物的水平距离应不小于 3m，其下缘与建筑物的水平距离应不小于 2m。
用地竖向规划的设计表达方法	常见的有高程箭头法、纵横断面法、设计等高线法等，在居住区规划设计中，多采用简单的高程箭头法，在地形复杂的山地居住区中，可采用纵横断面法对场地进行分析，设计等高线法则常用于场地平整、土石方调配以及场地的环境设计中。

2017-098、2011-098. 下列关于居住区竖向规划的表述，正确的有(　　)。

A. 当平原地区道路纵坡大于 0.2%时，应采用锯齿形街沟

B. 非机动车道纵坡宜小于 2.5%

C. 车道和人行道的横坡应为 0.1%～0.2%

D. 草皮土质护坡的坡比值为 1∶0.5～1∶1.0

E. 挡土墙高度超过 6m 时宜作退台处理

【答案】BE

【解析】当平原地区道路纵坡小于0.2%时，应采用锯齿形街沟，故A项错误。非机动车道纵坡宜小于2.5%，超过时应按规定限制坡长，机动车与非机动车混行道路应按非机动车道坡度要求控制，故B项正确。车道和人行道的横坡应为1.0%～2.0%，故C项错误。草皮土质护坡的坡比值应小于1∶0.5，故D项错误。对用地条件受限制或地质不良地段，可采用挡土墙，挡土墙适宜的经济高度为1.5～3m，一般不超过6m，超过6m时宜作退台处理，故E项正确。

2013-095.《城市用地竖向规划规范》将规划地面形式分为(　　)。

A. 平坡式　　B. 折线式

C. 台阶式　　D. 自由式

E. 混合式

【答案】ACE

【解析】根据城市用地的性质、功能，结合自然地形，规划地面形式可分为平坡式、台阶式和混合式。

相关真题：2014-074、2010-076、2010-075

居住区规划指标与成果表达　　表9-1-13

内容	要　点
技术经济指标	技术经济指标一般由两部分组成：用地平衡及主要技术经济指标。
居住区规划设计的成果表达	修建性详细规划层面的居住区规划设计的成果一般应有规划设计图纸及文件两大类，具体包括：①分析图；②规划设计图；③工程规划设计图；④形态意向规划设计图及模型；⑤规划设计说明及技术经济指标。 居住区规划设计的基础资料应包括：①政策法规性文件；② 自然及人文地理资料。

2014-074. 居住区规划用地平衡表的作用不包括(　　)。

A. 与现状用地做比较分析　　B. 检验用地分配的经济合理性

C. 作为审批规划方案的依据　　D. 分析居住区空间形态的合理性

【答案】D

【解析】居住区规划用地平衡表的作用如下：

①对土地使用现状进行分析，作为调整用地和制定规划的依据之一；

②进行方案比较，检验设计方案用地分配的经济性和合理性；

③审批居住区规划设计方案的依据之一。

2010-076. 下列哪项表述是正确的？(　　)

A. 居住区规划用地范围是指居住区用地红线范围

B. 居住区容积率是指居住区建筑面积毛密度

C. 住宅用地是指住宅建筑垂直投影面积

D. 地面停车率是地面停车位数与总停车位数量的比值

【答案】B

【解析】居住区用地（R）：住宅用地、公建用地、道路用地和公共绿地等四项用地的总称，故A项错误。

住宅用地（R01）：住宅建筑基底占地及其四周合理间距内的用地（含宅间绿地和宅间小路等）的总称，故C项错误。地面停车率：居民汽车的地面停车位数量与居住户数的比率（%），故D项错误。

建筑面积毛密度：也称容积率，是每公顷居住区用地上拥有的各类建筑的建筑面积（万m^2/hm^2）或以居住区总建筑面积（万m^2）与居住区用地（万m^2）的比值表示。故B正确。

2010-075. 下列哪项表述是正确的？（　　）

A. 居住区规模越大，住宅用地比重越低

B. 居住区规模变化时，住宅用地比重恒定不变

C. 居住区规模越大，住宅用地比重越高

D. 住宅用地比重与居住区规模没有相关性

【答案】A

【解析】根据《城市居住区规划设计标准》4.0.1条中的表4.0.1中可以发现：十五分钟生活圈居住区的住宅用地为48%～61%，十分钟生活圈居住区的住宅用地为60%～73%，五分钟生活圈居住区的住宅用地为69%～77%，因而住宅用地比重排序为：十五分钟生活圈居住区＜十分钟生活圈居住区＜五分钟生活圈居住区；选项A正确。

第二节　风景名胜区规划

一、风景名胜区的概念和发展

相关真题：2018-074、2017-077、2013-099、2011-077、2008-100

风景名胜区的定义、基本特征及分类　　表9-2-1

内容	要　点
定义	风景名胜区是指具有观赏、文化或者科学价值，自然景观、人文景观比较集中，环境优美，可供人们游览或者进行科学、文化活动的区域。
基本特征	① 风景名胜区应当具有区别于其他区域的能够反映独特的自然风貌或具有独特的历史文化特色的比较集中的景观； ② 风景名胜区应当具有观赏、文化或者科学价值，是这些价值和功能的综合体； ③ 风景名胜区应当具备游览和进行科学文化活动的多重功能。
特点	① 相对于一般旅游区，风景名胜区是由各级地方人民政府向上级政府申报，经审核批准后获得政府命名。其中，国家级风景名胜区是由省级人民政府申报，由国务院审批命名；省级风景名胜区由市（县）级人民政府申报，由省级人民政府审批命名。 ② 相对于地质公园、森林公园，风景名胜区管理依据的法律地位较高，是国务院颁布的《风景名胜区条例》。 ③ 相对于自然保护区，风景名胜区和自然保护区虽然都有国务院颁布的《条例》作为管理依据（自然保护区的管理依据为《自然保护区条例》），都突出强调“保护第一”的原则，但由于设立自然保护区的目的主要是永久保护和科学研究，维护区域生态平衡，保护生态环境和生物多样性，因此，两者在设立目的、性质、服务对象和管理方式等方面具有较大的差异性。风景名胜区区别于自然保护区还具有提供社会公众的游览、休憩功能，具有较强的旅游属性。

续表

内容	要　点
分类	按用地规模分类：可分为小型风景区（20km^2 以下）、中型风景区（21～100km^2）、大型风景区（101～500km^2）、特大型风景区（500km^2 以上）。 按资源类别分类：历史圣地类、山岳类、岩洞类、江河类、湖泊类、海滨海岛类、特殊地貌类、城市风景类、生物景观类、壁画石窟类、纪念地类、陵寝类、民俗风景类、其他类。
发展状况	截至 2008 年 7 月，在中国已经批准列入《世界遗产名录》的 37 处世界遗产，有 20 余处是或者涉及国家级风景名胜区。 2006 年 12 月 1 日，国务院颁布的《风景名胜区条例》开始实施，明确规定“科学规划、统一管理、严格保护、永续利用”是我国名胜区工作的基本原则。这标志着我国政府对风景名胜区资源实行规范化、法制化、科学化保护和管理工作进入了一个新的更高阶段。 中国特色的风景名胜区制度的建立，是我国改革开放以来社会公共资源领域发生的重要历史性的变革之一。

2018-074. 下列关于风景名胜区的表述，不准确的是(　　)。

A. 风景名胜区应当具备游览和科学文化活动的多重功能

B.《风景名胜区条例》规定，国家对风景名胜区实行科学规划、统一管理、合理利用的工作原则

C. 风景名胜区按照资源的主要特征分为历史圣地类、滨海海岛类、民俗风情类、城市风景类等 14 个类型

D. 110 平方公里的风景名胜区属于大型风景名胜区

【答案】B

【解析】《风景名胜区条例》明确提出了对风景名胜区采取“科学规划、统一管理、严格保护、永续利用”的工作原则，确定了风景名胜区规划是风景名胜区保护、利用和管理的前提和依据。

2017-077、2011-077. 下列关于风景名胜区规划的表述，错误的是(　　)。

A. 我国已经基本建立起了具有中国特色的国家风景名胜区管理体系

B. 风景名胜区总体规划要对风景名胜资源的保护做出强制性的规定，对资源的合理利用做出引导和控制性规定

C. 国家级风景名胜区总体规划由省、自治区建设主管部门组织编制

D. 省级风景名胜区详细规划由风景名胜区管理机构组织编制

【答案】D

【解析】 由风景名胜区的定义、基本特征及分类可知，选项 D 不属于其内容。此题选 D。

2013-099. 下列关于风景名胜区的表述，正确的有(　　)。

A. 风景名胜区应当具有独特的自然风貌或历史特色的景观

B. 风景名胜区应当具有观赏、文化或者科学价值

C. 特大型风景名胜区指用地规模 400 平方千米以上

D. 风景名胜区应当具备游览和进行科学文化活动的多重功能

E. 1982 年以来，国务院已先后审定公布了五批国家级风景名胜区名单

【答案】ABD

【解析】由风景名胜区的定义、基本特征及分类可知，选项 A、B、D 符合题意。此题选 ABD。

2008-100. 根据《风景名胜区条例》的规定，我国风景名胜区包括(　　)。

A. 国家级重点风景名胜区　　B. 国家级风景名胜区

C. 省级风景名胜区　　D. 地级风景名胜区

E. 县级风景名胜区

【答案】BC

【解析】根据《风景名胜区条例》第八条规定：风景名胜区划分为国家级风景名胜区和省级风景名胜区。

二、风景名胜区规划编制

相关真题：2018-075、2017-099、2014-100、2014-076、2014-050、2013-077、2012-099、2012-077、2012-076、2011-099、2010-099、2010-077、2008-076

风景名胜区的基本内容　　表 9-2-2

内容	要点
阶段	总体规划阶段和详细规划阶段。
总体规划	风景名胜区总体规划是指为了对风景名胜区资源实施严格保护和永续利用，充分发挥风景名胜区的环境、社会和经济等方面的综合效益，在综合分析风景名胜区现状和问题的基础上，根据风景名胜区发展和社会经济发展的要求，按照可持续发展的原则，在一定空间和时间内对风景名胜区资源和环境的保护、利用和开发建设所做的系统分析、科学部署和总体安排，是整个风景名胜区开展保护、管理、利用和发展活动的基本依据和手段，具有科学性、前瞻性、指导性、强制性和可操作性。
	原则： ① 必须树立和落实科学发展观，符合我国基本国情和国家有关方针政策要求，促进风景名胜区功能和作用的全面发挥； ② 必须坚持保护优先、开发服从保护的原则； ③ 必须突出风景名胜区资源与环境的自然特性、文化内涵和地方特色。
	内容： ① 风景资源评价。 ② 生态资源保护措施、重大建设项目布局、开发利用强度。 ③ 风景名胜区的功能结构与空间布局。 ④ 禁止开发和限制开发的范围。 ⑤ 风景名胜区的游客容量。游客容量一般由一次性游客容量、日游客容量、年游客容量三个层次表示，具体测算方法可分别采用：线路法、卡口法、面积法、综合平衡法。 ⑥ 有关专项规划：保护培育规划；风景游赏规划；典型景观规划；游览设施规划；基础工程规划；居民社会调控规划；经济发展引导规划；土地利用协调规划；近期保护与发展规划。
	成果：规划文本；规划说明书；规划图纸；基础资料汇编。

续表

内容	要点
详细规划	风景名胜区详细规划编制应当依据总体规划确定的要求，对详细规划地段的景观与生态资源进行评价与分析，对风景游览组织、旅游服务设施安排、生态保护和植物景观培育、建设项目控制、土地使用性质与规模、基础工程建设安排等做出明确要求与规定，能够直接用于具体操作与项目实施。 详细规划的核心问题是要正确、具体地对总体规划的思路和要求加以体现。 基础工程设施和旅游服务接待设施等是风景名胜区开展游览观赏活动的重要基础条件。 详细规划的编制工作是总体规划编制的延续。编制详细规划要直接利用总体规划的各种基础资料，并从中研究和提取与详细规划直接相关的资料内容。应充分研究和分析总体规划对本地域详细规划的控制规定和具体要求，并要明确本地域与其他功能区的相互关系，以使详细规划与总体规划紧密衔接、相互一致。 详细规划设计的项目： 直接为旅游者服务的一类用地，如风景游览区、旅游接待区、商业服务区、文化娱乐区、休疗养区以及各种不同规模的游览间歇点或中转连接点等；属于旅游服务基础设施的二类用地，如各种交通设施与基础设施的用地；属于间接为旅游服务的三类用地，如管理用地、居住用地、旅游加工业与农副业用地等。 详细规划的编制工作是总体规划编制的延续。编制详细规划要直接利用总体规划的各种基础资料，并从中研究和提取与详细规划直接相关的资料内容。 详细规划的内容包括： 规划依据、基本概况、景观资源评价、规划原则、布局规划、景点建设规划、旅游服务设施规划、游览与道路交通规划、生态保护和建设项目控制要求、植物景观规划，以及供水、排水、供电、通信、环保等基础工程设施规划。 规划成果包括：规划文本、规划图纸、规划说明和基础资料。 风景名胜区详细规划不一定要对整个风景名胜区规划的范围进行全面覆盖，但是风景名胜区总体规划确定的核心景区、重要景区和功能区、重点开发建设地区以及其他需要进行严格保护或需要编制控制性、修建性详细规划的区域，必须依照国家有关规定与要求编制。 符合规划的建设项目，也应按照国务院《风景名胜区条例》以及有关法律、法规的规定逐级办理报批手续后，方可组织实施。确定建设的项目必须符合经批准的风景名胜区总体规划和详细规划，建设前应事先对建设项目进行可行性研究和环境影响评价；经批准的建设项目生态环境保护工程措施应与工程建设同时进行，确保风景名胜资源及其生态环境得到有效保护。

2018-075. 下列不属于风景名胜区详细规划编制内容的是(　　)。

A. 环境保护　　B. 建设项目控制

C. 土地使用性质与规模　　D. 基础工程建设安排

【答案】C

【解析】详细规划的内容一般应包括规划依据、基本概况、景观资源评价、规划原则、布局规划、景点建设规划、旅游服务设施规划、游览与道路交通规划、生态保护和建设项目控制要求、植物景观规划，以及供水、排水、供电、通信、环保等基础工程设施规划。

2017-099、2011-099. 风景名胜区总体规划包括(　　)。

A. 风景资源评价

B. 生态资源保护措施、重大建设项目布局、开发利用强度

C. 风景游览组织、旅游服务设施安排

D. 游客容量预测

E. 生态保护和植物景观培养

【答案】ABD

【解析】由风景名胜区的基本内容可知，选项 ABD 符合题意。此题选 ABD。

2014-100、2012-099. 下列哪些项目不得在风景名胜区内建设？（ ）

A. 公路
B. 陵基
C. 缆车
D. 宾馆
E. 煤矿

【答案】DE

【解析】在核心景区，严禁建设楼堂馆所和与资源保护无关的各种工程，严格控制与资源保护和风景游览无关的建筑物建设。在一般景区，也要禁止建设破坏景观、污染环境的设施以加强对区内开发利用活动的管理。

2014-076. 经过审批后用于规划管理的风景名胜区规划包括（ ）。

A. 风景旅游体系规划和风景区总体规划

B. 风景区总体规划、风景区详细规划和景点规划

C. 风景区总体规划和风景区详细规划

D. 风景区详细规划和景点规划

【答案】C

【解析】由风景名胜区的基本内容可知，选项 C 符合题意。此题选 C。

2014-050、2012-077. 在风景名胜区规划中，不属于游人容量统计常用口径的是（ ）。

A. 一次性游人容量
B. 日游人容量
C. 月游人容量
D. 年游人容量

【答案】C

【解析】游客容量一般由一次性游客容量、日游客容量、年游客容量三个层次表示。

2013-077. 下列关于风景名胜区总体规划的表述，正确的是（ ）。

A. 在国家级风景名胜区总体规划编制前，可以编制规划纲要

B. 国家级重点风景名胜区总体规划由国家风景名胜区主管部门审批

C. 风景名胜区总体规划是做好风景区保护、建设、利用和管理工作的直接依据

D. 风景名胜区总体规划不必对风景名胜区内不同保护要求的土地利用方式、建筑风格、体量、规模等作出明确要求

【答案】A

【解析】在国家级风景名胜区总体规划编制前，一般首先编制规划纲要。故 A 项正确。国家级风景名胜区总体规划编制完成后，应征得发展和改革、国土、水利、环保。林业、旅游、文物、宗教等省级有关部门以及专家和公众的意见，作为进一步修改完善的依据。修改完善后，报省、自治区、直辖市人民政府审查。故 B 项错误。经批准的详细规划是做好风景名胜区保护、建设、利用和管理工作的直接依据。故 C 项错误。风景名胜区是一个资源与环境十分脆弱的地域，因此，必须对风景名胜区内开发利用强度分别作出

强制性规定，对不同保护要求地域内的土地利用方式、建筑风格、体量、规模等方面内容作出明确要求，确保开发利用在风景名胜资源与环境生态承载能力所允许的限度内进行，防止过度开发利用。故D项错误。

2012-076. 国家级重点风景名胜区总体规划由(　　)审批。

A. 国务院

B. 国家风景名胜区主管部门

C. 风景名胜区所在地省级人民政府

D. 风景名胜区所在地省级风景名胜区主管部门

【答案】A

【解析】经审查通过的国家级风景名胜区总体规划，由省、自治区、直辖市人民政府报国务院审批。

2010-099. 关于风景名胜区规划的表述，下列哪些项是不准确的？(　　)

A. 风景名胜区应划分核心景区、缓冲区和协调区

B. 新设立的风景名胜区与自然保护区不得重合或者交叉

C. 在风景名胜区内禁止设立各类开发区

D. 风景名胜区管理机构应当根据风景名胜区规划，合理利用风景名胜资源，改善交通、服务设施和游览条件

E. 风景名胜区总体规划应确定主要基础设施、旅游设施的选择、布局与规模

【答案】AE

【解析】根据《风景名胜区条例》(国务院令第474号)第七条，新设立的风景名胜区与自然保护区不得重合或者交叉；已设立的风景名胜区与自然保护区重合或者交叉的，风景名胜区规划与自然保护区规划应当相协调。B选项正确。第九条，申请设立风景名胜区应当提交(二)拟设立风景名胜区的范围以及核心景区的范围。A选项不正确。第十五条，风景名胜区详细规划应当根据核心景区和其他景区的不同要求编制，确定基础设施、旅游设施、文化设施等建设项目的选址、布局与规模，并明确建设用地范围和规划设计条件。E选项不正确。第二十七条，禁止违反风景名胜区规划，在风景名胜区内设立各类开发区和在核心景区内建设宾馆、招待所、培训中心、疗养院以及与风景名胜资源保护无关的其他建筑物；已经建设的，应当按照风景名胜区规划，逐步迁出。C选项正确。第三十三条，风景名胜区管理机构应当根据风景名胜区规划，合理利用风景名胜资源，改善交通、服务设施和游览条件。D选项正确。因而此题应选A、E。

2010-077. 在风景名胜区规划中，以下哪项不是游客容量的计算方法？(　　)

A. 卡口法　　　　B. 线路法

C. 增长率法　　　　D. 面积法

【答案】C

【解析】由风景名胜区的基本内容可知，选项C不符合题意。此题选C。

2008-076. 根据风景资源调查内容的分类，下列哪种景观是“地景”？(　　)

A. 沼泽滩涂　　　　B. 冰雪冰川

C. 洲岛屿礁　　　　D. 摩崖题刻

【答案】C

【解析】地景艺术是指虽然是艺术创作和大自然的结合，并不意味着用艺术作品把自然改观，而是把自然稍加施工或润饰，在不失大自然原来面目前提下，使人们对他所处的环境重新予以评价。换句话说，把大自然稍加施工或修饰，使人们重新注意大自然，从中得到与平常不同的艺术感受。

三、风景名胜区规划其他要求

风景名胜区规划其他要求　　表 9-2-3

内容	要　点
风景名胜区规划编制主体	① 国家级风景名胜区规划编制的主体是所在省、自治区人民政府建设主管部门或者直辖市人民政府风景名胜区主管部门。一般可以采取两种方式：一是自行承担全部编制的相关工作，按照有关规定确定编制单位编制规划；二是牵头组织风景名胜区所在地人民政府或风景名胜区管理机构进行编制，按照有关规定确定编制单位编制规划。 ② 省级风景名胜区规划编制主体是所在地县级人民政府，一般可以采取两种方式：一是自行承担全部编制的相关工作，按照有关规定确定编制单位编制规划；二是牵头组织风景名胜区管理机构进行编制，按照有关规定确定编制单位编制规划。
风景名胜区规划编制单位资质	编制风景名胜区规划的编制单位必须具备相应的资质要求，即《国务院对确需保留的行政审批项目设定行政许可的决定（国务院第 412 号令）》中规定的城市规划编制单位资质，包括甲级、乙级、丙级。 ①《风景名胜区条例》规定，风景名胜区规划的编制单位必须具备相应的等级资质。依照原建设部发布的《国家重点风景名胜区规划编制审批管理办法》和《国家重点风景名胜区总体规划编制报批管理规定》，国家级风景名胜区的规划编制要求具备甲级规划编制资质的单位承担。 ② 省级风景名胜区的规划编制只要求具备规划设计资质，但并没有明确其资格等级。但一般应由具备乙级以上（甲级或乙级）规划编制资质的单位承担。
风景名胜区规划编制依据	《中华人民共和国城乡规划法》、《中华人民共和国文物保护法》、《中华人民共和国土地管理法》、《中华人民共和国环境保护法》、《中华人民共和国环境影响评价法》、《中华人民共和国森林法》、《中华人民共和国海洋环境保护法》、《中华人民共和国水土保持法》、《中华人民共和国水污染防治法》、《风景名胜区条例》、《自然保护区条例》、《宗教事务条例》、《风景名胜区规划规范》、《国家重点风景名胜区规划编制审批管理办法》、《国家重点风景名胜区总体规划编制报批管理规定》等，以及《世界遗产公约》、《实施世界遗产公约操作指南》、《生物多样性公约》、《国际湿地公约》。

风景名胜区规划其他要求　　表 9-2-4

内容	要　点
风景名胜区规划的审查审批	国家级风景名胜区规划的审查审批： ① 国家级风景名胜区总体规划编制完成后，应征求发展和改革、国土、水利、环保、林业、旅游、文物、宗教等省级有关部门以及专家和公众的意见，作为进一步修改完善的依据。修改完善后，报省、自治区、直辖市人民政府审查。经审查通过后，由省、自治区、直辖市人民政府报国务院审批。 ② 国家级风景名胜区详细规划编制完成后，由省、自治区级人民政府建设主管部门或直辖市风景名胜区主管部门组织专家对规划内容进行评审，提出评审意见。修改完善后再由省、自治区级人民政府建设主管部门或直辖市风景名胜区主管部门报国务院建设主管部门审批。

续表

内容	要　点
风景名胜区规划的审查审批	省级风景名胜区规划的审查审批： ① 省级风景名胜区总体规划编制完成后，应参照国家级风景名胜区总体规划的审查程序进行审查审批，具体办法由各地自行制定。 ② 省级风景名胜区详细规划编制完成后，由县级（或县级以上）人民政府组织专家对规划内容进行评审，提出评审意见。修改完善后，再由县级（或县级以上）人们政府报省、自治区级人民政府建设主管部门或直辖市风景名胜区主管部门审批。
风景名胜区规划的修改和修编	修改：经批准的风景名胜区规划具有法律效力、强制性和严肃性，不得擅自改变。 ① 风景名胜区总体规划确需修改的，凡涉及范围、性质、保护目标、生态资源保护措施、重大建设项目布局、开发利用强度以及功能结构、空间布局、游客容量等重要内容的，应当将修改后的风景名胜区总体规划报原审批机关批准后，方可实施。 ② 风景名胜区详细规划确需修改的，也应当按照有关审批程序，报原审批机关批准。 修编：风景名胜区总体规划期届满两年，规划组织编制单位应组织专家对规划实施情况进行评估。规划修编工作应当在原规划有效期截止之日前完成总体规划的编制报批工作。因特殊情况，原规划期限到期后，新规划未获得批准的，原规划继续有效。

第三节　城　市　设　计

一、城市设计的基本理论和实践

相关真题：2018-076、2014-078、2013-078、2012-078

城市设计　　**表 9-3-1**

内容	要　点
起源	城市设计有着悠久的历史传统。“城市设计”一词于20世纪50年代后期出现于北美。现代城市设计的概念是从西方城市美化运动起源的。
概念	城市设计不同于城市规划和建筑设计，它可以广义地理解为对物质要素，诸如地形、水体、房屋、道路、广场及绿地等进行综合设计。包括使用功能、工程技术及空间环境的艺术处理。
城市设计与城市规划	古代城市设计与城市规划的关系： 工业革命以前，城市规划和城市设计基本上是一回事，并附属于建筑学。 现代城市规划预测城市设计的形成： 18世纪工业革命以后，现代城市规划学科逐渐发展成为一门独立的学科。现代城市规划在发展的初期包含了城市设计的内容，经过多年的努力和探索，现代城市规划逐渐发展成为一个成熟的学科，研究领域进一步扩大，从物质形态发展到了人口、交通、环境、社会、经济等复合性社会问题。 20世纪60年代起，在新的城市问题不断产生的情况下，为了恢复对基本环境问题的重视，美国再次提出了城市设计问题，到了20世纪70年代，城市设计已经作为一个单独的研究领域在世界范围内确立起来。 城市设计在我国城市规划体系中的位置： ① 在我国城市规划体系中，城市设计依附于城市规划体制，主要是作为一种技术方法而存在； ② 我国的城市规划界认为，在编制城市规划的各个阶段，都应运用城市设计的手法，综合考虑自然环境、人文环境和居民生产、生活的需求，对城市环境做出统一规划、提高城市环境质量、生活质量和城市景观的艺术水平。

2018-076. “城市设计”一词首先出现于(　　)。

A. 19 世纪中期　　B. 19 世纪末期

C. 20 世纪初期　　D. 20 世纪中期

【答案】D

【解析】“城市设计（Urban Design）”一词于 20 世纪 50 年代后期出现于北美。

2014-078. 关于城市设计的表述，正确的是(　　)。

A. 城市总体规划编制中应当运用城市设计的方法

B. 由政府组织编制的城市设计项目具有法律效力

C. 我国的城市设计和城市规划是两个相对独立的管理系统

D. 城市设计与城市规划是两个独立发展起来的学科

【答案】A

【解析】城市规划在法律体系中占据一定地位，一经批准就具有法定性，而城市设计在体制上大多是依附于城市规划而存在的，选项 B、C 错误；现代城市规划在发展的初期包含了城市设计的内容，D 项错误。

2013-078. 下列关于城市设计的表述，错误的是(　　)。

A. 工业革命以前，城市设计基本上依附于城市规划

B. 城市设计正在逐渐形成独立的研究领域

C. 城市设计常用于表达城市开发意向和辅助规划设计研究

D. 我国的规划体系中，城市设计主要作为一种技术方法存在

【答案】A

【解析】工业革命以前，城市规划和城市设计基本上是一回事，并附属于建筑学。

2012-078. 下列关于城市设计的表述，错误的是(　　)。

A. 城市设计具有悠久历史，现代城市设计的概念是从西方文艺复兴时期开始的

B. 城市设计强调建筑与空间的视觉质量

C. 城市设计与人、空间和行为的社会特征密切相关

D. 为人创造场所逐渐成为城市设计的主流观念

【答案】A

【解析】城市设计有着悠久的历史传统，但是现代城市设计的概念是从西方城市美化运动起源的。

城市设计在城市规划中的位置与作用　　**表 9-3-2**

内容	要　点
位置	作为传统城市规划和设计的延伸，现代城市设计经历了与城市规划一起脱离建筑学、现代城市规划学科独立形成、城市设计学科自身发展这一系列过程。城市设计是一门正在完善和发展中的学科，它有其相对独立的基本原理和理论方法。城市设计与城市规划都具有整体性和综合性的特点，而且都是多学科交叉的领域，两者的研究对象、基本目标和指导思想也基本一致。从规划实施的角度出发，城市设计是城市规划的组成部分，从城市规划和开发的开始就要考虑城市设计问题。在具体的城市设计工作中，建筑师比较注重最终物质形式的结果，而规划师大多从城市发展过程的角度看待问题，城市设计师介乎这双重身份之间，城市设计的实践则介乎建筑设计与城市规划之间。

续表

内容	要　点
作用	城市建设常常由于在城市规划、建筑设计及其他工程设计之间缺乏衔接环节，导致城市体形空间环境的不良，这个环节就需要做城市设计，它有承上启下的作用，从城市空间总体构图引导项目设计。城市设计的重要作用还表现在为人类创造更亲切美好的人工与自然结合的城市生活空间环境，促进人的居住文明和精神文明的提高。

城市设计的基本理论和方法　　**表 9-3-3**

内容	要　点
基本理论	城市设计主要考虑建筑周围或建筑之间的空间，包括相应的要素如风景或地形条件所形成的三维空间的规划布局和设计。 城市设计关注的范围从内在、先验的审美需求出发，重视建筑实体及相邻建筑围合形成的空间，直到对公共领域（物质和社会文化的）及其如何产生公众所使用的空间的关注。 城市设计主要理论经历了强调建筑与空间的视觉质量，与人、空间和行为的社会特征密切相关，以及创造场所三个发展阶段。
目标	城市设计的主要目标是创造对人类活动更有意义的人为环境和自然环境，以改善人的空间环境质量，从而改变人的生活质量。
方法	① 形体分析方法：视觉秩序分析、图形—背景分析、关联耦合分析； ② 文脉分析方法：场所结构分析、城市活力分析、认知意识分析、文化生态分析、社区空间分析； ③ 相关线—域面分析法； ④ 城市空间分析技艺：基地分析、心智地图、标志性节点空间影响分析、序列视景分析、空间分析、空间分析辅助技术、电脑分析技术。

相关真题：2017-078、2014-077、2013-100、2012-100、2011-078

城市设计主要理论的发展过程　　**表 9-3-4**

内容	要　点
强调建筑与空间的视觉质量	“视觉艺术”的思路，是一种对城市设计较早较“建筑”的狭义理解，这种思路突出强调了城市设计的结果特征，注重城市空间的视觉质量和审美经验，以城市景观和形式的表现为基本对象，而将文化、社会、经济、政治以及空间要素的形成等都置于次要地位。 卡米洛·西谛：呼吁城市建设者向过去丰富而自然的城镇形态学习。卡米洛·西谛理想中美丽而有机的城镇具有以下基本特征：首先城镇建设自由灵活、不拘程式；其次城镇应通过建筑物与广场、环境之间恰当地相互协调，形成和谐统一的有机体；此外，广场和街道应构成有机的围合空间。 戈登·库伦：从 20 世纪 40 年代到 50 年代末，戈登·库仑等人进一步强化了这种概念，即认为视觉组合在城镇景观中应处于绝对支配地位。 埃德蒙·N·培根：认为城市设计的目的就是通过纪念性要素构成城市的脉络结构来满足市民感性的城市体验。因此，他强调城市形态的美学关系和视觉感受。培根的城市设计观点特别注重整体性原则。培根尤为强调空间的重要性，专门讨论了一系列空间问题：形式空间、界定空间、表现空间、空间和时间、空间和运动、建筑与空间等，为现代城市设计拓展了一个重要领域。 新理性主义：在 20 世纪后期，以阿尔多·罗西、罗伯·克里尔和里昂·克里尔为代表的新理性主义倡导重新认识公共空间的重要意义，通过重建城市空间秩序来整顿现代城市的面貌。阿尔多·罗西认为，经由历史发展起来的各种城市本身已经从类型学的角度为今天的城市提供了方案，实际上，各种类型的城市形态不是新的创造，而是以城市本身作为来源，重新应用已有的类型而已。罗伯·克里尔在《城市空间》一书中收集和定义了各种街道、广场，将其视为构成城市空间的基本要素，并称之为“城市空间的形态系列”。

续表

内容	要　点
与人、空间和行为的社会特征密切相关	在城市景观艺术的大量研究基础上，埃利尔·沙里宁首先强调社会环境的重要性，关心城市所表达出的文化气质与精神内涵，提倡物质与精神完整统一的城市设计方法。尽管还是从建筑学的角度看待城市环境，但是他反对从前的城市改建单纯着眼于广场、干道、纪念性建筑以及其他引人注目的东西，而忽视了居住环境问题。沙里宁认为，城市设计应当照顾到城市社会的所有问题——物质的、社会的、文化的和美学的，并且逐步地在长时期内，把它们纳入连贯一致的物质秩序中去。关于城市设计的方法，他提出三维空间的观点，强调整体性、全面性和动态性，尤其是把对人的关心放在首要位置，提出以人为本的设计前提，成为现代城市设计的突破点。
	沙里宁的城市设计思想建立在社会学基础上，致力于为城市居民创造适宜的生活条件，并且与其本人“有机疏散”的规划理论紧密联系，并与此前以形态为主的设计思潮出现了根本的区别。
	十次小组批评《雅典宪章》束缚了城市设计的实践，其设计思想的基本出发点是对人的关怀和对社会的关注。
	凯文·林奇认为城市设计不是一种精英行为，而应该是大众经验的集合，在研究对象的层次方面，主张更多地研究人的精神意象和感受，而不只是城市环境的物质形态。他认为认知是城市生活的基础，城市设计应当以满足人的认知要求为目标，城市形象并不只取决于客观的形象和标准，而是人的主观感受的合成。
	简·雅各布斯也是研究社会与空间关系的代表人物，在其著作《美国大城市的死与生》中，她严厉抨击了现代主义者的城市设计基本观念，并宣扬了当代城市设计的理念。 她认为城市永远不会成为艺术品，因为艺术是生活的抽象，而城市是生动、复杂而积极的生活本身。简·雅各布斯反对大规模的城市开发和更新活动，推崇人性化的城市环境，在整个欧美掀起人们对现代城市规划的深刻反思。
	扬·盖尔在北欧对公共空间的研究产生了广泛的影响，他的著作《交往与空间》从当代社会生活中的室外活动入手研究，对人们如何使用街道、人行道、广场、庭院、公园等公共空间进行了深入调查分析，研究怎样的建筑和环境设计能够更好地支持社会交往和公共生活，提出户外空间规划设计的有效途径。
	克里斯托弗·亚历山大尊重城市的有机生长，强调使用者参与过程，在《俄勒冈实验》中，基于校园整体形态及不同使用者的功能需求，他提出有机秩序、参与、分片式发展、模式、诊断和协调六个建设原则。
	威廉·H·怀特在1970年代对纽约的小型城市广场、公园与其他户外空间的使用情况进行了长达三年的观察和研究，在他的著作《小城市空间的社会生活》中，描述了城市空间质量与城市活动之间的密切关系。事实证明，物质环境的一些小小改观，往往能显著地改善城市空间的使用状况。
创造场所	当代的城市设计关注同时作为审美对象和活动场景的城市空间的设计，其重点是创造成功城市空间所需的多样性和活力，尤其是物质环境如何支持场所的功能与活动。 克里斯汀·诺伯格-舒尔茨在《场所精神》中提出了行为与建筑环境之间应有的内在联系。他认为，城市形式并不仅是一种简单的构图游戏，形式背后蕴含着某种深刻的含义，每个场景都有一个故事，这含义与城市的历史、传统、文化、民族等一系列主题密切相关，这些主题赋予了城市空间以丰富的意义，使之成为市民喜爱的“场所”。“简而言之，场所是由自然环境和人造环境相结合的有意义的整体。”这个整体反映了在某一特定地段中人们的生活方式及其自身的环境特征，因此，场所不仅具有实体空间的形式，而且还有精神上的意义。他还进一步指出，场所的空间特性与风格，取决于围合的形式，而场所的意义则取决于认同感及归属感，场所精神可以通过区位、空间形态和自身的特色表达出来

2017-078、2011-078. 舒尔茨《场所精神》研究的核心主题是(　　)。

A. 城市不是艺术品，而是生动、复杂的生活本身

B. 行为与建筑环境之间应有的内在联系

C. 批评《雅典宪章》束缚了城市设计的实践

D. 怎样的建筑和环境设计能够更好地支持社会交往和公共生活

【答案】B

【解析】舒尔茨在《场所精神》中提出了行为与建筑环境之间应有的内在联系。场所不仅具有实体空间的形式，而且还有精神上的意义。

2014-077. (　　)**不是城市设计现状调查或分析的方法**。

A. 简·雅各布斯的"街道眼"　　B. 戈登·库仑的"景观序列"

C. 凯文·林奇的"认知地图"　　D. 詹巴蒂斯塔·诺利的"图底理论"

【答案】D

【解析】D 项不属于城市设计现状调查或分析的方法，故应选择 D 项。

2013-100. 下列表述中，正确的有(　　)。

A. 简·雅各布斯在《美国大城市的死与生》中研究怎样的建筑和环境设计能够更好地支持社会交往和公共生活，提升户外空间规划设计的有效途径

B. 西谛在《城市建筑艺术》一书中提出了现代城市空间组织的艺术原则

C. 凯文·林奇在《城市意象》一书中提出了关于城市意象的构成要素是地标、节点、路径、边界和地区

D. 第十小组尊重城市的有机生长，出版了《模式语言》一书，其设计思想的基本出发点是对人的关怀和对社会的关注

E. 埃德蒙·N·培根在《小城市空间的社会生活》中，描述了城市空间质量与城市活动之间的密切关系，证明物质环境的一些小改观，往往能显著的改善城市空间的使用情况

【答案】ABC

【解析】由克里斯托弗·亚历山大于 1977 年出版的《模式语言》从城镇、邻里、住宅、花园和房间等多种尺度描述了 253 个模式，通过模式的组合，使用者可以创造出很多变化。模式的意义在于为设计师提供了一种有用的行为与空间之间的关系序列，体现了空间的社会用途，故 D 项错误。《小城市空间的社会生活》一书的作者为威廉·H·怀特，E 项错误。

2012-100. 下列关于城市设计的表述，正确的是(　　)。

A. 西谛在《城市建设艺术》一书中提出了现代城市空间组织的艺术原则

B. 凯文·林奇在《城市意象》一书中，提出关于城市意象的构成要素是地标、节点、路径、边界和地

C. 亚历山大在《城市并非树形》一书中，描述了城市空间质量与城市活动之间的密切关系

D. 福尔茨在《场所精神》一书中，提出了行为与建成环境之间的内在联系，指出场所是由自然环境和人造环境相结合的有意义的整体

E. 简·雅各布斯在《美国大城市的死与生》一书中，关注街道、步行道、公园的社会功能

【答案】ABDE

【解析】威廉·H·怀特在1970年代对纽约的小型城市广场、公园与其他户外空间的使用情况进行了长达三年的观察和研究，在他的著作《小城市空间的社会生活》中，描述了城市空间质量与城市活动之间的密切关系。事实证明，物质环境的一些小小改观，往往能显著地改善城市空间的使用状况。

相关真题：2017-100、2011-100、2010-078、2008-078

城市设计目标的探索　　表 9-3-5

《经由设计》	英国交通、环境与地方事务部和建筑与建成环境委员会在其20周年出版的纲领性文件《经由设计》中提出了城市设计的七个目标： ① 特征：场所自身的独特性； ② 连续与封闭：场所中公共与私人的部分应该清晰地区别； ③ 共领域的质量：公共空间应该是有吸引力的室外场所； ④ 通达性：公共场所应该易于到达并可以穿行； ⑤ 可识别性：场所有清晰的意象和易于认识与熟悉； ⑥ 适应性：场所的功能可以比较方便地转化； ⑦ 多样性：场所的功能应该富于变化和提供选择。
《关于美好城市形态的理论》	凯文·林奇在1981年出版的《关于美好城市形态的理论》中定义了城市设计的五个功能纬度： ① 生命力：衡量场所形态与功能契合的程度，以及满足人的生理需求的能力； ② 感觉：场所能被使用者清晰感知并构建于相关时空的程度； ③ 适宜性：场所的形态与空间肌理要符合使用者存在和潜在的行为模式； ④ 可达性：接触其他的人、活动、资源、服务、信息和场所的能力，包括可接触要素的质量与多样性； ⑤ 控制性：使用场所和在其中工作或居住的人创造、管理可达空间和活动的程度。
《城市设计宣言》	阿兰·雅各布斯和唐纳德·埃普亚德在1987年发表的《城市设计宣言》中，提出了七点“未来良好城市环境所必需的要素”： ① 宜居性：一座城市应该是所有人都能安居的地方； ② 可识别性与控制性：居民应该感受到环境中有“属于”他们的地方，不论那里的产权是否属于他们； ③ 获得机遇、想象力与欢乐的权利：居民应该可以在城市中告别过去、面向未来并获得欢乐； ④ 真实性及意义：居民应该能够理解他们的城市，包括其基本规划、公共功能和机构及其所能提供的机会； ⑤ 社区与公众生活：城市应该鼓励其居民参与社区与公众生活； ⑥ 城市自给：城市应该尽可能满足城市发展所需能源和其他稀缺资源的自给； ⑦ 公共环境：好的城市环境是所有居民的，每个市民都有权利获得最低程度的环境居住性、可识别性与控制性及发展的机会。
《建筑环境共鸣设计》	英国牛津综合技术学院的伊恩·本特利等五人对城市设计的目标和原则进行了探讨，最终在《建筑环境共鸣设计》中提出了七个关键问题：可达性、多样性、可识别性、活力、视觉适宜性、丰富性、个性化。其后，在考虑到城市形态和行为模式对生态的影响，又加入了资源效率、清洁和生态支撑三项原则。

续表

弗朗西斯·蒂巴尔兹	1989年，当时的英国皇家规划师学会会长、英国城市设计集团的创始人弗朗西斯·蒂巴尔兹提出了一个包含十条城市设计原则的框架： ① 先于建筑考虑场所； ② 虚心学习过去，尊重文脉； ③ 鼓励城镇中的混合使用； ④ 以人的尺度进行设计； ⑤ 鼓励步行自由； ⑥ 满足社区各方的需要，并尊重其意见； ⑦ 建立可识别（易辨认、易熟悉）的环境； ⑧ 进行持久性和适应性强的建设； ⑨ 避免同时发生太大的变化； ⑩ 尽一切可能创造丰富、欢乐和优美的环境。
《新都市主义宪章》	“新都市主义”指的是20世纪80年代中后期到90年代初期在美国出现的一系列关于城市设计的思潮，这些观点有大量共同的关注点：混合使用、环境敏感度、建筑与街道类型内在的秩序、明确的边缘和中心、可步行性、简洁的图示导则代替传统的分区标准等。1993年新都市主义协会成立后发表了《新都市主义宪章》，倡导在下列原则下，重新建立公共政策和开发实践： ① 邻里在用途与人口构成上的多样性； ② 社区应该对步行和机动车交通同样重视； ③ 城市必须由形态明确和普遍易达的公共场所和社区设施所形成； ④ 城市场所应当由反映地方历史、气候、生态和建筑传统的建筑设计和景观设计所构成。

2017-100、2011-100. 《新都市主义》倡导的原则包括(　　)。

A. 应根据人的活动需求进行功能分区

B. 邻里在土地使用与人口构成上的多样性

C. 社区应该对步行和机动车交通同样重视

D. 城市必须由形态明确和易达的公共场所和社区设施所组成

E. 城市场所应当由反映地方历史、气候、生态和建筑传统的建筑设计、景观设计所组成

【答案】CDE

【解析】1993年新都市主义协会成立后发表了《新都市主义宪章》，倡导在下列原则下，重新建立公共政策和开发实践；①邻里在用途与人口构成上的多样性；②社区应该对步行和机动车交通同样重视；③城市必须由形态明确和易达的公共场所和社区设施所组成；④城市场所应当由反映地方历史、气候、生态和建筑传统的建筑设计、景观设计所组成。因而选C、D、E。

2010-078. 下列哪项不是“新城市主义”理论的主要原则？(　　)

A. 邻里与人口构成上的多样性

B. 对步行交通和机动车交通同等重视

C. 三维视觉在城市景观序列塑造中的作用

D. 适合本地的建筑与景观设计

【答案】C

【解析】"新都市主义"指的是20世纪80年代中后期到90年代初期在美国出现的一系列关于城市设计的思潮，关注点有混合使用、环境敏感度、建筑与街道类型内在的秩序、明确的边缘和中心、可步行性、简洁的图示导则代替传统的分区标准等。1993年发表的《新都市主义宪章》：①邻里在用途与人口构成上的多样性；②社区应该对步行和机动车交通同样重视；③城市必须由形态明确和普遍易达的公共场所和社区设施所形成；④城市场所应当由反映地方历史、气候、生态和建筑传统的建筑设计和景观设计所构成。

2008-078. **城市设计将"可识别性"作为目标，指的是(　　)。**

A. 场所有清晰的意象并易于认识与熟悉

B. 场所的功能应该富于变化和提供选择

C. 场所中公共与私人的部分应该清晰地区别

D. 公共场所应该易于到达并可以穿行

【答案】A

【解析】可识别性指的是场所有清晰的意象和易于认识与熟悉。

相关真题：2018-077、2008-077

城市设计的内容　　　　表 9-3-6

内容	要　　点
城市形态与空间	城市形态的构成要素主要有土地用途、建筑形式、地块划分和街道类型。土地用途是一个相对间接的影响要素，它决定了地块上的建筑功能，土地用途的改变会引起地块的合并或者是细分，甚至是街道类型等一系列的变化。建筑是城市中街区的主要组成要素，建筑的形体、组合和体量限定了城市中的街道和广场空间。地块划分和建筑有一定关联，不同尺度的地块往往对应了不同的建筑类型和形式，地块很少会被细分，地块的合并通常是为了建造更大的建筑，较大的地块甚至占据了整个城市街区。街道是城市街区之间的空间，街道的格局往往承载了城市发展的历史信息，街道和街区、地块以及建筑共同反映了城市肌理。 建筑形式的变化是城市空间形态结构变化的一个主要原因，道路路网是城市空间形态结构变化的另一个主要原因。作为对现代主义和当代城市发展模式的反应，近期的城市设计尝试着把城市空间重新组织起来。这包括了传统城市空间的回归、街道空间的重视以及街区模式的转变。
城市设计中的感知和体验	城市意象领域的重要著作是凯文·林奇的《城市意象》，通过研究，他发现对城市中区域、地标和路径观察可以被很容易地确定并组成一个完整的图示，产生了一个称为"可意象性"的概念：即物质环境的一种特性，任何观察者都很可能唤起强烈的意象。 他认为有效的环境意象需要三个特征： ①个性，作为一个独立实体，物体与其他事物的区别；②结构，与观察者和其他物体的空间联系；③意义，物体对于观察者的使用或情感意义。由于"意义"很难在城市和不同人群中取得一致，他把意义和形式分开，通过与"个性"和"结构"有关的形态特点来研究可意象性，总结出了五个关键的形态要素：路径、边缘、地区、节点、地标。 场所体现的是人类对环境的主观反馈，是由生活经历中提炼出来的本质意义，通过这些意义的渗透和影响，个体、群体或者社会把"空间"变成了"场所"，因此，场所概念通常强调归属感和人与场地的情感联系。城市设计师不能以简单化和宿命论的方式制造场所，但是可以创造潜在的场所，从而使人们有可能将空间看作有意义的场所。

续表

<table>
<tr><th>内容</th><th>要　点</th></tr>
<tr><td rowspan="6">城市设计中的审美和视觉</td><td>戈登·库仑提出了“景观序列”的概念，认为城市环境可以从一个运动中的人的视角来设计，对于这个人来说，整个城市变成了一种可塑的体验，一次经历压力和真空的旅行，一系列的开敞与围合、收缩和释放。
室外空间可以分为积极空间和消极空间。积极空间相对围合，具有明确和独特的形状，而消极空间大多缺乏可以感知的连续边缘或形状，比如建筑物周围的空地。平面布局对空间的围合感很重要，一个具有相对简单形体的单栋建筑不能界定或创造空间，建筑物排成一列或杂乱布置时对空间的限定也很弱，让建筑之间保持合适的角度或者围绕一个空间来组织建筑的正面，都可以创造出积极的空间。最终的围合程度还取决于空间的高宽比，不同的高宽比可以创造出更多的视觉体验。</td></tr>
<tr><td>积极的城市空间呈现出不同的大小和形状，主要有两种类型：街道和广场。一般来说，街道是动态的空间，而广场是静态的空间。当平面上的长宽比大于 3：1 时，这个比值确定了一个广场的比例上限，也是一条街道的比例下限。
广场通常是指一个被建筑物围合的区域，可能是纪念性的空间，也可能是公共活动的场所，或者兼具两种功能。卡米洛·西谛和保罗·祖克都提出了有价值的观点。西谛根据一些欧洲城镇广场的视觉和美学分析，得出了一系列艺术原则。
围合：围合是都市的基本感受，公共广场应该是围合的实体。
独立的雕塑群：西谛反对建筑物是独立的雕塑，对于他来说，建筑的主要美学意义在于它的立面限定了空间，而且能够从这个空间中看到。
形状：广场应当和周围的建筑成比例，其深度适合于欣赏主要建筑（建筑高度的 1～2 倍），宽度取决于透视效果。
纪念碑：在偏离中心或沿着边缘可以设置一个纪念碑或公共雕塑。</td></tr>
<tr><td>祖克概括了艺术性都市广场的五种基本类型。
封闭广场——自主的空间：规则的几何形状和外围建筑元素的重复，围合空间仅仅被进入的街道打断。
主题广场——被控制的空间：某个或某组建筑物创造出强烈的场所感，主导了面前的空间以及周围的建筑。
核心广场——空间围绕一个中心：一个垂直核心强烈到足以在它周围创造空间感。
广场群——空间单元组合在一起：单个的广场可以被有机或艺术地连接在一起。
无组织的广场——无限制的空间：这类广场虽然表现得无组织或形状不明确，但是至少都具有以上一种或几种品质。</td></tr>
<tr><td>街道是建筑在相对两侧围合而成的线性三维空间。在分析街道形态时要考虑很多对立的因素：动态和静态的视觉、围合与开敞、长与短、宽与窄、直与曲、建筑处理的正规与随意，还要考虑尺度、比例、韵律以及和其他街道广场的连接关系。绝大多数街道在视觉上都是动态的，有着强烈的动感，改变街道立面的垂直或水平线条可以改变街道的这一特征。街道立面的连续性和高宽比决定了空间的围合感，不规则的临街面能增加街道的围合感，为运动中的观察者提供不断变化的视角。</td></tr>
<tr><td>城市环境的视觉审美不仅有赖于它的空间质量，还取决于色彩、肌理和细节，因此建筑和景观也是促成城市空间审美特征的主要元素。目前普遍被接受的观点是，城市设计所关注的是对其环境和公共领域做出回应并有积极贡献的建筑物，因此评价建筑物的标准不是建筑自身的美学价值，而主要是其界定空间的方式，以及它在空间中看起来是什么样的。英国的皇家艺术委员会尝试着提出“好建筑”的六个标准：
① 秩序和统一：在建筑元素和立面设计上，通过对称、平衡、重复、网格、开间、结构框架等方式来实现“秩序”，“统一”来自于相近的建筑风格，或者是隐含的设计模式或图案。
② 表达：不同的建筑类型应当适当地表达自己，使我们能够识别出建筑物的功能。
③ 完整性：通过形式和结构，建筑应当表达各个部分的功能，空间应当反映它们的用途以及结构和建造方法。
④ 平面和剖面：把建筑作为一个整体时，需要考虑的不仅是立面，还有平面和剖面。立面仅仅反映了一个二维的布景，而立面与平面和剖面之间应该具备一种积极的关系，既能紧密联系立面内外的空间，又反映建筑所在地段的文脉。
⑤ 细节：细节和视觉趣味使得环境富有人情味，小尺度的细节在地面层尤其重要，能为行人提供视觉趣味，而大尺度的细节则在较远距离的观看时很重要。一般可以用“丰富”（吸引视线的趣味性和复杂性）和“典雅”（比例让人觉得舒适和协调）来评价建筑立面的细节。</td></tr>
</table>

续表

内容	要　点
城市设计中的审美和视觉	⑥ 整合：整合是指建筑与周围环境的融洽，并且要求一定的设计品质。单栋建筑应当服从场所整体性格的需要，但是过于强调这一点可能会抑制设计的创新，相对而言尺度和节奏通常更重要，而多样性在创造视觉趣味方面也具有特殊的价值。
城市设计中的功能问题	城市设计中的功能问题，也就是如何使用环境，关系到视觉审美、社会用途和场所营造等其他问题。功能包括公共空间的使用、建筑密度和混合使用、物理环境设计三个方面的问题。 在公共空间中，人们一般希望五种基本的需求得到满足：舒适、放松、对环境的被动参与、对环境的主动参与、发现。 公共空间中的步行活动是体验城市的核心，也是产生生活和活动的一个重要因素。因此，要设计成功的公共空间，就必须了解和研究人的步行活动方式。根据比尔·希利尔的研究，在城市中的步行活动具有三个元素：出发点、目的地、路径上所经历的一系列空间。 一般来说越多门窗面向公共空间越好，与公共空间相邻的建筑功能还应当与人的活动有关系。 在日照和遮阳设计时，应该考虑到太阳与公共空间和建筑主立面的关系、基地的朝向和坡度、基地现状及相邻建筑物的遮挡以及树木的种类和距离。在风环境设计时，应当考虑各个季节的风向、建筑的尺度、主要建筑面的朝向、建筑组群布局、高层建筑的接地方式以及周围的隔离带。
城市设计中的社会问题	扬·盖尔把公共空间中的活动分为三类：必要性活动（上班、上学、购物）；可选择性活动（散步、喝咖啡、观看路人）；自愿发生的活动（问候和交谈）。他认为，在低水平的公共空间中，只有必要性活动发生，而在高质量的公共空间中，更多的选择性和社会性活动才会产生。 公共空间的安全感是城市设计成功的一个基本条件。

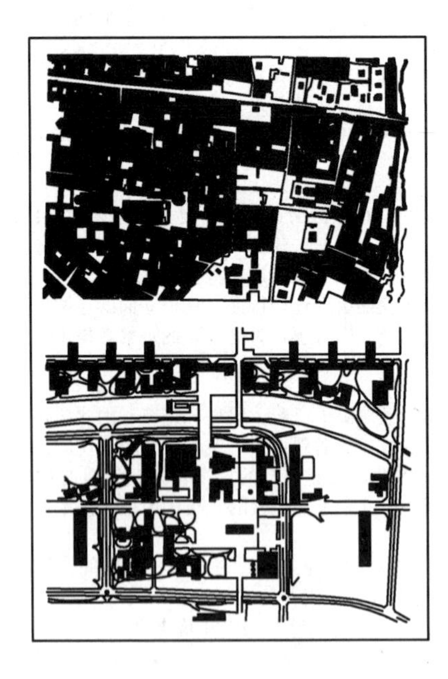

图 9-3-1　传统的和现代的城市空间：Parma 和 Saint-Die 的图底关系比较（Colin Rowe, Prof Fred Koetter. Collage City. The MIT Press 1978：62-63.）

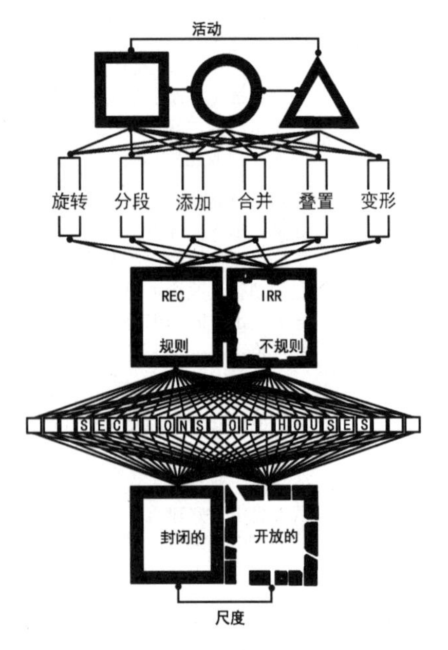

图 9-3-2　Rob Kdor 的城市广场类型学（全国城市规划执业制度管理委员会．城市规划原理．2011 版．北京：中国计划出版社，2011.）

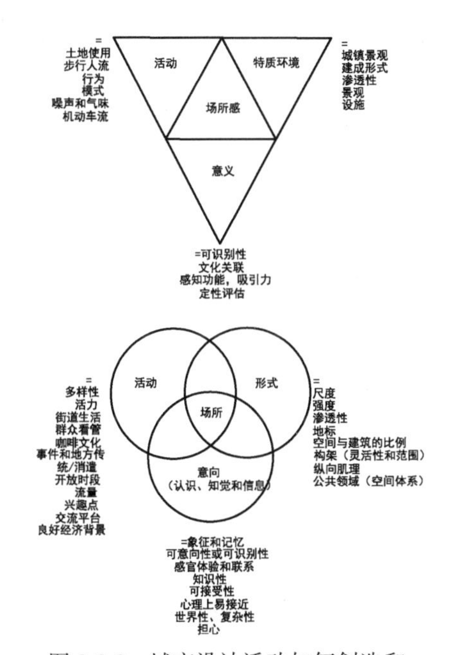

图 9-3-3　城市设计活动如何创造和增强潜在的场所感

（全国城市规划执业制度管理委员会．城市规划原理．2011 版．北京：中国计划出版社，2011.）

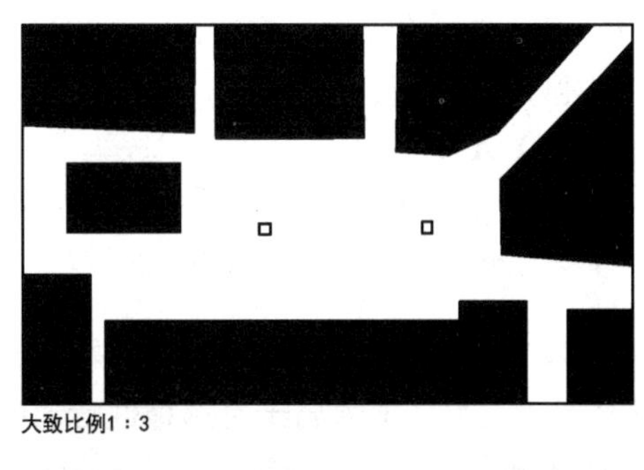

图 9-3-4　长宽比有助于区别街道和广场的空间

（M. Carmona，等．城市设计的维度．江苏科学技术出版社，2005：137.）

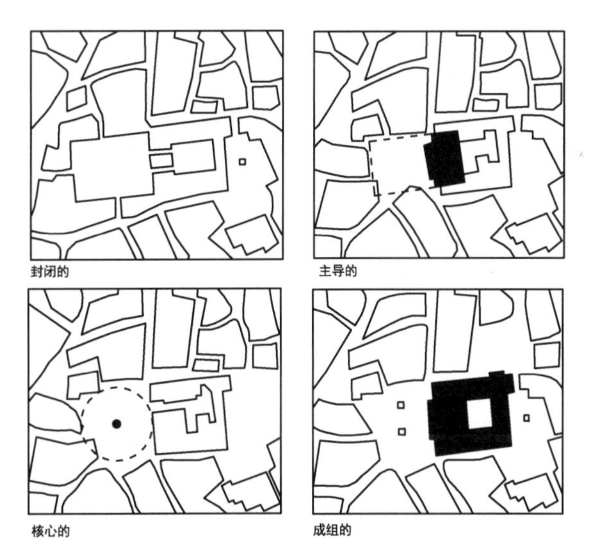

图 9-3-5　祖克的城市广场类型学

（M. Carmona，等. 城市设计的维度. 南京：江苏科学技术出版社，2005：137.）

2018-077. 根据比尔希利尔的研究，在城市中步行活动的三元素是(　　)。

A. 出发点、目的地、路径上所经历的一系列空间

B. 个性、结构、意义

C. 通达性、连续性、多样性

D. 圆底、场所、链接

【答案】A

【解析】根据比尔希利尔的研究，在城市中的步行活动具有三个元素：出发点、目的地、路径上所经历的一系列空间。

2008-077. 在城市设计的分析中，经常把公共空间的活动分为必要性活动、可选择性活动和社会活动三类，下列属于可选择性活动的是(　　)。

A. 上班、上学

B. 购物、散步

C. 喝咖啡、观看路人

D. 问候和交流

【答案】C

【解析】扬·盖尔把公共空间中的活动分为三类：必要性活动，这类活动很少受到物质环境的影响，如上班、上学、购物；可选择性活动，如时间和场所允许而且天气和环境适宜的话，自愿发生的活动，如散步、喝咖啡、观看路人；社会性活动，依赖于公共空间中其他人的存在，如问候和交谈。因而此题选C。

二、城市设计的实施

相关真题：2018-078、2010-100

城市设计的实施　　表 9-3-7

内容	要　点
我国《城市设计管理办法》的颁布与实施	我国在经过了多年丰富的城市设计实践，于 2017 年 3 月 14 日颁布，2017 年 6 月 1 日开始实施了《城市设计管理办法》(以下简称《办法》)。
	《办法》明确：城市设计是落实城市规划、指导建筑设计、塑造城市特色风貌的有效手段，贯穿于城市规划建设管理全过程
	要求：通过城市设计，从整体平面和立体空间上统筹城市建筑布局、协调城市景观风貌，体现地域特征、民族特色和时代风貌。
	城市设计工作分为：总体城市设计和重点地区城市设计。
	总体城市设计应当确定城市风貌特色，保护自然山水格局，优化城市形态格局，明确公共空间体系，并可与城市（县人民政府所在地建制镇）总体规划合并报批。
	重点地区城市设计要求：应当塑造城市风貌特色，注重与山水自然的共生关系，协调市政工程，组织城市公共空间功能，注重建筑空间尺度，提出建筑高度、体量、风格、色彩等控制要求。
	应编制城市设计的重点地区为：①城市核心区和中心地区；②体现城市历史风貌的地区；③ 新城新区；④重要街道，包括商业街；⑤滨水地区，包括沿河、沿海、沿湖地带；⑥山前地区；⑦其他能够集中体现和塑造城市文化、风貌特色，具有特殊价值的地区。

续表

内容	要　点
我国《城市设计管理办法》的颁布与实施	重点地区的城市设计编制内容： ① 历史文化街区和历史风貌保护相关控制地区开展城市设计，应当根据相关保护规划和要求，整体安排空间格局，保护延续历史文化，明确新建建筑和改扩建建筑的控制要求。 ② 重要街道、街区开展城市设计，应当根据居民生活和城市公共活动需要，统筹交通组织，合理布置交通设施、市政设施、街道家具，拓展步行活动和绿化空间，提升街道特色和活力。 ③ 城市设计重点地区范围以外地区，可以根据当地实际条件，依据总体城市设计，单独或者结合控制性详细规划等开展城市设计，明确建筑特色、公共空间和景观风貌等方面的要求。
城市设计的落实与实施	重点地区城市设计的内容和要求应当纳入控制性详细规划，并落实到控制性详细规划的相关指标中。重点地区的控制性详细规划未体现城市设计内容和要求的，应当及时修改完善。 单体建筑设计和景观、市政工程方案设计应当符合城市设计要求。以出让方式提供国有土地使用权，以及在城市、县人民政府所在地建制镇规划区内的大型公共建筑项目，应当将城市设计要求纳入规划条件。 城市、县人民政府城乡规划主管部门负责组织编制本行政区域内总体城市设计、重点地区的城市设计，并报本级人民政府审批。
我国城市设计项目的类型与特点	在我国，近年来城市设计的实践比较丰富，各种探索都很活跃，具体来说以下的5种类型比较常见。 ① 城市设计策略。这包括区域、整体或片区的城市设计，以及城市某个系统的城市设计。要用局部的设计图纸或文字描述，通过控制和引导的方式实施。 ② 城市开发意象。大多出现在城市新区等大型项目的开发之前，一般由政府组织，为城市征集空间发展模式的方案，三维意象和空间模式作为主要的成果，可以为后续的建设提供一个框架，但是往往停留在方案阶段。 ③ 研究辅助型设计。一般出现在控制性详细规划的前期工作中，控制性详细规划是我国城市规划管理的一个主要阶段和手段，由于传统控制性详细规划疏于考虑城市空间与人的使用，在规划编制的同时进行城市设计的研究，并且在管理中作为控制和引导的补充手段，可以促进良好城市环境的形成。 ④ 修建性详细规划。这类城市设计可以看作是在技术方法上优化以后的修建性详细规划，本质上没有区别，通常包括建筑群体、公共空间和居住区的详细规划设计。 ⑤ 城市环境改善。在城市建成环境中进行的城市设计，一般可以归为此类，是我国城市设计实践中最具有现实意义的一个类型。

2018-078. 根据住房和城乡建设部《城市设计管理办法》，下列表述中不准确的是(　　)。

A. 重点地区城市设计应当塑造城市风貌特色，提出建筑高度、体量、风格、色彩等控制要求

B. 重点地区城市设计的内容和要求应当纳入控制性详细规划，详细控制要点应纳入修建性详细规划

C. 城市、县人民政府城乡规划主管部门负责组织编制本行政区域重点地区的城市设计

D. 城市设计重点地区范围以外地区，可依据总体城市设计，单独或者结合控制性详细规划等开展城市设计

【答案】B

【解析】重点地区城市设计的内容和要求应当纳入控制性详细规划，并落实到控制性详细规划的相关指标中。重点地区的控制性详细规划未体现城市设计内容和要求的，应当及时修改完善。

2010-100. 关于城市设计和控制性详细规划的表述，下列哪些项是不准确的？（　　）

A. 控制性详细规划中关于建筑体量的指导原则属于城市设计的工作范畴

B. 在编制控制性详细规划时，可以运用城市设计的方法，提高控制性详细规划编制的质量

C. 若城市设计项目中已具有控制指标和分图图则，则不需要单独编制控制性详规规划

D. 在控制性详细规划编制完成后，可以依据法定程序对其中有关的城市设计内容进行调整

E. 城市设计成果的指标，可作为控制性详细规划的主要控制指标

【答案】CDE

【解析】城市设计项目类型包括五类：城市设计策略、城市开发意向、研究辅助型设计（在规划编制的同时进行城市设计的研究，然后纳入其成果）、修建性详细规划、城市环境改善。控制性详细规划应把城市设计的研究作为确定各项指标的前提，并且在控制性详细规划的技术成果中纳入城市设计的指导性内容。

第十章　城乡规划实施

大纲要求 **表 10-0-1**

内容	要求	说明
城乡规划实施	城乡规划实施的主要影响因素	掌握影响城乡规划实施的基本因素
		熟悉公共性设施建设与城乡规划实施的关系
		熟悉商业性开发与城乡规划实施的关系

第一节　城乡规划实施的含义、作用与机制

一、城乡规划实施的基本概念

相关真题：2018-079、2017-079、2014-079、2013-080、2013-079、2012-080、2012-079、2011-079、2010-079

城乡规划实施的基本概念　　表 10-1-1

内容	要　求
概念	城乡规划实施就是将预先协调好的行为纲领和确定的计划付诸行动，并最终得到实现。城乡规划实施是一个综合性的概念，从理想的角度讲，城市规划实施包括了城市发展和建设过程中的所有建设行为。
手段	规划手段：政府运用规划编制和实施的行政权力，通过各类规划的编制来推进城乡规划的实施。
	政策手段：政府根据城市规划的目标和内容，从规划实施的角度制定相关政策来引导城市的发展。通过制定规划实施的政策导引来引导城市开发建设行为。
	财政手段： ① 政府运用公共财政直接参与到建设活动中。包括政府通过市政公用设施和公益性设施的建设，如道路、给排水、学校等，一方面以此来实施城市规划所确定的城市基础性设施的建设项目，保证城市的有序运行，另一方面则可以以此来引导其他土地使用的开发建设。还包括政府对具有社会福利保障性设施的开发建设，如建设公共住宅（廉租房、经济适用房等）。此外，政府也可以为实施城乡规划，采用与私人开发企业合作进行特定地区和类型的开发建设活动，如旧城改造和更新、开发区建设等。 ② 政府通过对特定地区或类型的建设活动进行财政奖励，包括减免税收、提供资金奖励或者补偿、信贷保证等，从而使城市规划所确定的目标和内容为私人开发所接受和推进。
	管理手段： 政府根据法律授权，通过对开发项目的规划管理，保证城乡规划所确立的目标、原则和具体内容在城市开发和建设行为中得到贯彻。这种管理实质上是通过对具体建设项目的开发建设进行控制来达到规划实施的目的。
实施城乡规划的非公共部门行为	① 以实质性的投资、开发活动来实施城市规划； ② 各类组织、机构、团体或者个人对各项建设活动的监督。

2018-079. **下列关于城乡规划实施的表述，错误的是(　　)。**

A. 各级政府根据法律授权负责城乡规划实施的组织和管理

B. 政府部门通过对具体建设项目开发建设进行管制才能达到规划实施的目的

C. 城乡规划实施包括了城乡发展和建设过程中的公共部门和私人部门的建设性活动

D. 政府运用公共财政建设基础设施和公益性设施，直接参与城乡规划的实施

【答案】B

【解析】政府根据法律授权通过对开发项目的规划管理，保证城乡规划所确定的目标、原则和具体内容在城市开发和建设行为中得到贯彻。这种管理实质上是通过对具体建设项

目的开发建设进行控制来达到规划实施的目的，但实现规划实施目的手段不局限于管理手段，还有规划手段、政府手段，以及财政手段等。

2017-079、2011-079. 下列关于规划实施的表述，错误的是(　　)。

A. 规划实施包括了城市所有建设性行为

B. 规划实施的作用是保证城市功能和物质设施建设之间的协调

C. 规划实施的组织应当包括促进、鼓励某类项目在某些地区的集中建设

D. 规划实施管理是对各项建设活动实行审批或许可以及监督检查的综合

【答案】A

【解析】由城乡规划实施的基本概念可知，选项A不符合题意。此题选A。

2014-079. 关于城乡规划实施的表述，不准确的是(　　)。

A. 城市发展和建设中的所有建设行为都应该称为城市规划实施的行为

B. 政府通过控制性详细规划来引导城市建设活动，从而保证总体规划的实施

C. 近期建设规划是城市总体规划的组成部分，不属于城市规划实施的手段

D. 私人部门的建设活动是出于自身利益而进行的，但只要符合城市规划的要求，也同样是城市规划实施行为

【答案】C

【解析】政府行为的规划手段：政府运用规划编制和实施的行政权力，通过各类规划的编制来推进城乡规划的实施。如政府根据城市规划和经济社会发展规划，制定其他相关计划，如近期建设规划、土地出让计划、各项市政公用设施的实施计划等，使城乡规划所确定的目标和基本的布局得以具体落实。所以近期建设规划属于城市规划实施的手段。

2013-080、2012-080. 下列关于城乡规划实施的表述，错误的是(　　)。

A. 城乡规划实施的组织和管理是各级人民政府及社会公众的重要责任

B. 城乡规划实施的组织，必须建立以规划审批来推进规划实施的机制

C. 城乡建设项目的规划管理包括建设用地管理、建设工程管理以及建设项目实施的监督检查

D. 城乡规划实施的监督检查指的是行政监督、媒体监督和社会监督

【答案】D

【解析】城市规划实施监督是对城市规划的整个实施过程的监督检查，在规划实施的监督检查中，主要包括以下几个方面：行政监督检查，立法机构的监督检查和社会监督，故D项错误。

2013-079. 下列关于城乡规划实施手段的表述中，正确的是(　　)。

A. 规划手段，政府根据城市规划的目标和内容，从规划实施的角度制定相关政策来引导城市发展

B. 政策手段，政府运用规划编制和实施的行政权力，通过各类规划来推进城市规划的实施

C. 财政手段，政府运用公共财政的手段，调节、影响城市建设的需求和进程

D. 管理手段，政府根据城乡规划，按照规划文本的内容来管理城市发展

【答案】C

【解析】由城乡规划实施的基本概念可知，选项C符合题意。此题选C。

2012-079. 下列关于城乡规划实施手段的表述，不准确的是(　　)。

A. 规划手段是指政府运用规划编制和实施的行政权力，通过各类规划的编制来推进城市规划的实施

B. 政策手段是指政府根据城市规划的目标和内容，从规划实施的角度制定相关政策来引导城市发展

C. 财政手段是指政府运用公共财政的手段，调节、影响城市建设的需求和进程，保证城市规划目标的实现

D. 管理手段是指政府根据城市规划，按照规划文本的内容来管理城市发展

【答案】D

【解析】由城乡规划实施的基本概念可知，选项D表述不准确。此题选D。

2010-079. 下列关于城乡规划实施的表述，哪项是错误的？(　　)

A. 编制控制性详细规划是实施城市总体规划的重要手段

B. 公共部门建设的城市基础设施，可以起到引导私人部门开发建设的作用

C. 私人企业进行旧城改造难以保证城市规划的实施

D. 政府对建设项目的规划管理，目的在于使各项建设活动不偏离城市规划确立的目标

【答案】C

【解析】由城乡规划实施的基本概念可知，选项C表述不准确。此题选C。

二、城乡规划实施的目的与作用

城乡规划实施的目的与作用　　表10-1-2

内容	要　求
目的	城乡规划实施的目的在于实现城市规划对城市建设和发展的引导和控制作用，保证城市社会、经济及建设活动能够高效、有序、持续地进行。
作用	城乡规划实施的首要作用就是使经过多方协调并经法定程序批准的城乡规划在城市建设和发展过程中发挥作用，保证城市中的各项建设和发展活动之间协同行动，提高城市建设和发展中的决策质量，推进城市发展目标的有效实现。 城乡规划的实施就是为了使城市的功能与物质性设施及空间组织之间不断地协调，这种协调主要体现在几个方面： ① 根据城市发展的需要，在空间和时序上有序安排城市各项物质性设施的建设，使城市的功能、各项物质性设施的建设在满足各自要求的基础上，相互之间能够协调、相辅相成，促进城市的协调发展； ② 根据城市的公共利益，适时建设满足各类城市活动所需的公共设施，推进城市各项功能的不断优化； ③ 适应城市社会的变迁，在满足不同人群和不同利益集团的利益需求的基础上取得相互之间的平衡，同时又不损害城市的公共利益； ④ 处理好城市物质性设施建设与保障城市安全、保护城市的自然和人文环境等的关系，全面改善城市和乡村的生产和生活条件，推进城市的可持续发展。

三、城乡规划实施的机制

城乡规划实施的组织　　表 10-1-3

内容	要　点
职责	城乡规划的实施组织和管理是各级人民政府的重要职责。《城乡规划法》规定："地方各级人民政府应当根据当地经济社会发展水平，量力而行，尊重群众意愿，有计划、分步骤地组织实施城乡规划。"
具体要求	城市的建设和发展，应当优先安排基础设施以及公共服务设施的建设，妥善处理新区开发与旧区改建的关系，统筹兼顾进城务工人员生活和周边农村经济社会发展、村民生产与生活的需要。
	镇的建设和发展，应当结合农村经济社会发展和产业结构调整，优先安排供水、排水、供电、供气、道路、通信、广播电视等基础设施和学校、卫生院、文化站、幼儿园、福利院等公共服务设施的建设，为周边农村提供服务。
	乡、村庄的建设和发展，应当因地制宜、节约用地，发挥村民自治组织的作用，引导村民合理进行建设，改善农村生产、生活条件。
	城市新区的开发和建设，应当合理确定建设规模和时序，充分利用现有市政基础设施和公共服务设施，保护自然资源和生态环境，体现地方特色。 在城市总体规划、镇总体规划确定的建设用地范围以外，不得设立各类开发区和城市新区。
	旧城区的改建，应当保护历史文化遗产和传统风貌，合理确定拆迁和建设规模，有计划地对危房集中、基础设施落后的地段进行改建。
机制	① 近期建设规划和控制性详细规划是总体规划实施的重要手段； ② 近期建设规划能够有序推进总体规划的实施； ③ 控制性详细规划，对于建设项目的管理有着决定性的作用。

相关真题：2017-080、2011-080、2010-080、2008-016

城乡规划实施的管理　　表 10-1-4

内容	要　点
建设用地的管理	① 对于以划拨方式提供国有土地使用权的建设项目，应当向城乡规划主管部门申请核发选址意见书，在得到许可后，方能由土地主管部门划拨土地。 ② 对于以出让方式提供国有土地使用权的建设项目，应当将城乡规划管理部门依据控制性详细规划提供的规划条件，作为土地使用权出让合同的组成部分。 ③ 在乡、村庄规划区内的建设项目，不得占用农用地，确需占用农地的，应办理相关手续。
建设工程管理	① 在城市、镇规划区内进行建筑物、构筑物、道路、管线和其他工程建设的，建设单位或者个人应当向城市、县人民政府城乡规划主管部门或者省、自治区、直辖市人民政府确定的镇人民政府申办建设工程规划许可证。 ② 在乡、村庄规划区内进行建设的，建设单位或者个人应当向乡、镇人民政府提出申请，由乡、镇人民政府报城市、县人民政府城乡规划主管部门核发乡村建设规划许可证。
建设项目实施的监督检查	① 要求有关单位和人员提供与监督事项有关的文件、资料，并进行复制。 ② 要求有关单位和人员就监督事项涉及的问题作出解释和说明，并根据需要进入现场进行勘测。 ③ 责令有关单位和人员停止违反有关城乡规划的法律、法规的行为。

2017-080、2011-080. 下列关于规划实施管理的表述，错误的是(　　)。

A. 对于以划拨方式提供国有土地使用权的建设项目，建设单位在报送有关部门批准或核准前，应当向城乡规划主管部门申请核发选址意见书

B. 以出让方式提供国有土地使用权的建设项目，城乡规划主管部门应当依据控制性详细规划提出规划条件

C. 在乡村规划区内进行建设确需占用农用地的，应当先办理乡村建设规划许可证再办理农用地转用手续

D. 在城市规划区内进行建设的，必须先办理建设用地规划许可证，再办理土地审批手续

【答案】C

【解析】《城乡规划法》第四十一条规定，在乡、村庄规划区内进行乡镇企业、乡村公共设施和公益事业建设以及农村村居住宅建设，不得占用农用地；确需占用农用地的，应当依照《中华人民共和国土地管理法》有关规定办理农用地转用审批手续后，由城市、县人民政府城乡规划主管部门核发乡村建设规划许可证。建设单位或者个人在取得乡村建设规划许可证后，方可办理用地审批手续。故C项符合题意。

2010-080. 下列哪项不准确的是？(　　)

A. 城乡规划主管部门依据控制性详细规划提出的规划条件，是国有土地使用权出让合同的组成部分

B. 以出让方式取得国有土地使用权的建设项目，在签订国有土地使用权出让合同后，建设单位应向城乡规划主管部门申请办理建设用地规划许可证

C. 城乡规划主管部门在建设用地规划许可证中，不得擅自改变作为国有土地使用权出让合同组成部分的规划条件

D. 建设项目完工后，城乡规划主管部门对建设项目是否符合规划条件进行核实是项目建设单位组织竣工验收的前提条件

【答案】D

【解析】《城乡规划法》第三十八条，在城市、镇规划区内以出让方式提供国有土地使用权的，在国有土地使用权出让前，城市、县人民政府城乡规划主管部门应当依据控制性详细规划，提出出让地块的位置、使用性质、开发强度等规划条件，作为国有土地使用权出让合同的组成部分。未确定规划条件的地块，不得出让国有土地使用权。故A项正确。以出让方式取得国有土地使用权的建设项目，在签订国有土地使用权出让合同后，建设单位应当持建设项目的批准、核准、备案文件和国有土地使用权出让合同，向城市、县人民政府城乡规划主管部门领取建设用地规划许可证。故B项正确。城市、县人民政府城乡规划主管部门不得在建设用地规划许可证中，擅自改变作为国有土地使用权出让合同组成部分的规划条件。故C项正确。

第四十五条，县级以上地方人民政府城乡规划主管部门按照国务院规定对建设工程是否符合规划条件予以核实。未经核实或者经核实不符合规划条件的，建设单位不得组织竣工验收。建设单位应当在竣工验收后六个月内向城乡规划主管部门报送有关竣工验收资料。故D项表述不准确。

2008-016. 下列说法不正确的是(　　)。

A. 以划拨方式提供国有土地使用权的项目，应先取得建设用地规划许可证，方可向土地主管部门申请用地

B. 对未取得建设用地规划许可证的建设单位批准用地的，由县级以上人民政府撤销有关批准文件

C. 土地主管部门不得在国有土地使用权出让合同中擅自改变建设用地规划许可证中所规定的规划条件

D. 规划条件未纳入国有土地使用权出让合同的，该国有土地使用权出让合同无效

【答案】A

【解析】由城市规划实施的管理可知，选项A表述不准确。此题选A。

城乡规划实施的监督检查　　表10-1-5

内容	要　点
组成	城乡规划实施监督是对城市规划整个过程的监督检查，其中包括了对城乡规划实施的组织、城乡规划实施的管理以及对法定规划的执行情况等所实行的监督检查。
监督检查类型	行政监督检查，是指各级人民政府及城市规划主管部门对城市规划实施的全过程实行的监督管理。 ① 各级人民政府及其城市规划主管部门对城市规划的编制、审批、实施、修改的监督检查； ② 对各项建设活动的开展及其城市规划实施之间的关系进行监督管理。
	立法机构的监督检查。《城乡规划法》规定，地方各级人民政府应当向本级人民代表大会常务委员会或者乡、镇人民代表大会报告城乡规划的实施情况，并接受监督。
	社会监督，是指社会各界对城市规划实施的组织和管理行为的监督。

第二节　城乡规划实施的基本内容

一、影响城乡规划实施的基本因素

影响城乡规划实施的基本因素　　表10-2-1

内容	要　点
基本因素	政府组织管理：城乡规划是各级政府的重要职责，而各级政府的机构组织、管理行为的方式方法以及政府间的相互关系等都会对城乡规划的实施产生影响。
	城市发展状况：城乡规划的实施都是需要通过一定的社会经济手段才能进行，因此，城市发展的状况就决定了城市规划实施的基本途径和可能。
	社会意愿与公众参与：城乡规划是一项全社会的事业，城乡规划的实施是由城市社会整体共同进行的，因此，城市社会中各个方面的参与及其态度、意愿等，是城乡规划能否得到有效实施的关键。
	法律保障：城乡规划既是政府行为的重要组成部分，又与社会各个方面的利益有直接关系，而社会利益又具有多样性。在这样的条件下，只有通过法律制度的建设和保障，才有可能更好地调节社会利益关系，从而保证城市规划的实施。
	城乡规划的体制：城乡规划的体制直接关系到规划实施的开展，同样关系到规划实施过程中出现的问题的处理方式。因此，不同的规划体制就有可能导致不同的规划实施的成效。

二、公共性设施开发与城乡规划实施的关系

公共性设施开发与城乡规划实施的关系　　表 10-2-2

内容	要　点
概念	公共性设施是指社会公众所共享的设施，主要包括公共绿地、公立的学校和医院等，也包括城市道路和各项市政基础设施。
特点	一般来说，公共性设施主要是由政府公共部门进行开发的，因为公共性设施是最为典型的公共物品，具有非排他性和非竞争性。
作用	在城市建成环境中，公共性设施的开发起着主导性的作用，既为社会公众提供必要的设施条件，同时也为非公共领域或商业性的开发提供了可能性和规定性。

公共性设施开发的过程　　表 10-2-3

内容	要　点
项目设想阶段	公共性设施项目的提出，大致可以分为两种类型：一种是弥补型的，另外一种是发展型的。就政府行为而言，前者是被动的，是出现了问题之后的应对；后者是主动的，是在问题产生之前的有意识引导。
可行性研究阶段	可行性研究是项目决策的关键性步骤。 公共设施项目的可行性研究更主要是针对要达到的设施建设目标所需要的投资量，即确定对项目建设的投资总额，并且证明这样的投资额对于实现设施需要达到的社会目标是必需的。
项目决策阶段	在可行性研究成果的基础上，政府部门需要对是否投资建设、合适投资建设等作出决策。一旦作出建设的决策，就需要将项目列入政府的财政预算，预算确定后即付诸实施。
项目实施阶段	项目实施就是根据预算所确定的投资额和相应的财政安排，从对项目的初步构想开始一步一步地付诸实施，指导最后建成。在一般情况下，项目实施至少可以分为两个阶段，即项目设计阶段和项目施工阶段。
项目投入使用阶段	项目施工完成后，经验收通过即可投入使用，并发挥其效用。

相关真题：2014-080

公共性设施开发与城乡规划实施　　表 10-2-4

内容	要　点
公共性设施开发建设	① 公共性设施的开发建设是政府有目的地、积极地实施城乡规划的重要内容和手段。 ② 公共性设施的开发建设对私人的商业性开发具有引导作用，通过特定内容的公共性设施的开发建设，也规定了商业性开发的内容和数量，从而保证商业性开发计划与城乡规划所确定的内容相一致，从整体上保证城市规划的实施。
阶段	① 项目设想阶段，政府部门应当将城乡规划中所确定的各项公共性设施分步骤地纳入各自的建设计划之中，并予以实施，尤其是对于发展性公共性设施开发。城乡规划在安排地区性开发时通常已较完整地安排了各项设施，在进行公共性设施建设时，应优先根据已批准的城市规划进行实施。 ② 项目可行性研究阶段，城乡规划必须为这些项目的开发建设进行选址，确定项目建设用地的位置和范围，提出在特定地点进行建设的规划设计条件。

续表

内容	要　点
阶段	③ 在项目决策阶段，城乡规划不仅是项目本身决策的一项重要依据，而且，为不同公共性设施项目之间的抉择以及它们之间的配合等也提供了基础。公共性设施项目的决策需要以城市规划作为依据进行统筹的考虑。 ④ 在项目实施阶段，公共性设施项目的设计必须符合相应的规划条件，这些条件既是保证设施将来使用和运营的需要，同时也是为了避免产生不利的外部性，避免对他人利益的不利影响。 ⑤ 在项目投入使用后，必须按照项目本身的使用功能使用，不能随意改变用途，因为用途的改变会带来与周边地区的各项关系的改变，进而有可能影响到整个地区效益的发挥。

2014-080. **关于公共性设施的表述，错误的是(　　)。**

A. 公共性设施是指社会公众所共享的设施

B. 公共性设施都是由政府部门进行开发的

C. 公共性设施的开发可引导和带动商业性的开发

D. 公共性设施未经规划主管部门核实是否符合规划条件，不得组织竣工验收

【答案】B

【解析】一般来说，公共性设施主要是由政府公共部门进行开发的，故B项表述错误。

三、商业性开发与城乡规划实施的关系

商业性开发与城乡规划实施的关系　　**表 10-2-5**

内容	要　点
概念及特征	商业性开发是指以营利为目的的开发建设活动。 所有商业性开发的决策都是在对项目的经济效益和相关风险进行评估的基础上做出的。
过程	① 项目构想与策划阶段；② 建设用地的获得；③ 项目投融资阶段；④ 项目实施阶段；⑤ 销售与经营。
实施	商业性开发以对私人利益的追求为出发点和核心，而对私人利益的过度追求就有可能侵害到他人利益和公共利益，经济学等学科已经对此有很深刻的揭示，这就需要政府的干预。就整体而言，城乡规划的重要作用就是要通过开发控制等手段，将对个体的、私人的利益追求引导到对城市发展和公共利益的贡献上来，既保证私人利益的实现，同时又不造成对公共利益的侵害。 ① 在商业性开发的项目构想与策划阶段，为了保证商业性开发能够更有效率地开展，就需要对项目所在地的城乡规划有充分的认识，并在城乡规划所引导的方向上来构想和策划相关的项目，同时也要充分考虑公共性设施的负荷能力。 ② 在建设用地获得的阶段，土地使用的规划条件必须成为土地（使用权）交易的重要基础，并且在此后的实施过程中得到全面的贯彻，这是保证商业性开发活动能够为城乡规划实施做出贡献的重要条件。 《城乡规划法》规定，“在城市、镇规划区内以出让方式提供国有土地使用权的，在国有土地使用权出让前，城市、县人民政府城乡规划主管部门应当依据控制性详细规划，提出出让地块的位置、使用性质、开发强度等规划条件，作为国有土地使用权出让合同的组成部分。未确定规划条件的地块，不得出让国有土地使用权”，“规划条件未纳入国有土地使用权出让合同的，该国有土地使用权出让合同无效”。 ③ 在项目实施阶段，城乡规划部门通过对项目设计的成果进行控制，保证规划的意图在项目的设计阶段能够得到体现，避免项目的实施造成对社会公共利益以及周边地区他人利益的损害。 ④ 在项目建成后的销售和经营阶段，销售的合同应当执行和延续规划条件，即应杜绝不符合规划条件的使用。

第十一章　国土空间规划体系

第一节　国土空间规划改革进程

一、国土空间规划的提出背景

规划类型过多：针对不同问题，我国制定了诸多不同层级、不同内容的空间性规划，组成了一个复杂的体系。

内容重叠冲突：由于规划类型过多，各部门规划自成体系，不断扩张，缺乏顶层设计；各类规划在基础数据的采集与统计、用地分类标准及空间管制分区标准等技术方面存在差异，内容的重叠冲突不可避免，且审批流程复杂、周期过长，导致地方规划朝令夕改。

规划类型　　　　**表 11-1-1**

主管部门	规划名称	规划期限	规划层次	规划范围
国家发改委	经济社会发展规划	5 年	国家、省、市、县	全域
国家发改委	主体功能区规划	10～15 年	国家、省	全域
原国土资源部	土地利用总体规划	15 年	国家、省、市、县、乡	全域
原国土资源部	国土规划	15～20 年	国家、省	全域
住房和城乡建设部	城乡规划	15～20 年	城镇	城镇局部
原环保部	生态环境保护规划	5 年	国家、省、市（县）	局部

二、国土空间规划的解决方案

国土空间规划的解决方案　　　　**表 11-1-2**

问题	解决方案	说明
规划类型过多	多规合一	将主体功能区规划、土地利用规划、城乡规划等空间规划融合为统一的国土空间规划，实现“多规合一”。
内容重叠冲突	一张图	完善国土空间基础信息平台。以自然资源调查监测数据为基础，采用国家统一的测绘基准和测绘系统，整合各类空间关联数据，建立全国统一的国土空间基础信息平台。 以国土空间基础信息平台为底板，结合各级各类国土空间规划编制，同步完成县级以上国土空间基础信息平台建设，实现主体功能区战略和各类空间管控要素精准落地，逐步形成全国国土空间规划“一张图”，推进政府部门之间的数据共享以及政府与社会之间的信息交互。
审批流程复杂、周期过长	成立自然资源部	根据机构改革方案，全国陆海域空间资源管理及空间性规划编制和管理职能被整合进自然资源部。
地方规划朝令夕改	一张蓝图干到底	严格执行规划，以钉钉子精神抓好贯彻落实，久久为功，做到一张蓝图干到底。

注：依据《中共中央　国务院关于建立国土空间规划体系并监督实施的若干意见》中“二、总体要求（二）主要目标”的内容编制。

三、国土空间规划的政策进程

国土空间规划的政策进程　　表 11-1-3

时间	政策进程
2012 年 11 月 首次提出	中共十八大报告 明确提出“促进生产空间集约高效、生活空间宜居适度、生态空间山清水秀”的总体要求，将优化国土空间开发格局作为生态文明建设的首要举措。
2013 年 11 月 地位初现	《中共中央关于全面深化若干重大问题的决定》 “加快生态文明制度建设”的要求，首次提出“通过建立空间规划体系，划定生产、生活、生态空间开发管制界限，落实用途管制”。从此，空间规划正式从国家引导和控制城镇化的技术工具上升为生态文明建设基本制度的组成部分，成为治国理政的重要支撑。
2015 年 9 月 编制试点	《生态文明体制改革总体方案》 整合目前各部门分头编制的各类空间性规划，编制统一的空间规划，实现规划全覆盖。空间规划是国家空间发展的指南、可持续发展的空间蓝图，是各类开发建设活动的基本依据。空间规划分为国家、省、市县（设区的市空间规划范围为市辖区）三级。研究建立统一规范的空间规划编制机制。鼓励开展省级空间规划试点。
2018 年 9 月 26 日	《乡村振兴战略规划（2018－2022 年）》
2018 年 3 月 机构改革	《深化党和国家机构改革方案》 要求组建自然资源部，“强化国土空间规划对各专项规划的指导约束作用，推进多规合一，实现土地利用规划、城乡规划等有机融合”。 《国务院机构改革方案》 明确组建自然资源部，统一行使所有国土空间用途管制和生态保护修复职责，“强化国土空间规划对各专项规划的指导约束作用”，推进“多规合一”；负责建立空间规划体系并监督实施。
2019 年 5 月 23 日 正式启动	《中共中央　国务院关于建立国土空间规划体系并监督实施的若干意见》（中发〔2019〕18 号）
2019 年 5 月 28 日 展开工作	《自然资源部关于全面开展国土空间规划工作的通知》自然资发〔2019〕87 号
2019 年 5 月	《市县国土空间规划基本分区与用途分类指南（试行）》
2019 年 5 月 31 日	《自然资源部办公厅关于加强村庄规划促进乡村振兴的通知》
2019 年 6 月	《城镇开发边界划定指南（试行）》
2019 年 8 月 26 日	《生态保护红线勘界定标技术规程》（生态环保部、自然资源部）
2019 年 11 月 1 日	《关于在国土空间规划中统筹划定落实三条控制线的指导意见》
2020 年 1 月 17 日	《省级国土空间规划编制指南（试行）》
2020 年 1 月 22 日	《资源环境承载能力和国土空间开发适宜性评价指南（试行）》

四、国土空间规划的主要目标

国土空间规划的主要目标（三步走）　　表 11-1-4

进程	说　明
到 2020 年	① 基本建立国土空间规划体系，逐步建立“多规合一”的规划编制审批体系、实施监督体系、法规政策体系和技术标准体系； ② 基本完成市县以上各级国土空间总体规划编制； ③ 初步形成全国国土空间开发保护“一张图”。
到 2025 年	① 健全国土空间规划法规政策和技术标准体系； ② 全面实施国土空间监测预警和绩效考核机制； ③ 形成以国土空间规划为基础，以统一用途管制为手段的国土空间开发保护制度。
到 2035 年	全面提升国土空间治理体系和治理能力现代化水平，基本形成生产空间集约高效、生活空间宜居适度、生态空间山清水秀，安全和谐、富有竞争力和可持续发展的国土空间格局。

注：依据《中共中央　国务院关于建立国土空间规划体系并监督实施的若干意见》中“二、总体要求（二）主要目标”的内容编制。

第二节　国土空间规划的基本概念

相关概念来源于《省级国土空间规划编制指南（试行）》及《资源环境承载能力和国土空间开发适宜性评价指南（试行）》的部分内容。

国土空间规划的基本概念　　表 11-2-1

术语	定　义
国土空间	国家主权与主权权利管辖下的地域空间，包括陆地国土空间和海洋国土空间。
国土空间规划	对国土空间的保护、开发、利用、修复作出的总体部署与统筹安排。
国土空间保护	对承担生态安全、粮食安全、资源安全等国家安全的地域空间进行管护的活动。
国土空间开发	以城镇建设、农业生产和工业生产等为主的国土空间开发活动。
国土空间利用	根据国土空间特点开展的长期性或周期性使用和管理活动。
生态修复和国土综合整治	遵循自然规律和生态系统内在机理，对空间格局失衡、资源利用低效、生态功能退化、生态系统受损的国土空间，进行适度的人为引导、修复或综合整治，维护生态安全、促进生态系统良性循环的活动。
国土空间用途管制	以总体规划、详细规划为依据，对陆海所有国土空间的保护、开发和利用活动，按照规划确定的区域、边界、用途和使用条件等，核发行政许可、进行行政审批等。
主体功能区	以资源环境承载能力、经济社会发展水平、生态系统特征以及人类活动形式的空间分异为依据，划分出具有某种特定主体功能、实施差别化管控的地域空间单元。
生态空间	以提供生态系统服务或生态产品为主的功能空间。
农业空间	以农业生产、农村生活为主的功能空间。
城镇空间	以承载城镇经济、社会、政治、文化、生态等要素为主的功能空间。

续表

术语	定义
生态保护红线	在生态空间范围内具有特殊重要生态功能，必须强制性严格保护的陆域、水域、海域等区域。
永久基本农田	按照一定时期人口和经济社会发展对农产品的需求，依据国土空间规划确定的不得擅自占用或改变用途的耕地。
城镇开发边界	在一定时期内因城镇发展需要，可以集中进行城镇开发建设，重点完善城镇功能的区域边界，涉及城市、建制镇以及各类开发区等。
城市群	依托发达的交通通信等基础设施网络所形成的空间组织紧凑、经济联系紧密的城市群体。
都市圈	以中心城市为核心，与周边城镇在日常通勤和功能组织上存在密切联系的一体化地区，一般为一小时通勤圈，是区域产业、生态和设施等空间布局一体化发展的重要空间单元。
城镇圈	以多个重点城镇为核心，空间功能和经济活动紧密关联、分工合作，可形成小城镇整体竞争力的区域，一般为半小时通勤圈，是空间组织和资源配置的基本单元，体现城乡融合和跨区域公共服务均等化。
生态单元	具有特定生态结构和功能的生态空间单元，体现区域（流域）生态功能系统性、完整性、多样性、关联性等基本特征。
地理设计	基于区域自然生态、人文地理禀赋，以人与自然和谐为原则，用地理学的理论和数字化等工具，塑造高品质的空间形态和功能的设计方法。
资源环境承载能力	基于特定发展阶段、经济技术水平、生产生活方式和生态保护目标，一定地域范围内资源环境要素能够支撑农业生产、城镇建设等人类活动的最大合理规模。
国土空间开发适宜性	在维系生态系统健康和国土安全的前提下，综合考虑资源环境等要素条件，特定国土空间进行农业生产、城镇建设等人类活动的适宜程度。
第三次全国国土调查	简称“三调”。

注：1　双评价即资源环境承载能力及国土空间开发适宜性。

2　“三区三线”：“三区”为生态空间、农业空间、城镇空间，“三线”为生态保护红线、永久基本农田及城镇开发边界。

第三节　国土空间规划体系

国土空间规划体系分为四个体系，即编制审批体系、实施监督体系、法规政策体系和技术标准体系。

一、国土空间规划编制审批体系

国土空间规划编制体系（五级三类）　　表 11-3-1

总体规划	详细规划		相关专项规划
全国国土空间规划	—		专项规划
省国土空间规划			专项规划
市国土空间规划	（边界内）详细规划	（边界外）村庄规划	专项规划
县国土空间规划			
镇（乡）国土空间规划			

注：依据《中共中央　国务院关于建立国土空间规划体系并监督实施的若干意见》中“三、总体框架（三）分级分类建立国土空间规划”的内容编制。

总体规划的编制与审批 **表 11-3-2**

类型	编制重点	编制、审批主体
全国国土空间规划	是对全国国土空间作出的全局安排，是全国国土空间保护、开发、利用、修复的政策和总纲，侧重战略性。	由自然资源部会同相关部门组织编制，由党中央、国务院审定后印发。
省国土空间规划	是对全国国土空间规划的落实，指导市县国土空间规划编制，侧重协调性。	由省级政府组织编制； 经同级人大常委会审议后报国务院审批。
市国土空间规划	市县和乡镇国土空间规划是本级政府对上级国土空间规划要求的细化落实，是对本行政区域开发保护作出的具体安排，侧重实施性。	需报国务院审批的城市国土空间总体规划，由市政府组织编制，经同级人大常委会审议后，由省级政府报国务院审批； 其他市县及乡镇国土空间规划由省级政府根据当地实际，明确规划编制审批内容和程序要求； 各地可因地制宜，将市县与乡镇国土空间规划合并编制，也可以几个乡镇为单元编制乡镇级国土空间规划。
县国土空间规划		
镇（乡）国土空间规划		

注：依据《中共中央　国务院关于建立国土空间规划体系并监督实施的若干意见》中“三、总体框架”的部分内容编制。

专项规划与详细规划的编制与审批 **表 11-3-3**

规划类型	编制审批主体
海岸带、自然保护地等专项规划 跨行政区域或流域的国土空间规划	由所在区域或上一级自然资源主管部门牵头组织编制，报同级政府审批。
涉及空间利用的某一领域专项规划，如交通、能源、水利、农业、信息、市政等基础设施，公共服务设施，军事设施，以及生态环境保护、文物保护、林业草原等专项规划	由相关主管部门组织编制。
相关专项规划	可在国家、省和市县层级编制。
在城镇开发边界内的详细规划	由市县自然资源主管部门组织编制，报同级政府审批。
在城镇开发边界外的乡村地区的详细规划	以一个或几个行政村为单元，由乡镇政府组织编制“多规合一”的实用性村庄规划，作为详细规划，报上一级政府审批。

注：依据《中共中央　国务院关于建立国土空间规划体系并监督实施的若干意见》中“三、总体框架”的部分内容编制。

编制要求　　表 11-3-4

内容	说　明
体现战略性	全面落实党中央、国务院重大决策部署，体现国家意志和国家发展规划的战略性，自上而下编制各级国土空间规划，对空间发展作出战略性系统性安排。落实国家安全战略、区域协调发展战略和主体功能区战略，明确空间发展目标，优化城镇化格局、农业生产格局、生态保护格局，确定空间发展策略，转变国土空间开发保护方式，提升国土空间开发保护质量和效率。
提高科学性	坚持生态优先、绿色发展，尊重自然规律、经济规律、社会规律和城乡发展规律，因地制宜开展规划编制工作。 坚持节约优先、保护优先、自然恢复为主的方针，在资源环境承载能力和国土空间开发适宜性评价的基础上，科学有序统筹布局生态、农业、城镇等功能空间，划定生态保护红线、永久基本农田、城镇开发边界等空间管控边界以及各类海域保护线，强化底线约束，为可持续发展预留空间。 坚持山水林田湖草生命共同体理念，加强生态环境分区管治，量水而行，保护生态屏障，构建生态廊道和生态网络，推进生态系统保护和修复，依法开展环境影响评价。 坚持陆海统筹、区域协调、城乡融合，优化国土空间结构和布局，统筹地上地下空间综合利用，着力完善交通、水利等基础设施和公共服务设施，延续历史文脉，加强风貌管控，突出地域特色。 坚持上下结合、社会协同，完善公众参与制度，发挥不同领域专家的作用。运用城市设计、乡村营造、大数据等手段，改进规划方法，提高规划编制水平。
加强协调性	强化国家发展规划的统领作用，强化国土空间规划的基础作用。 国土空间总体规划要统筹和综合平衡各相关专项领域的空间需求。 详细规划要依据批准的国土空间总体规划进行编制和修改。 相关专项规划要遵循国土空间总体规划，不得违背总体规划强制性内容，其主要内容要纳入详细规划。
注重操作性	按照谁组织编制、谁负责实施的原则，明确各级各类国土空间规划编制和管理的要点。 明确规划约束性指标和刚性管控要求，同时提出指导性要求。 制定实施规划的政策措施，提出下级国土空间总体规划和相关专项规划、详细规划的分解落实要求，健全规划实施传导机制，确保规划能用、管用、好用。

注：依据《中共中央　国务院关于建立国土空间规划体系并监督实施的若干意见》中“四、编制要求 ”的内容编制。

二、国土空间规划实施监督体系

国土空间规划实施与监管　　表 11-3-5

内容	说　明
强化规划权威	规划一经批复，任何部门和个人不得随意修改、违规变更，防止出现换一届党委和政府改一次规划。 下级国土空间规划要服从上级国土空间规划，相关专项规划、详细规划要服从总体规划；坚持先规划、后实施，不得违反国土空间规划进行各类开发建设活动；坚持“多规合一”，不在国土空间规划体系之外另设其他空间规划。 相关专项规划的有关技术标准应与国土空间规划衔接。 因国家重大战略调整、重大项目建设或行政区划调整等确需修改规划的，须先经规划审批机关同意后，方可按法定程序进行修改。 对国土空间规划编制和实施过程中的违规违纪违法行为，要严肃追究责任。

续表

内容	说　明
改进规划审批	按照谁审批、谁监管的原则，分级建立国土空间规划审查备案制度。 精简规划审批内容，管什么就批什么，大幅缩减审批时间。 减少需报国务院审批的城市数量，直辖市、计划单列市、省会城市及国务院指定城市的国土空间总体规划由国务院审批。 相关专项规划在编制和审查过程中应加强与有关国土空间规划的衔接及“一张图”的核对，批复后纳入同级国土空间基础信息平台，叠加到国土空间规划“一张图”上。
健全用途管制制度	以国土空间规划为依据，对所有国土空间分区分类实施用途管制。 在城镇开发边界内的建设，实行“详细规划＋规划许可”的管制方式；在城镇开发边界外的建设，按照主导用途分区，实行“详细规划＋规划许可”和“约束指标＋分区准入”的管制方式。 对以国家公园为主体的自然保护地、重要海域和海岛、重要水源地、文物等实行特殊保护制度。因地制宜制定用途管制制度，为地方管理和创新活动留有空间。
监督规划实施	依托国土空间基础信息平台，建立健全国土空间规划动态监测评估预警和实施监管机制。 上级自然资源主管部门要会同有关部门组织对下级国土空间规划中各类管控边界、约束性指标等管控要求的落实情况进行监督检查，将国土空间规划执行情况纳入自然资源执法督察内容。 健全资源环境承载能力监测预警长效机制，建立国土空间规划定期评估制度，结合国民经济社会发展实际和规划定期评估结果，对国土空间规划进行动态调整完善。
推进“放管服”改革	以“多规合一”为基础，统筹规划、建设、管理三大环节，推动“多审合一”、“多证合一”。 优化现行建设项目用地（海）预审、规划选址以及建设用地规划许可、建设工程规划许可等审批流程，提高审批效能和监管服务水平。

注：依据《中共中央　国务院关于建立国土空间规划体系并监督实施的若干意见》中“五、实施与监管”的内容编制。

三、国土空间规划法规政策体系

国土空间规划的法规政策　　表 11-3-6

内容	说　明
完善法规政策体系	研究制定国土空间开发保护法，加快国土空间规划相关法律法规建设。梳理与国土空间规划相关的现行法律法规和部门规章，对“多规合一”改革涉及突破现行法律法规规定的内容和条款，按程序报批，取得授权后施行，并做好过渡时期的法律法规衔接。 完善适应主体功能区要求的配套政策，保障国土空间规划有效实施。

注：依据《中共中央　国务院关于建立国土空间规划体系并监督实施的若干意见》中“六、法规政策与技术保障”的内容编制。

四、国土空间规划技术标准体系

国土空间规划技术保障　　表 11-3-7

内容	说　明
完善技术标准体系	按照“多规合一”要求，由自然资源部会同相关部门负责构建统一的国土空间规划技术标准体系，修订完善国土资源现状调查和国土空间规划用地分类标准，制定各级各类国土空间规划编制办法和技术规程。

续表

内容	说　明
完善国土空间基础信息平台	以自然资源调查监测数据为基础，采用国家统一的测绘基准和测绘系统，整合各类空间关联数据，建立全国统一的国土空间基础信息平台。以国土空间基础信息平台为底板，结合各级各类国土空间规划编制，同步完成县级以上国土空间基础信息平台建设，实现主体功能区战略和各类空间管控要素精准落地，逐步形成全国国土空间规划"一张图"，推进政府部门之间的数据共享以及政府与社会之间的信息交互。

注：依据《中共中央　国务院关于建立国土空间规划体系并监督实施的若干意见》中"六、法规政策与技术保障"的内容编制。

五、国土空间基础信息平台的建设

同步构建国土空间规划"一张图"实施监督信息系统。基于国土空间基础信息平台，整合各类空间关联数据，着手搭建从国家到市、县级的国土空间规划"一张图"实施监督信息系统，形成覆盖全国、动态更新、权威统一的国土空间规划"一张图"。

第十二章　国土空间规划相关规范文件

第一节 《关于建立国土空间规划体系并监督实施的若干意见》

中共中央、国务院2019年5月23日印发《关于建立国土空间规划体系并监督实施的若干意见》，详细内容见下表。

一、作用与意义

作用与意义　　表12-1-1

内容	说　明
作用	国土空间规划是国家空间发展的指南、可持续发展的空间蓝图，是各类开发保护建设活动的基本依据。建立国土空间规划体系并监督实施，将主体功能区规划、土地利用规划、城乡规划等空间规划融合为统一的国土空间规划，实现“多规合一”，强化国土空间规划对各专项规划的指导约束作用，是党中央、国务院作出的重大部署。
重大意义	建立全国统一、责权清晰、科学高效的国土空间规划体系，整体谋划新时代国土空间开发保护格局，综合考虑人口分布、经济布局、国土利用、生态环境保护等因素，科学布局生产空间、生活空间、生态空间，是加快形成绿色生产方式和生活方式、推进生态文明建设、建设美丽中国的关键举措，是坚持以人民为中心、实现高质量发展和高品质生活、建设美好家园的重要手段，是保障国家战略有效实施、促进国家治理体系和治理能力现代化、实现“两个一百年”奋斗目标和中华民族伟大复兴中国梦的必然要求。

二、总体要求

总体要求　　表12-1-2

内容	说　明
指导思想	以习近平新时代中国特色社会主义思想为指导，全面贯彻党的十九大和十九届二中、三中全会精神，紧紧围绕统筹推进“五位一体”总体布局和协调推进“四个全面”战略布局，坚持新发展理念，坚持以人民为中心，坚持一切从实际出发，按照高质量发展要求，做好国土空间规划顶层设计，发挥国土空间规划在国家规划体系中的基础性作用，为国家发展规划落地实施提供空间保障。健全国土空间开发保护制度，体现战略性、提高科学性、强化权威性、加强协调性、注重操作性，实现国土空间开发保护更高质量、更有效率、更加公平、更可持续。
主要目标	① 到2020年，基本建立国土空间规划体系，逐步建立“多规合一”的规划编制审批体系、实施监督体系、法规政策体系和技术标准体系；基本完成市县以上各级国土空间总体规划编制，初步形成全国国土空间开发保护“一张图”。 ② 到2025年，健全国土空间规划法规政策和技术标准体系；全面实施国土空间监测预警和绩效考核机制；形成以国土空间规划为基础，以统一用途管制为手段的国土空间开发保护制度。 ③ 到2035年，全面提升国土空间治理体系和治理能力现代化水平，基本形成生产空间集约高效、生活空间宜居适度、生态空间山清水秀，安全和谐、富有竞争力和可持续发展的国土空间格局。

三、总体框架

总体框架　　表 12-1-3

内容	说　明
分级分类建立国土空间规划	国土空间规划是对一定区域国土空间开发保护在空间和时间上作出的安排，包括总体规划、详细规划和相关专项规划。 ① 国家、省、市县编制国土空间总体规划，各地结合实际编制乡镇国土空间规划。 ② 相关专项规划是指在特定区域（流域）、特定领域，为体现特定功能，对空间开发保护利用作出的专门安排，是涉及空间利用的专项规划。 ③ 国土空间总体规划是详细规划的依据、相关专项规划的基础；相关专项规划要相互协同，并与详细规划做好衔接。
明确各级国土空间总体规划编制重点	① 全国国土空间规划是对全国国土空间作出的全局安排，是全国国土空间保护、开发、利用、修复的政策和总纲，侧重战略性，由自然资源部会同相关部门组织编制，由党中央、国务院审定后印发。 ② 省级国土空间规划是对全国国土空间规划的落实，指导市县国土空间规划编制，侧重协调性，由省级政府组织编制，经同级人大常委会审议后报国务院审批。 ③ 市县和乡镇国土空间规划是本级政府对上级国土空间规划要求的细化落实，是对本行政区域开发保护作出的具体安排，侧重实施性。 需报国务院审批的城市国土空间总体规划，由市政府组织编制，经同级人大常委会审议后，由省级政府报国务院审批；其他市县及乡镇国土空间规划由省级政府根据当地实际，明确规划编制审批内容和程序要求。各地可因地制宜，将市县与乡镇国土空间规划合并编制，也可以几个乡镇为单元编制乡镇级国土空间规划。
强化对专项规划的指导约束作用	① 海岸带、自然保护地等专项规划及跨行政区域或流域的国土空间规划，由所在区域或上一级自然资源主管部门牵头组织编制，报同级政府审批。 ② 涉及空间利用的某一领域专项规划，如交通、能源、水利、农业、信息、市政等基础设施，公共服务设施，军事设施，以及生态环境保护、文物保护、林业草原等专项规划，由相关主管部门组织编制。 ③ 相关专项规划可在国家、省和市县层级编制，不同层级、不同地区的专项规划可结合实际选择编制的类型和精度。
在市县及以下编制详细规划	详细规划是对具体地块用途和开发建设强度等作出的实施性安排，是开展国土空间开发保护活动、实施国土空间用途管制、核发城乡建设项目规划许可、进行各项建设等的法定依据。 ① 在城镇开发边界内的详细规划，由市县自然资源主管部门组织编制，报同级政府审批； ② 在城镇开发边界外的乡村地区，以一个或几个行政村为单元，由乡镇政府组织编制“多规合一”的实用性村庄规划，作为详细规划，报上一级政府审批。

四、编制要求

具体内容同表 11-3-4。

五、实施与监管

具体内容同表 11-3-5。

六、法规政策与技术保障

具体内容同表 11-3-6、表 11-3-7。

七、工作要求

工作要求 表 12-1-4

内容	说明
加强组织领导	① 各地区各部门要落实国家发展规划提出的国土空间开发保护要求，发挥国土空间规划体系在国土空间开发保护中的战略引领和刚性管控作用，统领各类空间利用，把每一寸土地都规划得清清楚楚。 ② 坚持底线思维，立足资源禀赋和环境承载能力，加快构建生态功能保障基线、环境质量安全底线、自然资源利用上线。 ③ 严格执行规划，以"钉钉子"精神抓好贯彻落实，久久为功，做到"一张蓝图干到底"。地方各级党委和政府要充分认识建立国土空间规划体系的重大意义，主要负责人亲自抓，落实政府组织编制和实施国土空间规划的主体责任，明确责任分工，落实工作经费，加强队伍建设，加强监督考核，做好宣传教育。
落实工作责任	各地区各部门要加大对本行业本领域涉及空间布局相关规划的指导、协调和管理，制定有利于国土空间规划编制实施的政策，明确时间表和路线图，形成合力。 ① 组织、人事、审计等部门要研究将国土空间规划执行情况纳入领导干部自然资源资产离任审计，作为党政领导干部综合考核评价的重要参考。 ② 纪检监察机关要加强监督。 ③ 发展改革、财政、金融、税务、自然资源、生态环境、住房城乡建设、农业农村等部门要研究、制定、完善主体功能区的配套政策。 ④ 自然资源主管部门要会同相关部门加快推进国土空间规划立法工作。 ⑤ 组织部门在对地方党委和政府主要负责人的教育培训中要注重提高其规划意识。 ⑥ 教育部门要研究加强国土空间规划相关学科建设。自然资源部要强化统筹协调工作，切实负起责任，会同有关部门按照国土空间规划体系总体框架，不断完善制度设计，抓紧建立规划编制审批体系、实施监督体系、法规政策体系和技术标准体系，加强专业队伍建设和行业管理。 ⑦ 自然资源部要定期对本意见贯彻落实情况进行监督检查，重大事项应及时向党中央、国务院报告。

第二节 《关于全面开展国土空间规划编制工作的通知》

为贯彻落实《中共中央 国务院关于建立国土空间规划体系并监督实施的若干意见》（以下简称《若干意见》），全面启动国土空间规划编制审批和实施管理工作，自然资源部发布了《关于全面开展国土空间规划编制工作的通知》，具体内容如下。

一、全面启动国土空间规划编制，实现"多规合一"

全面启动国土空间规划编制，实现"多规合一" 表 12-2-1

内容	说明
全面启动国土空间规划编制，实现"多规合一"	① 建立"多规合一"的国土空间规划体系并监督实施。 ② 抓紧启动编制全国、省、市县和乡镇国土空间规划（规划期至 2035 年，展望至 2050 年），尽快形成规划成果。 ③ 自然资源部将印发国土空间规划编制规程、相关技术标准，明确规划编制的工作要求、主要内容和完成时限。 ④ 各地不再新编和报批主体功能区规划、土地利用总体规划、城镇体系规划、城市（镇）总体规划、海洋功能区划等。 ⑤ 已批准的规划期至 2020 年后的省级国土规划、城镇体系规划、主体功能区规划、城市（镇）总体规划，以及原省级空间规划试点和市县"多规合一"试点等，要按照新的规划编制要求，将既有规划成果融入新编制的同级国土空间规划中。

二、做好过渡期内现有空间规划的衔接协同

做好过渡期内现有空间规划的衔接协同　　表 12-2-2

内容	说　明
做好过渡期内现有空间规划的衔接协同	① 不得突破土地利用总体规划确定的 2020 年建设用地和耕地保有量等约束性指标； ② 不得突破生态保护红线和永久基本农田保护红线； ③ 不得突破土地利用总体规划和城市（镇）总体规划确定的禁止建设区和强制性内容； ④ 不得与新的国土空间规划管理要求矛盾冲突； ⑤ 今后工作中，主体功能区规划、土地利用总体规划、城乡规划、海洋功能区划等统称为“国土空间规划”。

三、明确国土空间规划报批审查的要点

明确国土空间规划报批审查的要点　　表 12-2-3

内容	说　明
省级国土空间规划审查要点	① 国土空间开发保护目标； ② 国土空间开发强度、建设用地规模，生态保护红线控制面积、自然岸线保有率，耕地保有量及永久基本农田保护面积，用水总量和强度控制等指标的分解下达； ③ 主体功能区划分，城镇开发边界、生态保护红线、永久基本农田的协调落实情况； ④ 城镇体系布局，城市群、都市圈等区域协调重点地区的空间结构； ⑤ 生态屏障、生态廊道和生态系统保护格局，重大基础设施网络布局，城乡公共服务设施配置要求； ⑥ 体现地方特色的自然保护地体系和历史文化保护体系； ⑦ 乡村空间布局，促进乡村振兴的原则和要求； ⑧ 保障规划实施的政策措施； ⑨ 对市县级规划的指导和约束要求等。
国务院审批的市级国土空间总体规划审查要点	除对省级国土空间规划审查要点的深化细化外，还包括： ① 市域国土空间规划分区和用途管制规则； ② 重大交通枢纽、重要线性工程网络、城市安全与综合防灾体系、地下空间、邻避设施等设施布局，城镇政策性住房和教育、卫生、养老、文化体育等城乡公共服务设施布局原则和标准； ③ 城镇开发边界内，城市结构性绿地、水体等开敞空间的控制范围和均衡分布要求，各类历史文化遗存的保护范围和要求，通风廊道的格局和控制要求；城镇开发强度分区及容积率、密度等控制指标，高度、风貌等空间形态控制要求； ④ 中心城区城市功能布局和用地结构等。
其他市、县、乡镇级国土空间规划的审查要点	由各省（自治区、直辖市）根据本地实际，参照上述审查要点制定。

四、改进规划报批审查方式

改进规划报批审查方式　　表 12-2-4

内容	说　明
审查方式	① 简化报批流程，取消规划大纲报批环节。 ② 压缩审查时间，省级国土空间规划和国务院审批的市级国土空间总体规划，自审批机关交办之日起，一般应在 100 天内完成审查工作，上报国务院审批。 ③ 各省（自治区、直辖市）简化审批流程和时限。

五、做好近期相关工作

做好近期相关工作　　表 12-2-5

内容	说　明
做好规划编制基础工作	① 统一采用第三次全国国土调查数据作为规划现状底数和底图基础； ② 统一采用 2000 国家大地坐标系和 1985 国家高程基准作为空间定位基础。
开展双评价工作	① 尽快完成资源环境承载能力和国土空间开发适宜性评价工作； ② 确定生态、农业、城镇等不同开发保护利用方式的适宜程度。
开展重大问题研究	在对国土空间开发保护现状评估和未来风险评估的基础上，专题分析对本地区未来可持续发展具有重大影响的问题，积极开展国土空间规划前期研究。
科学评估三条控制线	科学评估既有生态保护红线、永久基本农田、城镇开发边界等重要控制线划定情况，进行必要调整完善，并纳入规划成果。
加强与正在编制的国民经济和社会发展五年规划的衔接	① 落实经济、社会、产业等发展目标和指标； ② 为国家发展规划落地实施提供空间保障； ③ 促进经济社会发展格局、城镇空间布局、产业结构调整与资源环境承载能力相适应。
集中力量编制好“多规合一”的实用性村庄规划	考虑农村土地利用、产业发展、居民点布局、人居环境整治、生态保护和历史文化传承等，落实乡村振兴战略，优化村庄布局，编制“多规合一”的实用性村庄规划。
同步构建国土空间规划“一张图”实施监督信息系统	基于国土空间基础信息平台，整合各类空间关联数据，着手搭建从国家到市县级的国土空间规划“一张图”实施监督信息系统，形成覆盖全国、动态更新、权威统一的国土空间规划“一张图”。

第十三章　2019 年城乡规划原理考试真题详解

2019 年城乡规划原理真题详解

2019-001. 下列表述正确的是(　　)。

A. 城市是人类第一次大分工的产物

B. 城市的本质特点是集聚

C. 城市是“街”与“市”叠加的实体

D. 城市最早是人口增长的产物

【答案】B

【解析】城市是人类第三次社会大分工的产物，选项 A 错误；城市是在“城”与“市”功能叠加的基础上，以行政和商业活动为基本职能的复杂化、多样化的客观实体，选项 C 表述不准确；城市最早是政治统治、军事防御和商品交换的产物，选项 D 错误。故选 B。

【考点】相关内容详见表 1-1-1。

2019-002. 下列关于城市和乡村的表述，不准确的是(　　)。

A. 城市和乡村是一个统一体，不存在截然的界限

B. 城乡联系包含物质联系、经济联系、人口移动联系、技术联系等

C. 城乡基本差异主要包括集聚规模、生产效率、职能、物质形态、文化观念等

D. 城乡联系模式的选择，不会因国家和地区的不同而不同

【答案】D

【解析】城乡要素与资源的配置、城乡联系方式的选择是多样的，对于不同城乡联系模式的具体选择，完全取决于不同国家、地区的具体情况和城乡发展的基本战略。因而此题选 D。

【考点】相关内容详见表 1-2-1。

2019-003. 下列关于城市空间环境演进基本规律的表述，正确的是(　　)。

A. 从多中心到单中心

B. 从平面延展到立体利用

C. 从生产性空间到生态性空间

D. 从分离的均质空间到整合的单一空间

【答案】B

【解析】城市空间环境演进的基本规律包括：①从封闭的单中心到开放的多中心空间环境；②从平面空间环境到立体空间环境；③从生产性空间环境到生活性空间环境；④从分离的均质城市空间到连续的多样城市空间。因而此题选 B。

【考点】相关内容详见表 1-3-3。

2019-004. **城镇化进程的基本阶段不包括(　　)。**

A. 城乡一体化阶段　　B. 郊区化阶段

C. 逆城镇化阶段　　D. 再城镇化阶段

【答案】A

【解析】城镇化进程一般可以分为四个基本阶段：集聚城镇化阶段、郊区化阶段、逆城镇化阶段、再城镇化阶段。因而此题选 A。

【考点】相关内容详见表 1-4-3。

2019-005. **下列不属于我国城镇化典型模式的是(　　)。**

A. 计划经济体制下以国营企业为主导的城镇化模式

B. 商品短缺时期以民营经济为主导的城镇化模式

C. 由计划经济向市场经济转轨过程中以分散家庭工业等为主导的城镇化模式

D. 以外资及混合型经济为主导的城镇化模式

【答案】B

【解析】中国城镇化的典型模式：①计划经济体制下以国营企业为主导的城镇化模式(攀枝花、鞍山、东营、克拉玛依)；②商品短缺时期以乡镇集体经济为主导的城镇化模式，即“苏南模式”(苏州、无锡和常州)；③市场经济早期以分散家庭工业为主导的城镇化模式，即“温州模式”；④以外资及混合型经济为主导的城镇化模式；⑤以大城市带动大郊区发展的成都模式；⑥以宅基地换房集中居住的天津模式。因而此题选 B。

【考点】相关内容详见表 1-4-5。

2019-006. **下列关于欧洲古代城市典型格局特征的表述，正确的是(　　)。**

A. 古罗马城市空间格局具有炫耀和享乐特征

B. 古典广场是中世纪城市的典型格局特征

C. 城市环路是文艺复兴时期城市的典型格局特征

D. 君主专制时期凯旋门和纪功柱是城市空间的核心与焦点

【答案】A

【解析】中世纪城市格局的特点是大体量的教堂建筑，选项 B 错误；文艺复兴时期城市的典型格局特征是建设了一系列具有古典风格和构图严谨的广场、街道及一些公共建筑，选项 C 错误；君主专制时期放射状的街道和宫殿花园是空间的特点，凯旋门和纪功柱是古罗马城市建设的特征，选项 D 错误。故选 A。

【考点】相关内容详见表 2-1-1～表 2-1-5。

2019-007. **下列关于欧洲古典时城市的表述，正确的是(　　)。**

A. 古希腊城邦国家城市布局上出现了以放射状的道路系统为骨架，以城市广场为中心的希波丹姆(Hippodamus)模式

B. 希波丹姆模式充分体现了民主和平等的城邦精神和市民民主文化的要求

C. 雅典城最为完整地体现了希波丹姆模式

D. 广场群是希波丹姆模式城市中市民集聚的空间和城市生活的核心

【答案】B

【解析】古希腊城邦国家城市布局以方格网为骨架，充分体现了民主和平等的城邦精神和市民民主文化的要求，选项 A 错误，选项 B 正确；米利都城是希波丹姆模式的典型代表，围绕广场建设的一系列公共建筑是城市中市民集聚的空间和城市生活的核心，选项 C、D 错误。

【考点】相关内容详见表 2-1-1。

2019-008. 下列关于现代城市规划形成基础的表述，错误的是(　　)。

A. 空想社会主义是现代城市规划形成的思想基础

B. 现代城市规则是在解决工业城市问题的基础上形成的

C. 公司城是现代城市规划形成的行政实践

D. 英国关于城市卫生和工人住房的立法是现代城市规划形成的法律实践

【答案】C

【解析】公司城是现代城市规划形成的实践基础，现代城市规划形成的行政实践是巴黎改造，故选 C。

【考点】相关内容详见表 2-1-6。

2019-009. 下列关于格迪斯学说的表述，错误的是(　　)。

A. 人类居住地与特定地点之间存在着一种由地方经济性质所决定的内在联系

B. 他在《进化中的城市》中提出把自然地区作为规划研究的基本范围

C. 他提出的城市规划过程是“调查—分析—规划”

D. 他发扬光大了芒福德（Lewis Mumford）等人的思想，创立了区域规划

【答案】D

【解析】芒福德等学者将格迪斯学说发扬光大，形成了对区域的综合研究和区域规划，故此题选 D。

【考点】相关内容详见表 2-1-9。

2019-010. 下列关于勒·柯布西埃（Le Corbusier）现代城市设想的表述，错误的是(　　)。

A. 他主张通过对大城市的内部改造，以适应社会发展的需要

B. 他提出了广场、街道、建筑、小品之间建立宜人关系的基本原则

C. 他提出的“明天城市”是一个 300 万人口规模的城市规划方案

D. 他主持撰写的《雅典宪章》集中体现了理性功能主义的城市规划思想

【答案】B

【解析】勒·柯布西埃主张提高市中心的密度，改善交通，全面改造城市地区，形成新的城市概念，提供充足的绿地、空间和阳光，故选项 B 符合题意。

【考点】相关内容详见表 2-1-8。

2019-011. 城市分散发展理论不包括(　　)。

A. 卫星城理论　　B. 新城理论

C. 大都市带理论　　D. 广亩城理论

【答案】C

【解析】城市的分散模式理论包括：卫星城理论、新城理论、有机疏散理论和广亩城理论；大都市带理论是城市集中发展理论。

【考点】相关内容详见表 2-1-14。

2019-012. **下列表述中，错误的是(　　)。**

A. 汉长安城内各宫殿之间的一般居住地段为闾里

B. 唐长安城每个里坊四周设置坊墙，坊里实行严格管制，坊门朝开夕闭

C. 北宋中叶开封城已建立较为完善的街巷制，坊里制逐渐被废除

D. 元大都城内划有 50 个坊，恢复了绵延千年的里坊制度

【答案】D

【解析】长安城采用规整的方格路网，居住分布采用里坊制，朱雀大街两侧各有 54 个里坊，每个里坊四周设置坊墙，里坊实行严格管制，坊门朝开夕闭，坊中考虑了城市居民丰富的社会活动和寺庙用地。随着商品经济的发展，中国城市建设中延绵了千年的里坊制度逐渐被废除，到北宋中叶，开封城中已建立较为完善的街巷制。元大都采用三套方城、宫城居中和轴线对称布局的基本格局。故选项 D 符合题意。

【考点】相关内容详见表 2-2-2～表 2-2-4。

2019-028. **城市用地经济性评价的因素不包括(　　)。**

A. 用地的交通通达度　　B. 用地的社会服务设施供给

C. 用地周边的房地产价格　　D. 用地的环境质量

【答案】C

【解析】城市用地经济性评价的因素派生因素层，即由基本因素派生出来的因素，包括繁华度、交通通达度、城市基础设施、社会服务设施、环境质量、自然条件、城市规划等子因素，它们从不同方面反映基本因素的作用。

【考点】相关内容详见表 5-6-5。

2019-029. **分散式城市布局的优点一般不包括(　　)。**

A. 接近自然、环境优美　　B. 城市布局灵活

C. 节省建设投资　　D. 城市用地发展和城市容量具有弹性

【答案】C

【解析】分散式布局的优点：①布局灵活，城市用地发展和城市容量具有弹性，容易处理好近期与远期的关系；②接近自然、环境优美；③各城市物质要素的布局关系井然有序，疏密有致。

【考点】相关内容详见表 5-6-10。

2019-030. **下列关于公共设施布局规划的表述，不准确的是(　　)。**

A. 公共设施布局要按照与居民生活的密切程度确定合理的服务半径

B. 公共设施布局要结合城市道路与交通规划考虑

C. 公共设施布局要选择在城市或片区的几何中心

D. 公共设施布局要考虑合理的建设时序，并留有发展余地

【答案】C

【解析】公共设施布局要充分利用城市原有基础，而不是选择在城市或片区的几何中心，故此题选C。

【考点】相关内容详见表5-6-16。

2019-031. 下列不属于城市综合交通发展战略研究内容的是(　　)。

A. 研究城市交通发展模式

B. 预估城市交通总体发展水平

C. 提出市级公路骨架的发展战略和调整意见

D. 优化配置城市干路网结构

【答案】D

【解析】城市综合交通发展战略研究包括：确定城市综合交通发展目标，确定城市交通发展模式，制定城市交通发展战略和城市交通政策；预测城市交通发展、交通结构和各项指标，提出实施规划的重要技术经济政策和管理政策。

【考点】相关内容详见表5-7-2。

2019-032. 下列关于铁路在城市中布局的表述，错误的是(　　)。

A. 铁路客运站布局要考虑旅客中转换乘的便捷

B. 铁路客运站应布局在城市外围，用轨道交通与城市中心区相连

C. 在城市的铁路布局中，场站位置起着主导作用

D. 铁路站场的位置和城市规模、自然地形等因素有关

【答案】B

【解析】中、小城市铁路客运站可以布置在城区边缘，大城市可能有多个铁路客运站，应深入城市中心区边缘布置。故B选项表述不准确。

【考点】相关内容详见表5-7-9。

2019-033. 下列关于城市道路系统规划的表述，错误的是(　　)。

A. 城市的不同区位、不同地段均要采用“小街坊密路网”

B. 不同等级的道路有不同的交叉口间距要求

C. 城市道路系统是组织城市各种功能用地的骨架

D. 城市道路系统应有利于组织城市景观

【答案】A

【解析】城市道路系统用地布局形态要求为：①城市各级道路应成为划分城市各组团、各片区地段、各类城市用地的分界线；②城市各级道路应成为联系城市各组团、各片区地段、各类城市用地的通道；③城市道路的选线应有利于组织城市的景观。故A选项错误。

【考点】相关内容详见表5-7-13。

2019-034. 下列关于城市机场布局的表述，错误的是(　　)。

A. 城市密集区域可设置共用的机场

B. 一个超大城市周围，可布置若干个机场

C. 机场选址要满足飞机起降的自然地理和气象条件

D. 机场选址要尽可能是跑道轴线方向与城市主导风向垂直

【答案】D

【解析】 城市机场布局规划的要求：要从区域的角度考虑航空港的共用及其服务范围。在城市分布比较密集的区域，应在各城市使用都方便的位置设置若干城市共用的航空港，高速公路的发展有利于多座城市共用一个航空港。随着航空事业的进一步发展，一个特大城市周围可能布置有若干个机场。航空港的选址要满足保证飞机安全起降的自然地理和气象条件，要有良好的工程地质和水文地质条件。故选D。

【考点】 相关内容详见表5-7-12。

2019-042. 下列关于历史文化名城保护规划的表述，不准确的是(　　)。

A. 应划定历史城区和环境协调区的范围

B. 应划定历史文化街区的保护范围界限

C. 文物保护单位保护范围界限应以各级人民政府公布的具体界限为基本依据

D. 历史城区应明确延续历史风貌的要求

【答案】A

【解析】 依据《历史文化名城保护规划标准》3.2.1条，历史文化名城保护规划应划定历史城区范围，可根据保护需要划定环境协调区。选项A不准确，故选A。

【考点】 相关内容详见表5-8-4。

2019-043. 历史文化名城保护规划应坚持整体保护的理念，建立(　　)三个层次的保护体系。

A. 中心城区、历史城区、历史文化街区

B. 历史文化名城、历史文化街区、文物保护单位

C. 历史城区、历史文化街区、历史地段

D. 历史文化名城、历史地段、文化保护单位

【答案】B

【解析】 依据《历史文化名城保护规划标准》(GB/T 50357—2018)第3.1.3条，历史文化名城保护规划应坚持整体保护的理念，建立历史文化名城、历史文化街区与文物保护单位三个层次的保护体系，故选B。

【考点】 相关内容详见表5-8-4。

2019-044. 下列关于历史文化名城保护规划的表述，错误的是(　　)。

A. 历史城区应采取集中化的停车布局方式

B. 历史城区内不应新设置区域性大型市政基础设施站点

C. 历史城区内不得保留或设置二、三类工业用地

D. 历史城区的市政基础设施要充分发挥历史遗留设施的作用

【答案】A

【解析】 依据《历史文化名城保护规划标准》(GB/T 50357—2018)：

3.4.4　历史城区应控制机动车停车位的供给，完善停车收费和管理制度，采取分散、多样化的停车布局方式。不宜增建大型机动车停车场，选项A错误，故选A。

3.5.1-1　历史城区的市政基础设施规划应充分借鉴和延续传统方法和经验，充分发挥历史遗留设施的作用。选项 D 正确。

3.5.1-3　历史城区内不应新设置区域性大型市政基础设施站点，直接为历史城区服务的新增市政设施站点宜布置在历史城区周边地带。选项 B 正确。

3.6.4　历史城区内应重点发展与历史文化名城相匹配的相关产业，不得保留或设置二、三类工业用地，不宜保留或设置一类工业用地。当历史城区外的污染源对历史城区造成大气、水体、噪声等污染时，应提出治理、调整、搬迁等要求。选项 C 正确。

【考点】相关内容参见表 5-8-4。

2019-045. 下列关于历史文化街区的表述，错误的是(　　)。

A. 历史文化街区是历史文化名城保护工作的法定保护概念

B. 历史文化街区保护范围包括核心保护区域与建设控制地带

C. 历史文化街区概念是由历史文化保护区演变而来

D. 历史文化街区由市、县人民政府核定公布

【答案】D

【解析】依据《历史文化名城保护规划标准》4.2.3 条，历史文化街区内文物保护单位的保护范围和建设控制地带应以各级人民政府公布的具体界线为依据。故选 D。

【考点】相关内容参见表 5-8-4。

2019-046. 区域地下水位的大幅下降会引起地质环境不良后果和危害，下列表述中不准确的是(　　)。

A. 引起地面沉降等地质灾害

B. 造成地下水水质污染

C. 导致天然自流泉干枯

D. 导致河流断流

【答案】B

【解析】选项 B 不准确，故选 B。

【考点】相关内容参见表 5-9-2。

2019-047. 新建一座处理能力为 15 万 m^3/日的污水处理厂，其卫生防护距离不宜小于(　　)。

A. 100m

B. 200m

C. 300m

D. 500m

【答案】C

【解析】依据《城市排水工程规划规范》(GB 50318—2017) 中表 4.4.4：

城市污水处理厂卫生防护距离　　表 4.4.4

污水处理厂规模（万 m^3/d）	≤5	5～10	≥10
卫生防护距离（m）	150	200	300

故选 C。

【考点】相关内容参见表 5-9-5。

2019-048. **下列关于综合管廊布局的表述，不准确的是(　　)。**

A. 宜布置在城市高强度开发地区　　B. 宜布置在不宜开挖路面的路段

C. 宜布置在地下管线较多的道路　　D. 宜布置在交通繁忙的过境公路

【答案】D

【解析】综合管廊应布置在：①城市中心区，商业中心，城市地下空间高强度成片集中开发区，重要广场，高铁，机场、港口等重大基础设施所在区域，选项A正确；②交通流量大、地下管线密集的城市主要道路以及景观道路，选项C正确；③配合轨道交通、地下道路、城市地下综合体等建设工程地段和其他不宜开挖路面的路段，选项B正确。故选D。

【考点】相关内容参见表5-9-13。

2019-049. **详细规划阶段供热工程规划的主要内容，不包括(　　)。**

A. 分析供热设施现状、特点及存在问题

B. 计算热负荷和年供热量

C. 确定城市供热热源种类、热源发展原则、供热方式和供热分区

D. 确定热网布局、管径

【答案】C

【解析】选项C为城市总体规划阶段供热工程规划的内容，故选项C符合题意。

【考点】相关内容详见表5-9-10。

2019-050. **下列关于城市微波通道的表述，不准确的是(　　)。**

A. 城市微波通道分为三个等级实施分级保护

B. 特大城市微波通道原则上由通道建设部门自我保护

C. 严格控制进入大城市中心城区的微波通道数量

D. 公用网和专用网微波宜纳入公用通道

【答案】B

【解析】依据《城市通信工程规划规范》(GB/T 50853—2013) 第A.0.1条，我国城市微波通道宜按三个等级分级保护，故选项A正确。

第5.3.2条，城市微波通道应符合下列要求：①通道设置应结合城市发展需求；②应严格控制进入大城市、特大城市中心城区的微波通道数量；③公用网和专用网微波宜纳入公用通道，并应共用天线塔。故选项C、D正确。

因而选B。

【考点】相关内容详见表5-9-11。

2019-051. **纳入城市黄线管理的设施不包括(　　)。**

A. 高压电力线走廊　　B. 微波通道

C. 热力线走廊　　D. 城市轨道交通线

【答案】B

【解析】依据《城市黄线管理办法》第二条，城市黄线的划定和规划管理，适用本办法。本办法所称城市黄线，是指对城市发展全局有影响的、城市规划中确定的、必须控制

的城市基础设施用地的控制界线。本办法所称城市基础设施包括：

（一）城市公共汽车首末站、出租汽车停车场、大型公共停车场；城市轨道交通线、站、场、车辆段、保养维修基地；城市水运码头；机场；城市交通综合换乘枢纽；城市交通广场等城市公共交通设施。

（二）取水工程设施（取水点、取水构筑物及一级泵站）和水处理工程设施等城市供水设施。

（三）排水设施；污水处理设施；垃圾转运站、垃圾码头、垃圾堆肥厂、垃圾焚烧厂、卫生填埋场（厂）；环境卫生车辆停车场和修造厂；环境质量监测站等城市环境卫生设施。

（四）城市气源和燃气储配站等城市供燃气设施。

（五）城市热源、区域性热力站、热力线走廊等城市供热设施。

（六）城市发电厂、区域变电所（站）、市区变电所（站）、高压线走廊等城市供电设施。

（七）邮政局、邮政通信枢纽、邮政支局；电信局、电信支局；卫星接收站、微波站；广播电台、电视台等城市通信设施。

（八）消防指挥调度中心、消防站等城市消防设施。

（九）防洪堤墙、排洪沟与截洪沟、防洪闸等城市防洪设施。

（十）避震疏散场地、气象预警中心等城市抗震防灾设施。

（十一）其他对城市发展全局有影响的城市基础设施。

综上所述，选项 B 符合题意。

【考点】相关内容详见表 5-9-1。

2019-052. 下列关于城镇消防站选址的表述，不准确的是（　　）。

A. 消防站应设置在主次干路的临街地段

B. 消防站执勤车辆的主出口与学校、医院等人员密集场所的主要疏散口的距离不应小于 50m

C. 消防站与加油站、加气站的距离不应小于 50m

D. 消防站用地边界距产生产贮存危险化学品的危险部位不宜小于 50m

【答案】D

【解析】依据《城市消防规划规范》（GB 51080—2015）第 4.1.5 条，陆上消防站选址应符合下列规定：

1. 消防站应设置在便于消防车辆迅速出动的主、次干路的临街地段；

2. 消防站执勤车辆的主出入口与医院、学校、幼儿园、托儿所、影剧院、商场、体育场馆、展览馆等人员密集场所的主要疏散出口的距离不应小于 50m；

3. 消防站辖区内有易燃易爆危险品场所或设施的，消防站应设置在危险品场所或设施的常年主导风向的上风或侧风处，其用地边界距危险品部位不应小于 200m。

综上所述，选项 D 符合题意。

【考点】相关内容详见表 5-10-5。

2019-053. 下列不属于城市抗震防灾规划强制性内容的是（　　）。

A. 规划目标　　　　B. 抗震设防标准

C. 建设用地评价及要求　　　　　　　　D. 抗震防灾措施

【答案】A

【解析】依据《城市抗震防灾规划管理规定》（2011 年）第十条，城市抗震防灾规划中的抗震设防标准、建设用地评价与要求、抗震防灾措施应当列为城市总体规划的强制性内容，作为编制城市详细规划的依据。故选项 A 符合题意。

【考点】相关内容参见表 5-10-4。

2019-054. 依据国务院发布的《关于实行最严格水资源管理制度的意见》，下列关于“三条红线”的表述，不准确的是(　　)。

A. 确立水资源开发利用控制红线　　　　B. 确立用水效率控制红线

C. 确立水功能区限制纳污红线　　　　D. 确立水源地保护区控制红线

【答案】D

【解析】依据国务院《关于实行最严格水资源管理制度的意见》（三）主要目标，确立水资源开发利用控制红线，到 2030 年全国用水总量控制在 7000 亿 m^3 以内；确立用水效率控制红线，到 2030 年用水效率达到或接近世界先进水平，万元工业增加值用水量（以 2000 年不变价计，下同）降低到 $40m^3$ 以下，农田灌溉水有效利用系数提高到 0.6 以上；确立水功能区限制纳污红线，到 2030 年主要污染物入河湖总量控制在水功能区纳污能力范围之内，水功能区水质达标率提高到 95%以上。

综上所述，选项 D 符合题意。

【考点】相关内容参见表 5-10-6。

2019-055. 下列关于饮用水水源保护区的表述，不准确的是(　　)。

A. 饮用水水源保护区分为一级保护区、二级保护区和准保护区

B. 地表水饮用水源保护区包括一定的水域和陆域

C. 地下水饮用水源保护区指地下水饮用水源地的地表区域

D. 备用水源地一般不需要划定水源保护区

【答案】D

【解析】根据《饮用水水源保护区污染防治管理规定》第三条，按照不同的水质标准和防护要求分级划分饮用水水源保护区。饮用水水源保护区一般划分为一级保护区和二级保护区，必要时可增设准保护区。各级保护区应有明确的地理界线。第七条，饮用水地表水源保护区包括一定的水域和陆域，其范围应按照不同水域特点进行水质定量预测并考虑当地具体条件加以确定，保证在规划设计的水文条件和污染负荷下，供应规划水量时，保护区的水质能满足相应的标准。第十三条，饮用水地下水源保护区应根据饮用水水源地所处的地理位置、水文地质条件、供水的数量、开采方式和污染源的分布划定。

综上所述，选项 D 符合题意。

【考点】相关内容参见表 5-10-6。

2019-056. 下列关于控制性详细规划编制中用地性质的表述，错误的是（　　）。

A. 居住用地中不包括小学用地

B. 已作其他用途的文物古迹用地应当按照文物古迹用地归类

C. 企业管理机构用地应划为其他商务用地

D. 教育科研用地包括附属学校的实习工厂

【答案】B

【解析】依据《城市用地分类与规划建设用地标准》第 3.2.2 条，居住用地中不包括小学用地，中小学用地为“教育科研用地”（A3）。选项 A 正确。

“教育科研用地”（A3）包括附属于院校和科研事业单位的运动场、食堂、医院、学生宿舍、设计院、实习工厂、仓库、汽车队等用地。选项 D 正确。

已作其他用途的文物古迹用地应按其地面实际用途归类，如北京的故宫和颐和园均是国家级重点文物古迹，但故宫用作博物院，颐和园用作公园，因此应分别归到“图书展览用地”（A21）和“公园绿地”（G1），而不是归为“文物古迹用地”（A7）。选项 B 错误。

故选项 B 符合题意。

【考点】相关内容详见表 5-6-2。

2019-057. 下列关于控制性详相规划的表述，不准确的是(　　)。

A. 控制性详细规制是伴随着城市土地有偿使用制度实施，在全国范围内逐渐展开的

B. 控制性详细规划的发展趋势是结合城市设计进行编制

C. 控制性详细规划是在城乡规划法体系不断完善的过程中产生的

D. 控制性详细规划是借鉴了美国区划的经验逐步形成的具有中国特色的规划类型

【答案】C

【解析】控制性详细规划是伴随着我国改革开放和市场经济体制的转型，适应土地有偿使用制度和城市开发建设方式的转变，改革原有的详细规划模式，借鉴了美国区划（zoning）的经验，结合我国的规划实践逐步形成的具有中国特色的规划类型。选项 A、D 正确。

控制性详细规划在发展中不断探索，主要有两个方面。一是对控制性规划的法制化的努力。通过机构设置、规划编制、审批、公众参与以及实施程序的变革尝试，使控制性详细规划在法律的严肃性方面取得进展。二是对控制性详细规划在城市设计方面的控制，试图通过城市设计的引导和调控手段弥补控制性详细规划的不足。选项 B 正确。

控制性详细规划是在实践与探索中不断完善的过程中产生的，选项 C 错误。故选 C。

【考点】相关内容详见表 7-1-2。

2019-058. 下列关于国土空间规划体系中详细规划的表述，正确的是(　　)。

A. 详细规划的主要内容要纳入相关专项规划

B. 详细规划要统筹和综合平衡各相关专项领域的空间发展诉求

C. 详细规划要依据批准的国土空间总体规划进行编制和修改

D. 详细规划要发挥统领作用

【答案】C

【解析】详细规划是对具体地块用途和开发建设强度等作出的实施性安排，是开展国土空间开发保护活动、实施国土空间用途管制、核发城乡建设项目规划许可、进行各项建设等的法定依据。作为实施性规划，要遵循总体规划的要求，故选 C。

【考点】相关内容详见国土空间规划的新增部分。

2019-059. **下列关于详细规划在国土空间规划实施与监管中作用的表述，不准确的是(　　)。**

A. 详细规划是所有国土空间分区分类实施用途管制的依据

B. 在城镇开发边界内的建设，实行“详细规划＋规划许可”的管制方式

C. 在城镇开发边界外的建设，实行“详细规划＋规划许可”和“约束指标＋分区准入”的管制方式

D. 详细规划的执行情况应纳入自然资源执法督查的内容

【答案】A

【解析】依据《中共中央　国务院关于建立国土空间规划体系并监督实施的若干意见》(十三)健全用途管制制度。以国土空间规划为依据，对所有国土空间分区分类实施用途管制。选项A不准确。

【考点】相关内容详见国土空间规划的新增部分。

2019-060. **下列关于控制性详细规划的表述，不准确的是(　　)。**

A. 用地性质应以其地块使用的主导设施性质作为归类依据

B. 用地面积指的是规划地块用地边界内的平面投影面积

C. 使用强度控制要素包括容积率、建筑形式等

D. 指导性要素包括城市轮廓线等

【答案】C

【解析】使用强度控制包括容积率、建筑密度、人口密度、绿地率，故选C。

【考点】相关内容详见表7-1-6。

2019-061. **下列不属于控制性详细规划规定性指标的是(　　)。**

A. 用地性质　　B. 需要配置的公共设施

C. 建筑体量要求　　D. 停车泊位

【答案】C

【解析】根据控制性详细规划的控制体系与要素可知，不包含选项C，故选项C符合题意。

【考点】相关内容详见表7-1-6。

2019-062. **下列关于控制性详细规划编制的表述，不准确的是(　　)。**

A. 应当充分听取政府有关部门的意见，保证有关专项规划的空间落实

B. 应当采取公示的方式征求广大公众的意见

C. 应当充分听取并落实规划所涉及单位的意见

D. 报送审批的材料中应附具公示征求意见的采纳情况及理由

【答案】C

【解析】《城乡规划法》第四十八条，修改控制性详细规划的组织编制机关应当对修改的必要性进行论证，征求规划地段内利害关系人的意见。选项C不准确，故选C。

【考点】相关内容详见表7-1-2。

2019-063. **根据《国家乡村振兴战略规划（2018-2022 年）》，下列关于乡村振兴的表述，不准确的是(　　)。**

A. 产业兴旺是重点　　B. 生态宜居是关键

C. 乡风文明是保障　　D. 生活温饱是根本

【答案】D

【解析】由《国家乡村振兴战略规划（2018-2022 年）》中，实现乡村整形战略的重大意义可知，产业兴旺是重点，生态宜居是关键，乡风文明是保障，治理有效是基础，生活富裕是根本。故选项 D 不准确。

【考点】相关内容详见国土空间规划的新增部分。

2019-064. **根据自然资源部公开印刷的《关于加强村庄规划促进乡村振兴的通知》对村庄规划的表述，错误的是(　　)。**

A. 村庄规划是国土空间规划体系中的详细规划

B. 村庄规划是“多规合一”的实用性规划

C. 村庄规划可以一个或几个行政村为单元编制

D. 所有行政村均需编制村庄规划

【答案】D

【解析】由《关于加强村庄规划促进乡村振兴的通知》中规划定位可知，选项 A、B、C 表述正确。通知的工作目标中表示，力争到 2020 年底，结合国土空间规划编制在县域层面基本完成村庄布局工作，有条件、有需求的村庄应编尽编。暂时没有条件编制村庄规划的，应在县、乡镇国土空间规划中明确村庄国土空间用途管制规则和建设管控要求，作为实施国土空间用途管制、核发乡村建设项目规划许可的依据。故选项 D 不正确。

【考点】相关内容详见国土空间规划的新增部分。

2019-065. **中国历史文化名村现存历史传统建筑的最小规模是(　　)。**

A. 建筑总面积 $500m^2$　　B. 建筑总面积 $1500m^2$

C. 建筑总面积 $2500m^2$　　D. 建筑总面积 $5000m^2$

【答案】C

【解析】依据《中国历史文化名镇（村）评选办法》（三），现状具有一定规模，镇现存历史传统建筑总面积 $5000m^2$ 以上，或村庄现存历史传统建筑总面积 $2500m^2$ 以上。故选 C。

【考点】相关内容详见表 8-4-1。

2019-066. **下列关于现代居住区理论的表述，正确的是(　　)。**

A. 邻里单位与居民小区在 1920～1930 年代被大量的用于实践

B. 屈普（Tripp）最早提出了“居住小区”理论

C. “扩大街坊”也称“居住综合体”

D. 佩里（C. A. Perry）提出了“邻里单位”理论

【答案】D

【解析】1929 年美国社会学家克莱伦斯·佩里以控制居住区内部车辆交通、保障居民的安全和环境安全为出发点，首先提出了“邻里单位”的理论。故选项 A 错误，选项 D 正确。在邻里单位被广泛采用的同时，伦敦警察 Tripp 为解决伦敦交通拥挤问题而提出“划区”的理论，即在城市中开辟城市干路用以疏通交通，并把城市划分为大街坊的做法。在此基础上，苏联提出了扩大街坊的居住区规划原则，与邻里单位十分相似，只是在住宅的布局上更强调周边式布置。故选项 B 错误。居住综合体是指将居住建筑与配套服务设施组成一体的综合大楼或建筑组合体，这种居住综合体早在 20 世纪 40 年代末法国建筑师勒·柯布西埃设计的马赛公寓中得到体现。故选项 C 错误。

【考点】相关内容详见表 9-1-1。

2019-067. **下列关于条式住宅布局的表述，正确的是(　　)。**

A. 南北朝向平行布局的主要优点是室内物理环境较好

B. 周边式布局的采光条件较好

C. 条式住宅不适合山地居住区

D. 平行布局的条式住宅主要利用太阳方位角获得日照

【答案】A

【解析】行列式是板式住宅按一定间距和朝向重复排列，可以保证所有住宅的物理性能，但是空间较呆板，领域感和识别性都较差，选项 A 正确。

周边式是住宅四面围合的布局形式，其特点是内部空间安静、领域感强，并且容易形成较好的街景，但也存在东西向住宅的日照条件不佳和局部的视线干扰等问题，选项 B 错误。

条式住宅可用于山地居住区，选项 C 错误。

平行布局的条式住宅主要利用太阳高度角获得日照，选项 D 错误。

【考点】相关内容详见表 9-1-9。

2019-068. **下列关于居住区配套服务设施布局的表述，正确的是(　　)。**

A. 宜分散布局，使服务更加均衡

B. 居住区周边已有的设施，该居住区不得配建

C. 人防设施可用作车库等配套服务设施使用

D. 宜避开公交站点以免人流过于集中

【答案】C

【解析】依据《城市居住区规划设计标准》(GB 50180—2018) 第 5.0.1 条，配套设施应遵循配套建设、方便使用、统筹开放、兼顾发展的原则进行配置，其布局应遵循集中和分散兼顾、独立和混合使用并重的原则，选项 A、B、D 错误，故选 C。

【考点】相关内容详见表 9-1-6。

2019-069. **关于居住区道路的表述，正确的是(　　)。**

A. 居住区内的道路不能承担城市交通功能

B. 居住区道路等级越高越适合采用人车混行模式

C. 人车分流的目的是确保机动车交通不受干扰

D. 人行系统可以不考虑消防车通行要求

【答案】A

【解析】居住区道路等级越高越不适合采用人车混行模式，选项B错误；人车分流的目的是确保机动车交通与人行交通互不干扰，选项C错误；人行系统可以考虑消防车通行要求，选项D错误；故选A。

【考点】相关内容详见表9-1-7。

2019-070. **居住街坊绿地不包括(　　)。**

A. 居住街坊所属道路行道树树冠投影面积

B. 底层住户的自用小院

C. 宽度小于8m的绿地

D. 停车场中的绿地

【答案】C

【解析】依据《城市居住区规划设计标准》(GB 50180—2018)第4.0.7条，居住街坊内集中绿地的规划建设，应符合下列规定：

1. 新区建设不应低于0.50m²/人，旧区改建不应低于0.35m²/人；

2. 宽度不应小于8m；

3. 在标准的建筑日照阴影线范围之外的绿地面积不应少于1/3，其中应设置老年人、儿童活动场地。

故本题选C。

【考点】相关内容详见表9-1-10。

2019-071. **下列关于居住区综合技术指标的表述，正确的是(　　)。**

A. 居住总人口是指实际入住人口数

B. 容积率=住宅建筑及其配套设施地上建筑面积之和/居住区用地面积

C. 容积率=建筑密度×建筑高度

D. 绿地率+建筑密度=100%

【答案】B

【解析】依据《城市居住区规划设计标准》(GB 50180—2018)第4.0.1条，居住区用地容积率是生活圈内，住宅建筑及其配套设施地上建筑面积之和与居住区用地总面积的比值，故选B。

【考点】居住区规划的相关内容详见第九章第一节。

2019-072. **《中国大百科全书》中城市设计的定义，不包括(　　)。**

A. 城市设计是对城市体型环境所进行的设计

B. 城市设计是一系列建筑设计的组合

C. 城市设计的任务是为人们各种活动创造出具有一定空间形式的物质环境

D. 城市设计也称为综合环境设计

【答案】B

【解析】本题考查的是城市设计。1988年出版的《中国大百科全书》中是这样定义城市设计的："对城市体型环境所进行的设计。一般是指在城市总体规划指导下，为近期开发地段的建设项目而进行的详细规划和具体设计。城市设计的任务是为人们各种活动创造出具有一定空间形式的物质环境，内容包括各种建筑、市政公用设施、园林绿化等方面，必须综合体现社会、经济、城市功能、审美等各方面的要求，因此也称为综合环境设计。”

【考点】相关内容详见表 9-3-1。

2019-073. 扬·盖尔把公共空间的活动分为三种类型，不包括(　　)。

A. 必要性活动　　B. 选择性活动

C. 社会性活动　　D. 经济性活动

【答案】D

【解析】本题考查的是城市设计。扬·盖尔把公共空间中的活动分为三类：必要性活动，这类活动很少受到物质环境的影响，如上班、上学、购物；可选择性活动，如果时间和场所允许而且天气和环境适宜的话，自愿发生的活动，如散步、喝咖啡、观看路人；社会性活动，依赖于公共空间中其他人的存在，如问候和交谈。他认为，在低水平的公共空间中，只有必要性活动发生，而在高质量的公共空间中，更多的选择性和社会性活动才会产生。

【考点】相关内容详见表 9-3-6。

2019-074. 室外空间可分为积极空间和消极空间，积极的城市空间主要有(　　)。

A. 封闭空间和开敞空间　　B. 序列空间和特色空间

C. 场所空间和围合空间　　D. 街道空间和广场空间

【答案】D

【解析】虽然积极的城市空间呈现出不同的大小和形状，但主要有两种类型：街道和广场。一般来说，街道是动态的空间，而广场是静态的空间。故选 D。

【考点】相关内容详见表 9-3-6。

2019-075. 城市设计策略通过(　　)的方式实施。

A. 空间模式和三维意向表达　　B. 研究和指引

C. 控制和引导　　D. 评价与参与

【答案】C

【解析】城市设计策略：这包括区域、整体或片区的城市设计，以及城市某个系统的城市设计，如色彩、绿化、夜景等，这类设计项目一般尺度比较大，因此没有明确的整体三维方案，主要用局部的设计图纸或文字描述，通过控制和引导的方式实施。故选 C。

【考点】相关内容详见表 9-3-7。

2019-076. 下列表述中，错误的是(　　)。

A. 工业革命以前，城市规划与城市设计没有严格区别

B. 工业革命后，现代城市规划发展的初期包含了城市设计的内容

C. 西方城市美化运动是现代城市设计概念的渊源之一

D. 城市设计是包含了建筑学、城市规划、风景园林的学科

【答案】D

【解析】作为传统城市规划和设计的延伸，现代城市设计经历了与城市规划一起脱离建筑学、现代城市规划学科独立形成、城市设计学科自身发展这一系列过程。城市设计是

一门正在完善和发展中的研究领域，它有其相对独立的基本原理和理论方法。故选项 D 符合题意。

【考点】相关内容详见表 9-3-2。

2019-077. 下列选项属于凯文・林奇认为城市意象构成要素的是(　　)。

A. 天际线　　B. 节点

C. 第五立面　　D. 夜景观

【答案】B

【解析】本题考查的是城市设计内容，凯文・林奇认为城市意象的构成要素包括路径、边缘、地标、节点和地区，故选项 B 符合题意。

【考点】相关内容详见表 2-1-22。

2019-078. 下列关于城市规划实施的表述，错误的是(　　)。

A. 城市社会经济发展状况，决定规划实施的基本路径与可能性

B. 规划实施需要社会共同遵守与参与，必然涉及法律保障与社会运作机制等内容

C. 社会公众对规划的认知与参与程度，影响其是否愿意遵守与执行规划

D. 下层次规划的编制、实施不会对上层次规划的实施结果产生影响

【答案】D

【解析】本题考查的是城市规划实施的基本内容。城市规划编制的成果是规划实施的基础，而不同层次的规划成果间的关系直接决定了上层次规划是否能够得到有效实施。上层次规划尤其是城市总体规划等，都只有通过下层次规划才有可能得到实施，因此，一方面，对这些下层次规划的编制组织和审批以及实施而言，都可以看成是上层次规划的实施过程，另一方面，能否在体制上保证这些下层次规划符合上层次规划，并成为上层次规划实施的重要手段，就成为规划实施的重要方面。故选项 D 符合题意。

【考点】相关内容详见表 10-2-1。

2019-079. 下列关于城市公共性设施开发的表述，不准确的是(　　)。

A. 公共性设施开发建设是政府有目的地、积极地实施城市规划的重要内容和手段

B. 公共性设施开发建设是政府运用公共资金、主要满足市政基础设施的使用需求

C. 对于不同公共性设施项目之间的抉择及其配合，城市规划是项目决策的重要依据与基础

D. 各项公共性设施应在城市规划中分步骤纳入相关建设计划，予以实施

【答案】B

【解析】公共性设施的开发主要是由政府使用公共资金进行投资和建设的，因此，其投资是政府财政安排的结果。故选项 A 正确。

公共性设施开发建设是典型的政府行为，是政府运用公共资金来满足社会公众的使用需求。就城市规划而言，一方面，公共性设施的开发建设是政府有目的地、积极地实施城市规划的重要内容和手段，另一方面，公共性设施的开发建设对私人的商业性开发具有引导作用，通过特定内容的公共性设施的开发建设，也规定了商业性开发的内容和数量，从而保证商业性开发计划与城市规划所确定的内容相一致，从整体上保证城市规划的实施。

故选项 B 错误。

在项目决策阶段，城市规划不仅是项目本身决策的一项重要依据，而且，为不同公共性设施项目之间的抉择以及它们之间的配合等也提供了基础。故选项 C 正确。

项目设想阶段，政府部门应当将城市规划中所确定的各项公共性设施分步骤地纳入各自的建设计划之中，并予以实施，尤其是对于发展性公共性设施开发。故选项 D 正确。

故选项 B 符合题意。

【考点】相关内容详见表 10-2-4。

2019-080. 下列关于规划实施的表述，错误的是(　　)。

A. 优先安排产业项目，逐步配套基础设施

B. 旧城区的改建，应合理确定拆迁和建设规模

C. 城市地下空间的开发和利用，应充分考虑防灾减灾、人民防空和通信等需要

D. 城乡建设和发展，应当依法保护和合理利用自然资源

【答案】A

【解析】本题考查的是城市规划实施的含义、作用与机制。城市的建设和发展，应当优先安排基础设施以及公共服务设施的建设，妥善处理新区开发与旧区改建的关系，统筹兼顾进城务工人员生活和周边农村经济社会发展、村民生产与生活的需要，故选项 A 符合题意。

【考点】相关内容详见表 10-1-3。

2019-081. 下列关于城市与区域发展的选项中，正确的有(　　)。

A. 城市始终都不能脱离区域孤立发展

B. 非基本经济部类是促进城市发展的动力

C. 城市是区域增长的核心

D. 区域已经成为现代经济发展过程中重要的空间载体

E. 影响城市发展的各种区域性因素包括区域发展条件、自然条件与生态承载力等

【答案】ACE

【解析】基本经济部类是促进城市发展的动力，选项 B 错误。城市是现代经济发展的最重要空间载体，选项 D 错误。因而此题选 A、C、E。

【考点】相关内容详见表 1-5-1。

2019-082. 下列关于区位理论的表述，正确的有(　　)。

A. 克里斯塔勒（W. Christaller）提出了中心地理论

B. 农业区位理论认为农作物的种植区域划分是根据其运输成本以及市场的距离决定的

C. 区位是指为某种活动所占据的场所在城市中所处的空间位置

D. 韦伯（A. Webber）工业区位论认为影响区位的因素有区域因素和聚集因素

E. 廖什（A. Losch）区位理论提出了市场五边形的概念

【答案】ABCD

【解析】廖什区位理论形成了六边形的市场网络，选项 E 错误。选项 A、B、C、D 符合题意。

【考点】相关内容详见表 2-1-16。

2019-083. 下列关于《周礼·考工记》的表述，正确的有（ ）。

A. 书中记述了关于周代王城建设空间布局："匠人营国方九里，旁三门。国中九经九纬，经涂九轨。左祖右社，前朝后市。市朝一夫。"

B. 书中记述了按照封建等级，不同级别的城市在用地面积、道路宽度、城门数目、城墙高度等方面的级别差异

C. 书中记载了城市的郊、田、林、牧地相互关系的规则

D. 书中所述城市建设的空间布局制度成为此后中国封建社会城市建设的基本制度

E. 对安阳殷墟、曹魏邺城、北宋东京等城市规划布局产生了影响

【答案】ABCD

【解析】《周礼·考工记》记述了关于周代王城建设的空间布局："匠人营国方九里，旁三门。国中九经九纬，经涂九轨。左祖右社，前朝后市。市朝一夫。"选项 A 正确。

《周礼》书中还记述了按照封建等级、不同级别的城市，如"都"、"王城"和"诸侯城"在用地面积、道路宽度、城门数目、城墙高度等方面的级别差异，选项 B 正确。

同时也记载了城市的郊、田、林、牧地相互关系的规则，选项 C 正确。

《周礼·考工记》记述的周代城市建设的空间布局制度成为此后封建社会城市建设的基本制度，对中国数千年的古代城市规划实践活动产生了深远的影响，选项 D 正确。

安阳的殷墟建于商代晚期，《周礼·考工记》成书于春秋战国，选项 E 错误。

故选项 A、B、C、D 符合题意。

【考点】相关内容详见表 2-2-1。

2019-084. 下列哪些策略有助于提升城市竞争力？（ ）

A. 在城市郊区和中心城区外围建设"边缘城市"

B. 复兴城市的滨水区和历史地段

C. 建造大型博物馆和文化娱乐设施

D. 推进衰败地区人口向外转移

E. 举办奥运会、博览会等城市大事件

【答案】ABCE

【解析】提高城市在全球范围内的竞争能力，就世界各地的规划和建设来看，主要可以分为这样三种类型。

① 城市中央商务区的重塑。另外一些城市则在城市中选择适当的位置建设新的商务中心，把边缘转变为中心，如英国伦敦的码头区建设以及美国一些城市中出现的"边缘城市"。选项 A 正确。

② 城市更新和滨水地区再开发。结合工业外迁不断加速的趋势，利用已经衰退的工业区、仓储区等实施全面的城市更新，一方面消除城市衰败地区所带来的负面影响，另一方面则通过创造新的吸引点，提升城市集聚能力。选项 B 正确。

③ 公共空间的完善和文化设施建设。有些城市结合城市大事件和旧城地区的更新改造，建设大量的城市公共空间，完善公共空间的环境品质。一些城市则通过组织文化活动，如欧洲的"文化之都"，等等，全面提升了城市的吸引力。选项 C、E 正确。

故选项A、B、C、E符合题意。

【考点】相关内容详见表2-3-3。

2019-085. 下列关于《马丘比丘宪章》的表述，正确的有（　　）。

A.《马丘比丘宪章》是国际建协在古罗马文化遗址地召开的国际会议上所签署的文件

B.《马丘比丘宪章》的出台标志着《雅典宪章》彻底过时

C.《马丘比丘宪章》认为，人的相互作用与交往是城市存在的基础

D.《马丘比丘宪章》倡导把城市看作是连续发展与变化过程的结构体系

E.《马丘比丘宪章》强调城市规划的专业性，反对政治因素的介入

【答案】CD

【解析】《马丘比丘宪章》是在秘鲁的马丘比丘山的古文化遗址签署，选项A错误；《马丘比丘宪章》是对《雅典宪章》在思想层面上进行的修正，选项B错误；宪章提出，"城市规划必须建立在各专业设计人员、城市居民以及公众和政治领导人之间的不断的相互协作配合的基础上，鼓励建筑使用者创造性地参与设计与施工"，选项C正确，选项E错误；强调城市规划的过程性和动态性，选项D正确；故选项C、D符合题意。

【考点】相关内容详见表2-1-25。

2019-086. 国土空间规划体系包括（　　）。

A. 规划编制审批体系

B. 规划实施监督体系

C. 规划法规政策体系

D. 规划科研教育体系

E. 规划技术标准体系

【答案】ABCE

【解析】即五级三类四体系中的四体系，依据《中共中央　国务院关于建立国土空间规划体系并监督实施的若干意见》二总体要求的（二）主要目标，到2020年，基本建立国土空间规划体系，逐步建立"多规合一"的规划编制审批体系、实施监督体系、法规政策体系和技术标准体系。故选A、B、C、E。

【考点】相关内容详见新增的国土空间规划的内容。

2019-087. 编制国土空间规划应（　　）。

A. 体现战略性

B. 提高科学性

C. 加强协调性

D. 强化指引性

E. 注重操作性

【答案】ABCE

【解析】依据《中共中央　国务院关于建立国土空间规划体系并监督实施的若干意见》四编制要求中（七）体现战略性、（八）提高科学性、（九）加强协调性、（十）注重操作性，故选A、B、C、E。

【考点】相关内容详见新增的国土空间规划的内容。

2019-088. 报国务院审批的市级国土空间总体规划审查要点，包括（　　）。

A. 资源环境承载能力和国土空间开发适宜性评价

B. 用水总量指标

C. 中心城区商业服务业设施布局
D. 城市邻避设施布局
E. 城镇开发边界内通风廊道的格局和控制要求

【答案】CDE

【解析】依据《关于全面开展国土空间规划工作的通知》，国务院审批的市级国土空间总体规划审查要点除对省级国土空间规划审查要点的深化细化外，还包括：

1. 市域国土空间规划分区和用途管制规则。

2. 重大交通枢纽、重要线性工程网络、城市安全与综合防灾体系、地下空间、邻避设施等设施布局，城镇政策性住房和教育、卫生、养老、文化体育等城乡公共服务设施布局原则和标准。

3. 城镇开发边界内，城市结构性绿地、水体等开敞空间的控制范围和均衡分布要求，各类历史文化遗存的保护范围和要求，通风廊道的格局和控制要求，城镇开发强度分区及容积率、密度等控制指标，高度、风貌等空间形态控制要求。

4. 中心城区城市功能布局和用地结构等。其他市、县、乡镇级国土空间规划的审查要点，由各省（自治区、直辖市）根据本地实际，参照上述审查要点制定。

【考点】相关内容详见新增的国土空间规划的内容。

2019-089. 居住用地选择需考虑(　　)。

A. 自然环境条件
B. 与城市对外交通枢纽的距离
C. 用地周边的环境污染影响
D. 房产市场的需求趋向
E. 大面积平坦的土地

【答案】ACD

【解析】居住用地的选择关系到城市的功能布局、居民的生活质量与环境质量、建设经济与开发效益等多个方面。一般应考虑以下方面要求：

① 选择自然环境优良的地区。

② 居住用地的选择应协调与城市就业区和商业中心等功能地域的相互关系以减少居住—工作、居住—消费的出行距离与时间。

③ 居住用地选择要十分注重用地自身及用地周边的环境污染影响。

④ 居住用地选择应有适宜的规模与用地形状，从而合理地组织居住生活，经济有效地配置公共服务设施等。合适的用地形状将有利于居住区的空间组织和建设工程经济。

⑤ 在城市外围选择居住用地要考虑与现有城区的功能结构关系，利用旧城区公共设施、就业设施，有利于密切新区与旧区的关系，节省居住区建设的初期投资。

⑥ 居住区用地选择要结合房产市场的需求趋向，考虑建设的可行性与效益。

⑦ 居住用地选择要注意留有余地。

【考点】相关内容详见表 5-6-14。

2019-090. 下列关于城市轨道交通线网规划的表述，正确的有(　　)。

A. 线路应沿主客流方向选择，便于乘客直达目的地，减少换乘

B. 线路起、始点宜设在市区内大客流断面位置

C. 支线与主线的衔接点宜选在客流断面较大的位置

D. 线路应考虑日客流效益，通勤客流规模

E. 车站布置应与主要客流集散点和各种交通枢纽相结合

【答案】ADE

【解析】依据《城市轨道交通线网规划标准》（GB/T 50546—2018）第 7.2.1 条，线路起终点车站应符合城市用地规划的要求。线路的起终点车站、支线分叉点均不宜布设在客流大断面位置。选项 B、C 错误，故 A、D、E 正确。

【考点】相关内容详见表 5-7-24。

2019-091. 下列关于城市道路系统规划的表述，正确的有(　　)。

A. 道路的功能应与毗邻道路用地的性质相协调

B. 道路路线转折角较大时，转折点宜放在交叉口上

C. 道路要有适当的路网密度和道路面积率

D. 公路兼有过境和出入城域交通功能时，宜与城市内部道路功能混合布置

E. 道路一般不应形成多路交叉口

【答案】ACE

【解析】道路路线转折角大时，转折点宜放在路段上，不宜放在交叉口上，选项 B 错误；公路兼有过境和出入城域交通功能时，不应与城市内部道路功能混合布置，选项 D 错误；故 A、C、E 符合题意。

【考点】相关内容详见表 5-7-13。

2019-092. 下列表述中，正确的有(　　)。

A. 历史文化名城保护规划应当划定历史建筑的保护范围界限

B. 当历史文化街区的保护范围与文物保护单位的保护范围及其建设控制地带出现重叠时，应以历史文化街区的保护范围要求为准

C. 对于已经不存在的文物古迹，在确保其原址的情况下，鼓励通过重建等方式加以展示

D. 历史城区应保持或延续原有的道路格局，保护有价值的街巷系统，保持特色街巷的原有空间尺度和界面

E. 历史文化街区保护规划应包括改善居民生活环境、保持街区活力、延续传统文化的内容

【答案】ADE

【解析】依据《历史文化名城保护规划标准》（GB/T 50357—2018）第 3.2.5 条，当历史文化街区的保护范围与文物保护单位的保护范围和建设控制地带出现重叠时，应坚持从严保护的要求，应按更为严格的控制要求执行，故 B 选项错误。

依据《中华人民共和国文物保护法》的第二十二条规定，不可移动文物已经全部毁坏的，应当实施遗址保护，不得在原址重建，故 C 选项错误。

综上所述，选项 B、D、E 符合题意。

【考点】相关内容详见《历史文化名城保护规划标准》（GB/T 50357—2018）及《中

华人民共和国文物保护法》。

2019-093. **城市水系岸线按功能可划分为(　　)。**

A. 自然性岸线　　B. 生态性岸线

C. 港口性岸线　　D. 生活性岸线

E. 生产性岸线

【答案】BDE

【解析】依据《城市水系规划规范》(GB 50513—2009,2016 年版):

2.0.3　生态性岸线 指为保护城市生态环境而保留的自然岸线或经过生态修复后具备自然特征的岸线。

2.0.4　生产性岸线 指工程设施和工业生产使用的岸线。

2.0.5　生活性岸线 指提供城市游憩、商业、文化等日常活动的岸线。

选项 B、D、E 符合题意。

【考点】相关内容详见《城市水系规划规范》(GB 50513—2009,2016 年版)。

2019-094. **根据《生活垃圾分类制度实施方案》,下列属于有害垃圾的有(　　)。**

A. 废电池　　B. 废药品包装物

C. 废弃电子产品　　D. 废塑料

E. 废相纸

【答案】ABE

【解析】有害垃圾主要品种包括:废电池(镉镍电池、氧化汞电池、铅蓄电池等),废荧光灯管(日光灯管、节能灯等),废温度计,废血压计,废药品及其包装物,废油漆、溶剂及其包装物,废杀虫剂、消毒剂及其包装物,废胶片及废相纸等。选项 A、B、E 符合题意。

【考点】相关内容详见《生活垃圾分类制度实施方案》。

2019-095. **下列关于控制性详细规划的表述,正确的有(　　)。**

A. 控制性详细规划通过图纸控制的方式落实规划意图

B. 控制性详细规划具有法定效力

C. 控制性详细规划采用刚性与弹性相结合的控制方式

D. 控制性详细规划是纵向综合性的规划控制汇总

E. 控制性详细规划是协调各方利益的公共政策平台

【答案】BCE

【解析】控制性详细规划通过数据控制落实规划意图,选项 A 错误;控制性详细规划为横向综合性的规划控制汇总,选项 D 错误。

选项 B、C、E 符合题意。

【考点】相关内容详见表 7-1-2。

2019-096. **下列属于控制性详细规划图纸内容的有(　　)。**

A. 供水管网的平面位置、管径

B. 燃气调压站、贮存站位置

C. 防洪堤坝断面尺寸

D. 公共设施附属绿地边界

E. 主、次干路主要控制点坐标、标高

【答案】ABDE

【解析】规划图纸（1∶2000～1∶5000）包括：位置图、现状图、用地规划图、道路交通规划图、绿地景观规划图、各项工程管线规划图、其他相关规划图纸。

【考点】相关内容详见表 7-1-11。

2019-097. 下列关于村庄整治的表述，正确的有(　　)。

A. 村庄整治应因地制宜、量力而行、循序渐进、分期分批进行

B. 村庄整治应坚持以现有设施的整治、改造、维护为主

C. 各类设施的整治应做到安全、经济、方便使用与管理，注重实效

D. 村庄整治应优先选用当地原材料，保护、节约和合理利用资源

E. 村庄整治项目应根据实际需要和经济条件，由乡镇统筹确定

【答案】ABCD

【解析】由村庄整治规划的原则可知，选项 A、B、C、D 表述错误。村庄整治的选点是非常主要的，应避免盲目铺开。应首先根据村庄规模大小及长期发展趋势，由县级以上人民政府确定分期分批整治的村庄选点。故选项 E 不正确。

【考点】相关内容详见表 8-3-5。

2019-098. 属于历史文化名镇（村）保护规划成果基本内容的有(　　)。

A. 村镇历史文化价值概述、保护原则和工作重点

B. 村镇文化旅游资源评价及保护利用要求

C. 各级文保单位保护范围、建设控制地带

D. 村镇全城产业发展策略研究

E. 重点保护、整治地区的详细规划意向方案

【答案】ACE

【解析】由名镇和名村保护规划的规划文本成果内容可知，村镇文化旅游资源评价及保护利用要求、村镇全城产业发展策略研究不在其中。选项 B、D 不符合本题要求，此题选 A、C、E。

【考点】相关内容详见表 8-4-3。

2019-099. “邻里单位”理论的提出，其目的有(　　)。

A. 满足家庭生活所需的基本公共服务

B. 解决汽车交通与居住环境的矛盾

C. 使住宅建设更加集中，集约使用土地

D. 提高居住区街道的安全性

E. 推动居民组织的形成

【答案】ABDE

【解析】克莱伦斯·佩里提出的“邻里单位”理论，其目的是要在汽车交通开始发达

的条件下，创造一个适合于居民生活的、舒适安全的和设施完善的居住社区环境。他认为，邻里单位就是“一个组织家庭生活的社区的计划”，因此这个计划不仅要包括住房，包括它们的环境，而且还要有相应的公共设施，这些设施至少要包括一所小学、零售商店和娱乐设施等。他同时认为，在当时快速汽车交通的时代，环境中最重要的问题是街道的安全，因此，最好的解决办法就是建设道路系统来减少行人和汽车的交织和冲突，并且将汽车交通完全地安排在居住区之外。

综上所述，选项 A、B、D、E 符合题意。

【考点】相关内容详见表 9-1-1。

2019-100. 下列城市设计相关著作与作者搭配正确的有(　　)。

A. 凯文·林奇——《城市意象》

B. 埃利尔·沙里宁——《形式合成纲要》

C. 威廉·H·怀特——《小城市空间的社会生活》

D. 埃德蒙·N·培根——《城市设计新理论》

E. 扬·盖尔——《交往与空间》

【答案】ACE

【解析】凯文·林奇《城市意象》的主要内容：城市设计不是一种精英行为。通过“认知地图”进行社会调查，认知意象的构成要素包括路径、边缘、地标、节点和地区。

埃利尔·沙里宁“有机疏散”理论：提倡物质和精神的统一，为居民创造适宜的生活条件，与以形态设计为主的设计思潮出现有根本区别。《形式合成纲要》为亚历山大所写。

威廉·H·怀特《小城市空间的社会生活》的主要内容：城市空间质量与城市活动之间的密切关系。

埃德蒙·N·培根强调城市形态的美学关系和视觉感受。《城市设计新理论》为亚历山大所写。

扬·盖尔《交往与空间》的主要内容：从室外活动入手，研究怎样的建筑和空间能够更好地支持社会交往和公共生活。

综上所述，选项 A、C、E 符合题意。

【考点】相关内容详见表 9-3-1。